Der **Onlineservice InfoClick**
bietet unter
www.vbm-fachbuch.de/infoclick
nach Codeeingabe zusätzliche
Informationen und Aktualisierungen
zu diesem Buch.

InfoClick

In 2 Schritten zum Onlineservice

1. Einfach www.vbm-fachbuch.de/infoclick aufrufen.
2. Den unten stehenden Zugangscode in die Suchleiste eingeben und bestätigen.

   Sofern Aktualisierungen oder Zusatzinformationen zu Ihrem Buch bereitstehen, werden diese anschließend unterhalb der Eingabemaske aufgeführt.

Ihr persönlicher Zugang
zum Onlineservice

340608210002

Reinhard Mansius

Praxishandbuch Antriebsauslegung

Dipl.-Ing. Reinhard Mansius

Praxishandbuch Antriebsauslegung

Grundlagen · Tools · Beispiele

2., überarbeitete und erweiterte Auflage

Vogel Business Media

Dipl.-Ing. **Reinhard Mansius**
Jahrgang 1966
1983–1985 Berufsausbildung zum Elektromonteur
1989–1994 Studium Elektrotechnik, Fachrichtung: Elektrische Maschinen und Geräte, Automatisierungstechnik
1994–1999 bei Reform Elektromotorenbau GmbH & Co. KG tätig als Prüffeldingenieur, Projektingenieur
1999–2002 bei Demag Cranes & Components GmbH zunächst als Elektrokonstrukteur, dann von 2000 bis 2002 als Projektingenieur / Antriebsberechner
Seit 2002 bei Bosch Rexroth AG als Applikationsingenieur, seit 2003 Produktmanager Antriebssysteme

Weitere Informationen:
www.vbm-fachbuch.de
http://twitter.com/vbm-fachbuch
www.facebook.com/vbm-fachbuch
www.vbm-fachbuch.de/rss/buch.rss

ISBN 978-3-8343-3406-0
2. Auflage. 2017

Printed in Germany

Vorwort

Antriebssysteme sind für die Bereitstellung mechanischer Bewegungsenergie im wahrsten Sinne des Wortes die treibenden Kräfte bei der Realisierung von industriellen Prozessen. Die verschiedenen technologischen Verfahren fordern angepasste Lösungen, die die notwendigen Bewegungsabläufe realisieren sollen. Als Antriebsmittel gibt es dafür mehrere Möglichkeiten wie zum Beispiel Verbrennungs-, Hydraulik-, Pneumatik- oder Elektromotoren.

Der elektrische Antrieb hat sich aufgrund vieler Vorteile ein großes Feld an Anwendungen erobert. Umweltfreundlichkeit, gute Transportierbarkeit der notwendigen Energie auch über große Entfernungen, guter Wirkungsgrad bei der Umwandlung von elektrischer in mechanische Energie, hohe Verfügbarkeit sowie einfache Rückführung und Nutzung anfallender Bremsenergie sind nur einige davon.

Aber auch wenn die Bewegung durch hydraulische oder pneumatische Antriebe realisiert wird, zum Beispiel aufgrund von Anforderungen an den Explosionsschutz, der Unempfindlichkeit gegen Überlastung oder den begrenzten Bauraum am Ort des mechanischen Prozesses, steht am Anfang oftmals ein Elektromotor, der die Primärenergie in mechanische Energie wandelt, so dass eine Umwandlung am Ort des Geschehens nicht mehr notwendig ist.

Das vorliegende Buch konzentriert sich auf die Beschreibung der Auslegung elektrischer Antriebssysteme. Hier wird die Auswahl der wesentlichen Bestandteile Motor, Getriebe, Stellgerät, Netzversorgung sowie deren Zusatzkomponenten beschrieben und auf die Berechnung der dafür notwendigen Größen intensiv eingegangen.

Basis bildet die richtige Analyse der physikalischen Größen des geforderten Prozesses, deren Aufarbeitung sowie die Kenntnis der technischen Möglichkeiten und Eigenschaften der zur Verfügung stehenden Komponenten.

In unserem kostenlosen Onlineservice **InfoClick** finden Sie zahlreiche nützliche Auslegungstools, die als Unterstützung dienen, um ausgewählte Berechnungsschritte aus dem Buch auszuführen.

Lohr

Reinhard Mansius

Inhaltsverzeichnis

Vorwort **5**

1 Einleitung **11**
1.1 Aufgaben der Antriebsauslegung 11
1.2 Lastkennlinien von Arbeitsmaschinen 11
1.3 Kennlinien von Motoren 13
1.3.1 Allgemeines 13
1.3.2 Drehstrom-Asynchronmotor 15
1.3.3 Drehstrom-Synchronmotor 25
1.3.4 Gleichstrom-Nebenschlussmotor (fremderregt) 29
1.4 Motor und Arbeitsmaschine 33
1.5 Erwärmung und Abkühlung elektrischer Maschinen 35
1.6 Betriebsarten elektrischer Maschinen 40
1.7 Charakteristiken der Anwendungen 44
1.8 Topologie des mechanischen Antriebsstrangs 47
1.9 Grundlegende Vorgehensweise bei der Antriebsauslegung 51

2 Berechnung der Bewegungsabläufe **55**
2.1 Allgemeines 55
2.2 Beschleunigungsphase 57
2.3 Konstantphase 59
2.4 Verzögerungsphase 60
2.5 Dreieckprofil 62
2.6 Trapezprofil 64
2.7 Trapezprofil nach Drittel-Regel 65
2.8 Relative Einschaltdauer 67
2.9 Fahrbereich 68
2.10 Ruck und Ruckbegrenzung 68
2.11 Bewegungsgesetze höherer Ordnung 70
2.12 Optimierung des Bewegungsablaufs 73

3 Berechnung der Kräfte und Drehmomente **77**
3.1 Allgemeines 77
3.2 Gewichtskraft 77
3.3 Hangabtriebskraft 78
3.4 Aufstandskraft 78
3.5 Anziehungskraft 79
3.6 Haftreibkraft 80
3.7 Gleitreibkraft 81
3.8 Rollreibkraft 81
3.9 Prozesskräfte 83
3.10 Beschleunigungs- und Verzögerungskräfte 83
3.11 Windkräfte 84
3.12 Sonstige Zusatzkräfte 86
3.13 Wirksames Gewichtsdrehmoment 87

3.14 Haftreibdrehmoment ... 89
3.15 Gleitreibdrehmoment ... 89
3.16 Rollreibdrehmoment ... 90
3.17 Prozessdrehmomente ... 91
3.18 Beschleunigungs- und Verzögerungsdrehmomente ... 92
3.19 Sonstige Zusatzdrehmomente ... 95
3.20 Zusammenfassung der Kräfte und Drehmomente ... 95

4 Umrechnung am Abtriebselement ... 101
4.1 Allgemeines ... 101
4.2 Ritzel mit Zahnstange ... 103
4.3 Rad ... 104
4.4 Rolle ... 104
4.5 Seiltrommel ... 105
4.6 Zahnriemen ... 108
4.7 Gewindetrieb ... 109
4.8 Schubkurbel ... 110

5 Umrechnung bei Übertragungselementen ... 113
5.1 Allgemeines ... 113
5.2 Stirnradgetriebe ... 115
5.3 Schneckengetriebe ... 116
5.4 Planetenradgetriebe ... 116
5.5 Keil- und Flachriemen ... 118
5.6 Zahnriemen und Ketten ... 118
5.7 Kupplungen und Gelenkwellen ... 119
5.8 Auswahl und Optimierung des Übersetzungsverhältnisses ... 119
5.9 Auswahl der Getriebegröße ... 125
5.10 Lineare Übersetzung ... 126

6 Motorauswahl ... 127
6.1 Drehzahlen und Geschwindigkeiten ... 127
6.2 Drehmomente und Kräfte ... 130
6.3 Arbeitspunkte der Anwendung ... 133
6.4 Externes Massenträgheitsmoment ... 133
6.5 Auswahl des Motors ... 133
6.5.1 Vorauswahl ... 134
6.5.2 Nachrechnung des ausgewählten Motors ... 135

7 Auswahl des Stellgerätes ... 137
7.1 Für Nenndaten des Motors ... 137
7.2 Für den tatsächlichen Strombedarf des Motors ... 139
7.3 Nach Kennlinie für Motor mit Stellgerät ... 144
7.4 Erforderliche Ausgangsfrequenz ... 144

8 Berechnung der Werte am Zwischenkreis ... 149
8.1 Leistungen ... 149
8.1.1 Effektive Zwischenkreisleistung ... 150

8.1.2 Mittlere Zwischenkreis-Einspeiseleistung 153
8.1.3 Mittlere Zwischenkreis-Rückspeiseleistung 154
8.1.4 Maximale Zwischenkreis-Einspeiseleistung 155
8.1.5 Maximale Zwischenkreis-Rückspeiseleistung 155
8.1.6 Maximale Zwischenkreisleistung 155
8.2 Energie 155

9 Auslegung der Netzversorgung und des Bremswiderstandes 157

10 Berechnung der Netzgrößen 165
10.1 Wirkleistung 167
10.2 Scheinleistung 167
10.3 Netzstrom 168

11 Auslegung der Motorbremse 171
11.1 Allgemeines 171
11.2 Berechnung und Überprüfung der Bremsmomente 172
11.2.1 Erforderliches Bremsmoment für dynamisches Bremsen 172
11.2.2 Erforderliches Bremsmoment für statisches Bremsen 172
11.2.3 Auswahl und Überprüfung der Bremse hinsichtlich Bremsmoment 173
11.3 Berechnung und Überprüfung der Bremsenergie 173
11.3.1 Anfallende Bremsenergie bei dynamischen Bremsvorgängen 173
11.3.2 Überprüfung der Bremse hinsichtlich Bremsenergie 174
11.3.3 Möglichkeiten zur Reduzierung der Bremsenergie 174
11.4 Weitere Hinweise 178

12 Berechnungen rotativer Motoren bei direktem Netzbetrieb 181
12.1 Möglichkeiten zur Berechnung der Hochlaufzeit 181
12.1.1 Grafisch-rechnerische Bestimmung 181
12.1.2 Mit mittlerem Anlaufmoment 183
12.2 Auslegung verschiedener Anlaufverfahren 184
12.2.1 Stern-Dreieck-Anlauf 184
12.2.2 Anlauf mit variabler Spannung 186
12.2.3 Anlauf und Drehzahlstellung mit Läufervorwiderständen 187
12.3 Verlustenergie bei Anlauf, Reversieren und Gegenstrombremsen 190
12.4 Zulässige Schalthäufigkeit für S1-Motoren 194
12.5 Berechnung der erforderlichen Motornennleistung bei verschiedenen Betriebsarten 195
12.5.1 S1-Motoren 195
12.5.2 S2-Motoren 199
12.5.3 S3-Motoren 200

13 Projektierungshinweise 203
13.1 Fehlervermeidung 203
13.2 Leistungssteigerung durch Betrieb an höherer Eckfrequenz 208
13.3 Energiespeicher für Netzspannungsausfall 210
13.4 Energiespeicher für dynamische Anwendungen 211
13.5 Lastpendeln 212

13.6 Rutschgrenze ... 213
13.7 Kippgrenze ... 214
13.8 Optimierung der Hochlauframpe ... 215

14 Energieeinsparung ... 219

15 Beispiele ... 223
15.1 Fahrantrieb mit Frequenzumrichter ... 223
15.2 Drehantrieb mit Frequenzumrichter ... 243
15.3 Linearmotor nach relativer Einschaltdauer ... 256
15.4 Wickelantrieb mit Asynchronmotor in Feldschwächung ... 261
15.5 Betrieb an 87-Hz-Eckfrequenz ... 267
15.6 Bewegungsablauf für eine mitlaufende Bearbeitung ... 269
15.7 Ruckbegrenzung ... 272
15.8 Auslegung mit Polynom 5. Ordnung ... 274
15.9 Anlasswiderstände für Schleifringläufermotor ... 275
15.10 Optimierung der Hochlauframpe ... 279

16 Technischer Anhang ... 283
16.1 Grundbeziehungen physikalischer Größen ... 283
16.2 Einheiten und deren Umrechnungen ... 284
16.3 Physikalische Konstante ... 288

Formelzeichen ... 289

Literaturverzeichnis ... 297

Stichwortverzeichnis ... 299

1 Einleitung

Einleitend werden die grundlegenden Zusammenhänge über das Drehmoment-Drehzahlverhalten von Motor und Arbeitsmaschine und der gezielten Beeinflussung der Motorcharakteristik durch verschiedene Stellmöglichkeiten gezeigt. Die Erläuterungen zu den Verlusten und der durch sie verursachten Erwärmung dienen dem notwendigen Grundverständnis für die thermische Auslegung. Die Darstellung möglicher Topologien des mechanischen Antriebsstrangs und die Übersicht zu den einzelnen Auslegungsschritten runden das Basiswissen ab.

1.1 Aufgaben der Antriebsauslegung

Die wesentliche Aufgabe der Antriebsauslegung besteht darin, einen Motor mit seiner Drehmoment-Drehzahl-Kennlinie an die Kennlinie der anzutreibenden Arbeitsmaschine anzupassen. Es geht dabei um die folgenden Hauptkriterien:

- Dynamische Beanspruchung
  Der Motor muss die geforderten Maximalmomente für kurzzeitige Überlastungen (Anlauf, Kurzzeitbetrieb usw.) in allen Betriebssituationen sicher aufbringen.
- Thermische Beanspruchung
  Der Motor soll thermisch gut ausgelastet sein, darf sich aber nicht über seine zulässige Temperatur erwärmen.

Die Anpassungen können auf unterschiedliche Weise erfolgen. Man kann den natürlichen charakteristischen Drehmomentverlauf von Elektromotoren ausnutzen, durch Zwischenschaltung mechanischer Übertragungselemente eine Drehmomentanpassung vornehmen und/oder die Motorkennlinie durch Stellglieder entsprechend anpassen. Durch Letzteres ist man nicht mehr an die starren Kennlinien der verschiedenen Motorarten gebunden und kann in vielen Fällen die einfache wie auch robuste Asynchronmaschine einsetzen.

Dafür ist die Auswahl eines geeigneten Stellgerätes für den Motor erforderlich, das ebenfalls die dynamischen und thermischen Erfordernisse erfüllen muss.

Für die Beurteilung der Netzbelastung sind die Werte auf der Netzseite zu berechnen. Damit können Maßnahmen zur Reduzierung unzulässiger Beanspruchungen festgelegt und dafür erforderliche Komponenten ausgelegt werden.

1.2 Lastkennlinien von Arbeitsmaschinen

Die Lastkennlinie einer Arbeitsmaschine stellt ihren Drehmomentbedarf in Abhängigkeit der Drehzahl dar. Grundsätzlich lassen sich die Kennlinien in vier typische Verläufe einteilen. In der Praxis treten sie jedoch in den wenigsten Fällen in diesen idealisierten Formen auf. Das Überwinden der Haftreibung beim Übergang vom Stillstand in Bewegung hebt die Kennlinien im unteren Bereich beispielsweise an. Oftmals handelt es sich aber auch um eine Überlagerung der verschiedenen Grundformen, die noch von anderen Einflussfaktoren, wie zum Beispiel der Temperatur, abhängig sind.

Konstantes Drehmoment (Bild 1.1a)
Das Lastmoment ist von der Drehzahl unabhängig und die Leistung steigt proportional:

M = konstant
$P \sim n$

Diesen Verlauf haben Maschinen, die Arbeit gegen die Schwerkraft leisten – wie beispielsweise Fördermaschinen, Aufzüge oder Hebezeuge. Auch Maschinen, die reine Reibungsarbeit zu verrichten haben, folgen diesem Verlauf.

Bei Drehmaschinen, wenn bei gleichbleibenden Durchmesser und Schnittkraft in axialer Richtung gearbeitet wird (Längsdrehen), ist der Drehmomentbedarf ebenfalls konstant.

Auch die mittlere Last von Kolbenpumpen folgt dieser Charakteristik.

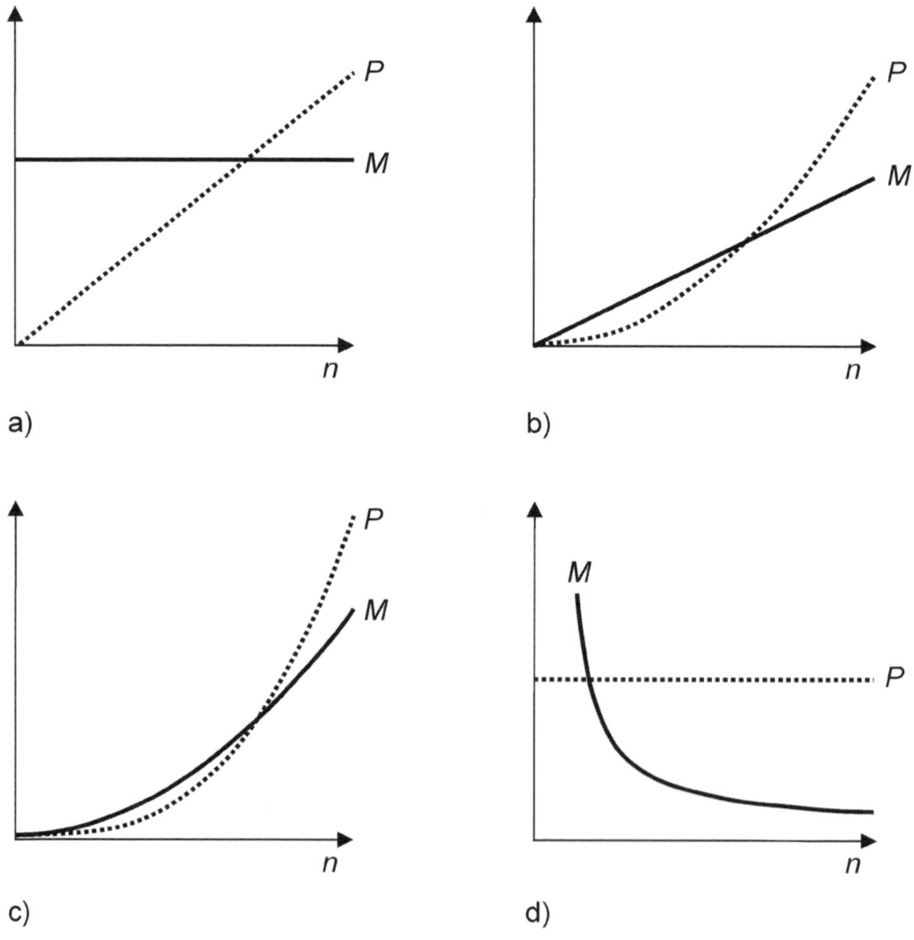

Bild 1.1 *Lastkennlinien von Arbeitsmaschinen*
a) konstant
b) linear steigend
c) quadratisch steigend
d) 1/n abfallend

Linear ansteigendes Drehmoment (Bild 1.1b)
Das Lastmoment steigt proportional mit der Drehzahl und die Leistung quadratisch:

$M \sim n$
$P \sim n^2$

Bei Maschinen mit geschwindigkeitsproportionaler Reibung bzw. Viskosereibung oder Kalander für Papier-, Textil-, Kunststoff- und Gummifolien liegt dieser Verlauf vor.

Quadratisch ansteigendes Drehmoment (Bild 1.1c)
Das Lastmoment steigt quadratisch mit der Drehzahl und die Leistung kubisch:

$M \sim n^2$
$P \sim n^3$

Lüfter, Kreiselpumpen, Verdichter, Zentrifugen und Rührwerke haben diesen Drehmomentbedarf.

Abfallendes Drehmoment (Bild 1.1d)
Das Lastmoment fällt proportional $1/n$ (hyperbolisch) bei steigender Drehzahl und die Leistung bleibt konstant:

$M \sim 1/n$
$P =$ konstant

Diese Abhängigkeit ist typisch für Maschinen zum Auf- oder Abwickeln von Papier, Blech, Folien usw., wenn die lineare Geschwindigkeit und Kraft am Umfang konstant ist, sich aber der Durchmesser ständig ändert.

Bei Drehmaschinen, wenn in radialer Richtung gearbeitet wird, ändert sich der Durchmesser ebenfalls. Zum Erreichen einer konstanten Schnittleistung wird die Drehzahl angepasst und es ergibt sich auch dieser Verlauf.

Eine weitere «Last» ist das erforderliche Drehmoment zum Beschleunigen und Verzögern von Massenträgheitsmomenten. Der Verlauf dieses Drehmomentes ergibt sich bei ungesteuerten Antrieben aus dem Drehmomentüberschuss des Motors zum Lastmoment und bei gesteuerten bzw. geregelten Antrieben ist er proportional zur Änderungsgeschwindigkeit der Drehzahl, der Beschleunigung (siehe Abschnitt 1.4).

1.3 Kennlinien von Motoren

1.3.1 Allgemeines

Auch die Charakteristik der Motoren wird durch ihre Drehmoment-Drehzahl-Kennlinie beschrieben. Sie lassen sich ebenfalls in vier typische Verläufe einteilen und zeigen, wie sich die Drehzahl bei einer bestimmten Belastung ändert.

Synchronverhalten (Bild 1.2a)
Wird der Motor mit unterschiedlich großen Drehmomenten innerhalb seines Bemessungsbereiches belastet, bleibt die Drehzahl unverändert. Diese «starre» Kennlinie haben permanent als auch elektromagnetisch erregte Synchronmaschinen.

Nebenschlussverhalten (Bild 1.2b)
Bei Belastung fällt die Drehzahl gegenüber dem Leerlauf leicht ab. Dieses «harte» Verhalten zeigen Asynchron- und Gleichstrom-Nebenschlussmaschinen.

Reihenschlussverhalten (Bild 1.2c)
Das «weiche» Reihenschlussverhalten ist typisch für Maschinen, die einen hohen Drehzahlabfall bei steigender Drehmomentabgabe haben. Die Gleich- und die Wechselstrom-Reihenschlussmaschine sind typische Vertreter für dieses Verhalten.

Doppelschlussverhalten (Bild 1.2d)
Eine Mischung aus Reihen- und Nebenschlussverhalten stellt das Doppelschlussverhalten dar. Die Gleichstrom-Doppelschlussmaschine, eine Kombination aus der Gleichstrom-Reihen- und der Gleichstrom-Nebenschlussmaschine, weist diese Charakteristik auf.

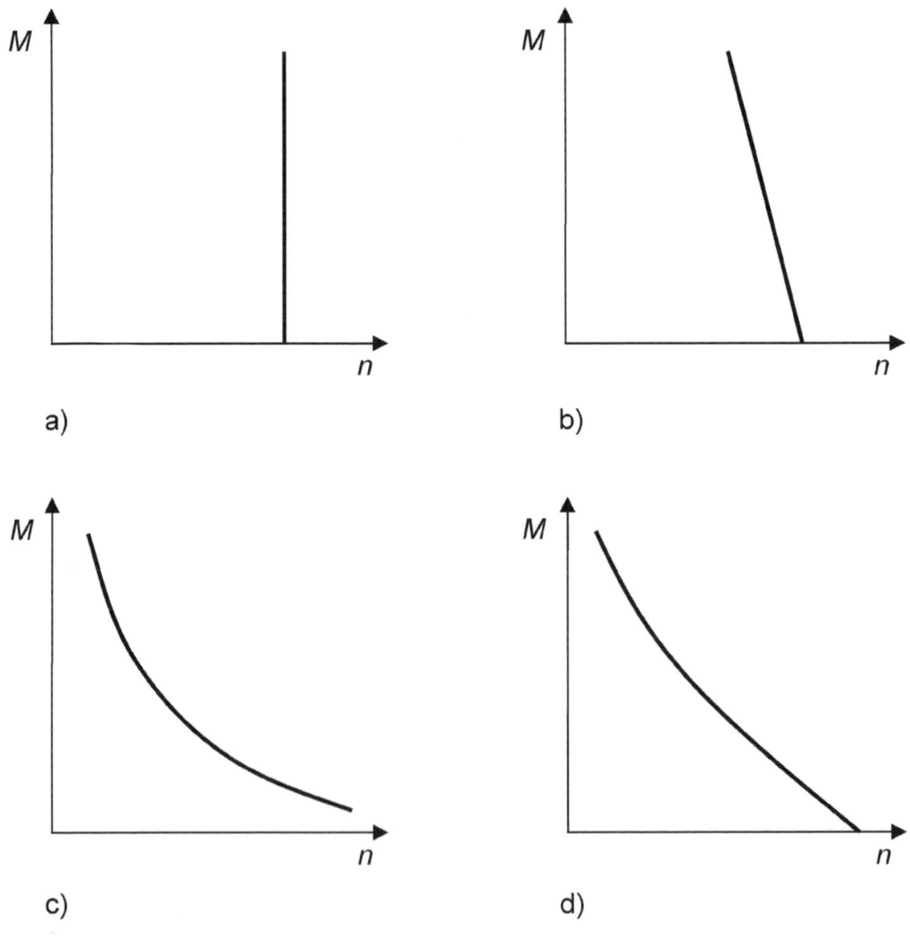

Bild 1.2 *Drehmomentkennlinien von Motoren*
a) Synchronverhalten
b) Nebenschlussverhalten
c) Reihenschlussverhalten
d) Doppelschlussverhalten

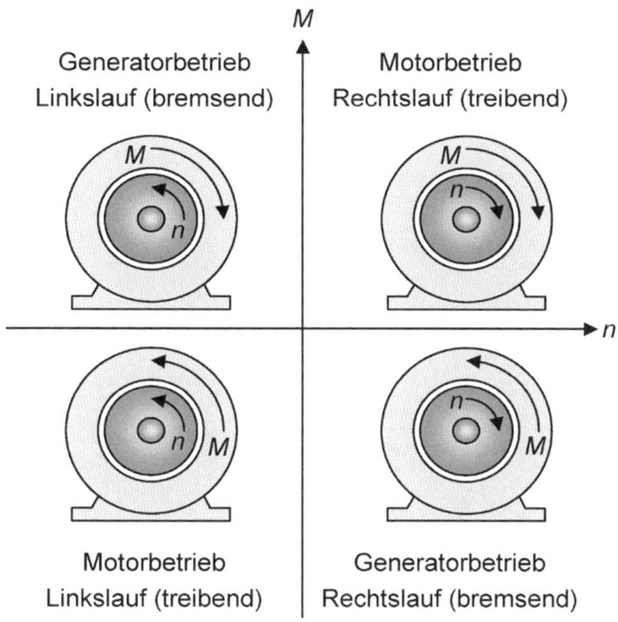

Bild 1.3
Betriebsbereiche von Motoren in den vier Drehmoment-Drehzahl-Quadranten

Betriebsbereiche

Grundsätzlich kann ein Motor im Rechts- oder im Linkslauf betrieben werden. In Abhängigkeit davon, ob das Drehmoment des Motors gegen oder mit der aktuellen Drehrichtung des Läufers wirkt, arbeitet er im Generator- oder im Motorbetrieb. Bild 1.3 zeigt die sich ergebenden Betriebsbereiche in den vier Drehmoment-Drehzahl-Quadranten.

Im Generatorbetrieb geht die Energie von der Arbeitsmaschine zum Motor. Ist der Motor mit einem Netz verbunden, das in der Lage ist, die anfallende Energie aufzunehmen, kann einer der großen Vorteile von Elektromotoren ausgenutzt werden: Die überschüssige Energie wird anderen elektrischen Verbrauchern zur Verfügung gestellt. Prinzipiell ist das sowohl bei direkt am Netz betriebenen Motoren möglich, zum Beispiel während des Absenkens großer Lasten bei Kranantrieben, als auch im drehzahlvariablen Betrieb mit rückspeisefähigen Stellgliedern.

1.3.2 Drehstrom-Asynchronmotor

Hinweis

Berechnungstool auf **InfoClick**!

Seine Robustheit und die günstige Herstellung in genormten Baugrößen- und Leistungsabstufungen machen den Drehstrom-Asynchronmotor zu dem am meisten eingesetzten Antrieb im industriellen Umfeld. Durch die sich immer weiter entwickelnde Umrichtertechnik hat der Drehstrom-Asynchronmotor auch das breite Feld der drehzahlvariablen Antriebe erobert. Begünstigt wird dies auch dadurch, dass der Asynchronmotor mit vielfältigen Optionen ausgestattet werden kann und wartungsintensive mechanische Stromwender wie beispielsweise beim Gleichstrommotor nicht vorhanden sind.

Dem Netz entnimmt die Asynchronmaschine die Scheinleistung S:

$$S = U \cdot \sqrt{3} \cdot I$$

Wie in Bild 1.4 zu erkennen ist, setzt sich die Scheinleistung aus der zum Aufbau des Magnetfeldes notwendigen Blindleistung Q:

$$Q = U \cdot \sqrt{3} \cdot I \cdot \sin\varphi$$

und der elektrischen Wirkleistung P:

$$P_{\text{elektr}} = U \cdot \sqrt{3} \cdot I \cdot \cos\varphi$$

zusammen.

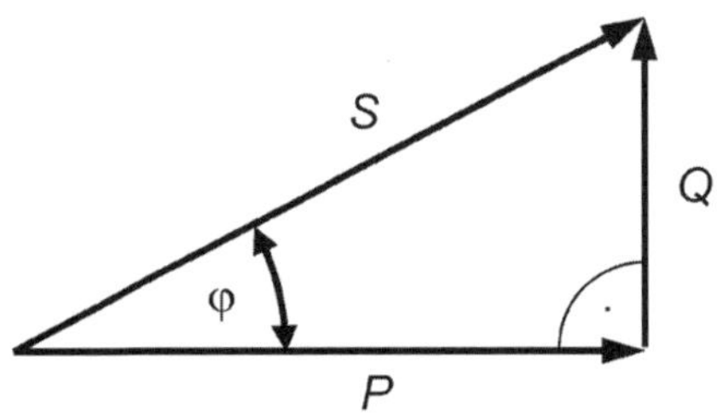

Bild 1.4
Leistungen beim Drehstrom-Asynchronmotor

Die Blindleistung pendelt zwischen Motor und Netz hin und her und verrichtet keine Wirkarbeit.

Die an der Welle zur Verfügung stehende mechanische Leistung errechnet sich mit Hilfe des Wirkungsgrades zu:

$$P_{\text{mech}} = P_{\text{elektr}} \cdot \eta$$

beziehungsweise aus dem Drehmoment und der Drehzahl:

$$P_{\text{mech}} = M \cdot 2 \cdot \pi \cdot n$$

Somit ist die Verlustleistung:

$$P_{\text{V}} = P_{\text{elektr}} \cdot (1 - \eta)$$

Als Drehfelddrehzahl oder Synchrondrehzahl wird die Drehzahl des im Ständer des Motors umlaufenden Magnetfeldes bezeichnet. Sie ist alleine von der Frequenz der Spannung und von der Polpaarzahl des Motors abhängig:

$$n_{\text{syn}}[\text{min}^{-1}] = \frac{f \cdot 60}{p}$$

Die mechanische Drehzahl des Läufers erreicht prinzipbedingt nicht die Drehfelddrehzahl und bleibt um die Schlupfdrehzahl, die von der Belastung abhängig ist, zurück:

$$n = n_{\text{syn}} - n_{\text{Schlupf}}$$

Die Drehzahl des Läufers ist also asynchron zur Drehfelddrehzahl, was diesem Motortyp seinen Namen gibt.

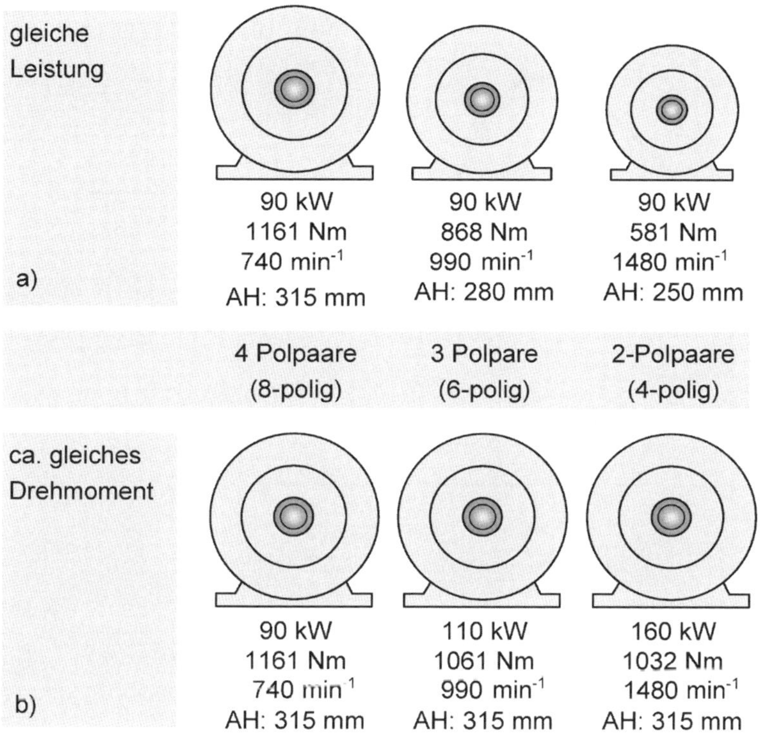

Bild 1.5 *Baugrößenverhältnisse von Drehstrom-Asynchronmotoren (AH = Achshöhe)*
a) Motoren gleicher Leistung
b) Motoren gleichen Drehmomentes

Die Höhe der Schlupfdrehzahl ist eine kennzeichnende Größe des Asynchronmotors und wird häufig auch als bezogene Größe zur Erleichterung für weiterführende Berechnungen als Schlupf angegeben:

$$s = \frac{n_{syn} - n}{n_{syn}}$$

Am häufigsten werden Motoren mit 2 Polpaaren eingesetzt. Motoren mit einem Polpaar gleicher Leistung bauen zwar kleiner (Bild 1.5 a), ihre doppelt so hohe Drehzahl wirkt sich in vielen Fällen jedoch Lebensdauer-mindernd auf nachgeschaltete Übertragungselemente aus und ist geräuschintensiver. Höherpolige Motoren bauen bei gleicher Leistung größer und sind damit auch teurer. Sie haben in der Regel einen schlechteren Wirkungsgrad und Leistungsfaktor.

Das Drehmoment, das an der Welle abgegeben werden kann, berechnet sich nach

$$M = \frac{P_{mech}}{2 \cdot \pi \cdot n}$$

und bestimmt wesentlich die Baugröße des Motors (Bild 1.5a, b).

Die Kennlinie des Drehstrom-Asynchronmotors für Betrieb am Netz mit konstanter Spannung und Frequenz ist in Bild 1.6 dargestellt. Nach dem Zuschalten der Netzspannung entwickelt der Motor sein Anlaufmoment M_A und durchläuft dann das Sattelmoment M_S. Danach folgt das Kippmoment M_K – das höchste Drehmoment, das die Asynchronmaschine ohne plötzlichen

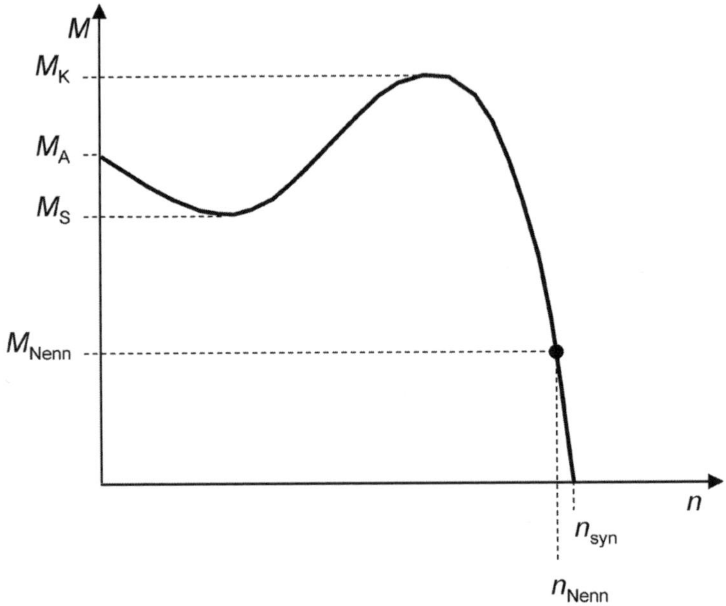

Bild 1.6 Drehmoment-Drehzahl-Kennlinie Drehstrom-Asynchronmotor

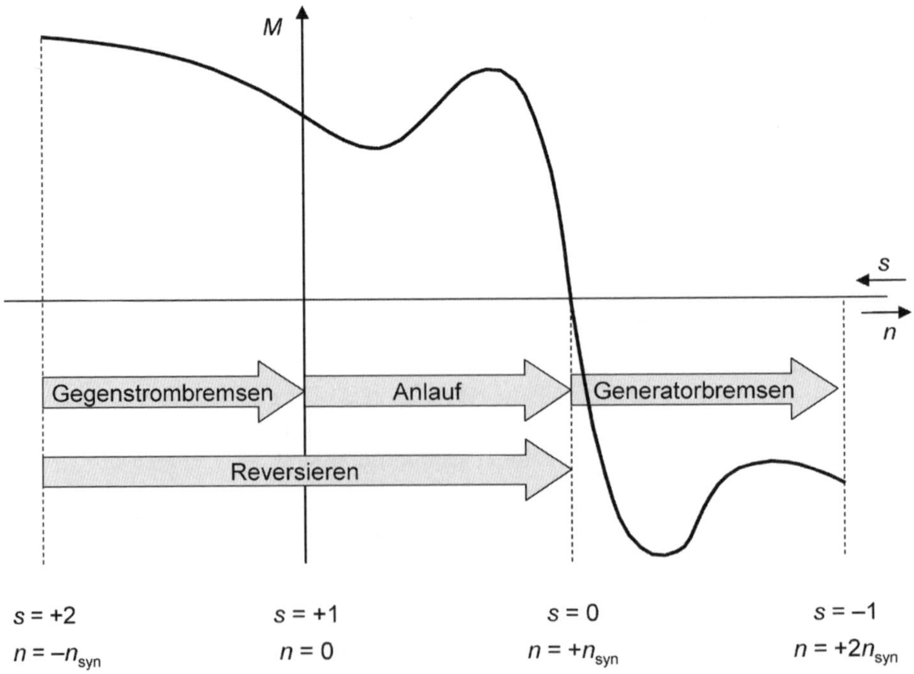

Bild 1.7 Betriebsbereiche der Drehstrom-Asynchronmaschine

Drehzahlabfall abgeben kann. Für den Leerlauf, also ohne äußere Last, läuft der Motor fast bis zur synchronen Drehzahl n_{syn} hoch.

Hinweis

Die Erklärung bzw. Begriffsbestimmung für Sattel- und Kippmoment ist für Motoren, bei denen das Drehmoment mit steigender Drehzahl kleiner wird (z.B. Stillstandsmotor, Bild 1.14), nicht gültig.

In seinen verschiedenen Ausprägungen, zum Beispiel durch unterschiedliche Ausführungen des Kurzschlusskäfigs im Läufer oder durch die Verwendung verschiedener Magnetbleche im Läufer, kann die Drehmoment-Drehzahlkennlinie des Asynchronmotors von der beispielhaft in Bild 1.6 dargestellten Kennlinie abweichen. Dadurch wird zum Beispiel ein anderes Verhalten im Anlauf oder bei Laständerungen bewirkt.

Die verschiedenen Betriebsbereiche bzw. -zustände der Asynchronmaschine zeigt Bild 1.7. Im Drehzahlbereich von null bis (fast) zur Synchrondrehzahl ist der normale Anlauf als Motor dargestellt. Würde der Motor von seiner Arbeitsmaschine über die Synchrondrehzahl hinaus angetrieben, arbeitet die Asynchronmaschine im Generatorbetrieb. Dies ist zum Beispiel beim Absenken von Lasten mit Seilwinden der Fall.

Trennt man den laufenden Asynchronmotor vom Netz, vertauscht zwei Phasen der Zuleitung und schaltet ihn wieder ein, reversiert man den Motor. Der Reversiervorgang besteht aus dem Gegenstrombremsen bis zur Drehzahl Null und einem anschließenden Hochlauf in die entgegengesetzte Richtung.

Drehzahlstellen mit variabler Frequenz

Betrachtet man die Gleichung zur Berechnung der synchronen Drehzahl, kann man erkennen, dass durch Veränderung der Frequenz die Drehzahl zu verstellen ist.

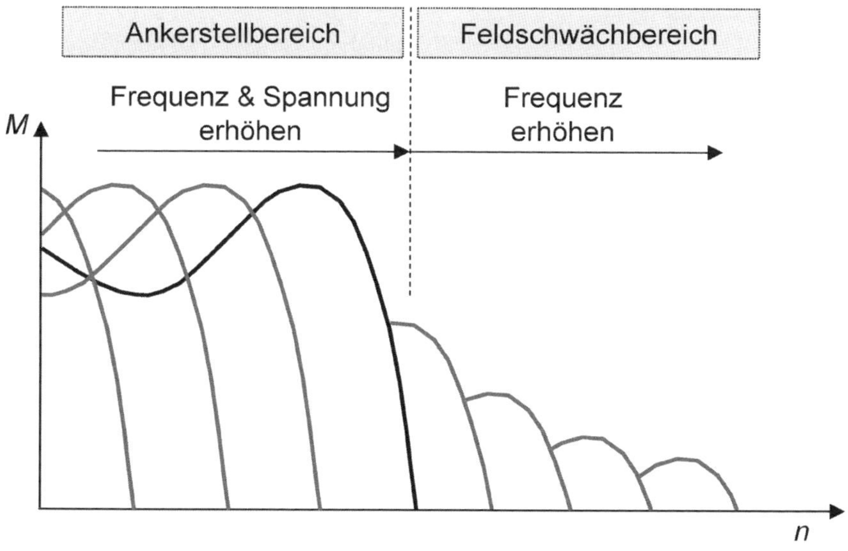

Bild 1.8 *Drehmoment-Drehzahl-Kennlinie Drehstrom-Asynchronmotor bei Betrieb mit variabler Frequenz (und Spannung)*

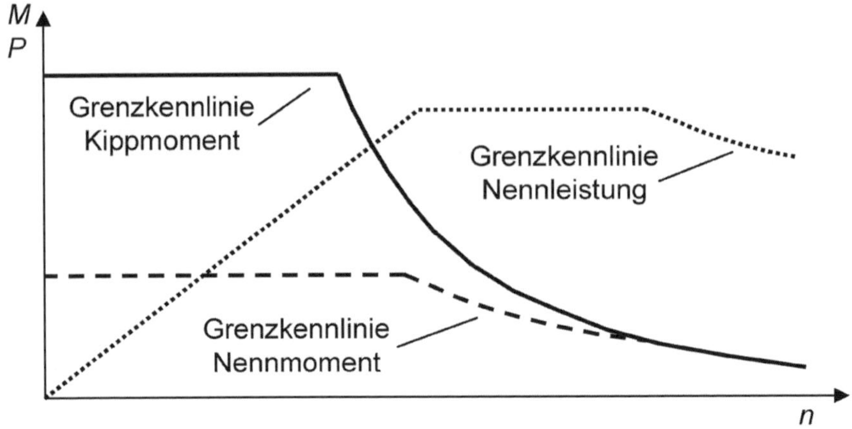

Bild 1.9 *Grenzkennlinien Drehstrom-Asynchronmotor bei Betrieb mit variabler Frequenz (und Spannung)*

Hinweis

Für elektronische Stellgeräte zum Steuern oder Regeln von Motoren mit variabler Spannung und Frequenz werden umgangssprachlich die Begriffe Frequenzumrichter (oder einfach nur Umrichter), Servoumrichter (Servoregler) oder Wechselrichter benutzt. Die Unterschiede liegen im topologischen Aufbau und in den Regelungseigenschaften der Geräte.

Dafür werden von Drehzahl Null bis zur Bemessungsdrehzahl die Spannung und die Frequenz gleichermaßen stufenlos angehoben. In diesem Bereich, auch Ankerstellbereich genannt, ist das volle Bemessungs- und Kippmoment verfügbar. Der Schlupf steigt mit fallender Drehzahl bzw. Frequenz. Damit ist s proportional $1/f$ und die Schlupfdrehzahl bleibt in diesem Bereich in etwa konstant.

Eine Drehzahlerhöhung über die Bemessungsdrehzahl hinaus ist dann nur noch durch Frequenzerhöhung möglich, da die Spannung nicht weiter erhöht werden kann. In diesem Bereich, auch Feldschwächbereich genannt, sinkt das Kippmoment proportional $1/n^2$ und das Bemessungsmoment proportional $1/n$. Der Schlupf ist ab hier konstant, so dass die Schlupfdrehzahl größer wird, was sich in stärker abfallenden Kennlinien bemerkbar macht. Bild 1.8 zeigt die Kennlinien für die Frequenzstellung.

Verbindet man die Punkte des Kippmomentes und des Bemessungsmomentes aus Bild 1.8 über dem Drehzahlverlauf, ergeben sich die entsprechenden Grenzkennlinien wie in Bild 1.9 dargestellt.

Diese Darstellung erleichtert die Angabe des möglichen Stellbereiches eines Asynchronmotors für Frequenzumrichterbetrieb. Man kann erkennen, dass im Bereich höherer Drehzahlen die Grenzkennlinie des Kippmomentes ($\sim 1/n^2$) die des Nennmomentes ($\sim 1/n$) erreicht und zusätzlich begrenzt. Ab diesem Punkt wird auch vom erweiterten Feldschwächbereich gesprochen. Die Leistung sinkt dann proportional $1/n$.

Hinweis

Siehe Berechnungsbeispiel in Abschnitt 15.5.

Wird der Motor über ein an der Motorwelle angebautes Lüfterrad gekühlt, muss das Dauerdrehmoment im unteren Drehzahlbereich reduziert werden, da die Verlustwärme aufgrund der reduzierten Drehzahl des Lüfters nicht mehr voll abgeführt werden kann. Sind die Kühlverhältnisse im gesamten Drehzahlbereich gleich, wie dies mit Flüssigkeitskühlung oder mit einem Zusatzlüfter erreicht wird, ist keine Reduzierung notwendig. Das Dauerdrehmoment könnte im unteren Bereich sogar leicht angehoben werden, da die frequenzabhängigen Verluste dort kleiner werden. Da dieser Anteil gegenüber den Stromwärmeverlusten jedoch klein ist, wird die Anhebung meist nicht dargestellt.

Die Höhe des verfügbaren Drehmomentes im unteren Bereich hängt auch vom Regelverfahren des Umrichters ab. Beim einfachsten Verfahren, der Drehzahlsteuerung durch Spannungs-/Frequenzregelung, kann der Motor dort nicht sein maximales Drehmoment entwickeln.

ACHTUNG

Bei schwerkraftbelasteten Achsen wie zum Beispiel Kranhubwerke, Winden, Hubantriebe in Portalen, kann mit einfacher Spannungs-/Frequenzregelung nicht sichergestellt werden, dass der Motor dann in allen Situationen die Last hebt bzw. bei Drehzahl Null hält.

Das hochwertigste Regelungsverfahren ist die feldorientierte Regelung mit Drehzahlerfassung an der Motorwelle und Rückführung des Signals in die Regelelektronik des Stellgerätes. Hier kann der Motor auch im Stillstand sein maximales Drehmoment erzeugen.

Drehzahlstellen mit Polumschaltung

Eine weitere Drehzahlstellmöglichkeit, die sich aus der Gleichung zur Berechnung der Synchrondrehzahl ergibt, ist die Veränderung der Polzahl des Motors. Damit ist jedoch nur eine stufige Drehzahlstellung möglich, weil die Polzahl nur 2 oder ganzzahlige Vielfache davon betragen kann.

Bei einem Drehzahlverhältnis von 1 : 2 wird der Motor mit einer Wicklung in Dahlanderschaltung ausgeführt. Davon abweichende Drehzahlverhältnisse werden mit zwei galvanisch getrennten Wicklungen realisiert. Es ist auch eine Kombination von Dahlanderschaltung und einer zusätzlichen Wicklung zur Realisierung von drei Drehzahlstufen möglich.

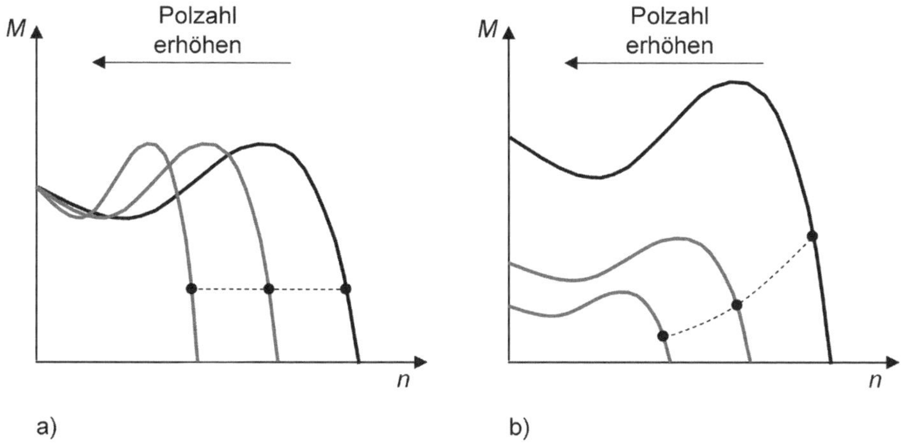

Bild 1.10 *Drehmoment-Drehzahl-Kennlinie Drehstrom-Asynchronmotor bei Polumschaltung*
a) mit ca. konstantem Nennmoment
b) mit quadratisch steigendem Nennmoment

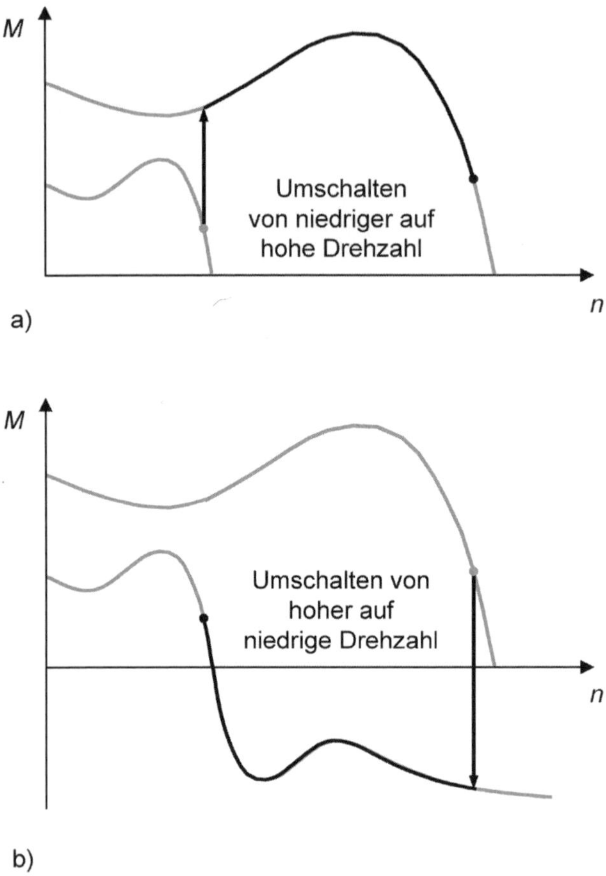

Bild 1.11
Drehmomentverläufe beim Umschalten zwischen den Drehzahlen
a) niedrige auf hohe Drehzahl (= hohe auf niedrige Polzahl)
b) hohe auf niedrige Drehzahl (= niedrige auf hohe Polzahl)

Für Antriebsaufgaben mit konstantem Gegenmoment (Fahr- und Hubantriebe) stehen Motoren mit konstantem Nennmoment bei jeder Drehzahlstufe zur Verfügung (Bild 1.10a). Für die Arbeitsmaschinen, die einen mit der Drehzahl quadratisch steigenden Drehmomentbedarf haben, gibt es Motorausführungen, deren Nennmoment diesem Verlauf angepasst ist (Bild 1.10b).

Beim Umschalten zwischen den Drehzahlen kommt es zu Drehmomentstößen. Das Umschalten von der niedrigen auf die hohe Drehzahl ist meist weniger kritisch, da der Motor dann mit der hohen Drehzahl nicht mehr sein hohes Anlaufmoment entwickeln kann (Bild 1.11a). Bei der Umschaltung von der hohen auf die niedrige Drehzahl kann es jedoch zu hohen generatorischen Bremsmomenten kommen (Bild 1.11b).

Um die hohen generatorischen Bremsmomente zu mindern, wird auch von der Möglichkeit Gebrauch gemacht, die niedrige Drehzahl nur zweiphasig zuzuschalten. Dadurch entstehen geringere Momente. Danach erst wird die dritte Phase wieder zugeschaltet. Bei Anlagen, in denen eine Gewichtslast wirkt, kann dies aus Sicherheitsgründen jedoch nicht gemacht werden. Durch die verminderten Drehmomente könnte die Last unter Umständen nicht gehalten werden.

Drehzahlstellen mit variabler Spannung

Die quadratische Abhängigkeit des Drehmomentes von der Spannung bei der Asynchronmaschine bietet eine eingeschränkte Drehzahlstellmöglichkeit. Wie in der Kennlinie in Bild 1.12a zu erkennen ist, wirkt sich eine Spannungsänderung nicht bzw. sehr geringfügig auf die Leerlaufdrehzahl aus. Je höher die Belastung ist, umso größer ist der Drehzahlunterschied zwischen zwei Kennlinien unterschiedlicher Spannung.

Bei Maschinen mit großem Kippschlupf tritt dieser Effekt stärker in Erscheinung. Da eine Drehzahlstellung nicht von Drehzahl Null an möglich ist, findet dieses Verfahren nur begrenzt Anwendung und eignet sich insbesondere für Strömungsmaschinen, die eine quadratische Abhängigkeit des Drehmomentes von der Drehzahl haben (Bild 1.12b).

Die Spannungsstellung kann auch für einen Sanftanlauf benutzt werden, um das Drehmoment langsam zu steigern und damit die Mechanik von zu großen Drehmomentstößen zu entlasten.

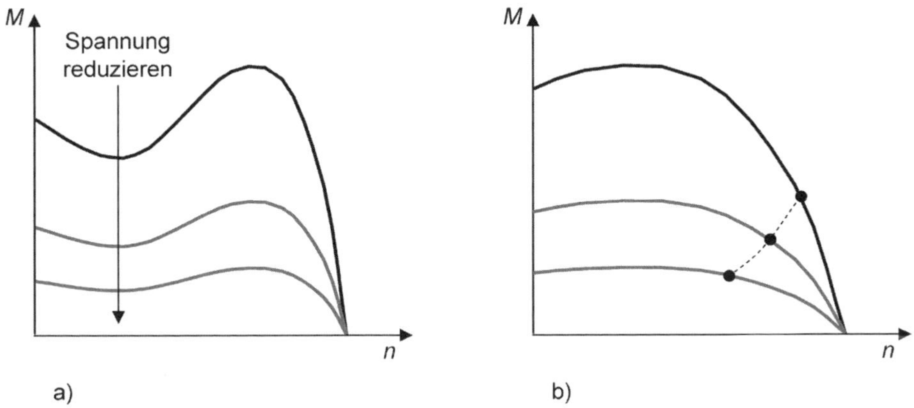

Bild 1.12 *Drehmoment-Drehzahl-Kennlinie Drehstrom-Asynchronmotor bei Betrieb mit variabler Spannung*
a) «normale» Kennlinie bei Spannungsabsenkung
b) Kennlinie eines Motors mit großem Kippschlupf und eingezeichneter Kennlinie einer Pumpe

Hinweis

Für elektronische Stellgeräte zum Steuern von Motoren mit variabler Spannung werden umgangssprachlich die Begriffe Sanftanlaufgerät, Spannungssteller, Sanftstarter oder Softstarter benutzt.

Bild 1.13
Drehmoment-Drehzahl-Kennlinie Drehstrom-Asynchronmotor mit Schleifringläufer bei Betrieb mit veränderbaren Läufervorwiderständen

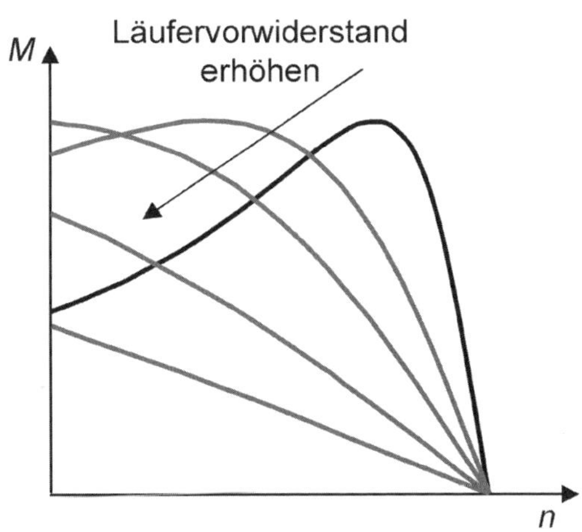

Drehzahlstellen mit Läufervorwiderständen

Hinweis

Siehe Berechnungsbeispiel in Abschnitt 15.9.

Eine weitere Möglichkeit der Drehzahlstellung ist bei der Ausführung des Asynchronmotors als Schleifringläufer gegeben. Hier hat der Läufer keinen geschlossenen Kurzschlusskäfig, sondern eine Wicklung, deren Ende über drei Schleifringe nach außen geführt ist. Ändert man bei einem Schleifringläufer den Läuferwiderstand durch zusätzliche äußere Läufervorwiderstände, ergeben sich neue Werte für den Kippschlupf.

Bild 1.13 zeigt, wie sich die Kennlinie durch Vergrößerung des Widerstandswertes neigt. Damit besteht die Möglichkeit, nicht nur die Drehzahl für einen bestimmten Lastfall einzustellen, sondern auch auf den Anlauf des Motor gezielt Einfluss zu nehmen. In Abschnitt 12.2.3 wird noch auf die Berechnung der Widerstände für Drehzahlstellen und Anlauf eingegangen.

Eine besondere Ausführungsform des Asynchronmotors sei an dieser Stelle noch erwähnt: der Stillstandsmotor, für den auch der Begriff Drehfeldmagnet verwendet wird. Seine Besonderheit ist, dass er bei Nennspannung und Nennfrequenz im Stillstand betrieben werden kann, somit kurzschlussfest ist und dort sein größtes Drehmoment entwickelt. Es gibt diese Ausführung als Kurzschluss- und als Schleifringläufermotor.

DEFINITION

Stillstandsmotoren kann man sich wie eine mechanische Drehfeder mit konstantem Drehmoment und unendlichem Drehwinkel vorstellen.

Stillstandsmotoren mit der Drehmomentcharakteristik einer Dreieckkennlinie (Bild 1.14) eignen sich aufgrund ihres mit der Drehzahl abfallenden Drehmomentes z.B. als Wickelantriebe, eingesetzt unter anderem als Aufwickelantrieb an der Kabeltrommel des Schleppkabels an Schienenkranen. Der Motor wird immer mit Drehsinn in Aufwickelrichtung betrieben. Beim Abwickeln wird ihm durch die Fahrbewegung des Krans eine Drehzahl entgegen seines Drehsinns (Gegenstrombremsbetrieb) aufgezwungen.Stillstandsmotoren gibt es in der Ausführung mit Kurzschluss- und Schleifringläufer.

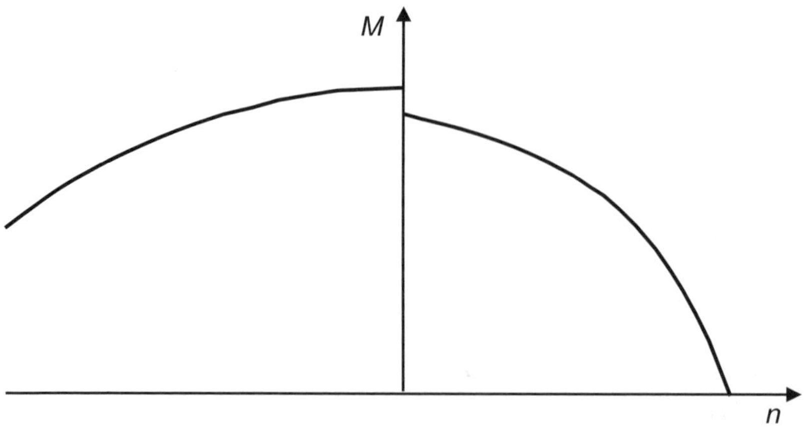

Bild 1.14 *Drehmoment-Drehzahl-Kennlinie eines Stillstandsmotors mit Charakteristik Dreieckkennlinie (Bereich der Gegenstrombremsung mit dargestellt)*

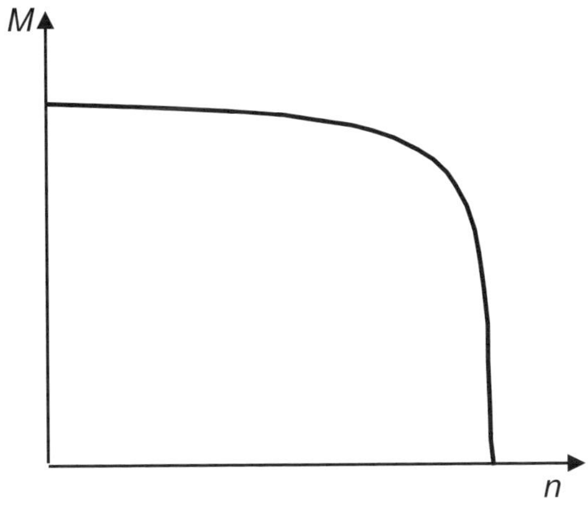

Bild 1.15
Drehmoment-Drehzahl-Kennlinie eines Stillstandsmotors mit Charakteristik Rechteckkennlinie

Die Drehmomentcharakteristik von Motoren mit Rechteckkennlinie (Bild 1.15) wird beispielsweise in Anwendungen genutzt, wo eine Mechanik nach einem kurzen Fahrweg gegen einen festen Anschlag gehalten werden soll.

1.3.3 Drehstrom-Synchronmotor

Hinweis

Berechnungstool auf **InfoClick**!

Die Synchronmaschine deckt den größten Leistungsbereich von wenigen Watt bis in den Gigawattbereich ab. Das wesentliche Merkmal des Synchronmotors ist seine belastungsunabhängige Drehzahl, die immer synchron mit der Drehfelddrehzahl ist und dem Motor seinen Namen gab.

Das Magnetfeld wird entweder mit einer Erregerwicklung erzeugt oder ist in Form von Permanentmagneten bereits in die Maschine eingebaut.

Die aufgenommene Leistung ergibt sich zu:

$$P_{elektr} = U \cdot I \cdot \sqrt{3} \cdot \cos\varphi + U_{err} \cdot I_{err}$$

Bei einem Permanentmagnet-erregten Synchronmotor entfällt der Anteil $U_{err} \cdot I_{err}$.

Je nachdem, ob der Motor über- bzw. untererregt ist, kann er folgende Zustände bezüglich des Blindleistungsbedarfs bzw. -verbrauchs annehmen:

- Untererregt
  Der Erregerstrom ist kleiner als der Nennerregerstrom. Die Maschine nimmt induktive Blindleistung auf und gibt kapazitive Blindleistung ab.
- Nennerregt
  Der Erregerstrom ist gleich dem Nennerregerstrom. Die Maschine nimmt weder Blindleistung auf noch gibt sie Blindleistung ab.
- Übererregt
  Der Erregerstrom ist größer als der Nennerregerstrom. Die Maschine nimmt kapazitive Blindleistung auf und gibt induktive Blindleistung ab.

Bei einem Permanentmagnet-erregten Synchronmotor bestimmt die Auslegung der Magnete, mit welchem Leistungsfaktor der Motor im Betrieb läuft. In der Regel wird er so ausgelegt, dass der Motor, abgesehen von einem geringen Blindstromanteil der Statorspulen (Induktivitäten), nur Wirkleistung beziehen muss. Dies bedeutet weniger Stromaufnahme als beim Asynchronmotor, da der Anteil zur Erzeugung des Magnetfeldes entfällt.

Unter Berücksichtigung des Wirkungsgrades ergibt sich die mechanisch verfügbare Leistung des Synchronmotors zu:

$$P_{mech} = P_{elektr} \cdot \eta$$

beziehungsweise aus Drehmoment und Drehzahl:

$$P_{mech} = M \cdot 2 \cdot \pi \cdot n$$

Die Verlustleistung ist somit:

$$P_V = P_{elektr} \cdot (1 - \eta)$$

Die mechanische Drehzahl des Motors ist gleich der synchronen Drehfelddrehzahl:

$$n\ [\text{min}^{-1}] = n_{syn} = \frac{f \cdot 60}{p}$$

Das Drehmoment ergibt sich aus der allgemeinen Beziehung:

$$M = \frac{P_{mech}}{2 \cdot \pi \cdot n}$$

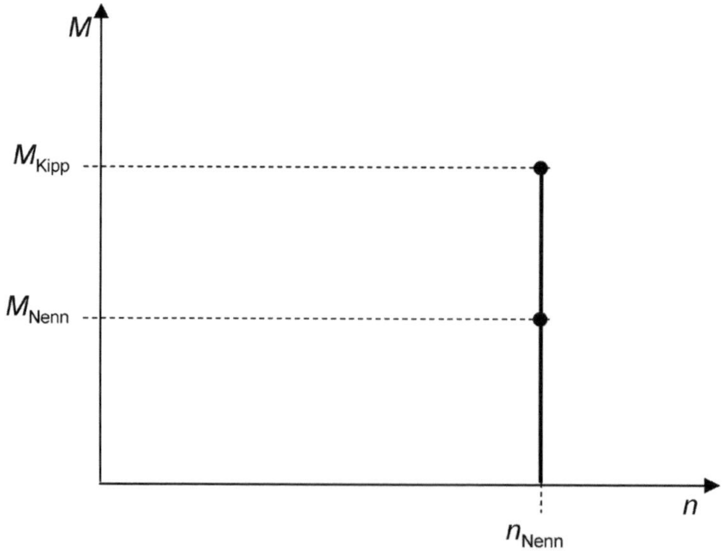

Bild 1.16 *Drehmoment-Drehzahl-Kennlinie Drehstrom-Synchronmotor*

Für Betrieb mit konstanter Spannung und Frequenz ist die Drehmoment-Drehzahl-Kennlinie in Bild 1.16 dargestellt.

Im Bereich vom Leerlauf bis zum Kippmoment ist die Drehzahl konstant. Wird der Motor über das Kippmoment hinaus belastet, fällt er außer Tritt und bleibt stehen.

Drehzahlstellen mit variabler Frequenz

Die einzige Möglichkeit, einen Synchronmotor drehzahlvariabel zu betreiben, ist die Frequenzstellung. Bild 1.17 zeigt dafür die Kennlinien. Der Feldschwächbetrieb ist mit dem Synchronmotor ebenfalls möglich. Im Gegensatz zu einem Asynchronmotor, bei dem sich der Feldschwächbereich praktisch «automatisch» ergibt, wenn die Ausgangsspannung nicht weiter erhöht werden kann, sondern nur noch die Frequenz, muss er beim Synchronmotor aktiv eingeleitet werden.

Auch hier kann die Ausgangsspannung des Umrichters nicht weiter erhöht werden, sondern nur noch die Frequenz. Zusätzlich muss aber der Strom in der Erregerwicklung zurückgenommen werden. Bei einem Permanentmagnet-erregten Synchronmotor wird dazu ein Strom zur Schwächung des Magnetfeldes aktiv in die Maschine eingeprägt.

ACHTUNG

Wird der Synchronmotor im Feldschwächbereich betrieben und das Stellgerät fällt aus, kann er aufgrund seiner hohen Drehzahl und des nun nicht mehr geschwächten Magnetfeldes hohe Spannungen erzeugen. Diese müssen durch spannungsbegrenzende Maßnahmen abgebaut werden, damit das Stellgerät nicht geschädigt wird.

Die Grenzkennlinien für das Maximal- und das Dauerdrehmoment des frequenzgeregelten Synchronmotors ergeben sich aus Bild 1.17 wieder durch Verbindung der einzelnen Punkte des Kipp- und des Dauerdrehmomentes und sind in Bild 1.18 dargestellt.

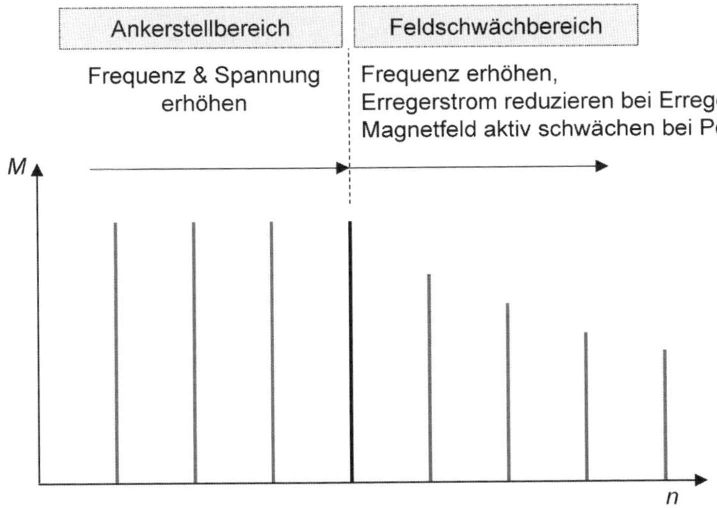

Bild 1.17 *Drehmoment-Drehzahl-Kennlinie Drehstrom-Synchronmotor bei Betrieb mit variabler Frequenz*

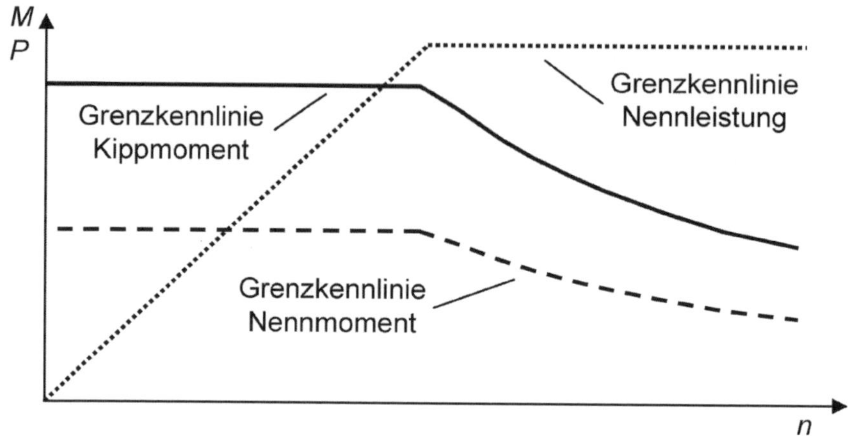

Bild 1.18 *Grenzkennlinien Drehstrom-Synchronmotor bei Betrieb mit variabler Frequenz*

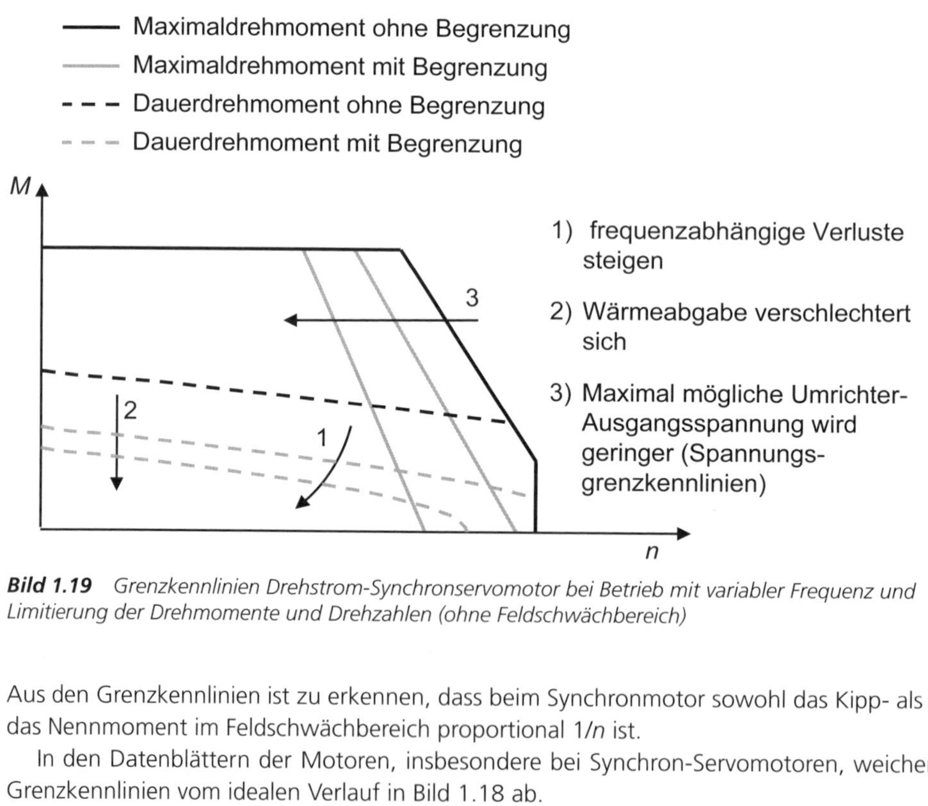

Bild 1.19 *Grenzkennlinien Drehstrom-Synchronservomotor bei Betrieb mit variabler Frequenz und Limitierung der Drehmomente und Drehzahlen (ohne Feldschwächbereich)*

Aus den Grenzkennlinien ist zu erkennen, dass beim Synchronmotor sowohl das Kipp- als auch das Nennmoment im Feldschwächbereich proportional $1/n$ ist.

In den Datenblättern der Motoren, insbesondere bei Synchron-Servomotoren, weichen die Grenzkennlinien vom idealen Verlauf in Bild 1.18 ab.

Da diese Motoren schon in ihrem Grunddrehzahlbereich, also bereits ohne Ausnutzung des Feldschwächbetriebes, für einen sehr hohen Stellbereich mit entsprechend hohen Frequenzen ausgelegt sind, begrenzen die frequenzabhängigen Verluste die Dauerdrehmomentkennlinie bei den höheren Drehzahlen immer stärker, was an der abfallenden Kurve in Bild 1.19 erkennbar ist. Da die Synchron-Servomotoren auch sehr oft im kleinsten Drehzahlbereich mit gleichbleibenden Kühlverhältnissen betrieben werden, sind auch da die frequenzabhängigen Verluste zugunsten des Dauerdrehmomentes berücksichtigt, was in der Regel bei den Asynchronmaschinen nicht der Fall ist (siehe Abschnitt 1.3.2).

Unterschiedliche An- bzw. Einbausituationen bieten dem Motor mehr oder weniger Möglichkeiten, seine Verlustwärme abzuführen. Demzufolge kann er, zum Beispiel bei guter Wärmeabfuhrmöglichkeit, auch mit höheren Dauerdrehmomenten betrieben werden.

Eine weitere Limitierung der Kennlinien kann aufgrund der maximal möglichen Ausgangsspannung des Stellgerätes erfolgen. Mit zunehmender Drehzahl wird die in der Motorwicklung induzierte Gegenspannung immer größer. Um den für das Drehmoment erforderlichen Strom in den Motor einzuprägen, steht die Differenz zwischen Umrichter-Ausgangsspannung zur induzierten Gegenspannung zur Verfügung. Je geringer die maximal mögliche Ausgangsspannung ist, umso geringer ist dadurch der Drehzahl- bzw. Drehmomentbereich.

Wie die Kennlinie letztendlich genau aussieht, hängt auch wesentlich von den mechanischen und elektromagnetischen Eigenschaften des Motors und den elektrischen Eigenschaften des Stellgerätes ab.

Bei einem Linearmotor fällt die Dauerkraft-Kennlinie mit steigender Geschwindigkeit in der Regel nicht so stark ab wie bei einem rotativen Motor, da er wesentlich geringere frequenzabhängige (und somit geschwindigkeitsabhängige) Verluste hat. Verglichen mit der Umfangsgeschwindigkeit am Rotor eines rotativen Motors hat der Linearmotor geringere Geschwindigkeiten.

1.3.4 Gleichstrom-Nebenschlussmotor (fremderregt)

Die Gleichstrom- Nebenschlussmaschine konnte schon frühzeitig durch Leonardumformer drehzahlvariabel betrieben werden. Ein Leonardsatz besteht aus einem am Drehstromnetz angeschlossenen Asynchronmotor, der einen Gleichstromgenerator antrieb. Durch die Einstellung der Erregung des Gleichstromgenerators konnte er eine variable Gleichspannung erzeugen, die dann den zu steuernden Gleichstrommotor versorgte. Drehrichtungsumkehr und Energierückspeisung in das Netz waren damit ebenfalls möglich.

Die Stromrichtertechnik hat diese Art der Drehzahlstellung jedoch weitestgehend abgelöst.

Seitdem die Frequenzumrichter mit immer leistungsfähigeren Steuereinheiten ausgestattet werden können, ist auch der Asynchronmotor durch ausgefeilte Rechenmodelle sehr gut regelbar und löst zunehmend den Gleichstrommotor ab.

Die Leistungsaufnahme eines fremderregten Gleichstrom-Nebenschlussmotors setzt sich aus der Ankerleistung zur Erzeugung des Drehmomentes und der Erregerleistung zur Erzeugung des Magnetfeldes zusammen:

$$P_{\text{elektr}} = P_{\text{Anker}} + P_{\text{err}} = U_{\text{Anker}} \cdot I_{\text{Anker}} + U_{\text{err}} \cdot I_{\text{err}}$$

Die an der Motorwelle verfügbare mechanische Leistung ergibt sich mit dem Wirkungsgrad zu:

$$P_{\text{mech}} = P_{\text{elektr}} \cdot \eta$$

beziehungsweise aus Drehmoment und Drehzahl:

$$P_{\text{mech}} = M \cdot 2 \cdot \pi \cdot n$$

Die Verlustleistung ist:

$$P_{\text{V}} = P_{\text{elektr}} \cdot (1 - \eta)$$

Die Leerlaufdrehzahl des Motors ist:

$$n_0[\text{min}^{-1}] = \frac{U_{\text{Anker}}}{c \cdot \Phi} \cdot \frac{60}{2 \cdot \pi}$$

Bei Belastung mit einem bestimmten Drehmoment M geht die Leerlaufdrehzahl um einen belastungsabhängigen Anteil zurück.

Die allgemeine Drehmoment-Drehzahlbeziehung lautet:

$$n\,[\text{min}^{-1}] = \left(\frac{U_{\text{Anker}}}{c \cdot \Phi} - \frac{R_{\text{Anker}}}{(c \cdot \Phi)^2} \cdot M \right) \cdot \frac{60}{2 \cdot \pi}$$

Der Anteil $c \cdot \Phi$ kann aus den Nenndaten der Maschine berechnet werden:

$$c \cdot \Phi = \frac{M}{I_{\text{Anker}}}$$

wobei c eine Maschinenkonstante und Φ der magnetische Fluss ist.

Das Drehmoment, das der Motor in seinem Nennpunkt entwickeln kann, berechnet sich nach:

$$M_{\text{Nenn}} = \frac{P_{\text{Nenn\_mech}}}{2 \cdot \pi \cdot n_{\text{Nenn}}}$$

Bild 1.20 zeigt die Kennlinie des Gleichstrom-Nebenschlussmotors bei Betrieb an konstanter Ankerspannung und konstanter Erregung.

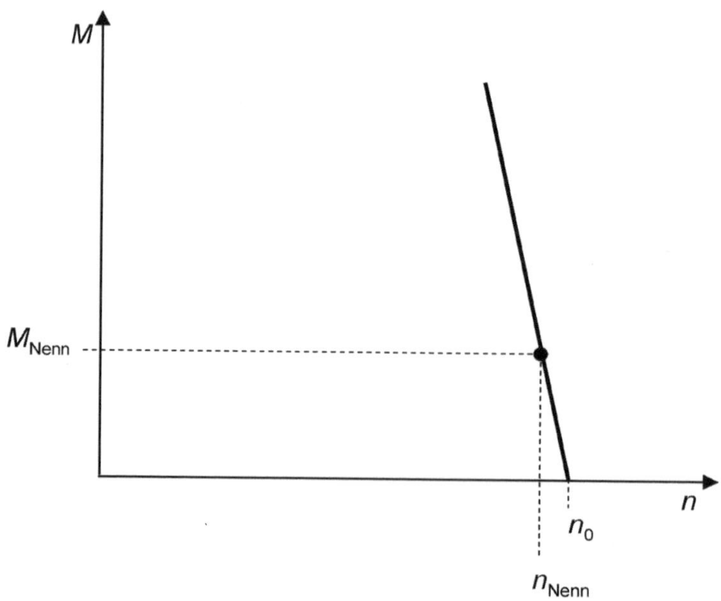

Bild 1.20 *Drehmoment-Drehzahl-Kennlinie Gleichstrom-Nebenschlussmotor*

Drehzahlstellen mit variabler Ankerspannung

Aus der Drehmoment-Drehzahlbeziehung ergibt sich die Möglichkeit der Drehzahlstellung durch Veränderung der Ankerspannung (Bild 1.21).

DEFINITION

Für elektronische Stellgeräte zum Steuern oder Regeln von Motoren mit variabler Gleichspannung wird umgangssprachlich der Begriff Stromrichter (v.a DC-Stromrichter) benutzt.

Da die Ankerspannung über ihren Nennwert hinaus im Allgemeinen nicht erhöht werden darf, kann damit nur der Bereich von Drehzahl Null bis zur Nenndrehzahl abgedeckt werden. Dieser Bereich wird Ankerstellbereich genannt.

Drehzahlstellen mit variabler Erregerspannung

Eine weitere Möglichkeit des drehzahlvariablen Betriebes ist durch das Verändern des magnetischen Feldes gegeben. Die Kennlinien in Bild 1.22 zeigen, dass damit oberhalb der Nenndrehzahl gefahren werden kann.

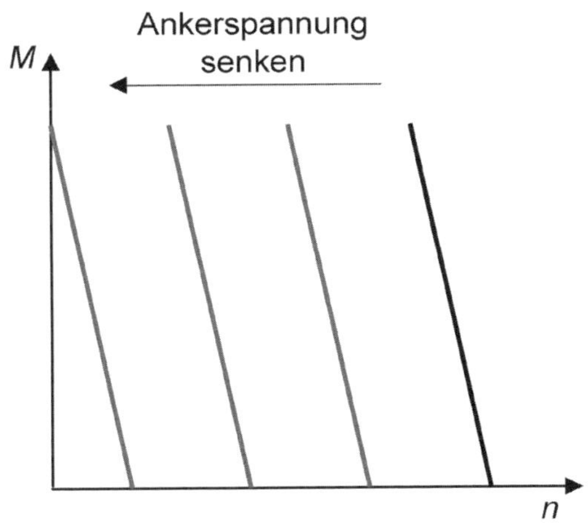

Bild 1.21
Drehmoment-Drehzahl-Kennlinie Gleichstrom-Nebenschlussmotor bei Betrieb mit variabler Ankerspannung

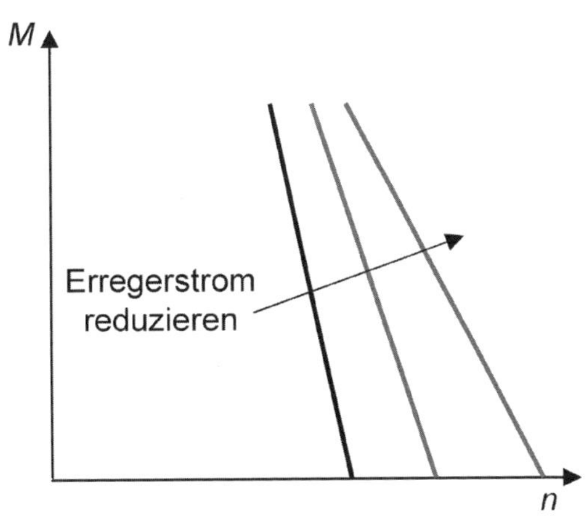

Bild 1.22
Drehmoment-Drehzahl-Kennlinie Gleichstrom-Nebenschlussmotor bei Betrieb mit Feldschwächung

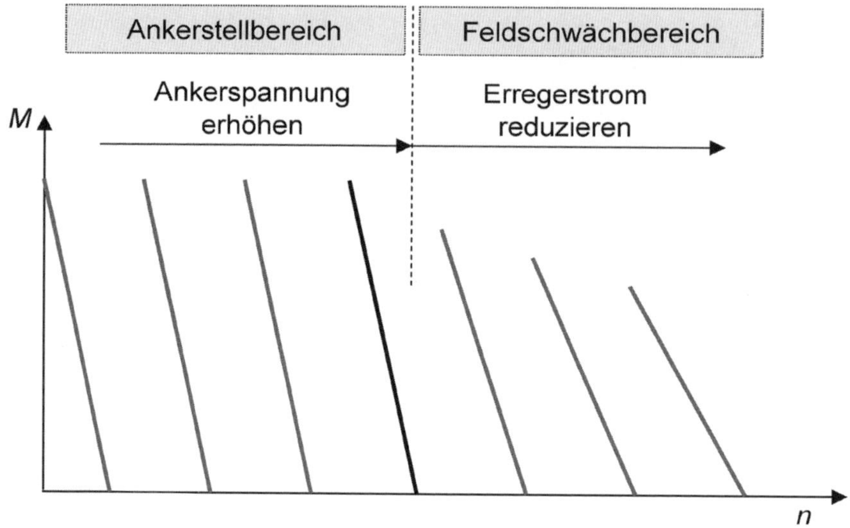

Bild 1.23 *Drehmoment-Drehzahl-Kennlinie Gleichstrom-Nebenschlussmotor bei Betrieb mit Ankerspannungsstellung und anschließender Erregerstromreduzierung*

Da das magnetische Feld nur vermindert werden kann, wird dieser Bereich auch Feldschwächbereich genannt.

Die beiden vorgenannten Methoden zur Drehzahlstellung des Gleichstrom-Nebenschlussmotors bieten die Möglichkeit der stufenlosen Einstellung und werden miteinander kombiniert. Damit ergibt sich das Kennlinienbild wie in Bild 1.23 dargestellt.

Um den Motor thermisch nicht zu überlasten, muss aufgrund der Beziehung:

$$I = \frac{M}{c \cdot \Phi}$$

das Nenn- und das Maximalmoment oberhalb der Nenndrehzahl reduziert werden. Dies geschieht wegen der Abhängigkeit

$$\frac{M}{M_{\text{Nenn}}} = \frac{\Phi}{\Phi_{\text{Nenn}}} \approx \frac{n_{\text{Nenn}}}{n}$$

In Bild 1.24 sind die Grenzkennlinien für das Maximal- und das Nennmoment dargestellt.

Drehzahlstellen mit Ankervorwiderständen

Eine weitere Möglichkeit der Drehzahlstellung sei der Vollständigkeit halber noch erwähnt. Durch Erhöhung des Ankerkreiswiderstandes mittels Ankervorwiderständen kann eine stufige Einstellung der Drehzahl realisiert werden.

Die erreichbare Drehzahl kann dadurch jedoch nur vermindert werden und ist stark lastabhängig (Bild 1.25). Im Leerlauf hat der Ankervorwiderstand so gut wie keine Wirkung, was auch aus der Gleichung der Drehmoment-Drehzahlbeziehung ersichtlich ist.

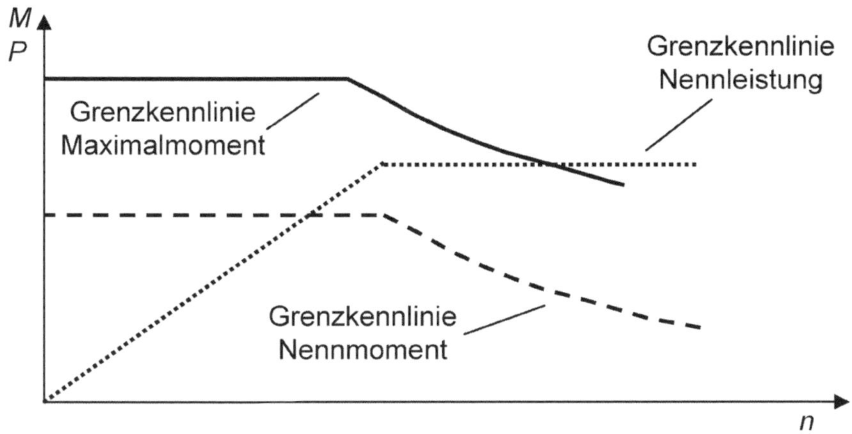

Bild 1.24 *Grenzkennlinien Gleichstrom-Nebenschlussmotor bei Betrieb mit Ankerspannungsstellung und anschließender Erregerstromreduzierung*

Bild 1.25
Drehmoment-Drehzahl-Kennlinie Gleichstrom-Nebenschlussmotor bei Betrieb mit veränderbaren Ankervorwiderständen

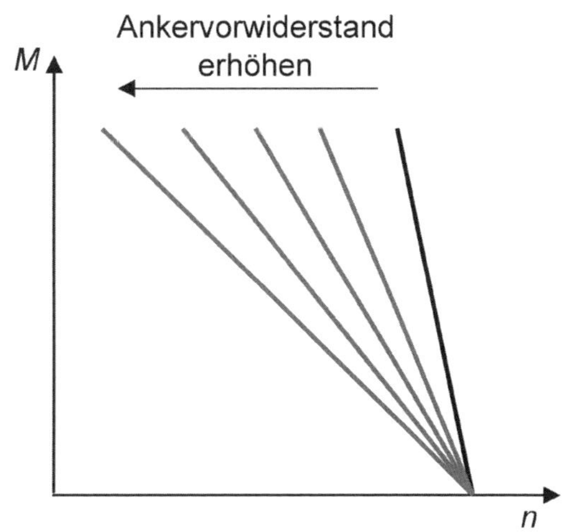

Hier ist eine Ähnlichkeit mit dem Verhalten des Drehstrom-Asynchronmotors mit Schleifringläufer bei Betrieb mit veränderbaren Läufervorwiderständen zu erkennen.

1.4 Motor und Arbeitsmaschine

Wird die Arbeitsmaschine mit dem Motor mechanisch gekoppelt und mit Spannung versorgt, stellt sich je nach dem Drehmomentbedarf der Arbeitsmaschine und dem Drehmomentangebot des Motors ein bestimmter Zustand ein.

Am Beispiel einer direkt am Netz betriebenen Asynchronmaschine und einer Arbeitsmaschine mit konstantem Drehmomentbedarf soll dieser Sachverhalt erläutert werden. Bild 1.26 zeigt dazu die Kennlinien.

Grundsätzlich kann man die Drehmomente aufteilen in:

- Motormoment M_{Mot},
- Lastmoment M_{Last},
- dynamisches Drehmoment M_{dyn}.

Die Summe aller Drehmomente ist immer null.

$$\Sigma M = 0 = M_{Mot} - M_{Last} - M_{dyn}$$

Zur Beschleunigung steht dem Antrieb das dynamische Moment zur Verfügung:

$$M_{dyn} = M_{Mot} - M_{Last}$$

Der Antrieb wird beschleunigt, solange das Motormoment größer als das Lastmoment ist. An der Stelle, wo sich die Kennlinie des Motors mit der Kennlinie der Arbeitsmaschine schneidet, ist

$$M_{Mot} = M_{Last}$$

und der Beharrungspunkt stellt sich ein.

Aus Bild 1.26 ist ersichtlich, dass sich das Beschleunigungsmoment und somit auch der Wert der Beschleunigung frei einstellt. Möchte man gezielt auf das Beschleunigungsverhalten Einfluss nehmen, muss der Motor drehzahlvariabel – entweder gesteuert oder geregelt – betrieben werden. Bild 1.27 stellt die Kennlinienschar des Asynchronmotors für den drehzahlvariablen Betrieb mittels veränderbarer Frequenz prinzipiell dar. Die Kennlinie des Motors wird dabei von der Drehzahl Null bis zum Beharrungspunkt durch Anhebung der Frequenz verschoben.

Das dynamische Drehmoment – der Drehmomentüberschuss, bezogen auf die Lastkennlinie – kann jetzt durch die Vorgabe der Änderungsgeschwindigkeit der Frequenz optimal auf das gewünschte Beschleunigungsverhalten eingestellt werden. In Bild 1.27 ist dies zum besseren Verständnis in einem groben Raster von einzelnen Frequenzabstufungen dargestellt.

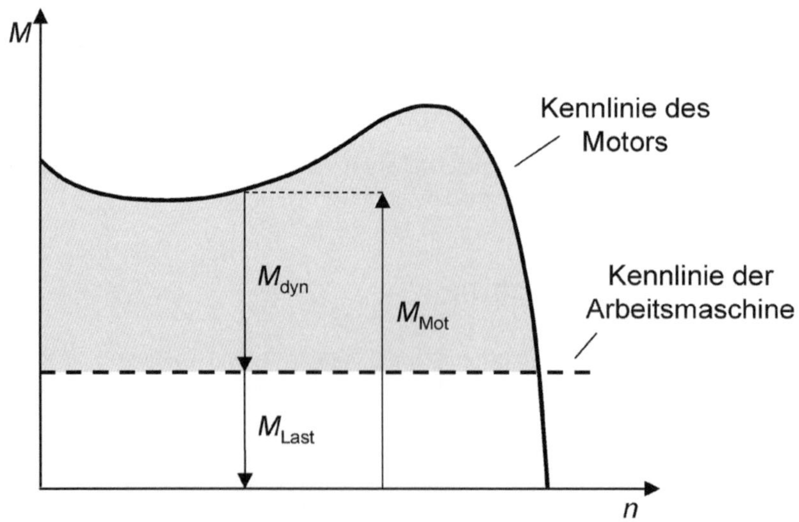

Bild 1.26 *Beispielhafte Drehmoment-Drehzahl-Kennlinie von Motor und Arbeitsmaschine*

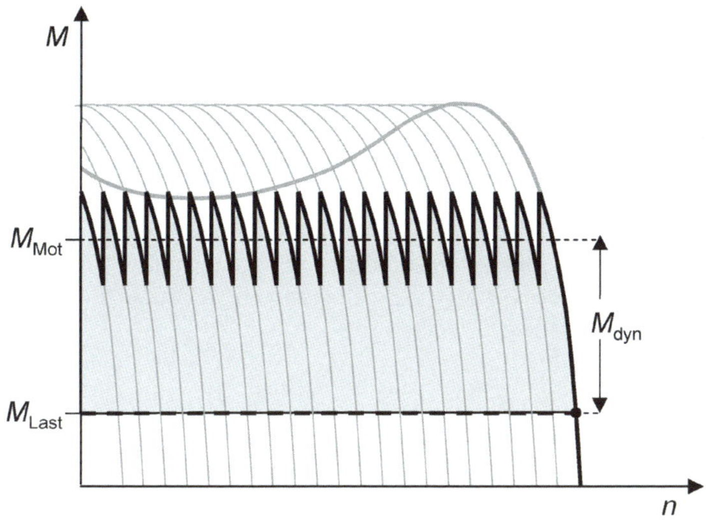

Bild 1.27 *Beispielhafte Drehmoment-Drehzahl-Kennlinie eines frequenzvariablen Motors und der Arbeitsmaschine*

1.5 Erwärmung und Abkühlung elektrischer Maschinen

Bei der Umwandlung von elektrischer in mechanische Energie entstehen im Motor Verluste, die Wärme erzeugen.

Im Leerlauf entstehen

- Lagerreibungsverluste (~ n),
- Bürstenreibungsverluste (~ n),
- Lüfterreibungsverluste (~ n^2),
- Eisenverluste (~ U^2),
  - Wirbelstromverluste,
  - Hystereseverluste (Ummagnetisierungsverluste).

Bei Belastung entstehen

- Übergangsverluste an Bürsten,
- Zusatzverluste,
- Stromwärmeverluste (~ I^2).

Die bei Belastung entstehenden Verluste werden hauptsächlich von den durch die Widerstände der Stator- und Rotorwicklungen fließenden Ströme verursacht und deshalb Stromwärmeverluste ($I^2 \cdot R$) genannt.

Die gesamte Verlustleistung des Motors ist:

$$P_V = P_{V\_Leer} + P_{V\_Last}$$

Um eine für die Praxis brauchbare Berechnung der Erwärmungs- und Abkühlvorgänge zu bekommen, sind den angegebenen Formeln Vereinfachungen zugrunde gelegt, auf die hier nicht weiter eingegangen wird.

Für einen Erwärmungsvorgang (Maschine hat Raumtemperatur) berechnet sich der zeitliche Verlauf der Temperatur ϑ nach:

$$\vartheta = \vartheta_e \cdot \left(1 - e^{-t/T}\right)$$

Hierin ist ϑ_e die stationäre Endtemperatur, die sich theoretisch erst nach unendlich langer Zeit bei Betrieb mit Nennlast einstellt. Sie ist der Quotient aus der gesamten Verlustleistung P_V und dem Wärmeabgabevermögen A der Maschine.

$$\vartheta_e = \frac{P_V}{A}$$

In der Praxis wird der Erwärmungsvorgang jedoch häufig nach ca. $3 \cdot T$ als abgeschlossen betrachtet, da nach dieser Zeit ca. 95% der Endübertemperatur erreicht sind.

Die thermische Zeitkonstante (bzw. Erwärmungszeitkonstante) T berücksichtigt die Wärmekapazität C und das Wärmeabgabevermögen A des Motors:

$$\mathrm{T} = \frac{C}{A}$$

Für einen Abkühlungsvorgang berechnet sich der zeitliche Verlauf der Temperatur ϑ entsprechend:

$$\vartheta = \vartheta_e \cdot e^{-t/T}$$

Hatte der Motor seine zulässige stationäre Endübertemperatur beim Erwärmungsvorgang noch nicht erreicht, so ist für ϑ_e anstelle der Endübertemperatur die zu diesem Augenblick herrschende Temperatur einzusetzen.

Weiterhin muss noch berücksichtigt werden, ob der Motor während des Abkühlungsvorgangs den gleichen Kühlbedingungen unterworfen ist wie bei der Erwärmung. Ist dies nicht der Fall, wirkt als Zeitkonstante ein anderer Wert, die Abkühl- bzw. Stillstandszeitkonstante $\mathrm{T_{St}}$. Als Richtwerte für das Verhältnis gelten:

$$\frac{\mathrm{T}}{\mathrm{T_{St}}} = 0{,}5 \ldots 1$$

Das ist beispielsweise der Fall, wenn der Motor über einen auf die Welle angebauten Lüfter verfügt. Wenn dieser Motor nach der Belastungsphase ausgeschaltet wird, ist das Wärmeabgabevermögen durch die fehlende Kühlwirkung des Lüfters nicht mehr gegeben, und es muss für den Abkühlvorgang während des Stillstandes mit der Abkühlzeitkonstante $\mathrm{T_{St}}$ gerechnet werden. Bild 1.28 zeigt die prinzipiellen zeitlichen Verläufe der Temperatur.

Wird der Motor jedoch durch einen Fremdlüfter oder durch Flüssigkeitskühlung gekühlt und bleibt diese nach Abschaltung des Motors in Betrieb, muss nicht mit der Stillstandszeitkonstante $\mathrm{T_{St}}$ gerechnet werden.

Die Kenntnis des Erwärmungsverhaltens bildet die Grundlage für eine optimale thermische Ausnutzung des Motors. Wenn der Motor zum Beispiel während seines Betriebes nur kurzzeitig belastet wird, erreicht er nicht seine zulässige Endübertemperatur. Das bedeutet, dass man den Motor für diese kurze Zeit höher belasten kann. Die Belastung kann dabei so hoch sein, dass er schon nach dieser kurzen Zeit die zulässige Endübertemperatur erreicht hat.

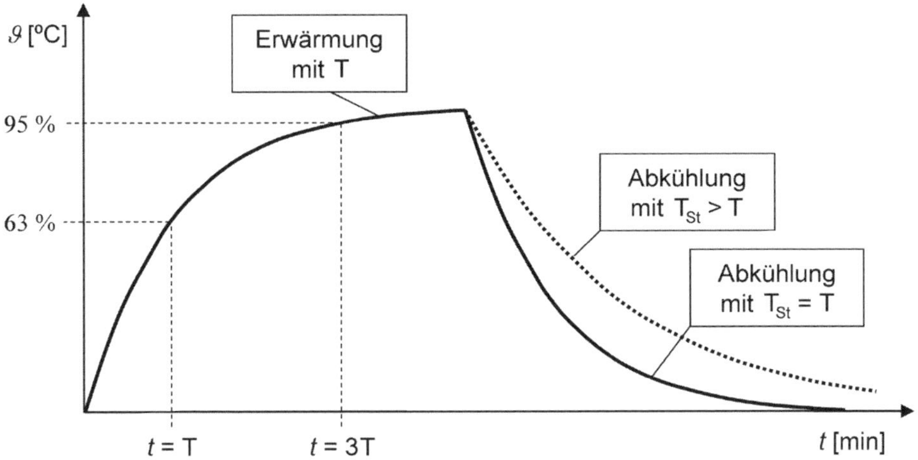

Bild 1.28 *Erwärmungs- und Abkühlungskurve für einen Motor*

Der umgekehrte Fall ist ebenfalls möglich: Wenn ein Motor sehr häufig eingeschaltet oder durch Gegenstrombremsen in den Stillstand gebracht wird, erhöht dies die thermische Belastung. Der Motor kann dann nur noch mit einem reduzierten Moment betrieben werden, damit die zulässige Endübertemperatur nicht überschritten wird.

Die Verluste setzen sich aus den Leerlauf- und den Lastverlusten zusammen. Der Dauernennstrom des Motors verursacht im Wesentlichen die in ihm entstehenden Lastverluste, womit die Fläche unter dem Strom I^2 (Bild 1.29) das Maß dafür ist.

Besteht die Strombelastung des Motors nicht aus seinem zeitlich konstanten Dauernennstrom, sondern setzt sich aus einem Lastspiel unterschiedlicher Ströme zusammen (Bild 1.30), so darf die Summe der einzelnen Verlustenergien die gesamte zulässige Verlustenergie im Nennlastbetrieb nicht überschreiten:

$$\mathrm{k} \cdot I_{\mathrm{Nenn}}^2 \cdot t_{\mathrm{ges}} \geq \mathrm{k} \cdot \left(I_1^2 \cdot t_1 + I_2^2 \cdot t_2 + I_3^2 \cdot t_3 + \ldots\right)$$

Durch Auflösung der Formel nach I_{Nenn} ergibt sich:

$$I_{\mathrm{Nenn}} \geq I_{\mathrm{eff}} = \sqrt{\frac{I_1^2 \cdot t_1 + I_2^2 \cdot t_2 + I_3^2 \cdot t_3 + \ldots}{t_{\mathrm{ges}}}}$$

Der quadratische Mittelwert (Effektivwert) des Stromlastspiels ist der zeitlich konstante Ersatzstrom, dessen Größe die gleiche Erwärmung hervorrufen würde wie das Stromlastspiel. Der Effektivwert darf somit den Dauerstrom der Maschine nicht überschreiten. Dies ist die Grundlage der thermischen Kontrolle bei der Antriebsauslegung.

Hinweis

Der Effektivwert des Stromlastspiels darf in diesem Zusammenhang nicht mit dem Effektivwert einer Wechselgröße verwechselt werden.

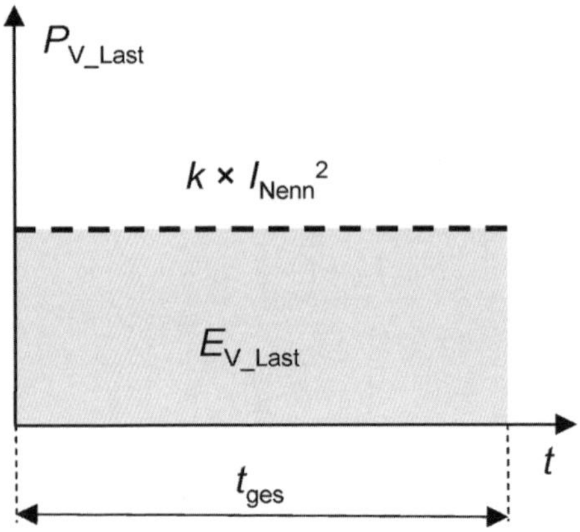

Bild 1.29
Verlustenergie bei Belastung mit zeitlich konstantem Strom

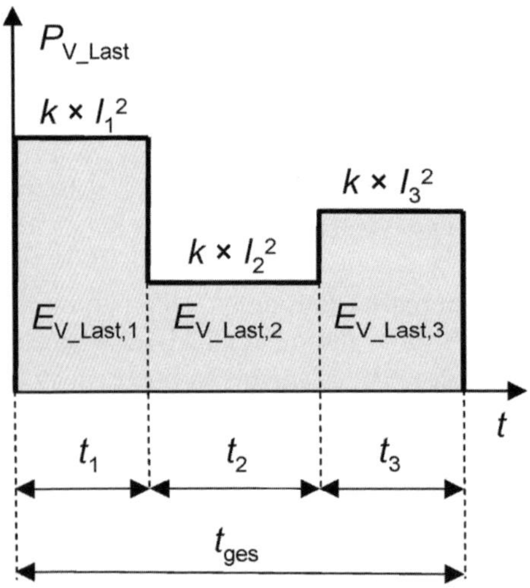

Bild 1.30
Verlustenergie bei Belastung mit Strom-Lastspiel

Sind die Abhängigkeiten zwischen Drehmoment und Strom bekannt, ist die thermische Auslegung des Motors auch über Drehmomente möglich. Das Drehmoment einer elektrischen Maschine kann über den Zusammenhang

$$M = c \cdot \Phi \cdot I$$

ausgedrückt werden.

Bei Maschinen mit Nebenschluss- und Synchronverhalten (Gleichstromnebenschluss-, Asynchron- und Synchronmotor) ist der magnetische Fluss Φ = konstant und unabhängig vom Laststrom. Dort ist das Drehmoment der Maschine proportional zum Strom:

$$M \sim I$$

In diesen Fällen kann das Drehmoment M anstelle des Stromes I in obige Formel eingesetzt werden:

$$M_{\text{Nenn}} \geq M_{\text{eff}} = \sqrt{\frac{M_1^2 \cdot t_1 + M_2^2 \cdot t_2 + M_3^2 \cdot t_3 + \ldots}{t_{\text{ges}}}}$$

Hier ist also die Auslegung nach dem quadratischen Mittelwert des Drehmomentlastspiels, dem Effektivmoment, zulässig.

Bei Maschinen mit Reihenschlussverhalten (Gleichstrom-Reihenschlussmotor) ist der magnetische Fluss Φ nicht konstant, er ist abhängig vom Laststrom:

$$\Phi \sim I$$

Somit ist dort das Drehmoment proportional zum Quadrat des Stromes:

$$M \sim I^2$$

In diesen Fällen kann das Drehmoment M anstelle des Quadrates des Stromes I^2 in die obige Formel eingesetzt werden:

$$M_{\text{Nenn}} \geq M_{\text{mitt}} = \frac{M_1 \cdot t_1 + M_2 \cdot t_2 + M_3 \cdot t_3 + \ldots}{t_{\text{ges}}}$$

Hier ist also die Auslegung nach dem arithmetischen Mittelwert der Beträge des Drehmomentlastspiels, dem mittleren Moment, zulässig.

Wenn es sich bei den Strom- bzw. Drehmomentlastspielen in den einzelnen Zeitabschnitten nicht um konstante Größen handelt, muss die Fläche unter den Kurven mittels Integralrechnung bestimmt werden.

Hinweis

Bei dieser Methode wird aus Gründen der Vereinfachung vernachlässigt, dass bei sehr hohen Überlastungen der Strom aufgrund von Sättigungseffekten im Eisen überproportional mit dem Drehmoment ansteigt.

Wird die Maschine mit konstanter Drehzahl am Netz betrieben und ist die Drehzahl weiterhin unabhängig von der Belastung (Maschinen mit Synchronverhalten), so ergibt sich für die Leistung:

$$P = M \cdot \omega = c \cdot \Phi \cdot I \cdot 2 \cdot \pi \cdot n$$

mit c, Φ, n = konstant

und dann ist:

$$P \sim I$$

In diesen Fällen kann für die thermische Auslegung die Leistung P anstelle des Stromes I in die Formel eingesetzt werden:

$$P_{\mathrm{Nenn}} \geq P_{\mathrm{eff}} = \sqrt{\frac{P_1^2 \cdot t_1 + P_2^2 \cdot t_2 + P_3^2 \cdot t_3 + \ldots}{t_{\mathrm{ges}}}}$$

Hier ist somit die Auslegung nach dem quadratischen Mittelwert der Leistung, der Effektivleistung, zulässig.

Bei kleineren belastungsabhängigen Abweichungen der Drehzahl (Asynchronmaschine) ist dieses Verfahren auch noch zulässig.

1.6 Betriebsarten elektrischer Maschinen

Nicht immer unterliegen die Motoren einer konstanten Belastung. Die weitaus größere Anzahl der Anwendungen ist durch wechselnde Lastspiele gekennzeichnet. In vielen Fällen wirken sich auch der Anlauf und das Abbremsen der Maschine, die sogenannten nichtstationären Zustände, sehr stark auf die Erwärmung aus und können bei der Auslegung deshalb nicht mehr vernachlässigt werden.

Damit man für die Vielzahl der Anwendungen trotzdem mit guter Näherung eine optimale Ausnutzung der Motoren erreichen kann, sind für elektrische Maschinen Betriebsarten festgelegt worden. Diese beschreiben typische Lastspiele, auf die man sich mit seinem speziellen Anwendungsfall referenzieren kann, um einen Motor auszuwählen, der im späteren Betrieb möglichst nahe an seiner zulässigen Grenzübertemperatur betrieben wird.

Die Betriebsart einer elektrischen Maschine wird mit dem Buchstaben S und einer nachfolgenden Ziffer beschrieben. Bei einigen Betriebsarten sind zu ihrer genauen Spezifizierung noch zusätzliche Angaben wie zum Beispiel die relative Einschaltdauer, die zulässigen externen Massenträgheitsmomente, Einschaltzeiten usw. notwendig. Der weitaus größte Teil der Motoren wird für die Betriebsart S1 hergestellt. Bei diesen Maschinen erfolgt keine Angabe der Betriebsart auf dem Leistungsschild. S1-Motoren stehen in genormten Baureihen (IEC-Normmotoren) für ein großes Leistungs- und Drehzahlspektrum zur Verfügung. Aufgrund dieser Tatsache werden sie auch häufig in anderen Betriebsarten eingesetzt. Grundsätzlich lässt sich jede beliebige Betriebsart auf einen äquivalenten Dauerbetrieb zurückführen (siehe auch Abschnitt 12.5).

Dabei kann man Folgendes feststellen:

- Dem für S1-Betrieb bemessenen Motor kann bei Einsatz in anderen Betriebsarten mehr Leistung abverlangt werden. Die trifft bei Verwendung in den Betriebsarten S2, S3 und S6 zu. Es handelt sich dabei um Lastspiele, bei denen der Anlauf und das elektrische Bremsen keine Rolle für die Erwärmung des Motors spielen.
- Die Leistung eines S1-Motors muss beim Einsatz in anderen Betriebsarten vermindert werden. Dies trifft beim Einsatz in den Betriebsarten S4, S5, S7, S8 und S9 zu. Dort haben der Anlauf und/oder die elektrische Bremsung sowie hohe Überlast Einfluss auf das Erwärmungsverhalten des Motors.

  Nachfolgend sind die in EN 60 034-1 festgelegten Betriebsarten für elektrische Maschinen kurz aufgelistet. Für eine ausführliche Beschreibung sei an dieser Stelle auf die Norm verwiesen.

S1 – Dauerbetrieb (Bild 1.31)

- konstante Belastung, bis die thermische Beharrung erreicht ist
- Beispiel: Gebläse, Pumpen

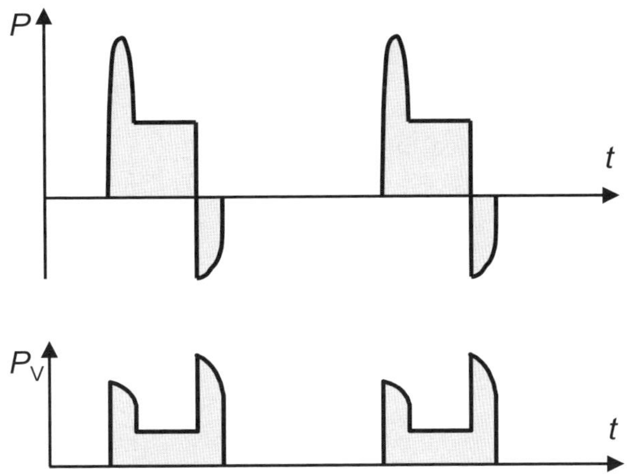

Bild 1.31 *Betriebsart S1*

S2 – Kurzzeitbetrieb (Bild 1.32)

- konstante Belastung, ohne dass die thermische Beharrung erreicht wird, danach Abkühlung
- Beispiel: Elektrowerkzeuge
- charakteristische Angaben: Betriebsart und Betriebsdauer

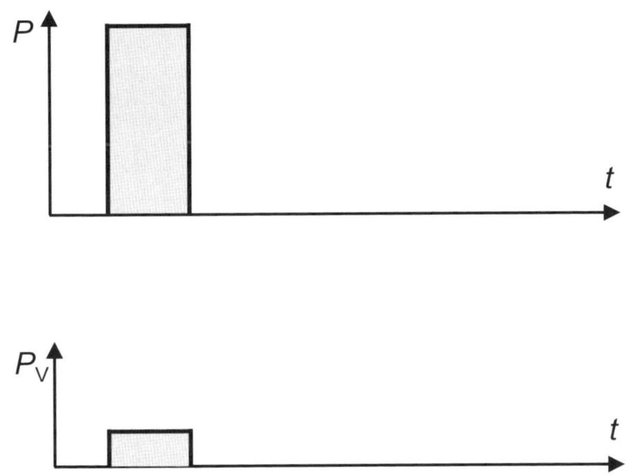

Bild 1.32 *Betriebsart S2*

S3 – Periodischer Aussetzbetrieb (Bild 1.33)

- periodische Folge von konstanter Belastung und Stillstand
- Beispiel: Antriebe mit Schleifringläufer und mechanischer Bremse in der Hebetechnik
- charakteristische Angaben: Betriebsart und Einschaltdauer

Bild 1.33 *Betriebsart S3*

S4 – Periodischer Aussetzbetrieb mit Einfluss des Anlaufvorgangs (Bild 1.34)

- periodische Folge von Anlauf, konstanter Belastung und Stillstand
- Beispiel: Antriebe mit Kurzschlussläufer und mechanischer Bremse in der Hebetechnik
- charakteristische Angaben: Betriebsart, relative Einschaltdauer, Massenträgheitsmoment des Motors, Massenträgheitsmoment der Last

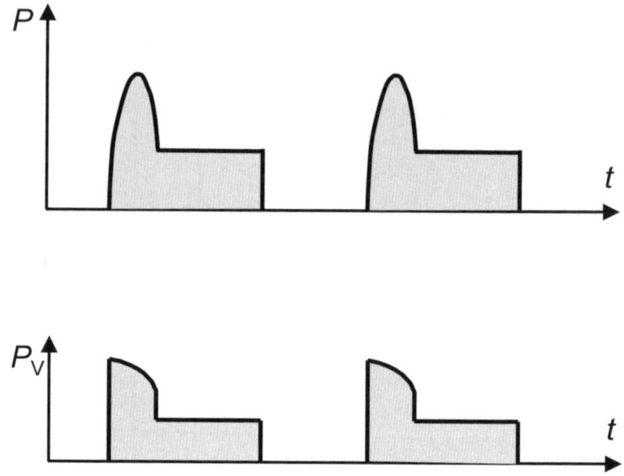

Bild 1.34 *Betriebsart S4*

S5 – Periodischer Aussetzbetrieb mit elektrischer Bremsung (Bild1.35)

- periodische Folge von Anlauf, konstanter Belastung, elektrischer Bremsung und Stillstand
- Beispiel: wie bei S4, aber zusätzlich mit Gegenstrombremsung
- charakteristische Angaben: wie bei S4

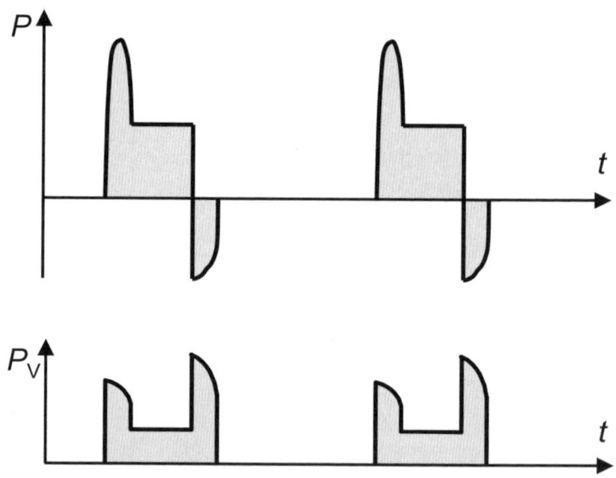

Bild 1.35 *Betriebsart S5*

S6 – Ununterbrochener periodischer Betrieb (Bild 1.36)

- periodische Folge einzelner Belastungen und Leerlauf
- Beispiel: Pressenhauptantrieb
- charakteristische Angaben: Betriebsart und Einschaltdauer

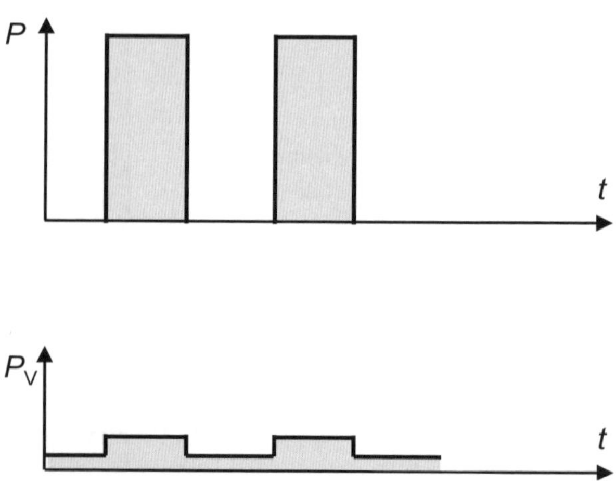

Bild 1.36 *Betriebsart S6*

S7 – Ununterbrochener periodischer Betrieb mit elektrischer Bremsung (Bild 1.37)

- periodische Folge von Anlauf, konstanter Belastung und elektrischer Bremsung
- Beispiel: Reversierantriebe
- charakteristische Angaben: Betriebsart, Massenträgheitsmoment des Motors, Massenträgheitsmoment der Last

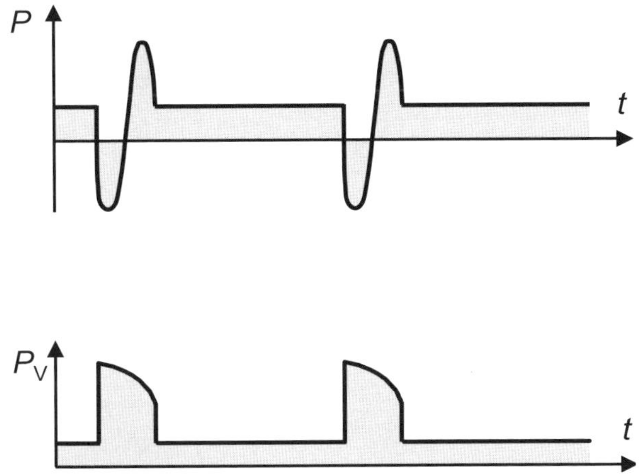

Bild 1.37 *Betriebsart S7*

S8 – Ununterbrochener periodischer Betrieb mit Last-/Drehzahländerungen (Bild 1.38)

- identische Folge von Belastung bei bestimmter Drehzahl und weiteren anderen Belastungen und Drehzahlen
- Beispiel: Anwendungen mit polumschaltbaren Kurzschlussläufermotoren
- charakteristische Angaben: Betriebsart, Massenträgheitsmoment des Motors, Massenträgheitsmoment der Last, Leistungen bei zugehörigen Drehzahlen und Einschaltdauern

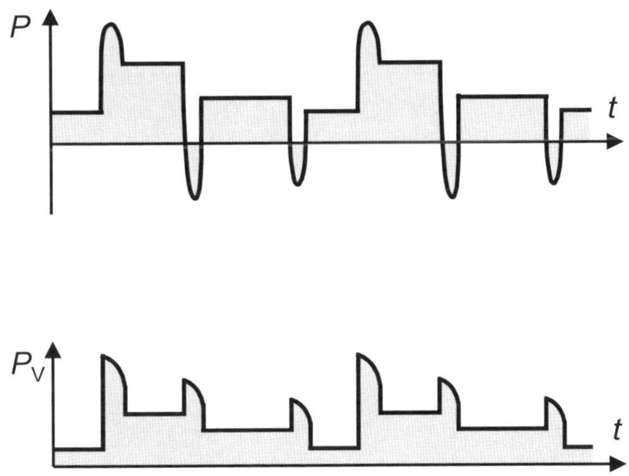

Bild 1.38 *Betriebsart S8*

S9 – Betrieb mit nichtperiodischen Last- und Drehzahländerungen (Bild 1.39)

- Last und Drehzahl ändern sich nichtperiodisch, hohe Überlast
- Beispiel: Servoanwendungen
- charakteristische Angaben: Betriebsart

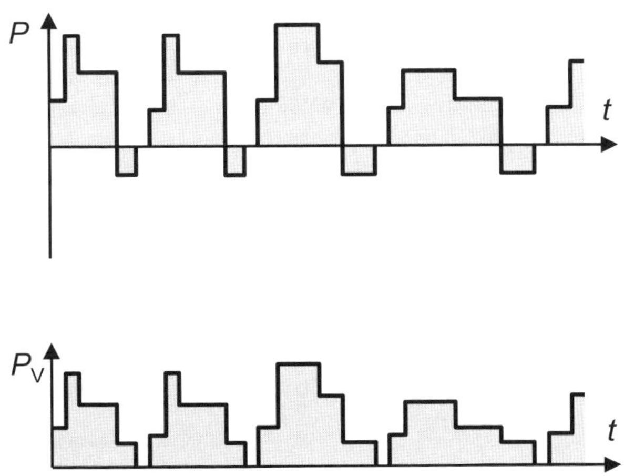

Bild 1.39 *Betriebsart S9*

S10 – Betrieb mit einzelnen konstanten Belastungen und Drehzahlen (Bild 1.40)

- begrenzte Anzahl von Kombinationen konstanter Belastung und zugehöriger Drehzahl, thermische Beharrung wird innerhalb einer Kombination erreicht
- Beispiel: Anwendungen mit Frequenzumrichter
- charakteristische Angaben: Betriebsart

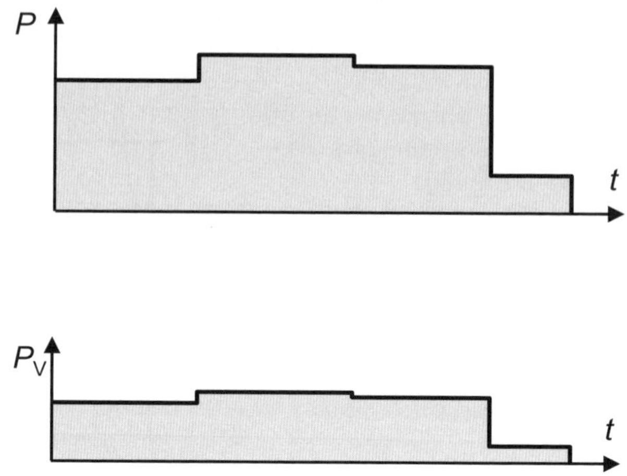

Bild 1.40 *Betriebsart S10*

1.7 Charakteristiken der Anwendungen

Die genormten Betriebsarten für elektrische Maschinen bieten mit ihren verschiedenen Lastspielen gute Referenzen, aus denen man sich das für seinen Lastfall Passende heraussuchen kann. Dynamik und Genauigkeitsanforderungen werden darin nicht berücksichtigt, da es bei den Betriebsarten um das Thema «gute thermische Auslastung» der Motoren geht.

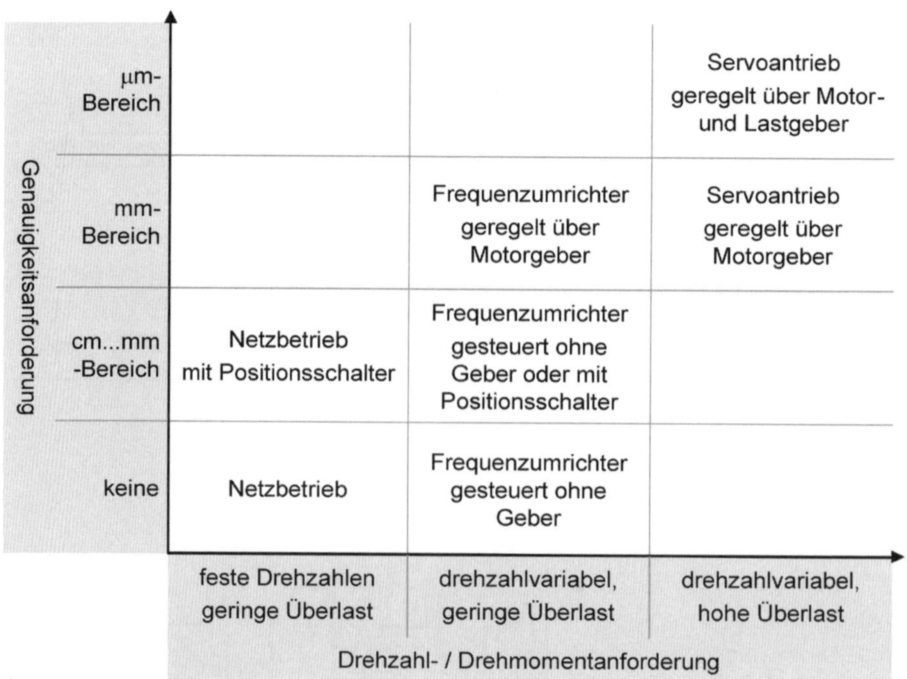

Bild 1.41 *Einteilung der Anwendungen*

Wie schnell ein Drehmoment aufgebaut werden muss, wie genau eine Drehzahl, ein Drehwinkel oder eine Position erreicht werden müssen, sind weitere Kriterien, die eine Anwendung charakterisieren. In Bild 1.41 sind verschiedene Kombinationen dieser Anforderungen mit möglichen Antriebstechniken dargestellt.

Mit direkt am Netz betriebenen Motoren lassen sich bereits gute Positionierantriebe realisieren. Insbesondere wenn man polumschaltbare Motoren vor dem Erreichen der Zielposition auf eine kleine Drehzahl umschaltet und sehr langsam auf den Positionsschalter fährt, reicht diese Möglichkeit für einfache Transportaufgaben aus. Dieses Verfahren benötigt jedoch relativ viel Zeit, ist also nicht sehr dynamisch.

Werden die Anforderungen an Genauigkeit und Dynamik einer Maschine immer höher, kommt man mit stufenlos drehzahlvariablen Antrieben wesentlich weiter.

Insbesondere für drehzahlgesteuerte bzw. -geregelte Antriebe haben sich im Laufe der Zeit zwei charakteristische Anwendungsgebiete herausgestellt:

- typische Frequenzumrichter-Anwendungen,
- typische Servoanwendungen.

Im Wesentlichen unterscheiden sie sich durch die folgenden Merkmale:

Frequenzumrichter-Anwendungen
- Relativ geringes Überlastverhältnis
  - Während den Beschleunigungsphasen werden Drehmomente maximal bis zum 2-fachen Nennmoment gefordert.
  - Drehmomentbedarf während der Konstantfahrt bei ca. Nennmoment des Motors
- Dynamik begrenzt
  - Beschleunigungszeiten auf Nenndrehzahl meistens deutlich oberhalb 0,5 s
- Drehzahlstellbereich
  - Keine wesentliche Überschreitung von Drehzahlen über 3000 min^{-1}
- Typischer Betriebspunkt vorhanden
  - Bei Konstantfahrt wird der Motor bei ca. Nenndrehzahl und Nennmoment betrieben.

Hinweis

Bei Frequenzumrichter-Anwendungen wird vorwiegend über den Parameter Leistung gesprochen – begründet durch die bevorzugte Verwendung von 4-poligen (Asynchron-) Normmotoren und dadurch, dass die Motoren überwiegend im Nennpunkt betrieben werden.

Servoanwendungen
- Großes Überlastverhältnis
  - Hoher Drehmomentbedarf während den Beschleunigungsphasen
  - Relativ niedriger Drehmomentbedarf während der Konstantfahrt
- Hohe (geregelte) Dynamik
  - Sehr hohe Beschleunigungen und Verzögerungen (bei linearen Bewegungen bis 10 *g* und mehr)
- Großer Drehzahlstellbereich
  - Hohe Geschwindigkeiten im Eilgang
  - Niedrige Geschwindigkeiten während der Bearbeitung
- Kein typischer Betriebspunkt vorhanden
  - Ständig wechselnde und kurz aufeinanderfolgende Bewegungsphasen: Beschleunigung, Konstantfahrt, Verzögerung

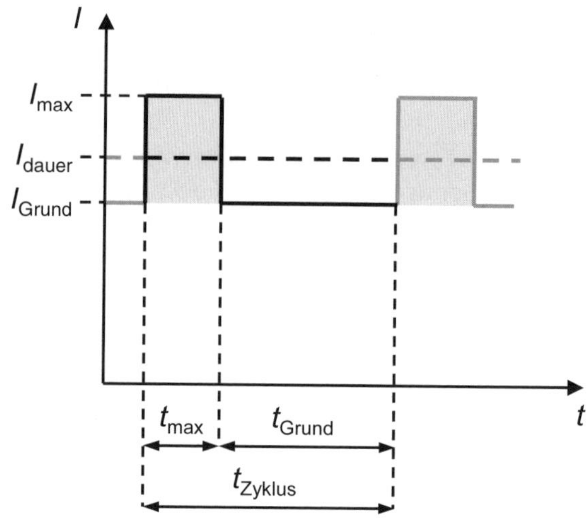

Bild 1.42
Diagramm zur Angabe von Umrichter-Stromlastspielen

Hinweis

Bei Servoanwendungen wird vorwiegend über den Parameter Drehmoment gesprochen – begründet durch die Vielzahl der Arbeitspunkte und dadurch, dass die Maximaldrehmomente sowie die Dauerdrehmomente im unteren Drehzahlbereich das Kennzeichnende dieser hochdynamischen Anwendungen sind.

Tabelle 1.1 *Typische Werte für verschiedene Stromlastspiele*

Anwendung für	Charakteristische Größen des Stromlastspieles	
Frequenzumrichter: Dauerbetrieb ohne Überlast (z.B. Anlauf ohne Last ...)	I_{dauer}	t_{zyk} > 10 min
Frequenzumrichter: keine großen Beschleunigungen gefordert (Pumpen, Lüfter ...) *Hinweis:* Datenangaben für 1,1-fache Überlast werden auch unter den Begriffen «Leichte Überlast», «Light Overload (LO)» oder «Normal Duty (ND)» geführt. Seltener wird die Bezeichnung «Hohe Dauerlast» verwendet.	$I_{max} / I_{Grund} = 1{,}1$	t_{max} = 1 min, t_{zyk} = 10 min
Frequenzumrichter: häufigster Lastfall (Hub- und Fahranwendungen ...) *Hinweis:* Datenangaben für 1,5-fache Überlast werden auch unter den Begriffen «Hohe Überlast», «High Overload (HO)» oder «Heavy Duty (HD)» geführt.	$I_{max} / I_{Grund} = 1{,}5$	t_{max} = 1 min, t_{zyk} = 5...10 min
Frequenzumrichter: größere Beschleunigungen gefordert (Handling ...)	$I_{max} / I_{Grund} = 2$	t_{max} < 1 min, t_{zyk} < 5 min
Servoumrichter: hohe Beschleunigungen (Zustellantriebe in Werkzeugmaschinen ...)	$I_{max} / I_{Grund} > 2$	t_{max} < 1 s, t_{zyk} < 5 s
Servoumrichter: Kurzzeitbetrieb (Hauptspindelantriebe zum Fräsen, Schleifen ...)	I_{max} (I_{Grund} = 0)	ED < 50% t_{zyk} < 5 min

Hersteller von Servo- oder Frequenzumrichtern geben in ihren technischen Unterlagen bestimmte Stromlastspiele an (Bild 1.42). In der Praxis werden sie, ähnlich wie die Referenzlastspiele in den Betriebsarten, nicht exakt so vorkommen.

Da sich jedoch aus der Erfahrung für bestimmte Anwendungen charakteristische Abläufe herausgestellt haben, dienen sie als gute Orientierung, auf die man sich referenzieren kann.

Tabelle 1.1 zeigt die Größenordnungen der Werte, wie sie beispielhaft bei typischen Frequenzumrichter- und Servoanwendungen zu finden sind.

Würde man ein solches Stromlastspiel, bestehend aus I_{max} und I_{Grund}, in einen thermisch gleichwertigen Effektivstrom umrechnen (siehe Abschnitt 7.2), kommt man nicht gezwungenermaßen auf den zulässigen Dauerstrom I_{dauer} des Umrichters. Dies kann unter anderem daran liegen, dass die Stromlastspiele durch den Wechsel zwischen I_{max} und I_{Grund}, insbesondere bei Servoanwendungen mit kurzen Zykluszeiten und großen Überlasten, hohe Temperaturhübe in den Leistungshalbleitern hervorrufen. Diese Temperaturhübe stellen eine starke Beanspruchung dar, die sich Lebensdauer-mindernd auswirken. Deswegen ist unter Umständen ein Derating erforderlich, damit die Lebensdauer nicht herabgesetzt werden muss.

ACHTUNG

Die Angabe des Verhältnisses von Maximalstrom zu Dauerstrom wird häufig als Überlastverhältnis bezeichnet. Dieser Begriff ist aber irreführend, da der Dauerstrom nicht weiter überlastet werden kann.

1.8 Topologie des mechanischen Antriebsstrangs

Zur Realisierung von rotativen oder linearen Bewegungen auf der Lastseite bestehen mit den beiden grundlegenden Motorprinzipien sowie den Übertragungs- und Abtriebselementen verschiedene Möglichkeiten (Bild 1.43).

Einen «Maximalaufbau» mit Motor, Übertragungs- und Abtriebselement zeigt Bild 1.44 am Beispiel einer Seiltrommel.

Ist keine Anpassung von Drehmoment und Drehzahl zwischen Motor und Abtriebselement erforderlich, kann das Übertragungselement entfallen.

Wenn es sich an der Lastseite um eine rotative Bewegung handelt, ist kein Abtriebselement vorhanden (Bild 1.45). Auch hier ergibt sich eine weitere Vereinfachung, wenn das Übertragungselement entfällt. Dann handelt es sich um einen rotativen Direktantrieb. Damit lassen sich sehr dynamische und präzise Bewegungsvorgänge realisieren, da aufgrund der starren Kopplung zwischen Motor und Last keine Elastizität oder Spiel im Antriebsstrang ist.

Die wesentliche Motivation zum Einsatz eines Linearmotors zur Realisierung linearer Bewegungen ist der Wegfall von spiel- und elastizitätsbehafteten Übertragungs- und Abtriebselementen, die benötigt würden, um mit rotativen Motoren eine lineare Abtriebsbewegung zu realisieren (Bild 1.46a). Dadurch ergeben sich die gleichen Vorteile wie bei einem rotativen Direktantrieb.

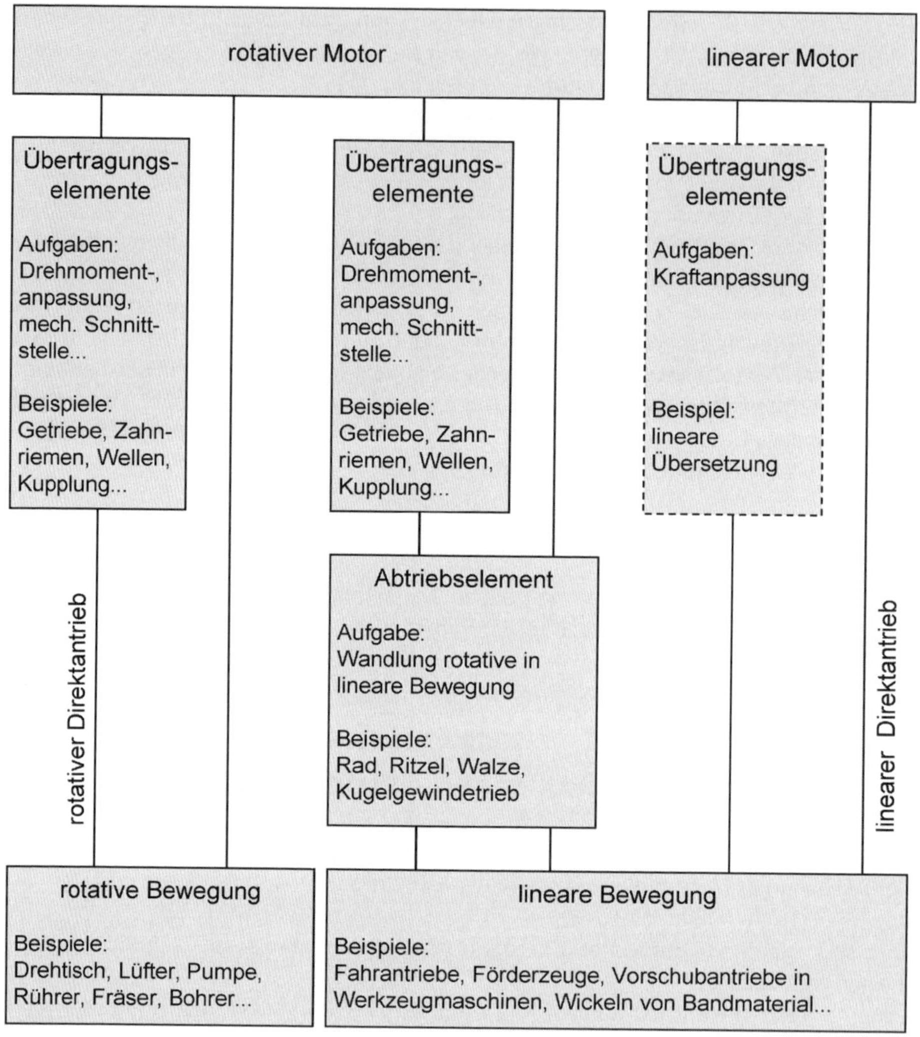

Bild 1.43 *Möglichkeiten der Realisierung von Bewegungen mit Antrieben*

Man kann sowohl das Primärteil verfahren und das Sekundärteil steht still als auch umgekehrt.

Das Verfahren des Sekundärteils hat den Vorteil, dass keine Kabel mitgeführt werden müssen. Gerade bei Bewegungen in gekapselten Anlagen ist diese Anordnung häufig anzutreffen. Für lange Verfahrwege hat das allerdings den Nachteil, dass ein sehr langes Sekundärteil bewegt werden muss und entsprechende Überfahrwege (Platzbedarf) zu berücksichtigen sind (Bild 1.46b).

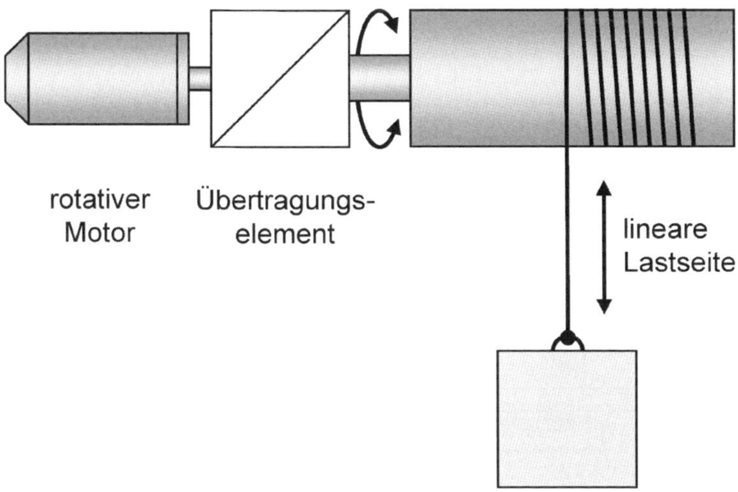

Bild 1.44 *Antriebsstrang mit einem rotativen Motor für lineare Abtriebsbewegung an einer Seiltrommel*

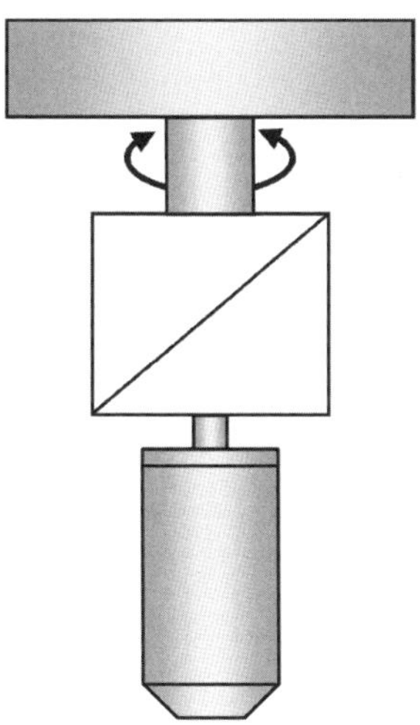

Bild 1.45
Antriebsstrang mit einen rotativen Motor für rotative Abtriebsbewegung an einem Drehtisch

Man kann auch ein kurzes Sekundärteil verwenden, das sich über mehreren Primärteilen bewegt (Bild 1.46c). Dem Vorteil des geringeren Platzbedarfs, der kleineren Masse und der Möglichkeit, mehrere Sekundärteile auf der gleichen Linearachse zu bewegen, steht der Nachteil des höheren regelungstechnischen Aufwandes und der Kosten für mehrere Stellgeräte gegenüber.

Auch beim Linearmotor kann ein Übertragungselement zwischen Motor und der zu bewegenden Masse angeordnet werden (Bild 1.47). Wenn auch eher selten angewendet, soll diese Anordnung der Vollständigkeit halber erwähnt sein.

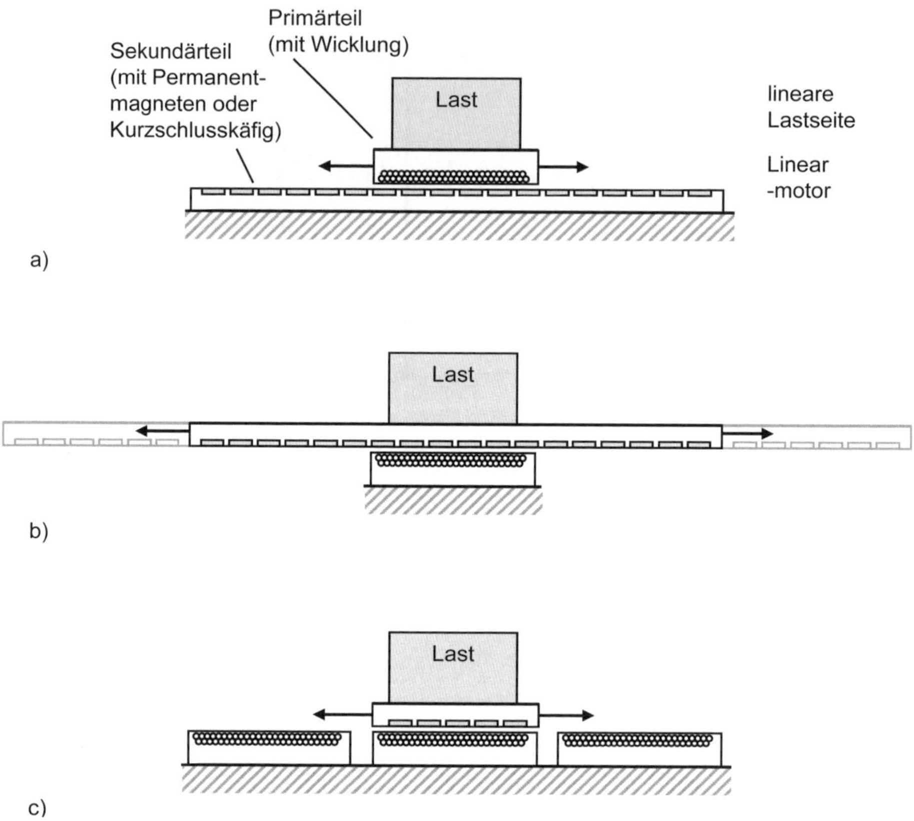

Bild 1.46 *Linearer Direktantrieb*
a) bewegtes Primärteil
b) bewegtes Sekundärteil über einem Primärteil
c) bewegtes Sekundärteil über mehreren Primärteilen

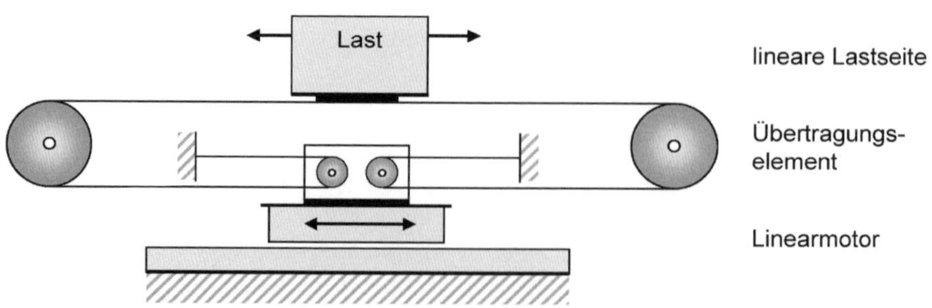

Bild 1.47 *Antriebsstrang mit einen Linearmotor für lineare Abtriebsbewegung*

1.9 Grundlegende Vorgehensweise bei der Antriebsauslegung

Die Bestandteile des mechanischen Antriebsstrangs bestimmen im Wesentlichen auch die einzelnen Berechnungsschritte für die Antriebsauslegung. Ausgehend von den Mechanik- und Bewegungsdaten auf der Lastseite werden die Größen bis zur Motorseite berechnet. Tabelle 1.2 gibt dazu eine Übersicht der einzelnen Berechnungen.

Hinweis

Siehe Berechnungsbeispiel in Kapitel 15.

Tabelle 1.2 *Übersicht Berechnungsablauf der Antriebsauslegung*

1. Berechnung des Bewegungsablaufs auf der Lastseite Anhand der Vorgabedaten des zu realisierenden Prozesses wird der Bewegungsablauf für jede einzelne Bewegungsphase berechnet. Damit sind die zeitlichen Verläufe der kinematischen Größen • Weg, Beschleunigung und Geschwindigkeit (bei linearen Lastbewegungen), • Drehwinkel, Winkelbeschleunigung und Winkelgeschwindigkeit (bei rotativen Lastbewegungen) bekannt.	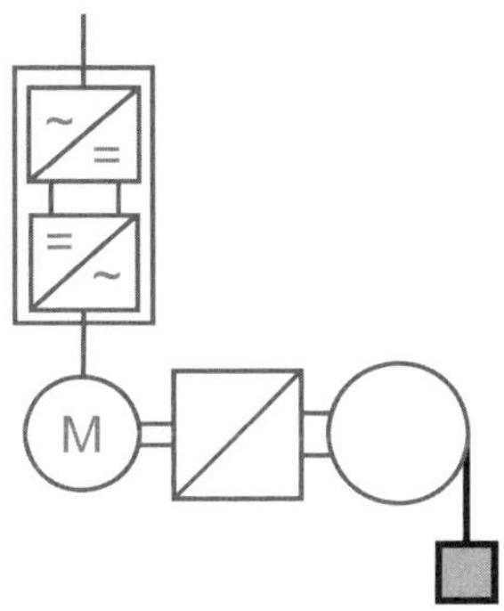
2. Berechnung der Kräfte und Drehmomente auf der Lastseite In Abhängigkeit ihrer Wirkrichtung werden alle wirkenden • Kräfte (bei linearen Lastbewegungen), • Drehmomente (bei rotativen Lastbewegungen) ermittelt und in Abhängigkeit ihrer Wirkrichtung geometrisch addiert. Damit erhält man pro Bewegungsphase eine resultierende Größe.	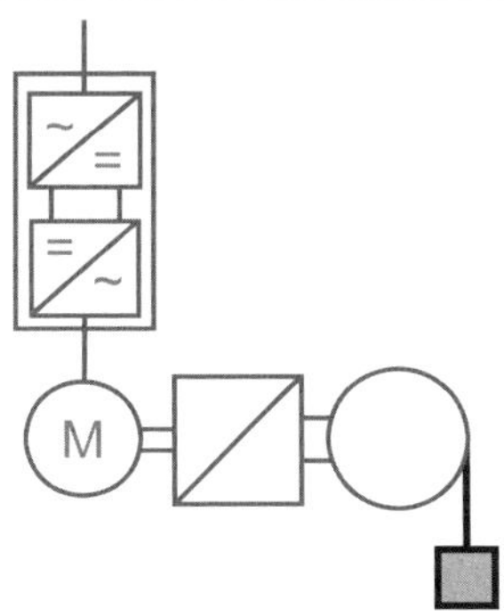
3. Umrechnung am Abtriebselement Wenn eine lineare Abtriebsbewegung mit einem rotativen Motor realisiert werden soll, ist ein Abtriebselement vorhanden. Es müssen die ermittelten Größen von der linearen auf die rotative Seite umgerechnet werden. Erforderliche Drehmomente für die Bewegung des Abtriebselementes selber sind hier ebenfalls zu berücksichtigen.	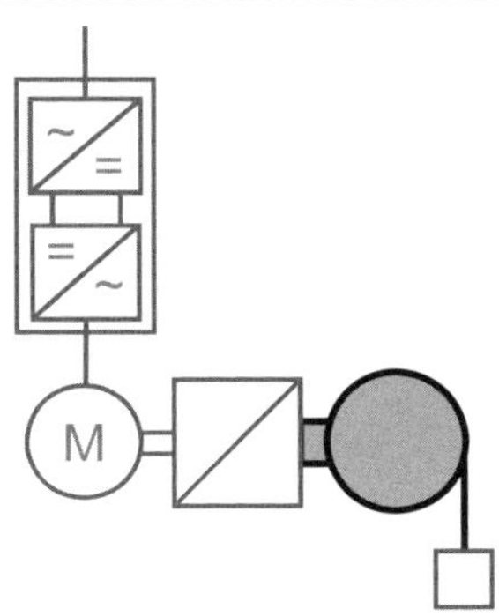

4. Umrechnung am Übertragungselement

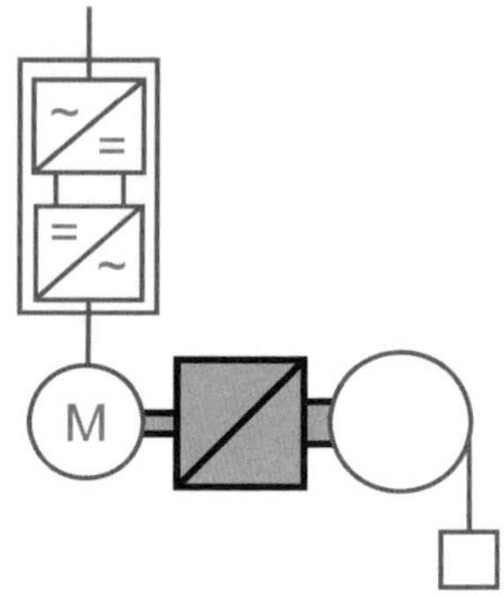

Sind Übertragungselemente im mechanischen Antriebsstrang zwischengeschaltet, werden die Größen von der Abtriebs- auf die Eintriebsseite transformiert. Auch hier werden die erforderlichen

- Drehmomente (bei rotativen Übertragungselementen),
- Kräfte (bei linearen Übertragungselementen),

die für die Bewegung des Übertragungselementes selber notwendig sind, eingerechnet.

5. Motor auswählen

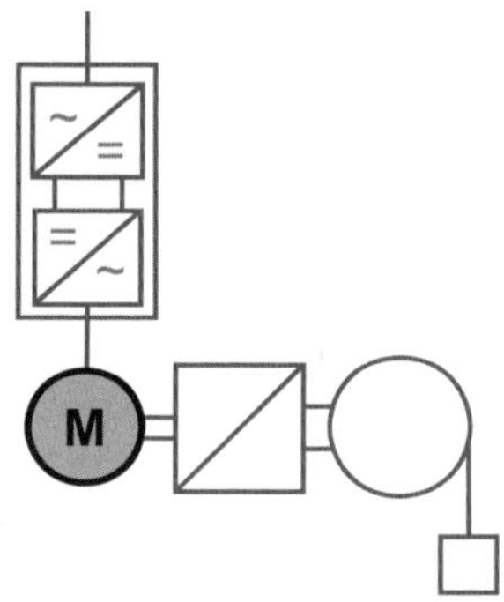

Aus den am Motor bekannten

- Drehmomenten und Drehzahlen können nun das Maximaldrehmoment ermittelt und das thermisch gleichwertige Ersatzdrehmoment sowie die mittlere Drehzahl berechnet werden (bei rotativem Motor);
- Kräften und Geschwindigkeiten können nun die Maximalkraft ermittelt und die thermisch gleichwertige Ersatzkraft sowie die mittlere Geschwindigkeit berechnet werden (bei linearem Motor).

Mit diesen Daten kann der Motor ausgewählt werden. Da jetzt erst das

- Massenträgheitsmoment (bei rotativem Motor) und die
- Masse (bei linearem Motor)

bekannt sind, muss die Rechnung noch einmal unter Berücksichtigung dieser Größen durchgeführt und überprüft werden.

6. Stellgerät auswählen

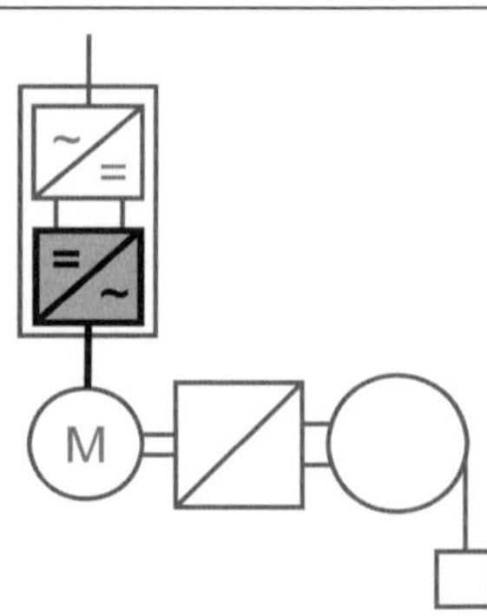

Entsprechend den geforderten Werten am Motor wird dessen Strombedarf ermittelt. Daraus werden die Maximalwerte bestimmt, aus dem Stromlastspiel der thermisch gleichwertige Ersatzstrom berechnet und ein geeignetes Stellgerät ausgewählt.

7. Berechnung der Werte am Zwischenkreis

Für die Dimensionierung der Versorgung und die Beurteilung, ob zusätzliche Komponenten am Zwischenkreis erforderlich sind, werden die mechanischen Leistungen des Motors in elektrische Leistungen am Zwischenkreis umgerechnet. Daraus werden die Maximalwerte bestimmt sowie die mittleren Leistungen berechnet.

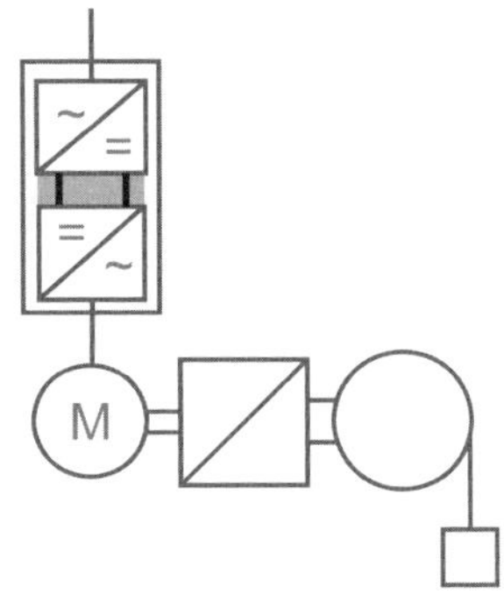

8. Versorgung und Bremswiderstand auswählen

Mit den berechneten Leistungen werden die Versorgung und der Bremswiderstand ausgewählt. Dies erfolgt in Abhängigkeit davon, ob

- pro Stellgerät eine Versorgung oder
- eine zentrale Versorgung für mehrere Stellgeräte

vorgesehen ist, sowie von der Art der Versorgung

- nur einspeisend oder
- ein- und rückspeisend.

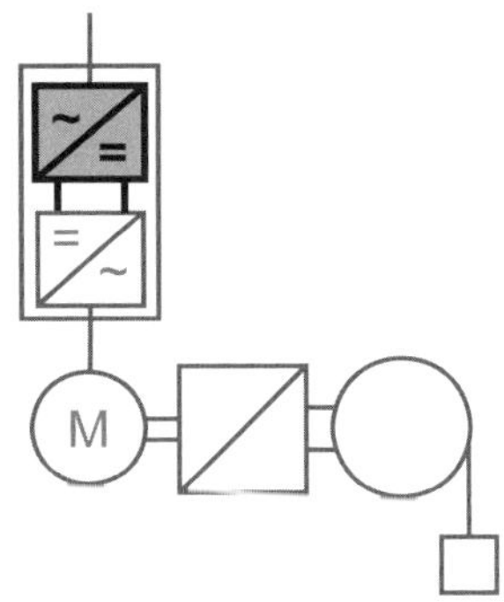

9. Berechnung der Netzgrößen

Zur Auslegung der Komponenten im Netzanschlussstrang werden die Netzgrößen

- Strom,
- Wirkleistung,
- Scheinleistung

berechnet.

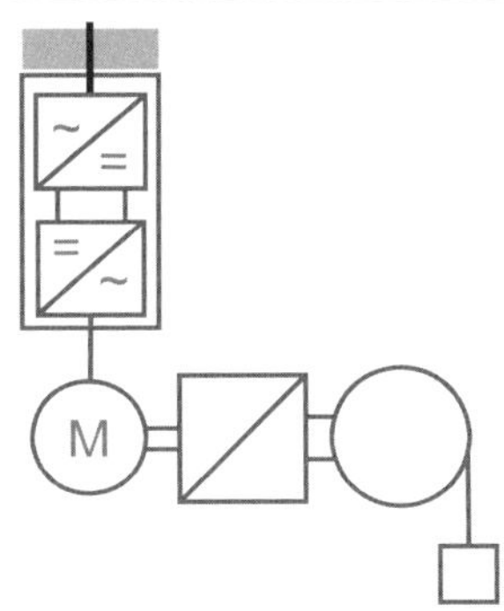

Die Schritte in Tabelle 1.2 stellen den Maximalumfang dar. So entfallen beispielsweise bei netzbetriebenen Motoren die Schritte zur Komponentenauswahl für Stellgerät, Versorgung usw. Bei drehzahlstarren Anwendungen erübrigen sich auch Berechnungen zu Geschwindigkeitsprofilen. Weitere Vereinfachungen können sich ergeben, wenn keine Übertragungs- oder Abtriebselemente im Antriebsstrang vorhanden sind.

In Kürze

Mit den vermittelten Zusammenhängen hat man das Basisverständnis für die Auslegung eines elektromechanischen Antriebs und kann die Erklärungen der nachfolgenden Berechnungsschritte durcharbeiten. Als Leitfaden dient dabei immer die dargestellte grundlegende Vorgehensweise einer Antriebsauslegung.

2 Berechnung der Bewegungsabläufe

2.1 Allgemeines

Die Berechnung des Bewegungsablaufs ist notwendig, um später – unter Berücksichtigung von Abtriebs- und Übertragungselementen – für jede Bewegungsphase die erforderlichen Geschwindigkeiten und Drehzahlen des Motors zu ermitteln. Weiterhin wird der Wert der Beschleunigung bestimmt, um damit die Beschleunigungskräfte bzw. -drehmomente zu berechnen.

Bei einfachen Antrieben, deren Motoren vorwiegend mit einer Drehzahl im Dauerbetrieb fahren, ist der Aufwand geringer als bei drehzahlvariablen Anwendungen, die höheren dynamischen Anforderungen unterliegen.

Die Bewegungen können rotativ oder linear sein. Tabelle 2.1 stellt die Analogie zwischen den beiden Bewegungsarten dar.

Tabelle 2.1 *Analogie zwischen den Bewegungsarten*

Lineare Bewegung (Translation)	Rotative Bewegung (Rotation)
Weg s [m]	Drehwinkel φ [rad]
Geschwindigkeit v [m/s]	Winkelgeschwindigkeit ω [rad/s]
Beschleunigung a [m/s^2]	Winkelbeschleunigung α [rad/s^2]
Ruck r [m/s^3]	Rotativer Ruck ρ [rad/s^3]
Masse m [kg]	Massenträgheitsmoment J [kg·m^2]
Kraft F [N]	Drehmoment M [Nm]

Zur Vereinfachung wird in den nachfolgenden Betrachtungen teilweise nur die lineare Bewegungsart dargestellt. Sollen diese Sachverhalte bei rotativen Bewegungsabläufen angewendet werden, können die linearen Größen mit Hilfe von Tabelle 2.1 durch ihr entsprechendes rotatives Pendant ersetzt werden.

Von den vier Größen

- Weg s,
- Zeit t,
- Geschwindigkeit v,
- Beschleunigung a,

die zur vollständigen Beschreibung eines Bewegungsablaufs notwendig sind, werden in den wenigsten Fällen alle bekannt sein.

Für die meisten Anwendungen ist die Einhaltung der Weg-Zeit-Bedingung das Maß der Dinge und spiegelt die Leistungsfähigkeit einer Maschine wider.

Maximale Geschwindigkeiten und Beschleunigungen werden vielfach aufgrund der zulässigen Beanspruchung der Mechanik vorgegeben.

Bei diesen Vorgaben kann man das Bewegungsprofil so gestalten, dass

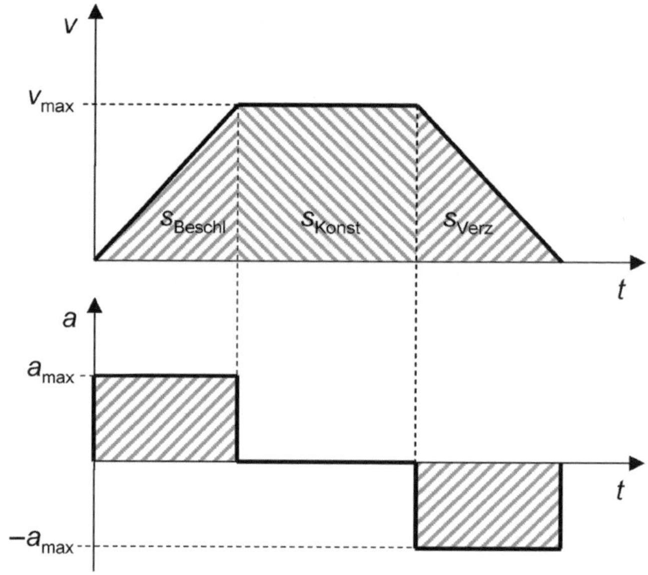

Bild 2.1
Bewegungsprofil

- mit maximal zulässiger Beschleunigung auf maximal zulässige Geschwindigkeit hochgefahren wird,
- mit maximal zulässiger Beschleunigung auf Stillstand verzögert wird,
- die Dauer der Phase mit konstanter Geschwindigkeit so lange gewählt wird, bis der geforderte Weg in Summe (s_{Beschl} + s_{Konst} + s_{Verz}) erreicht ist (Bild 2.1).

Wenn dem Projektierenden keine genauen Weg-Zeit-Vorgaben gemacht werden und nur die Grenzen der Beschleunigung und Geschwindigkeit vorgegeben sind, bleibt ihm die Wahl eines geeigneten Bewegungsprofils überlassen. Geeignet ist in diesem Sinne ein Profil, das den Bewegungsablauf in einer akzeptablen Zeit abbildet, die vorgegebenen Grenzwerte nicht überschreitet und eine Motorgröße erfordert, die für den Anwender wirtschaftlich akzeptabel ist sowie in den verfügbaren Einbauraum passt.

In den folgenden Abschnitten werden die Formeln zur Berechnung der genannten Größen für lineare Geschwindigkeitsverläufe nach Polynom 2. Ordnung beschrieben.

Falls die Vorgabewerte nicht in metrischen Einheiten gegeben sind, kann mit Hilfe von Tabelle 16.4 die Umrechnung auf andere Einheiten durchgeführt werden.

Der grundsätzliche Zusammenhang zwischen den kinematischen Größen ist zum besseren Verständnis noch einmal in Bild 2.2 dargestellt.

Es empfiehlt sich, den Bewegungsablauf in Form eines Diagramms darzustellen und die Werte für Beginn und Ende jeder Bewegungsphase tabellarisch aufzulisten. Damit erhält man ein «Bild» von der Anwendung und kann in weiterführenden Berechnungen schnell auf die Größen in den verschiedenen Bewegungsabschnitten zugreifen.

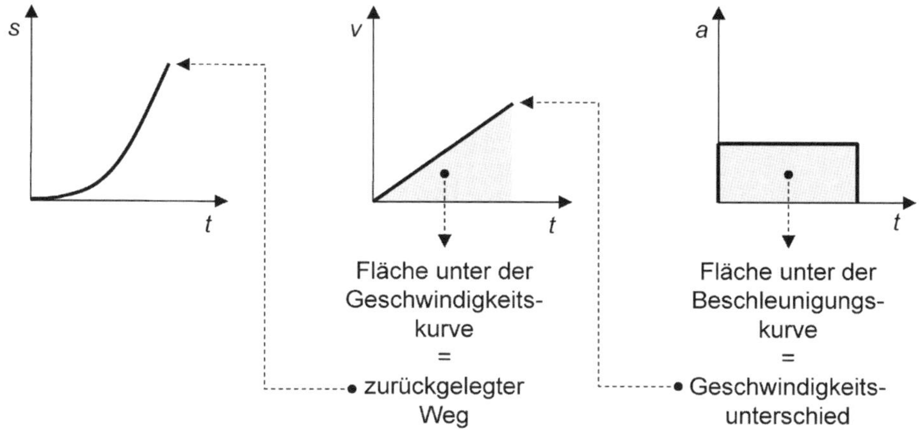

Bild 2.2 *Beziehung zwischen den einzelnen kinematischen Größen am Beispiel einer gleichmäßig beschleunigten Bewegung*

2.2 Beschleunigungsphase

Die durch den Antrieb zu realisierenden Bewegungsabfolgen werden im Wesentlichen durch die Prozessanforderungen definiert. Aus mehr oder weniger exakt beschriebenen Vorgaben müssen die Größen Weg, Zeit, Geschwindigkeit und Beschleunigung berechnet werden. Gibt es bei den Vorgaben gewisse Freiheitsgrade, kann man in diesem Berechnungsschritt bereits Optimierungen vornehmen. Diese dienen dem Erreichen eines bestimmten Verhaltens (z.B. zur Schonung der Mechanik) oder ganz einfach dazu, eine möglichst wirtschaftliche Lösung (z.B. kleiner Antrieb) zu finden.

Hinweise

Berechnungstool auf **InfoClick**!

Siehe Berechnungsbeispiel in Abschnitt 15.6.

Bild 2.3 zeigt den Verlauf der kinematischen Größen für eine Beschleunigungsphase. Die Berechnungsformeln sind in Tabelle 2.2 für Translation und in Tabelle 2.3 für Rotation angegeben. Bei einer Beschleunigungsphase müssen zu deren vollständigen Berechnung immer zwei der vier Größen gegeben sein.

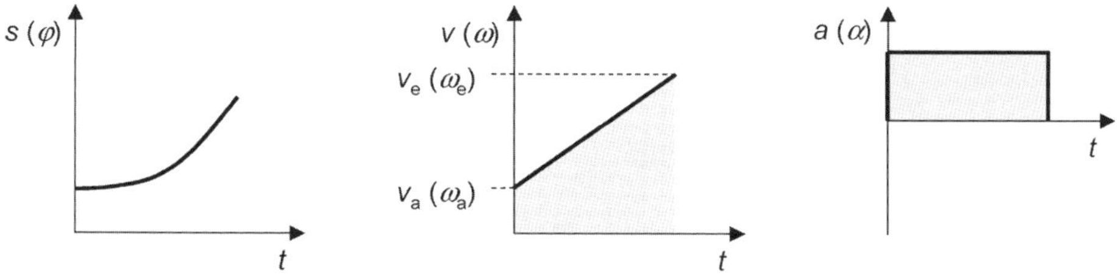

Bild 2.3 *Beschleunigungsphase – Prinzipieller Verlauf der kinematischen Größen bei Polynom 2. Ordnung*

Tabelle 2.2 Formeln für die Berechnung einer Beschleunigungsphase (Translation)

Vorhandene Größen		Gesuchte Größen	
Geschwindigkeit Beschleunigung	v a	Weg $s = \frac{v_e^2 - v_a^2}{2 \cdot a}$	Zeit $t = \frac{v_e - v_a}{a}$
Zeit Beschleunigung	t a	Weg $s = v_a \cdot t + \frac{a \cdot t^2}{2}$	Geschwindigkeit $v_e = v_a + a \cdot t$
Zeit Geschwindigkeit	t v	Weg $s = \frac{v_a + v_e}{2} \cdot t$	Beschleunigung $a = \frac{v_e - v_a}{t}$
Weg Beschleunigung	s a	Zeit $t = \frac{\sqrt{2 \cdot a \cdot s + v_a^2} - v_a}{a}$	Geschwindigkeit $v_e = \sqrt{2 \cdot a \cdot s + v_a^2}$
Weg Geschwindigkeit	s v	Zeit $t = \frac{2 \cdot s}{v_a + v_e}$	Beschleunigung $a = \frac{v_e^2 - v_a^2}{2 \cdot s}$
Weg Zeit	s t	Geschwindigkeit $v_e = \frac{2 \cdot s}{t} - v_a$	Beschleunigung $a = \frac{2 \cdot s}{t^2} - \frac{2 \cdot v_a}{t}$

Tabelle 2.3 Formeln für die Berechnung einer Beschleunigungsphase (Rotation)

Vorhandene Größen		Gesuchte Größen	
Winkelgeschwindigkeit Winkelbeschleunigung	ω α	Drehwinkel $\varphi = \frac{\omega_e^2 - \omega_a^2}{2 \cdot \alpha}$	Zeit $t = \frac{\omega_e - \omega_a}{\alpha}$
Zeit Winkelbeschleunigung	t α	Drehwinkel $\varphi = \omega_a \cdot t + \frac{\alpha \cdot t^2}{2}$	Winkelgeschwindigkeit $\omega_e = \omega_a + \alpha \cdot t$
Zeit Winkelgeschwindigkeit	t ω	Drehwinkel $\varphi = \frac{\omega_a + \omega_e}{2} \cdot t$	Winkelbeschleunigung $\alpha = \frac{\omega_e - \omega_a}{t}$
Drehwinkel Winkelbeschleunigung	φ α	Zeit $t = \frac{\sqrt{2 \cdot \alpha \cdot \varphi + \omega_a^2} - \omega_a}{\alpha}$	Winkelgeschwindigkeit $\omega_e = \sqrt{2 \cdot \alpha \cdot \varphi + \omega_a^2}$

Drehwinkel φ Winkelgeschwindigkeit ω	Zeit $t=\dfrac{2\cdot\varphi}{\omega_a+\omega_e}$	Winkelbeschleunigung $\alpha=\dfrac{\omega_e^2-\omega_a^2}{2\cdot\varphi}$
Drehwinkel φ Zeit t	Winkelgeschwindigkeit $\omega_e=\dfrac{2\cdot\varphi}{t}-\omega_a$	Winkelbeschleunigung $\alpha=\dfrac{2\cdot\varphi}{t^2}-\dfrac{2\cdot\omega_a}{t}$

2.3 Konstantphase

Hinweise

Berechnungstool auf **InfoClick**!

Siehe Berechnungsbeispiel in Abschnitt 15.6.

Bild 2.4 zeigt den Verlauf der kinematischen Größen für eine Konstantphase. Die Berechnungsformeln sind in Tabelle 2.4 für Translation und in Tabelle 2.5 für Rotation angegeben. Bei einer Konstantphase ist die Geschwindigkeit immer durch die Endgeschwindigkeit der vorhergehenden Phase gegeben. Da sich die Geschwindigkeit nicht ändert, ist somit die Beschleunigung gleich null. Zur vollständigen Berechnung muss neben der Geschwindigkeit noch eine weitere Größe gegeben sein.

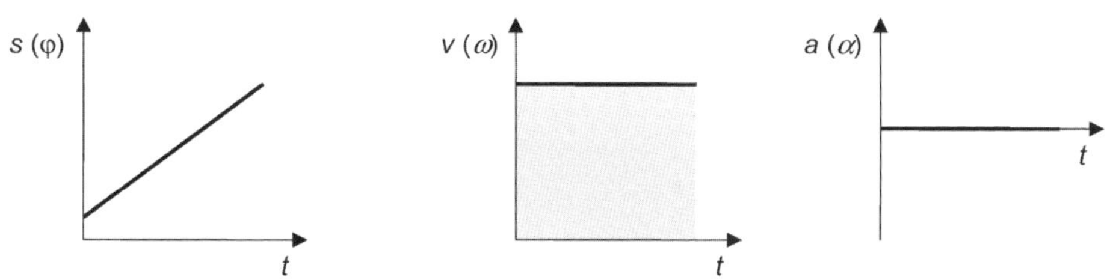

Bild 2.4 *Konstantphase*

Tabelle 2.4 *Formeln für die Berechnung einer Konstantphase (Translation)*

Vorhandene Größen	Gesuchte Größen
Zeit t Geschwindigkeit v Beschleunigung $a = 0$	Weg $s = v \cdot t$
Weg s Geschwindigkeit v Beschleunigung $a = 0$	Zeit $t=\dfrac{s}{v}$
Weg s Zeit t Beschleunigung $a = 0$	Geschwindigkeit $v=\dfrac{s}{t}$

Tabelle 2.5 *Formeln für die Berechnung einer Konstantphase (Rotation)*

Vorhandene Größen		Gesuchte Größen
Zeit Winkelgeschwindigkeit Winkelbeschleunigung	t ω $\alpha = 0$	Drehwinkel $\varphi = \omega \cdot t$
Drehwinkel Winkelgeschwindigkeit Winkelbeschleunigung	φ ω $\alpha = 0$	Zeit $t = \frac{\varphi}{\omega}$
Drehwinkel Zeit Winkelbeschleunigung	φ t $\alpha = 0$	Winkelgeschwindigkeit $\omega = \frac{\varphi}{t}$

2.4 Verzögerungsphase

Hinweise

Berechnungstool auf **InfoClick**!
Siehe Berechnungsbeispiel in Abschnitt 15.6.

Bild 2.5 zeigt den Verlauf der kinematischen Größen für eine Verzögerungsphase. Die Berechnungsformeln sind in Tabelle 2.6 für Translation und in Tabelle 2.7 für Rotation angegeben. Bei einer Verzögerungsphase müssen zu deren vollständigen Berechnung immer zwei der vier Größen gegeben sein.

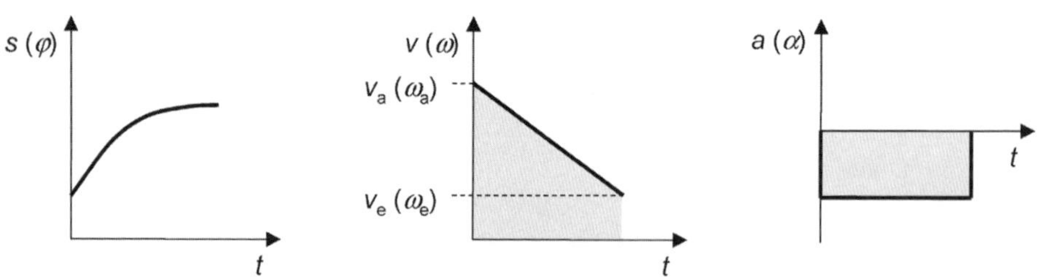

Bild 2.5 *Verzögerungsphase – Prinzipieller Verlauf der kinematischen Größen bei Polynom 2. Ordnung*

Tabelle 2.6 *Formeln für die Berechnung einer Verzögerungsphase (Translation)*

Vorhandene Größen		Gesuchte Größen	
Geschwindigkeit Verzögerung	v a	Weg $s = \frac{v_a^2 - v_e^2}{2 \cdot a}$	Zeit $t = \frac{v_a - v_e}{a}$
Zeit Verzögerung	t a	Weg $s = v_a \cdot t - \frac{a \cdot t^2}{2}$	Geschwindigkeit $v_e = v_a - a \cdot t$

Zeit t Geschwindigkeit v	Weg $s=\frac{v_a+v_e}{2}\cdot t$	Verzögerung $a=\frac{v_a-v_e}{t}$
Weg s Verzögerung a	Zeit $t=\frac{v_a-\sqrt{v_a^2-2\cdot a\cdot s}}{a}$	Geschwindigkeit $v_e=\sqrt{v_a^2-2\cdot a\cdot s}$
Weg s Geschwindigkeit v	Zeit $t=\frac{2\cdot s}{v_a+v_e}$	Verzögerung $a=\frac{v_a^2-v_e^2}{2\cdot s}$
Weg s Zeit t	Geschwindigkeit $v_e=\frac{2\cdot s}{t}-v_a$	Verzögerung $a=\frac{2\cdot v_a}{t}-\frac{2\cdot s}{t^2}$

Tabelle 2.7 *Formeln für die Berechnung einer Verzögerungsphase (Rotation)*

Vorhandene Größen	Gesuchte Größen	
Winkelgeschwindigkeit ω Winkelverzögerung α	Drehwinkel $\varphi=\frac{\omega_a^2-\omega_e^2}{2\cdot\alpha}$	Zeit $t=\frac{\omega_a-\omega_e}{\alpha}$
Zeit t Winkelverzögerung α	Drehwinkel $\varphi=\omega_a\cdot t-\frac{\alpha\cdot t^2}{2}$	Winkelgeschwindigkeit $\omega_e=\omega_a-\alpha\cdot t$
Zeit t Winkelgeschwindigkeit ω	Drehwinkel $\varphi=\frac{\omega_a+\omega_e}{2}\cdot t$	Winkelverzögerung $\alpha=\frac{\omega_a-\omega_e}{t}$
Drehwinkel φ Winkelverzögerung α	Zeit $t=\frac{\omega_a-\sqrt{\omega_a^2-2\cdot\alpha\cdot\varphi}}{\alpha}$	Winkelgeschwindigkeit $\omega_e=\sqrt{\omega_a^2-2\cdot\alpha\cdot\varphi}$
Drehwinkel φ Winkelgeschwindigkeit ω	Zeit $t=\frac{2\cdot\varphi}{\omega_a+\omega_e}$	Winkelverzögerung $\alpha=\frac{\omega_a^2-\omega_e^2}{2\cdot\varphi}$
Drehwinkel φ Zeit t	Winkelgeschwindigkeit $\omega_e=\frac{2\cdot\varphi}{t}-\omega_a$	Winkelverzögerung $\alpha=\frac{2\cdot\omega_a}{t}-\frac{2\cdot\varphi}{t^2}$

2.5 Dreieckprofil

Hinweise

Berechnungstool auf **InfoClick**!

Siehe Berechnungsbeispiel in Abschnitt 15.2.

Bild 2.6 zeigt den Verlauf der kinematischen Größen für ein Dreieckprofil. Das Profil ist nach dem Verlauf der Geschwindigkeit benannt und durch folgende Bedingungen gekennzeichnet:

- Beschleunigung und Verzögerung haben den gleichen Betrag (gleichschenkliges Dreieck);
- Zeit für Beschleunigung = Zeit für Verzögerung;
- es tritt keine Phase mit konstanter Geschwindigkeit auf.

Die Berechnungsformeln sind in Tabelle 2.8 für Translation und in Tabelle 2.9 für Rotation angegeben. Bei einem Dreieckprofil müssen zu dessen vollständigen Berechnung immer zwei der vier Größen gegeben sein.

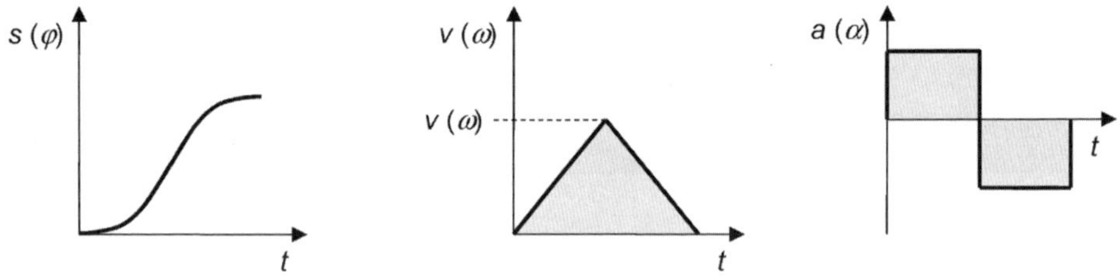

Bild 2.6 *Dreieckprofil – Prinzipieller Verlauf der kinematischen Größen bei Polynom 2. Ordnung*

Bewegungsvorgänge mit Dreieckprofil finden häufig Anwendung, wenn es darum geht, sehr kurze Wege in einer geringen Zeit zu verfahren.

Tabelle 2.8 *Formeln für die Berechnung eines Dreieckprofils (Translation)*

Vorhandene Größen	Gesuchte Größen	
Geschwindigkeit v Beschleunigung a	Weg $s = \frac{v^2}{a}$	Zeit $t = \frac{2 \cdot v}{a}$
Zeit t Beschleunigung a	Weg $s = \frac{a \cdot t^2}{4}$	Geschwindigkeit $v = \frac{a \cdot t}{2}$
Zeit t Geschwindigkeit v	Weg $s = \frac{v \cdot t}{2}$	Beschleunigung Verzögerung $a = \frac{2 \cdot v}{t}$

Weg s Beschleunigung a	Zeit $t=\sqrt{\frac{4\cdot s}{a}}$	Geschwindigkeit $v=\sqrt{a\cdot s}$
Weg s Geschwindigkeit v	Zeit $t=\frac{2\cdot s}{v}$	Beschleunigung Verzögerung $a=\frac{v^2}{s}$
Weg s Zeit t	Geschwindigkeit $v=\frac{2\cdot s}{t}$	Beschleunigung Verzögerung $a=\frac{4\cdot s}{t^2}$

Tabelle 2.9 *Formeln für die Berechnung eines Dreieckprofils (Rotation)*

Vorhandene Größen	Gesuchte Größen	
Winkelgeschwindigkeit ω Winkelbeschleunigung α	Drehwinkel $\varphi=\frac{\omega^2}{\alpha}$	Zeit $t=\frac{2\cdot\omega}{\alpha}$
Zeit t Winkelbeschleunigung α	Drehwinkel $\varphi=\frac{\alpha\cdot t^2}{4}$	Winkelgeschwindigkeit $\omega=\frac{\alpha\cdot t}{2}$
Zeit t Winkelgeschwindigkeit ω	Drehwinkel $\varphi=\frac{\omega\cdot t}{2}$	Winkelbeschleunigung Winkelverzögerung $\alpha=\frac{2\cdot\omega}{t}$
Drehwinkel φ Winkelbeschleunigung α	Zeit $t=\sqrt{\frac{4\cdot\varphi}{\alpha}}$	Winkelgeschwindigkeit $\omega=\sqrt{\alpha\cdot\varphi}$
Drehwinkel φ Winkelgeschwindigkeit ω	Zeit $t=\frac{2\cdot\varphi}{\omega}$	Winkelbeschleunigung Winkelverzögerung $\alpha=\frac{\omega^2}{\varphi}$
Drehwinkel φ Zeit t	Winkelgeschwindigkeit $\omega=\frac{2\cdot\varphi}{t}$	Winkelbeschleunigung Winkelverzögerung $\alpha=\frac{4\cdot\varphi}{t^2}$

2.6 Trapezprofil

Hinweise

Berechnungstool auf **InfoClick**!

Siehe Berechnungsbeispiele in den Abschnitten 15.2 und 15.6.

Bild 2.7 zeigt den Verlauf der kinematischen Größen für ein Trapezprofil. Das Profil ist nach dem Verlauf der Geschwindigkeit benannt und durch folgende Bedingungen gekennzeichnet:

- Beschleunigung und Verzögerung haben den gleichen Betrag;
- Zeit für Beschleunigung = Zeit für Verzögerung;
- es tritt eine Phase mit konstanter Geschwindigkeit auf.

Die Berechnungsformeln sind in Tabelle 2.10 für Translation und in Tabelle 2.11 für Rotation angegeben. Bei einem Trapezprofil müssen zu dessen vollständigen Berechnung immer drei der vier Größen gegeben sein.

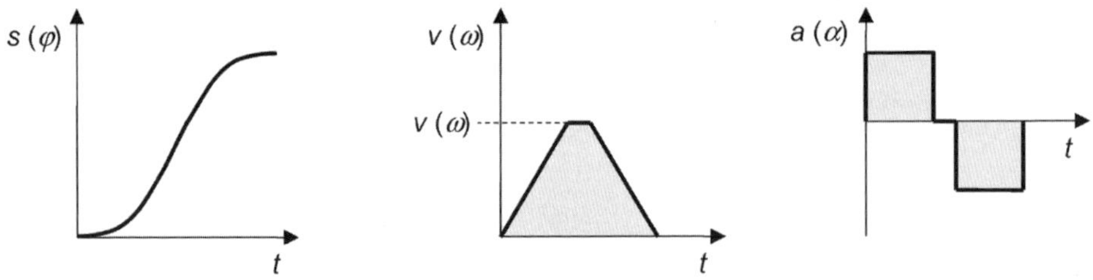

Bild 2.7 *Trapezprofil – Prinzipieller Verlauf der kinematischen Größen bei Polynom 2. Ordnung*

Tabelle 2.10 *Formeln für die Berechnung eines Trapezprofils (Translation)*

Vorhandene Größen		Gesuchte Größen
Weg Zeit Geschwindigkeit	s t v	Beschleunigung Verzögerung $a=\frac{v}{t-\frac{s}{v}}$
Zeit Geschwindigkeit Beschleunigung	t v a	Weg $s=t\cdot v-\frac{v^2}{a}$
Weg Geschwindigkeit Beschleunigung	s v a	Zeit $t=\frac{s}{v}+\frac{v}{a}$
Weg Zeit Beschleunigung	s t a	Geschwindigkeit $v=\frac{a\cdot t}{2}-\sqrt{\left(\frac{a\cdot t}{2}\right)^2-a\cdot s}$

Tabelle 2.11 Formeln für die Berechnung eines Trapezprofils (Rotation)

Vorhandene Größen		Gesuchte Größen
Drehwinkel Zeit Winkelgeschwindigkeit	φ t ω	Winkelbeschleunigung $\alpha = \frac{\omega}{t - \frac{\varphi}{\omega}}$
Zeit Winkelgeschwindigkeit Winkelbeschleunigung	t ω α	Drehwinkel $\varphi = t \cdot \omega - \frac{\omega^2}{\alpha}$
Drehwinkel Winkelgeschwindigkeit Winkelbeschleunigung	φ ω α	Zeit $t = \frac{\varphi}{\omega} + \frac{\omega}{\alpha}$
Drehwinkel Zeit Winkelbeschleunigung	φ t α	Winkelgeschwindigkeit $\omega = \frac{\alpha \cdot t}{2} - \sqrt{\left(\frac{\alpha \cdot t}{2}\right)^2 - \alpha \cdot \varphi}$

2.7 Trapezprofil nach Drittel-Regel

Hinweise

Berechnungstool auf **InfoClick**!

Siehe Berechnungsbeispiel in Abschnitt 15.1.

Bild 2.8 zeigt den Verlauf der kinematischen Größen für ein Trapezprofil nach Drittel-Regel. Das Profil ist nach dem Verlauf der Geschwindigkeit benannt und weiterhin durch die Annahme, dass sich die Zeit für die einzelnen 3 Bewegungsabschnitte auf je ein Drittel der gesamten Zeit aufteilt. Es ist durch folgende Bedingungen gekennzeichnet:

- Beschleunigung und Verzögerung haben den gleichen Betrag;
- Zeit für Beschleunigung = Zeit für Konstantphase = Zeit für Verzögerung = $^1/_3$ der Gesamtzeit;
- Beschleunigungsweg = Verzögerungsweg = $^1/_4$ des gesamten Weges;
- Weg während Phase mit konstanter Geschwindigkeit = $^1/_2$ des gesamten Weges.

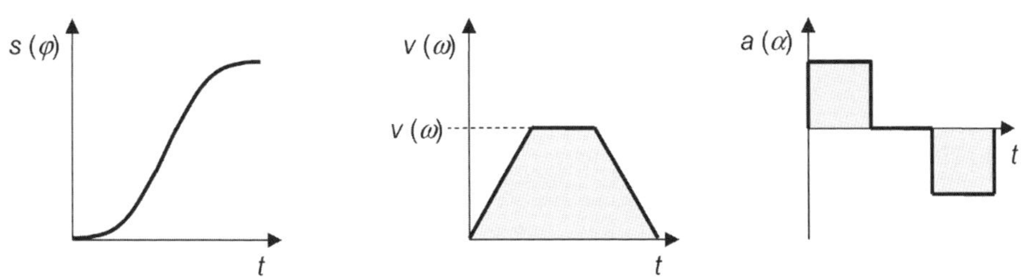

Bild 2.8 Trapezprofil nach Drittel-Regel – Prinzipieller Verlauf der kinematischen Größen bei Polynom 2. Ordnung

Die Berechnungsformeln sind in Tabelle 2.12 für Translation und in Tabelle 2.13 für Rotation gegeben. Bei einem Trapezprofil nach Drittel-Regel müssen zu dessen vollständigen Berechnung immer zwei der vier Größen gegeben sein.

Tabelle 2.12 *Formeln für die Berechnung eines Trapezprofils nach Drittel-Regel (Translation)*

Vorhandene Größen	Gesuchte Größen	
Geschwindigkeit v Beschleunigung a	Weg $s=\frac{2\cdot v^2}{a}$	Zeit $t=\frac{3\cdot v}{a}$
Zeit t Beschleunigung a	Weg $s=\frac{2\cdot a\cdot t^2}{9}$	Geschwindigkeit $v=\frac{a\cdot t}{3}$
Zeit t Geschwindigkeit v	Weg $s=\frac{2\cdot t\cdot v}{3}$	Beschleunigung Verzögerung $a=\frac{3\cdot v}{t}$
Weg s Beschleunigung a	Zeit $t=\sqrt{\frac{9\cdot s}{2\cdot a}}$	Geschwindigkeit $v=\frac{3\cdot s}{2\cdot\sqrt{\frac{9\cdot s}{2\cdot a}}}$
Weg s Geschwindigkeit v	Zeit $t=\frac{3\cdot s}{2\cdot v}$	Beschleunigung Verzögerung $a=\frac{2\cdot v^2}{s}$
Weg s Zeit t	Geschwindigkeit $v=\frac{3\cdot s}{2\cdot t}$	Beschleunigung Verzögerung $a=\frac{9\cdot s}{2\cdot t^2}$

Tabelle 2.13 *Formeln für die Berechnung eines Trapezprofils nach Drittel-Regel (Rotation)*

Vorhandene Größen	Gesuchte Größen	
Winkelgeschwindigkeit ω Winkelbeschleunigung α	Drehwinkel $\varphi=\frac{2\cdot\omega^2}{\alpha}$	Zeit $t=\frac{3\cdot\omega}{\alpha}$
Zeit t Winkelbeschleunigung α	Drehwinkel $\varphi=\frac{2\cdot\alpha\cdot t^2}{9}$	Winkelgeschwindigkeit $\omega=\frac{\alpha\cdot t}{3}$

Zeit t Winkelgeschwindigkeit ω	Drehwinkel $\varphi=\frac{2\cdot t\cdot\omega}{3}$	Winkelbeschleunigung Winkelverzögerung $\alpha=\frac{3\cdot\omega}{t}$
Drehwinkel φ Winkelbeschleunigung α	Zeit $t=\sqrt{\frac{9\cdot\varphi}{2\cdot\alpha}}$	Winkelgeschwindigkeit $\omega=\frac{3\cdot\varphi}{2\cdot\sqrt{\frac{9\cdot\varphi}{2\cdot\alpha}}}$
Drehwinkel φ Winkelgeschwindigkeit ω	Zeit $t=\frac{3\cdot\varphi}{2\cdot\omega}$	Winkelbeschleunigung Winkelverzögerung $\alpha=\frac{2\cdot\omega^2}{\varphi}$
Drehwinkel φ Zeit t	Winkelgeschwindigkeit $\omega=\frac{3\cdot\varphi}{2\cdot t}$	Winkelbeschleunigung Winkelverzögerung $\alpha=\frac{9\cdot\varphi}{2\cdot t^2}$

2.8 Relative Einschaltdauer

Hinweis

Siehe Berechnungsbeispiel in Abschnitt 15.3.

In vielen Anwendungen kann der Bewegungsablauf einer Maschine nicht genau beschrieben werden. Dies gilt insbesondere für Anlagen, die im späteren Betrieb eine große Vielfalt unterschiedlicher Teile produzieren. Deshalb wird dafür nur der zeitliche Anteil einzelner Bewegungsphasen in Prozent von der gesamten Zykluszeit abgeschätzt.

Die Geschwindigkeiten werden wie in Bild 2.9 über der prozentualen Aufteilung der Phasen visualisiert.

Die Summe der Einschaltdauern muss 100% betragen.

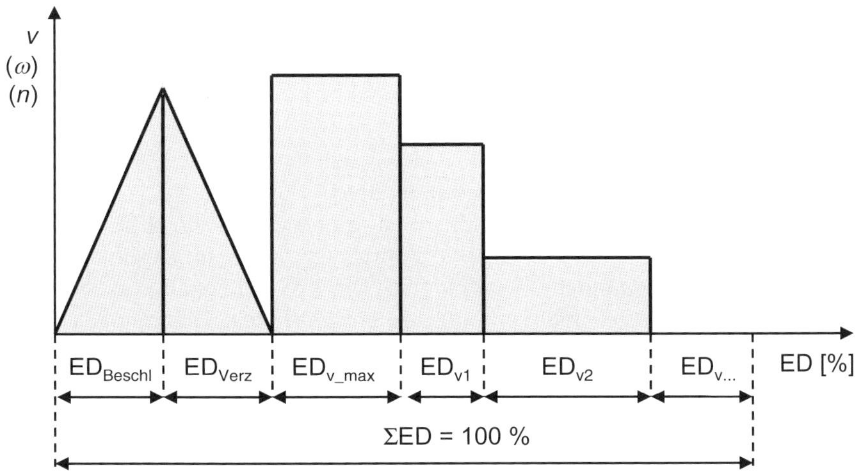

Bild 2.9 *Prozentuale Aufteilung der einzelnen Bewegungsphasen bei relativer Einschaltdauer*

2.9 Fahrbereich

Für die Berechnung der notwendigen Länge von Sekundärteilen bei Linearmotoren oder der erforderlichen Länge von Zahnstangen oder Kugelgewindetrieben muss der Fahrbereich der Anwendung bekannt sein.

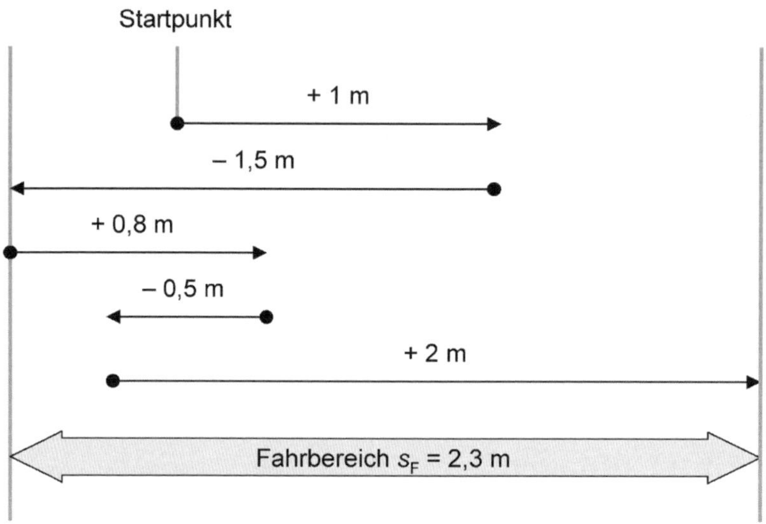

Bild 2.10 *Fahrbereich*

Als Fahrbereich ist die Summe der Beträge der beiden maximal zurückgelegten Wege in die positive und in die negative Bewegungsrichtung, betrachtet vom Startpunkt (Nullpunkt) der Bewegung, zu verstehen (Bild 2.10).

2.10 Ruck und Ruckbegrenzung

Eine weitere kinematische Größe ist der Ruck r, der auch als Synonym für den Begriff Beschleunigungssprung steht. Der Ruck ergibt sich durch Ableitung der Beschleunigung a nach der Zeit t.

$$r = \frac{\mathrm{d}a}{\mathrm{d}t}\left[\frac{\mathrm{m}}{\mathrm{s}^3}\right]$$

Der Ruck drückt somit die Änderungsgeschwindigkeit der Beschleunigung aus.

Wenn man den in Bild 2.11a gezeigten Verlauf von Weg und Geschwindigkeit realisieren wollte, muss die Beschleunigung sprunghaft in t = 0 s ansteigen. Setzt man dies in die obige Gleichung ein, wird der Ruck theoretisch unendlich groß. Um den sprunghaften Anstieg der Beschleunigung zu erwirken, muss ebenfalls in t = 0 s ein entsprechendes Drehmoment durch den Motor aufgebaut werden. Die Motorinduktivität und die zur Verfügung stehende Spannung verhindern dies jedoch. Allerdings können hochdynamische Servoregelgeräte in Kombination mit Servomotoren innerhalb weniger Stromreglerzyklen das Drehmoment aufbauen. Die Zeit ist dabei immer noch so gering, dass der Ruck hohe Werte annehmen kann.

Die Auswirkung des Rucks wird deutlich, wenn man die allgemeine Formel zur Berechnung einer Kraft betrachtet:

$F = m \cdot a$

Die Beschleunigung *a* wirkt auf die Masse *m* sehr schnell, und deshalb ist eine plötzliche Krafteinwirkung spürbar. Je größer der Ruck ist, umso mehr wird dadurch ein mechanisches System zum Schwingen angeregt. Auch bei Anlagen zur Personenbeförderung macht sich der Ruck unangenehm bemerkbar. Diese Auswirkungen möchte man mit Hilfe einer Ruckbegrenzung verhindern. Zwei einfache Möglichkeiten sind in den Bildern 2.11b und c dargestellt.

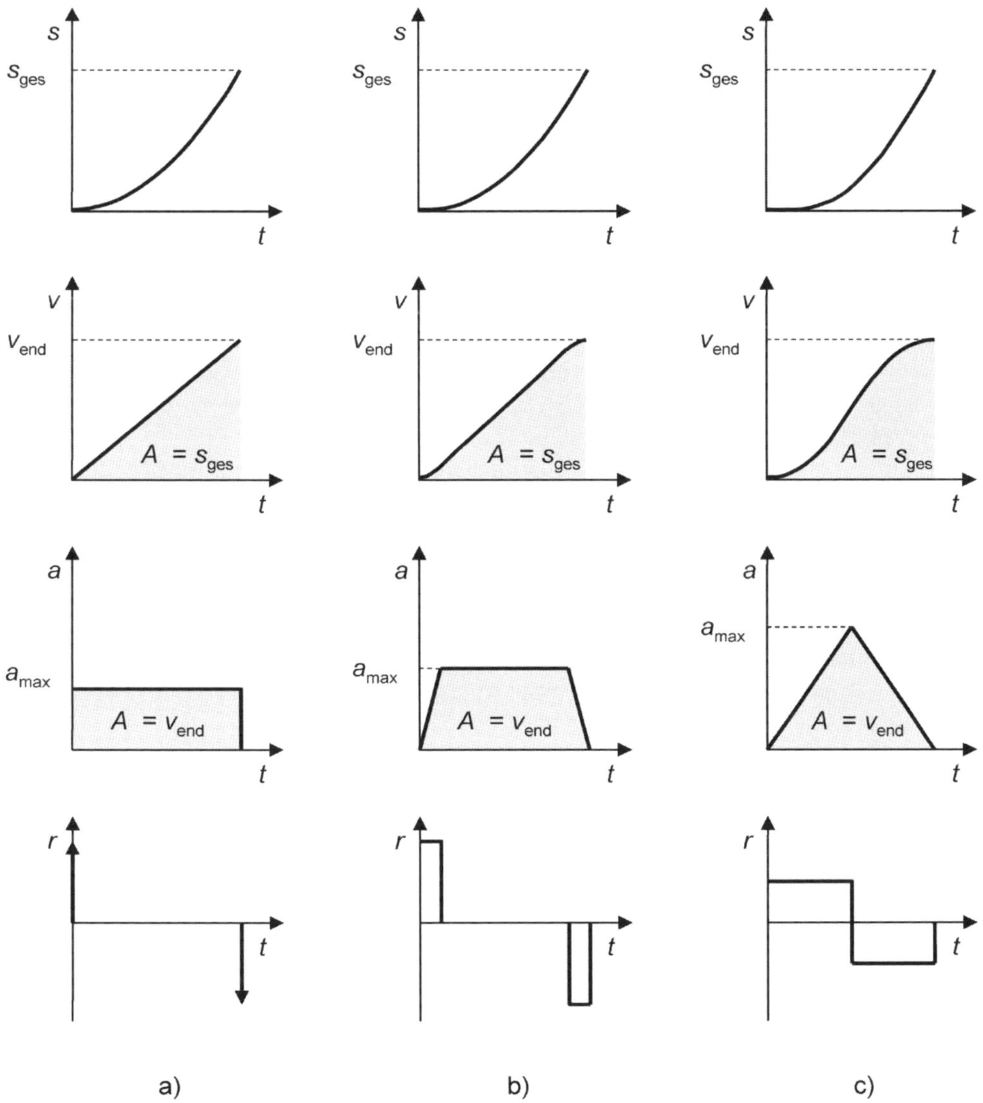

Bild 2.11 *Verlauf der Größen Weg s, Geschwindigkeit v, Beschleunigung a und Ruck r*
a) ohne Ruckbegrenzung
b) mit Ruckbegrenzung, trapezförmiger Beschleunigungsverlauf
c) mit Ruckbegrenzung, minimal möglicher Ruck mit dreieckförmigem Beschleunigungsverlauf

In den Bildern 2.11b und c kann man erkennen, dass bereits bei diesen einfachen Formen eine deutliche Reduzierung des Rucks möglich ist. Mit dem Beschleunigungsverlauf nach Bild 2.11c ist der minimal mögliche Ruck erreicht, da der Anstieg der Beschleunigung nicht weiter verringert werden kann.

Die Fläche unter der Beschleunigungskurve ist die erreichte Endgeschwindigkeit und die Fläche unter der Geschwindigkeitskurve der gesamte Weg. Wenn Weg und Zeit fest vorgegeben sind, wird die maximale Beschleunigung (wegen $F \sim a$ auch die Beschleunigungskraft) mit Ruckbegrenzung größer als ohne Ruckbegrenzung, weil der «verlorene» Weg wieder aufgeholt werden muss. Die Fläche unter der Beschleunigungskurve ist also gleich zu halten.

Hinweis

Siehe Berechnungsbeispiel in Abschnitt 15.7.

Weiterhin sind durch eine Ruckbegrenzung die Beschleunigung und die erforderliche Beschleunigungskraft nicht mehr konstant. Bei komplizierten Formen der Ruckbegrenzung erschwert dieser Umstand die Berechnung der Effektivkraft.

2.11 Bewegungsgesetze höherer Ordnung

Als Bewegungsgesetze bezeichnet man analytische Funktionen, sogenannte Übertragungsfunktionen, die die Abtriebsbewegung von Kurvengetrieben in Abhängigkeit von der Antriebsbewegung beschreiben. Die theoretischen Grundlagen der Bewegungsgesetze mit Kurvengetrieben sind in VDI 2143 ausführlich beschrieben.

Ein Kurvengetriebe besteht aus einer mechanischen Kurvenscheibe und einem Abtriebselement. Bild 2.12 zeigt, dass die Antriebsbewegung rotativ ist und die Abtriebsbewegung sowohl linear als auch rotativ sein kann.

Die Antriebsbewegung wird durch den zeitlichen Verlauf des Drehwinkels $\alpha(t)$ gekennzeichnet. Die Form der Kurvenscheibe gibt die Abtriebsbewegung vor.

Lineare Abtriebsbewegungen werden durch den Verlauf des Abtriebsweges s in Abhängigkeit von der Antriebsbewegung α beschrieben. Rotative Abtriebsbewegungen werden durch den Verlauf des Abtriebswinkels β in Abhängigkeit von der Antriebsbewegung α beschrieben.

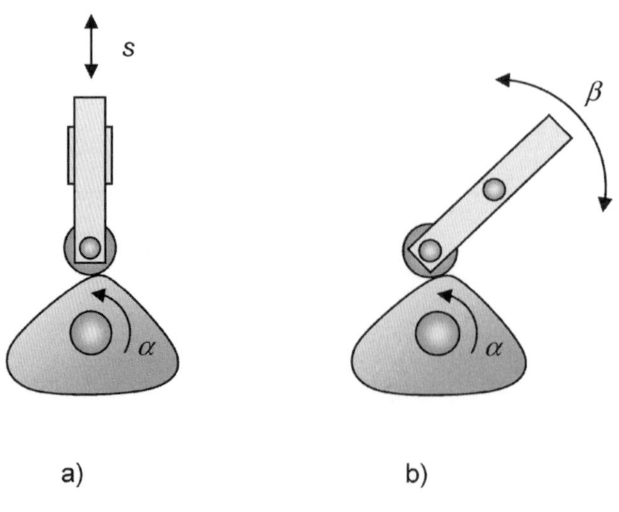

Bild 2.12
Kurvengetriebe mit mechanischer Kurvenscheibe
a) mit linearer Abtriebsbewegung durch Stößel
b) mit rotativer Abtriebsbewegung durch Schwinge

Bild 2.13
Abhängigkeit der Abtriebs- von der Antriebsbewegung bei einer elektronischen Kurvenscheibe
a) Verlauf der Antriebsbewegung a
b) Bewegungsverlauf für die Abtriebsbewegung

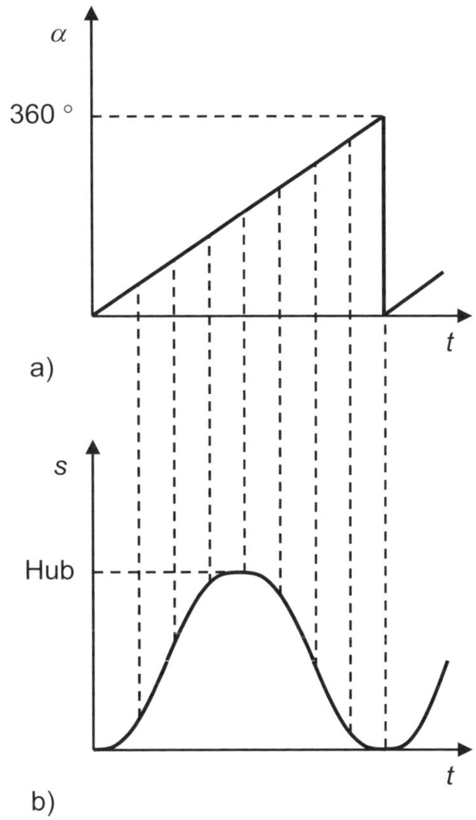

Die Realisierung von diesen komplizierten Bewegungsvorgängen wird heutzutage in zunehmenden Maße durch eine entsprechende Ansteuerung des Motors, also elektronisch und nicht mechanisch, vorgenommen. Dem Regelgerät des Motors wird dabei der zeitliche Verlauf des Drehwinkels α vorgegeben. Dieser Verlauf ist entweder in der Software des Antriebsreglers hinterlegt (virtuelle Leitachse) oder wird von einen externen Drehgeber (reale Leitachse) in den Antriebsregler eingelesen. Das Regelgerät steuert nun den Motor entsprechend dem gewünschten Verlauf der Abtriebsbewegung an (Bild 2.13).

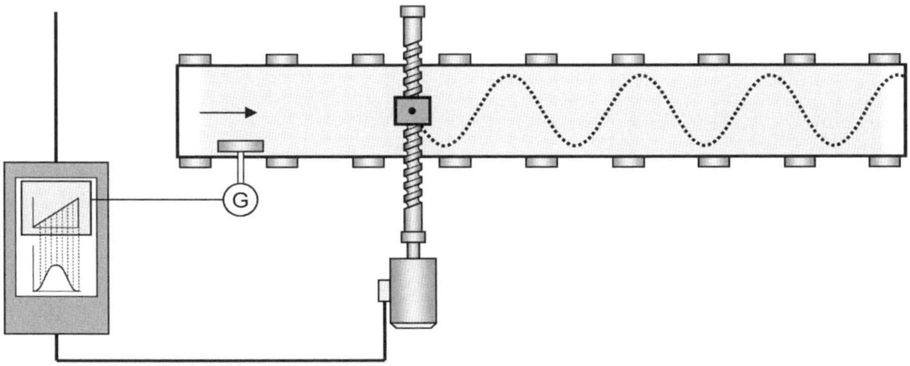

Bild 2.14 *Anlage mit realer Leitachse (Messradgeber G) und angesteuertem Antrieb*

Eine reale Leitachse kann zum Beispiel der Messradgeber in Bild 2.14 sein. Er erfasst die Geschwindigkeit des Materials und gibt diese an das Antriebsregelgerät des Motors, der das Sinusprofil auf die Materialbahn aufzeichnen soll.

Wie die Abtriebsbewegung aussehen soll, ist in einer Tabelle (elektronische Kurvenscheibe) im Antrieb hinterlegt. Darin steht der Verlauf des Weges als Prozentwert des zu verfahrenden Gesamtweges. Als Gesamtweg wird auch der Begriff Hub verwendet.

Für die Antriebsberechnung kann man nun mit Hilfe der Übertragungsfunktionen die kinematischen Größen der Abtriebsbewegung berechnen. Dies kann, abhängig vom gewünschten Bewegungsgesetz, einen mehr oder weniger großen Aufwand bedeuten und wird am effizientesten mit einer entsprechenden Berechnungssoftware durchgeführt.

Um eine Abschätzung bezüglich der Maximalwerte für Geschwindigkeit, Beschleunigung und Beschleunigungsmoment zu machen, kann man diese Größen mit den Kennwerten der Bewegungsfunktionen berechnen. Die Kennwerte dienen weiterhin als Beurteilungskriterien für das Laufverhalten eines Kurvengetriebes. Zu deren Bestimmung hat man die Übertragungsfunktionen normiert, d.h. den Wertebereich der Variablen auf den Bereich von Null bis Eins skaliert. Mit den nun normierten Übertragungsfunktionen der kinematischen Größen werden die Kennwerte (Tabelle 2.14) bestimmt.

Tabelle 2.14 *Kennwerte von Übertragungsfunktionen*

Übertragungsfunktion (Bewegungsgesetz)	Maximalkennwert C_V für Geschwindigkeit	Maximalkennwert C_A für Beschleunigung und Beschleunigungsmoment
Polynom 2. Grades	2,00	4,00
Polynom 3. Grades	1,50	6,00
Polynom 4. Grades	2,00	6,00
Polynom 5. Grades	1,88	5,77
Polynom 8. Grades	2,00	4,67
Einfache Sinuslinie	1,57	4,93
Sinoide nach Bestehorn	2,00	6,28

Setzt man die Kennwerte der gewünschten Übertragungsfunktionen in das Verhältnis zu dem jeweiligen Kennwert des Polynoms 2. Ordnung, kann man relativ einfach die zu erwartenden Maximalwerte für Geschwindigkeit, Beschleunigung und Beschleunigungsdrehmoment bestimmen.

Hinweis

Siehe Berechnungsbeispiel in Abschnitt 15.8.

Dem Anwender bleibt nun noch die Wahl des für seine Anwendung geeigneten Bewegungsgesetzes. Dies hängt von vielen Faktoren ab. Wenn beispielsweise hohe Massen zu beschleunigen sind, erfordern Bewegungsgesetze mit hohen Beschleunigungskennwerten auch hohe Maximalkräfte.

2.12 Optimierung des Bewegungsablaufs

Die Optimierung des Bewegungsablaufs soll dazu dienen, einen Antrieb möglichst effizient auszunutzen. Der Betrieb an einem optimalen Wirkungsgrad verringert die Verluste und senkt die Betriebskosten. Unter Umständen kann durch die Optimierung auch ein kleinerer Motor mit entsprechend geringeren Anschaffungskosten eingesetzt werden.

In vielen Fällen sind die Bewegungsabläufe durch die Anforderungen des jeweiligen Bearbeitungsprozesses fest vorgegeben. Dort bestehen wenige Möglichkeiten zur Optimierung.

Bietet die Anwendung jedoch gewisse Freiheitsgrade in Bezug auf die kinematischen Größen, kann man bei drehzahlvariablen Antrieben schon mit einfachen Änderungen des Bewegungsprofils auf die Effizienz positiven Einfluss nehmen.

Die Vorgaben an einen Bewegungsablauf sind im Allgemeinen die Weg-Zeit-Bedingungen. Aufgrund der Belastungsgrenzen der Mechanik können noch einschränkende Werte für die Maximalbeschleunigung und -geschwindigkeit gegeben sein. Dabei dürfen die Werte für Zeit, Maximalgeschwindigkeit und Maximalbeschleunigung nicht überschritten und der Wert für den Weg nicht unterschritten werden.

Unter Beachtung dieser Randbedingungen werden die Vorgaben in den meisten Fällen dann wie folgt verwendet:

- Berechnung eines Dreieck-Geschwindigkeitsprofils
  Mit zwei der vorgegebenen Größen wird ein Dreieckprofil gerechnet und kontrolliert, ob die restlichen Vorgabewerte nicht über- bzw. unterschritten sind.
- Berechnung eines Trapez-Geschwindigkeitsprofils
  Mit drei der vorgegebenen Größen wird ein Trapezprofil gerechnet und kontrolliert, ob der restliche Vorgabewert nicht über- bzw. unterschritten ist.
- Berechnung einzelner Phasen
  Mit der maximal zulässigen Beschleunigung wird auf die maximal zulässige Geschwindigkeit beschleunigt. Mit dem gleichen Betrag der Beschleunigung wird auf null verzögert. Wenn der vorgegebene Gesamtweg während dieser beiden Phasen noch nicht zurückgelegt wurde, wird noch eine entsprechende Phase mit konstanter Geschwindigkeit eingefügt.

Damit wäre zunächst einmal ein Bewegungsablauf grundsätzlich erstellt und die Basis für dessen Optimierung geschaffen. Bei der Berechnung der für dieses Profil erforderlichen Drehmomente kann man mitunter zu folgenden Ergebnissen kommen:

- Der Motor wird dynamisch nicht ausgenutzt, da die Beschleunigungs- und Verzögerungsdrehmomente viel kleiner als das zulässige Maximaldrehmoment des Motors sind (Bild 2.15 a).
  Das Effektivdrehmoment erfordert jedoch ein so hohes Dauerdrehmoment, dass die Baugröße des Motors einzig und allein dadurch bestimmt wird – typisch bei Dreiecksprofil.
- Der Motor wird thermisch nicht ausgenutzt, da das Effektivdrehmoment viel kleiner als das zulässige Dauerdrehmoment des Motors ist (Bild 2.15 b).
  Die Beschleunigungs- und Verzögerungsphasen erfordern jedoch so hohe Maximaldrehmomente, dass die Baugröße des Motors einzig und allein durch die Beschleunigungs- und Verzögerungsdrehmomente bestimmt wird – typisch bei Trapezprofil mit steilen Geschwindigkeitsflanken.

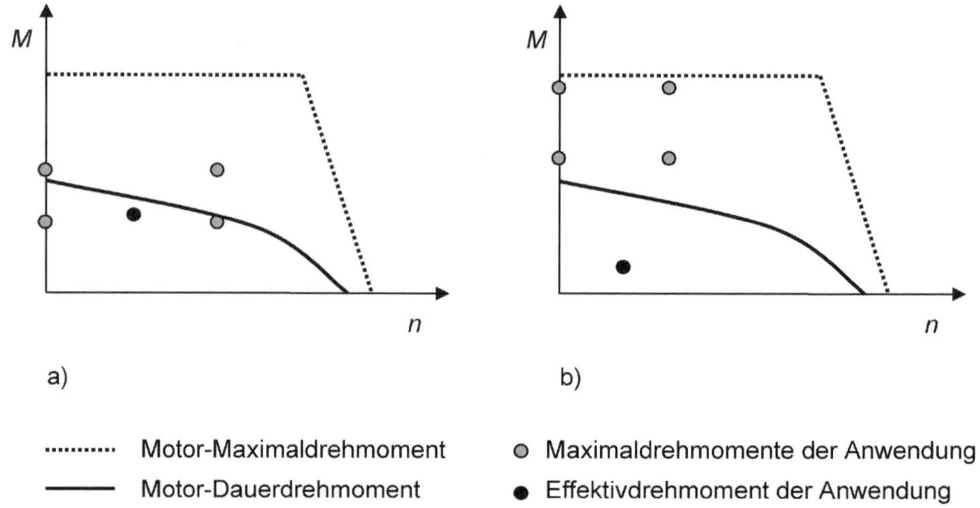

Bild 2.15 *Motor wird durch ungünstige Bewegungsprofile schlecht ausgenutzt*
a) dynamisch nicht ausgenutzt – typisch bei Dreieckprofil
b) thermisch nicht ausgenutzt – typisch bei Trapezprofil mit hohen Beschleunigungen

In beiden Fällen werden die Möglichkeiten des Motors also nicht voll ausgeschöpft. Eventuell könnte auch der nächstkleinere Motor eingesetzt werden, wenn man das Bewegungsprofil so verändert, dass sich daraus Drehmoment-Anforderungen ergeben, die der Drehmoment-Charakteristik dieses kleineren Motors entsprechen würden.

Hinweis

Siehe Berechnungsbeispiel in Abschnitt 15.2.

Mit einer geeigneten Aufteilung der Beschleunigungs- und Konstantphasen des Bewegungsprofils kann man sowohl das Effektiv- als auch die Maximalmomente ändern.

Grundsätzlich kann der Geschwindigkeitsverlauf einer Bewegung zwischen einem Dreieck und einem Trapez mit steilen Flanken variieren. Da in allen Fällen der gleiche Weg in der gleichen Zeit geschafft werden muss, bleibt die Fläche unter der Geschwindigkeitskurve gleich groß. Die maximale Geschwindigkeit hat deswegen unterschiedliche Werte.

Bild 2.16 zeigt, wie sich die einzelnen Drehmomente zueinander verändern, wenn man das Bewegungsprofil zwischen den beiden Extremen Dreieck und (fast) Rechteck verändert.

Bei der Berechnung der erforderlichen Drehmomente für die drei Fälle kann man Folgendes erkennen:

- Das kleinste Beschleunigungsmoment ergibt sich bei einem Dreieckprofil.
- Das kleinste Effektivmoment ergibt sich bei einem Trapezprofil nach Drittel-Regel.

Diese Regel trifft zu, wenn keine größeren konstanten Grundmomente (Reibung usw.) zu überwinden sind. Ist der Anteil dieser Grundmomente jedoch höher, so verschiebt sich der Punkt des minimalen Effektivmomentes nach rechts. Dadurch wird der zeitliche Anteil der Phase mit konstanter Geschwindigkeit größer als ein Drittel.

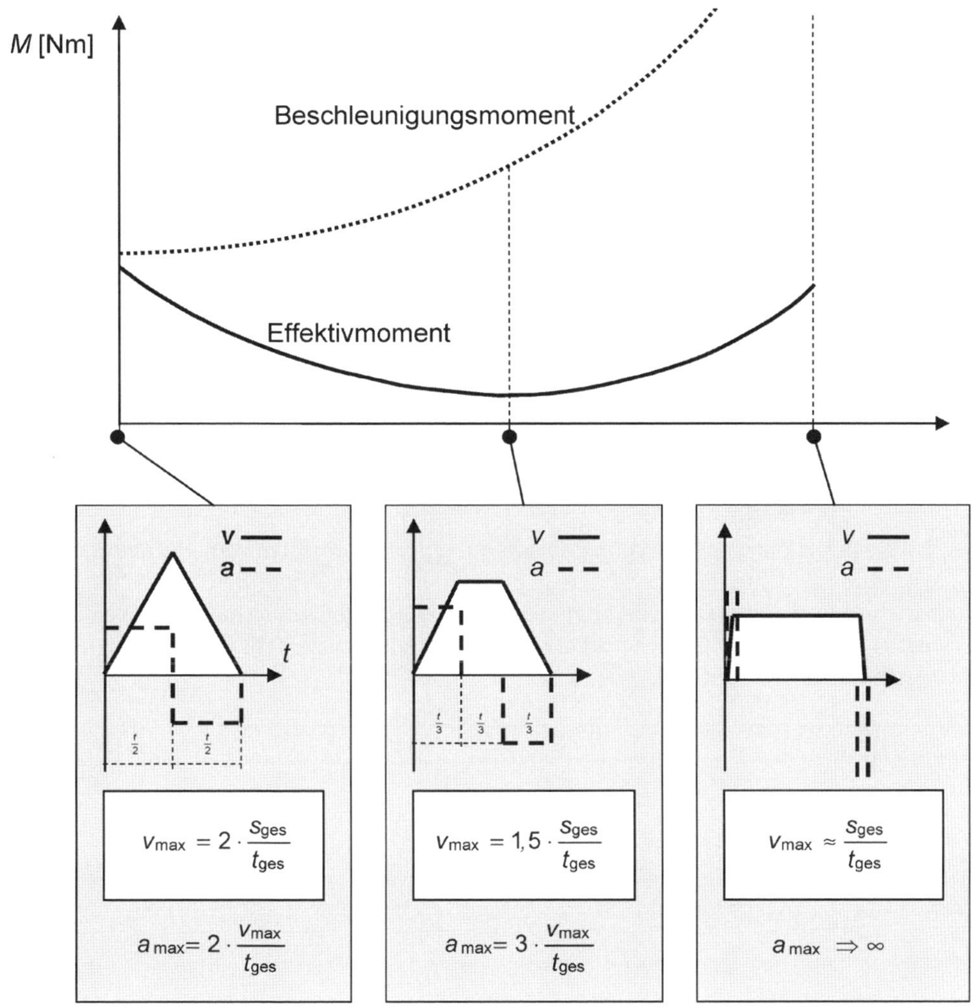

Bild 2.16 *Auswirkungen verschiedener Geschwindigkeitsprofile auf Beschleunigungs- und Effektivmoment*

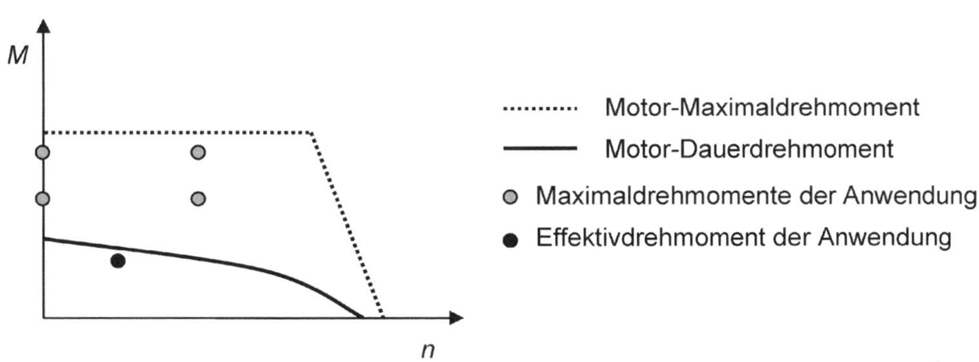

Bild 2.17 *Motor wird durch optimiertes Bewegungsprofil sowohl thermisch als auch dynamisch gut ausgenutzt*

Mit Kenntnis dieser Tatsache könnte beispielsweise versucht werden, das Effektivdrehmoment in Bild 2.15a etwas kleiner und die Maximaldrehmomente etwas größer zu machen, um das Ergebnis wie in Bild 2.17 zu erreichen.

Diesem Zustand nähert man sich iterativ, indem das Dreieckprofil zu einem Trapez «aufgeweitet» wird.

TIPP
Liegen für die Antriebsauslegung keine Angaben zum Bewegungsablauf vor, empfiehlt es sich, den Geschwindigkeits- bzw. Drehzahlverlauf entsprechend Trapezprofil nach Drittelregel zu gestalten. Damit ist eine gute Basis für weitere Optimierungen gegeben.

In Kürze

Für die Berechnung des Bewegungsablaufs aus unterschiedlichsten Vorgabedaten kann nun eine geeignete Herangehensweise gewählt und angewendet werden. Das aufgearbeitete und unter Umständen optimierte Bewegungsprofil sowie die daraus berechneten kinematischen Größen sind Voraussetzung und sichere Basis für die weiterführenden Berechnungsschritte.

3 Berechnung der Kräfte und Drehmomente

3.1 Allgemeines

Auf der Lastseite wirken die verschiedensten Kräfte bzw. Drehmomente. Es muss ermittelt werden, welche Kräfte und Drehmomente in den einzelnen Bewegungsphasen auftreten und in welche Richtung sie wirken. Pro Bewegungsphase werden sie zu einem resultierenden Wert zusammengefasst.

Hinweis

Berechnungstool auf **InfoClick**!

Alle im gesamten mechanischen Antriebsstrang wirkenden Kräfte und Drehmomente müssen für jede Bewegungsphase ermittelt und zu einer Resultierenden für jede Bewegungsphase zusammengefasst werden.

Der Zusammenhang zwischen Kraft und Drehmoment sei an dieser Stelle noch erläutert.

Das Drehmoment ist das Produkt aus einer rechtwinklig zum Drehradius wirkenden Kraft F und ihrem Abstand zum Drehmittelpunkt s (Bild 3.1).

$$M = F \cdot s$$

Bild 3.1
Drehmoment M, resultierend aus der Kraft F mit dem Abstand s zum Drehmittelpunkt

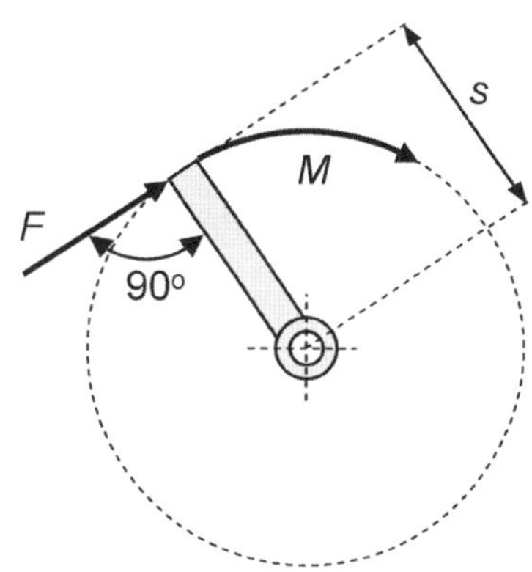

Die Analogie zwischen den mechanischen Größen der Translation und der Rotation ist in Tabelle 2.1 aufgelistet.

3.2 Gewichtskraft

Hinweis

Berechnungstool auf **InfoClick**!

Die Gewichtskraft F_{Gew} wirkt auf alle Körper und berechnet sich aus deren Masse m und der an der Erdoberfläche wirkenden Erdbeschleunigung g.

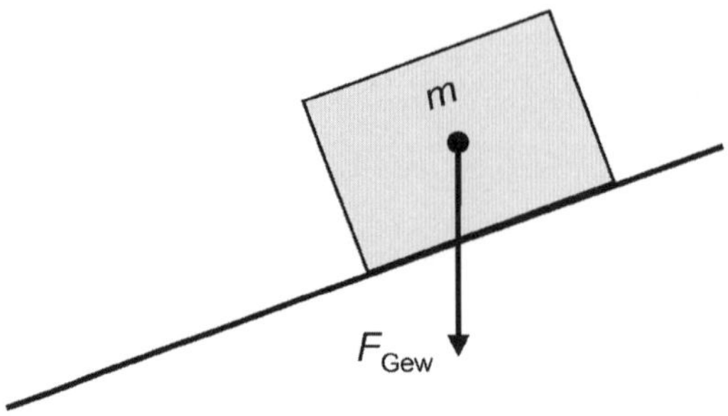

Bild 3.2
Gewichtskraft

$F_{Gew} = m \cdot g$

Bild 3.2 zeigt den Zusammenhang.

Die Größe der Gewichtskraft ist die Basis für die Berechnung der Hangabtriebskraft und der Aufstandskraft, die wiederum zur Ermittlung der Reibkräfte benötigt wird.

3.3 Hangabtriebskraft

Hinweis

Berechnungstool auf **InfoClick**!

Die Hangabtriebskraft F_{Ha} ist der Anteil an der Gewichtskraft, der unter Berücksichtigung des Neigungswinkels α parallel zur Aufstandsfläche verläuft.

$F_{Ha} = F_{Gew} \cdot \sin\alpha = m \cdot g \cdot \sin\alpha$

Bild 3.3 zeigt den Zusammenhang.

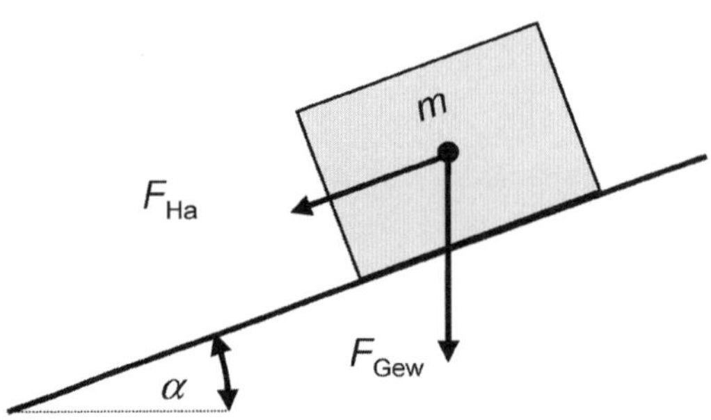

Bild 3.3
Hangabtriebskraft

3.4 Aufstandskraft

Hinweis

Berechnungstool auf **InfoClick**!

Die Aufstandskraft F_{Auf} ist der Anteil der Gewichtskraft, der unter Berücksichtigung des Neigungswinkels α im rechten Winkel auf die Aufstandsfläche wirkt.

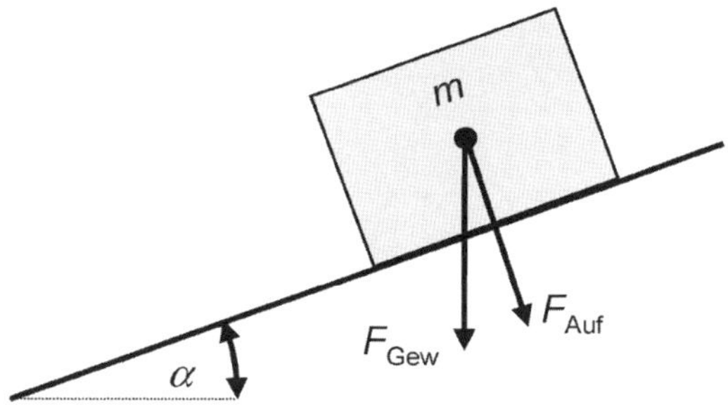

Bild 3.4
Aufstandskraft

$F_{Auf} = F_{Gew} \cdot \cos\alpha = m \cdot g \cdot \cos\alpha$

Bild 3.4 verdeutlicht den Zusammenhang mit der Gewichtskraft. Die Aufstandskraft wird für die Berechnung der Reibkräfte benötigt.

3.5 Anziehungskraft

Anziehungskräfte F_{Anz} zwischen dem zu bewegenden Körper und der Unterlage (Bild 3.5) können zum Beispiel hervorgerufen werden durch:

- magnetische Anziehungskräfte zwischen Primär- und Sekundärteil bei Linearmotoren,
- Federandruckkräfte bei Fahrantrieben.

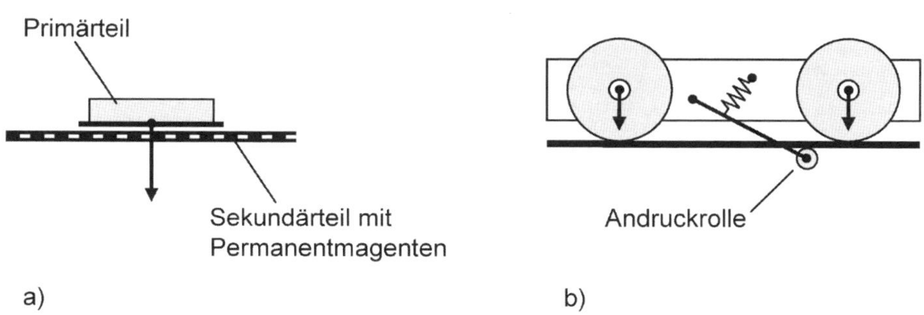

Bild 3.5 *Verschiedene Ursachen von Anziehungskräften*
a) Anziehungskraft infolge der Magnetkraft zwischen Primär- und Sekundärteil eines Permanentmagneterregten Linearmotors
b) Anziehungskraft infolge definierter Andruckkraft mit Feder an einem Fahrgestell

Die Anziehungskraft wirkt immer rechtwinklig auf die Aufstandsfläche (Bild 3.6) und wird zur Berechnung der Reibkräfte benötigt (siehe auch Hinweise in Abschnitt 13.1 «Magnetische Anziehungskräfte bei Linearmotoren werden nicht berücksichtigt.»).

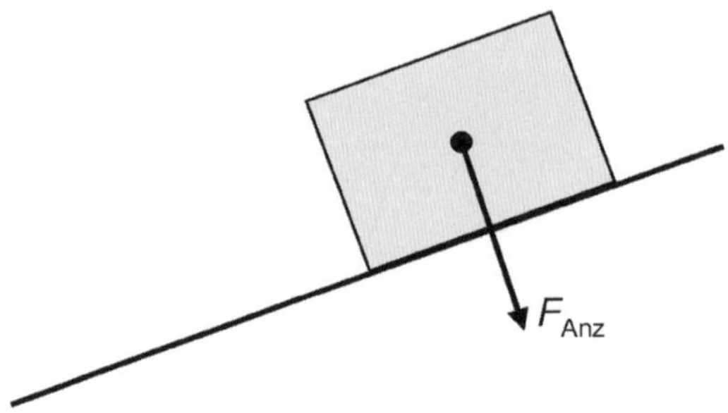

Bild 3.6
Anziehungskraft

3.6 Haftreibkraft

Hinweis
Berechnungstool auf **InfoClick**!

Solange die Relativgeschwindigkeit zwischen dem Körper und der Unterlage null ist, wirkt die Haftreibung (Bild 3.7). Mit Hilfe des Haftreibwertes μ_0 lässt sich die Haftreibkraft wie folgt berechnen:

$$F_{R\_Haft} = \mu_0 \cdot (F_{Auf} + F_{Anz}) = \mu_0 \cdot (m \cdot g \cdot \cos\alpha + F_{Anz})$$

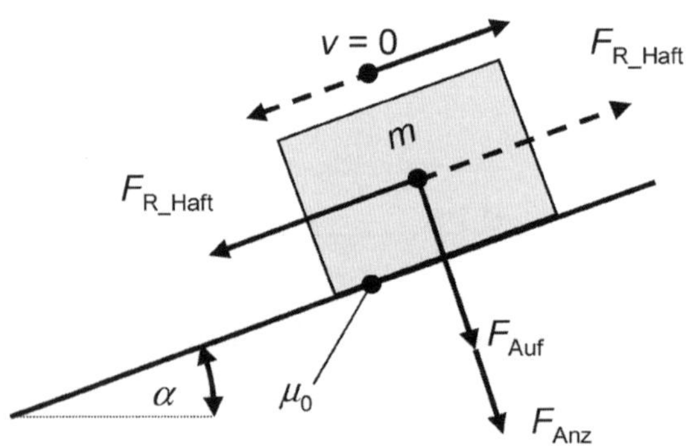

Bild 3.7
Haftreibung

Die Haftreibung ist entscheidend für die Berechnung von Losbrechkräften. Sie ist immer größer als die Gleitreibung. In Tabelle 3.1 sind typische Haftreibwerte zur Orientierung aufgelistet. Der Haftreibwert ist von der Materialpaarung und dem Zustand der Kontaktfläche abhängig.

Tabelle 3.1 *Haftreibwerte für verschiedene Materialpaarungen*

Materialpaarung (Zustand an der Kontaktfläche)	Haftreibwert μ_0
Stahl-Stahl (trocken)	0,12... 0,60
Stahl-Stahl (gefettet)	0,12...0,35
Stahl auf Holz (trocken)	0,45...0,75
Holz auf Holz (trocken)	0,40...0,75

Die Haftreibkraft wirkt der gewollten Bewegungsrichtung immer entgegen.

3.7 Gleitreibkraft

Hinweis

Berechnungstool auf **InfoClick**!

Die Gleitreibkraft wirkt so lange, wie die Relativgeschwindigkeit zwischen dem Körper und der Unterlage ungleich null ist (Bild 3.8). Mit Hilfe des Gleitreibwertes μ lässt sich die Gleitreibkraft wie folgt berechnen:

$$F_{R\_Gleit} = \mu \cdot (F_{Auf} + F_{Anz}) = \mu \cdot (m \cdot g \cdot \cos\alpha + F_{Anz})$$

Bild 3.8
Gleitreibung

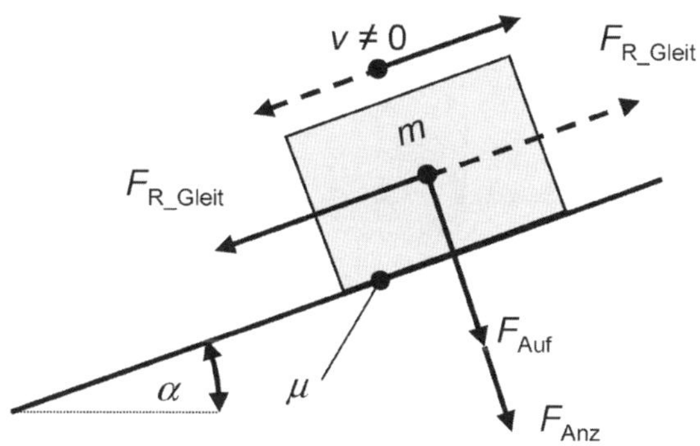

Die Gleitreibung ist entscheidend für die Berechnung der zu überwindenden Reibkräfte während der Bewegung. Sie ist immer kleiner als die Haftreibung.

In Tabelle 3.2 sind typische Werte zur Orientierung für die Gleitreibwerte bei verschiedenen Materialpaarungen aufgelistet.

Tabelle 3.2 *Gleitreibwerte für verschiedene Materialpaarungen*

Materialpaarung (Zustand an der Kontaktfläche)	Gleitreibwert μ
Stahl-Stahl (trocken)	0,08...0,50
Stahl-Stahl (gefettet)	0,04...0,25
Stahl auf Holz (trocken)	0,30...0,60
Holz auf Holz (trocken)	0,30...0,50

Die Gleitreibkraft wirkt der gewollten Bewegungsrichtung immer entgegen.

3.8 Rollreibkraft

Hinweis

Berechnungstool auf **InfoClick**!

In den wenigsten Fällen werden in der Praxis die Bewegungen durch Gleiten des Körpers auf einer Unterlage realisiert. Da sie im Allgemeinen zu hohe Kräfte abverlangen, werden sie durch Abrollen über Wälzkörper wie Rollen, Kugeln oder Räder umgesetzt.

Am Beispiel eines Rades sind in Bild 3.9 die wichtigsten Größen und die Wirkung der Kräfte dargestellt.

Die Rollreibkraft berechnet sich wie folgt:

$$F_{R\_Roll} = \left(F_{Auf} + F_{Anz}\right) \cdot \left[\frac{2}{d_{Rad}} \cdot \left(\frac{d_W}{2} \cdot \mu_{Lr} + a\right) + c_{Sr}\right]$$

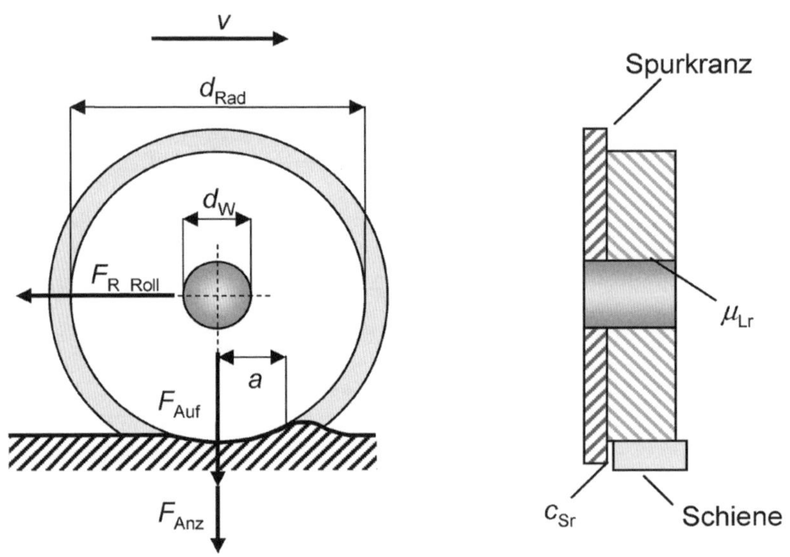

Bild 3.9 *Rollreibung*

Tabelle 3.3 *Typische Werte für Lagerreibung*

Lagerart	Reibwert der Lagerreibung
Wälzlager	$\mu_{Lr} = 0{,}005$
Gleitlager	$\mu_{Lr} = 0{,}08...0{,}1$

Tabelle 3.4 *Typische Werte für Hebelarme der Rollreibung*

Materialpaarung	Hebelarm der Rollreibung
Stahl auf Stahl	a = 0,5 mm
Kunststoff auf Stahl	a = 2 mm
Kunststoff auf Beton	a = 5 mm
Holz auf Stahl	a = 1,2 mm
Hartgummi auf Stahl	a = 7 mm
Hartgummi auf Beton	a = 12...20 mm

Tabelle 3.5 *Typische Werte für Spurkranzreibung bzw. seitliche Reibung*

Radart	Wert für Spurkranzreibung
wälzgelagerte Räder	$c_{Sr} = 0{,}003$
gleitgelagerte Räder	$c_{Sr} = 0{,}005$
seitliche Führungsrollen	$c_{Sr} = 0{,}002$

Häufig wird auch ein zusammengefasster Wert zur Berechnung der Rollreibung angegeben. Er wird Rollwiderstandskoeffizient c_R genannt. Diese Angabe machen die Hersteller von Laufrädern. Die Formel zur Berechnung der Rollreibkraft wird dadurch vereinfacht.

$$F_{R\_Roll} = (F_{Auf} + F_{Anz}) \cdot c_R$$

3.9 Prozesskräfte

Als Prozesskräfte werden die Kräfte bezeichnet, die durch den eigentlichen Bearbeitungsprozess auf den Antrieb einwirken.

Dies können zum Beispiel sein:

- Prozesskräfte bei spanender Bearbeitung wie Fräsen, Drehen, Bohren, Schleifen, Hobeln;
- Umformkräfte für Biegen, Pressen;
- Trennkräfte beim Schneiden, Sägen;
- Zug- bzw. Wickelkräfte beim Aufwickeln von Bahnmaterial (Metall, Papier, Folien ...);
- Kräfte zum Erreichen des erforderlichen Drucks bei Lüftern und Pumpen.

Die Prozesskraft wird in den weiteren Formeln mit F_{Proz} angegeben.

In den meisten Fällen wirkt sie immer gegen die Bewegungsrichtung. Zu deren Berechnung ist entsprechendes Detailwissen über den Bearbeitungsprozess notwendig, so dass im Rahmen dieses Buches nicht detailliert darauf eingegangen wird und auf Herstellerangaben verwiesen werden muss.

3.10 Beschleunigungs- und Verzögerungskräfte

Hinweis

Berechnungstool auf **InfoClick**!

Die Trägheit eines Körpers ist durch seine Masse charakterisiert und bewirkt, dass er sich der Änderung seines Bewegungszustandes widersetzt. Sobald eine Beschleunigung oder Verzögerung stattfindet, wirken auf ihn die Trägheitskräfte.

Die Trägheitskräfte wirken der Beschleunigungsrichtung entgegen (Bild 3.10). Sie sind von der Masse m und der Größe der Beschleunigung a abhängig.

$$F_{Beschl} = m \cdot a$$

$$F_{Verz} = m \cdot a$$

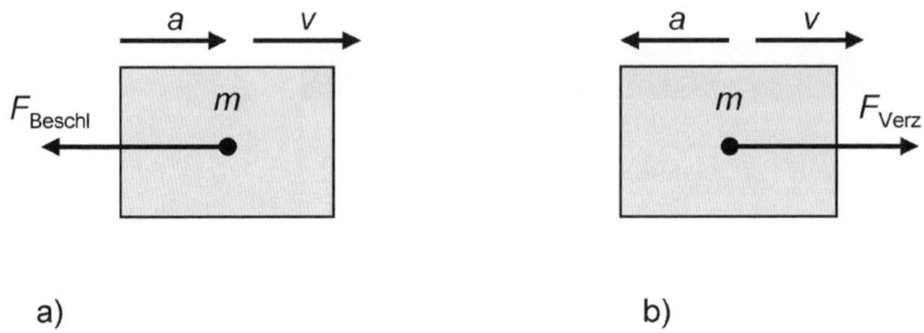

Bild 3.10 *Beschleunigungs- und Verzögerungskräfte an einem Körper*
a) Beschleunigung,
b) Verzögerung

DEFINITION
Die Trägheitskraft wird zur besseren Unterscheidung bei der Beschleunigung als **Beschleunigungskraft** und bei der Verzögerung als **Verzögerungskraft** bezeichnet.

3.11 Windkräfte

Hinweis
Berechnungstool auf **InfoClick**!

Speziell fördertechnische Anlagen im Freien werden durch ihre Windangriffsfläche mit Windkräften belastet. Sie können sowohl mit als auch gegen die Geschwindigkeitsrichtung wirken (Bild 3.11). Wichtig ist die Kenntnis der Windkräfte insbesondere für die Überprüfung der Bremsen von Flurförderzeugen im Freien.

Die Windkraft ist abhängig von der Windgeschwindigkeit v, der wirksamen Windangriffsfläche A, dem Luftwiderstandswert c_W und dem Staudruck q.

$$F_{Wind} = A \cdot c_W \cdot q$$

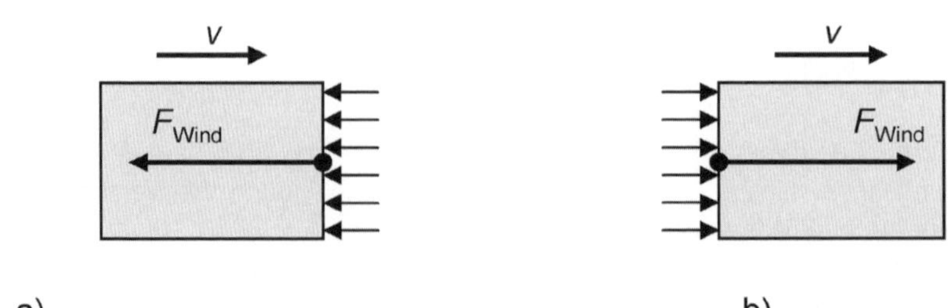

Bild 3.11 *Windkraft*
a) Gegenwind
b) Mitwind

Typische Werte für den Luftwiderstandswert c_W sind in Tabelle 3.6 angegeben.

Tabelle 3.6 *Typische Luftwiderstandswerte verschiedener Körper*

Körper	Luftwiderstandswert c_W
Von der Hohlseite angeströmte halbe Hohlkugel: 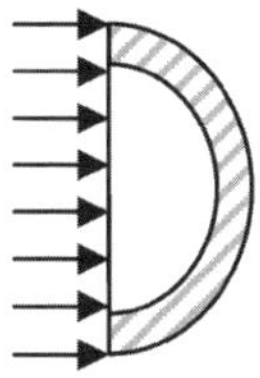	$c_W \approx 1{,}33$
Ebene Platte: 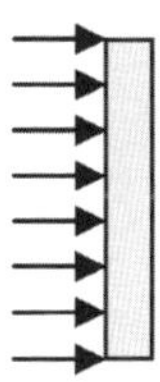	$c_W \approx 1{,}11$
Ebener Körper: 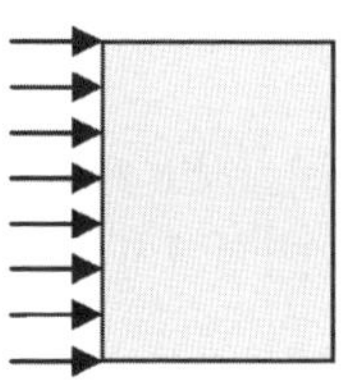	$c_W \approx 0{,}97$

Der Staudruck kann mit Hilfe der Formel

$$q = \frac{\rho \cdot v^2}{2}$$

berechnet werden. Setzt man für die Dichte ρ den Wert von Luft ein (1,2928 kg/m³ bei 20 °C Temperatur und 101325 Pa Luftdruck), kommt man für verschiedene Windgeschwindigkeiten v auf die Werte für den Staudruck wie in Tabelle 3.7 angegeben.

Tabelle 3.7 *Staudruck von Luft für verschiedene Windgeschwindigkeiten*

Windstärke [Beaufort]	Windgeschwindigkeit v [m/s]		Windgeschwindigkeit v [km/h]		Staudruck q [N/m²]	
	min.	max.	min.	max.	min.	max.
0	0	0,2	0	0,72	0,00	0,03
1	0,2	1,5	0,72	5,4	0,03	1,45
2	1,5	3,3	5,4	11,9	1,45	7,04
3	3,3	5,4	11,9	19,4	7,04	18,8
4	5,4	7,9	19,4	28,4	18,8	40,3
5	7,9	10,7	28,4	38,5	40,3	74
6	10,7	13,8	38,5	49,7	74	123
7	13,8	17,1	49,7	62	123	189
8	17,1	20,7	62	75	189	277
9	20,7	24,4	75	88	277	385
10	24,4	28,4	88	102	385	521
11	28,4	32,6	102	117	521	687
12	32,6	36,9	117	133	687	880

3.12 Sonstige Zusatzkräfte

In Maschinen und Anlagen gibt es eine Reihe weiterer Kräfte, die oftmals nicht bekannt sind oder deren Größe sich nur schwer berechnen lässt. Sie entstehen u.a. in Anlagenteilen wie:

- Schleppketten für mitfahrende Versorgungsleitungen,
- Abstreifer,
- Führungsrollen,
- Stützrollen,
- Dichtungen

und wirken wie Reibkräfte gegen die Bewegungsrichtung.

Es gibt zwei Möglichkeiten, diese zusätzlichen Kräfte mit zu berücksichtigen. Die Zusatzkraft kann direkt als Zahlenwert angegeben oder mit Hilfe eines allgemeinen Wirkungsgrades berücksichtigt werden.

Wenn die Zusatzkraft als Zahlenwert vorliegt, wird sie in den weiteren Formeln mit dem Zeichen F_{Zus} angegeben. Diese ist somit immer wirksam und konstant.

In Form des allgemeinen Wirkungsgrades einer Anlage wird das Zeichen η_{Anl} verwendet. Damit sind sie nicht konstant, sondern ändern sich prozentual in Abhängigkeit der anderen zu übertragenden Kräfte. (Siehe auch in Abschnitt 13.1: «Zusätzliche Kräfte / Drehmomente sind nicht genau bekannt».)

3.13 Wirksames Gewichtsdrehmoment

Hinweis

Berechnungstool auf **InfoClick**!

Das wirksame Gewichtsdrehmoment M_{W_Gew} entsteht bei vertikalen Drehbewegungen, wenn die Drehachse nicht durch den Schwerpunkt eines Körpers geht wie beispielsweise bei einer exzentrisch auf einen Vertikaldrehtisch angeordneten Masse (Bild 3.12).

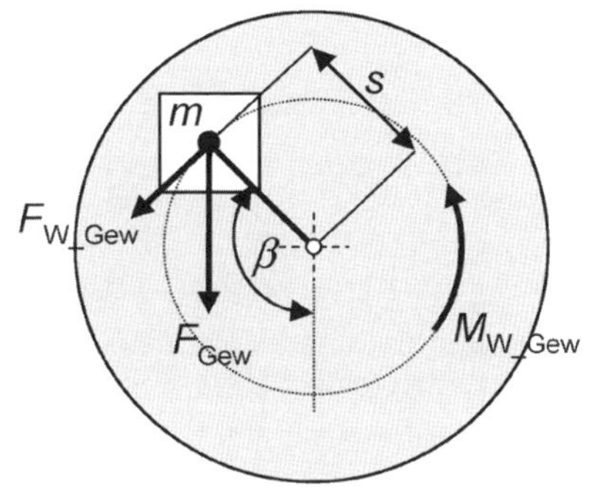

Bild 3.12
Wirksames Gewichtsdrehmoment einer Masse bei einem vertikalen Drehtisch

$$M_{W\_Gew} = F_{W\_Gew} \cdot s = F_{Gew} \cdot \sin \beta \cdot s = m \cdot g \cdot \sin \beta \cdot s$$

Gewichtsdrehmomente können auch entstehen, wenn Schüttgüter in Trommeln gemischt oder gemahlen werden. Wenn keine Drehbewegung erfolgt, zieht der Schwerpunkt des Schüttgutes die Trommel in die untere Lage (Bild 3.13a). Wird die Trommel angetrieben, bildet sich der Schüttwinkel α, und der Schwerpunkt ist nicht mehr in der untersten Stellung, sondern weiter oben (Bild 3.13 b).

Für verschiedene Arten von Schüttgütern gibt Tabelle 3.8 Anhaltswerte für typische Schüttwinkel.

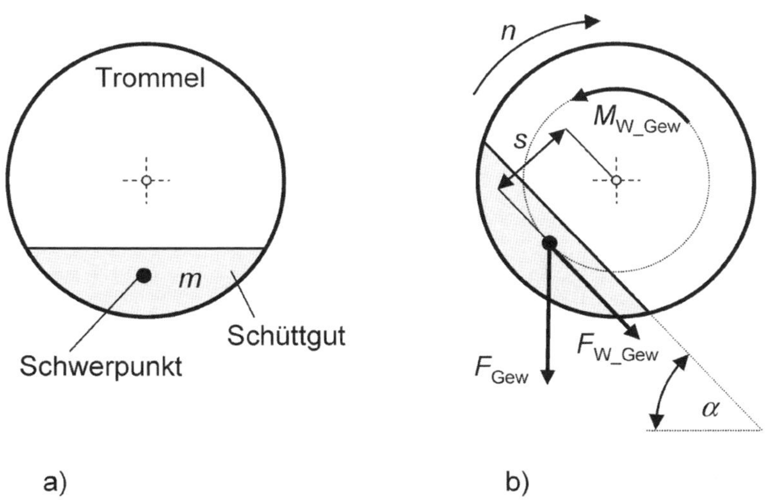

Bild 3.13 *Gewichtsdrehmoment eines Schüttgutes bei einem Trommelantrieb*
a) in Ruhestellung
b) in Drehbewegung

Tabelle 3.8 *Typische Schüttwinkel von Schüttgütern*

Schüttgut	Typischer Schüttwinkel α
feuchter Sand, feuchte Erde (lockere Schüttung)	25°
rundkörniger Sand mit einheitlicher Korngröße	27,5°...30°
Getreide	30°
eckiger, scharfkantiger Sand	32°...35°
sandiger Kies	32°...37°
Braunkohle	35°
Zucker	35°
Salz	40°
Zement	40°
scharfkantiges Geröll, Erz	40°
Steinkohle, Koks	45°
Mehl	45°

Die Lage des Schwerpunktes (Bild 3.14) wird benötigt, um den Angriffspunkt der Kräfte zu kennen.

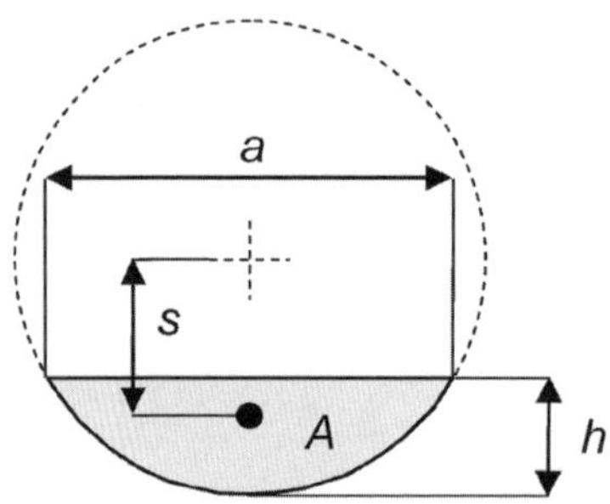

Bild 3.14
Schwerpunktlage eines Kreisabschnittes

$$s = \frac{a^3}{12 \cdot A}$$

mit dem Flächeninhalt

$$A \approx \frac{2 \cdot a \cdot h}{3}$$

3.14 Haftreibdrehmoment

Hinweis
Berechnungstool auf **InfoClick**!

Auch bei der Drehbewegung wirkt das Haftreibdrehmoment, solange die relative Winkelgeschwindigkeit zwischen dem Körper (Lagerring) und der Auflage gleich null ist (Bild 3.15). Mit Hilfe des Haftreibwertes (Tabelle 3.1) lässt sich das Haftreibdrehmoment wie folgt berechnen:

$$M_{R\_Haft} = \frac{F_{R\_Haft} \cdot D_L}{2} = \frac{\mu_0 \cdot F_{Auf} \cdot D_L}{2} = \frac{\mu_0 \cdot m \cdot g \cdot D_L}{2}$$

Bild 3.15
Haftreibung

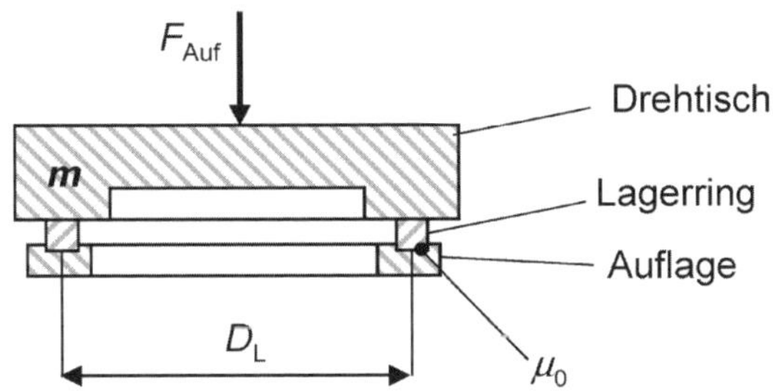

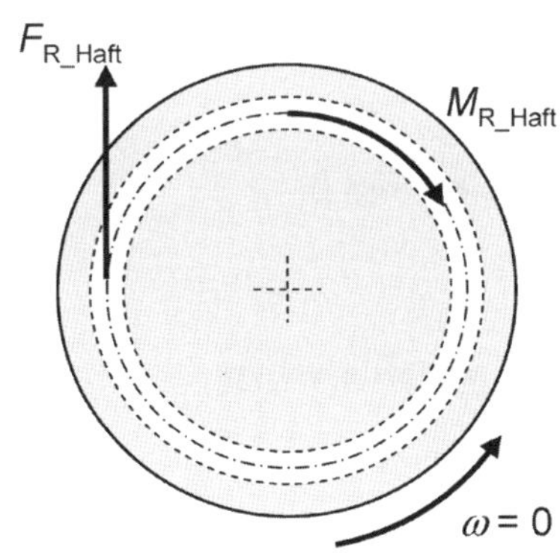

Das Haftreibdrehmoment wirkt der gewollten Drehrichtung immer entgegen.

3.15 Gleitreibdrehmoment

Hinweis
Berechnungstool auf **InfoClick**!

Ebenso wie bei der linearen Bewegung wirkt die Gleitreibung bei der Drehbewegung so lange, wie die relative Winkelgeschwindigkeit zwischen dem Körper (Lagerring) und der Auflage ungleich null ist (Bild 3.16). Das Gleitreibdrehmoment berechnet sich mit Hilfe des Gleitreibwertes (Tabelle 3.2) wie folgt:

$$M_{R\_Gleit} = \frac{F_{R\_Gleit} \cdot D_L}{2} = \frac{\mu \cdot F_{Auf} \cdot D_L}{2} = \frac{\mu \cdot m \cdot g \cdot D_L}{2}$$

Das Gleitreibdrehmoment wirkt der gewollten Drehrichtung immer entgegen.

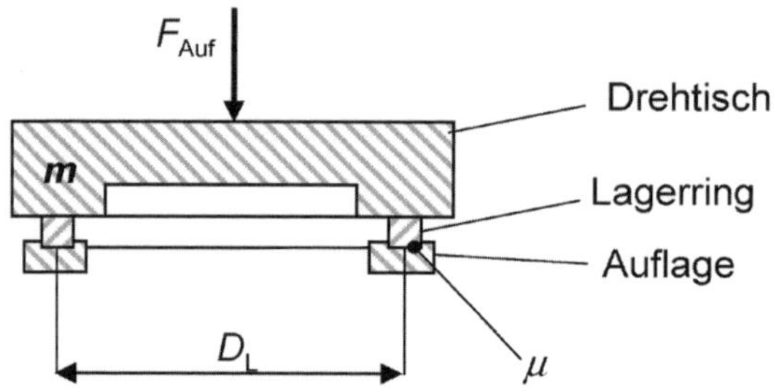

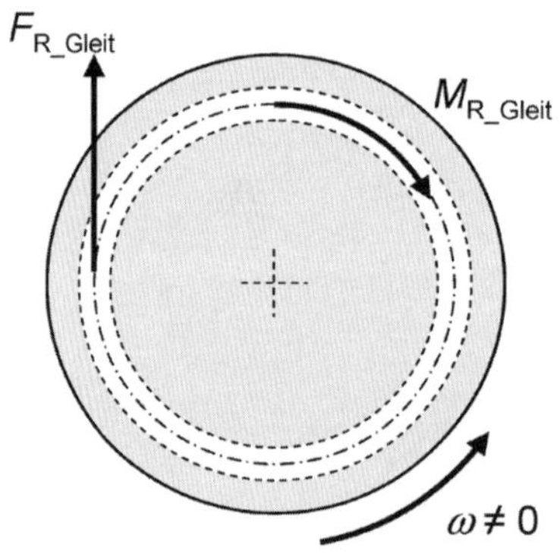

Bild 3.16
Gleitreibung

3.16 Rollreibdrehmoment

Hinweis

Berechnungstool auf **InfoClick**!

Die meisten rotierenden Anwendungen werden von Rollen- oder Kugellagern getragen (Bild 3.17). Für diese Lagerungen werden von den Herstellern die typischen Reibwerte ermittelt und in den technischen Datenblättern angegeben. Anhaltswerte wurden bereits in Tabelle 3.3 gegeben.

Das Rollreibdrehmoment kann überschlägig mit Hilfe des Lagerreibwertes wie folgt berechnet werden:

$$M_{R\_Roll} = \frac{F_{R\_Roll} \cdot D_{La}}{2} = \frac{\mu_{Lr} \cdot F_{Auf} \cdot D_L}{2} = \frac{\mu_{Lr} \cdot m \cdot g \cdot D_L}{2}$$

Bild 3.17
Rollreibung

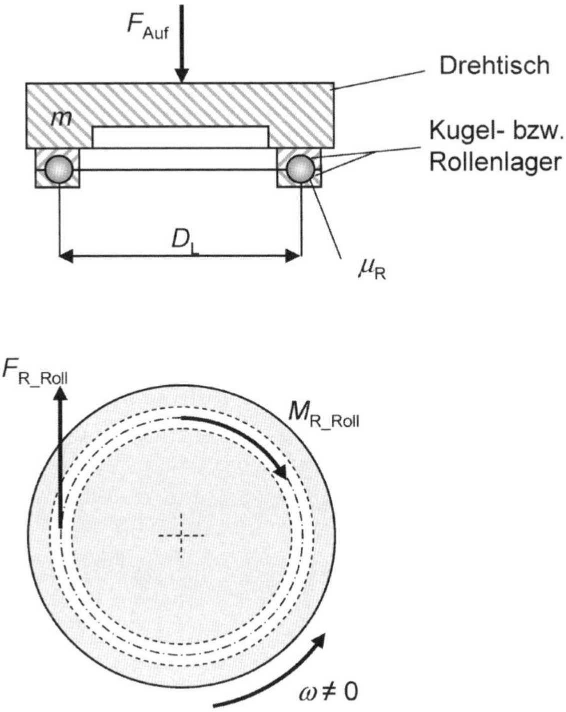

3.17 Prozessdrehmomente

Hinweis
Berechnungstool auf **InfoClick**!

Für die Berechnung des Prozessdrehmomentes ist der rechtwinklig zum Radius wirkende Anteil der Prozesskraft zu berücksichtigen (Bild 3.18). Es berechnet sich zu:

$$M_{Proz} = F_{Proz} \cdot s$$

Bild 3.18
Prozessdrehmoment

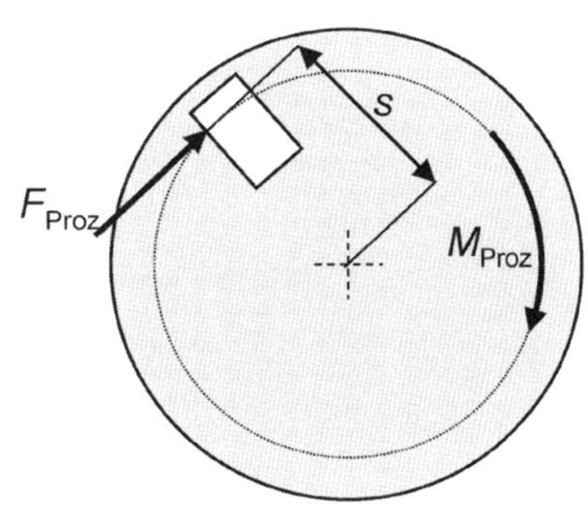

3.18 Beschleunigungs- und Verzögerungsdrehmomente

Hinweis

Berechnungstool auf **InfoClick**!

Auch die Trägheit der rotierenden Körper bewirkt, dass sie sich einer Änderung ihres Bewegungszustandes widersetzen. Die dabei auftretenden Drehmomente wirken der Beschleunigungsrichtung entgegen (Bild 3.19). Ebenso wie die Trägheit eines Körpers bei der linearen Bewegung durch seine Masse charakterisiert ist, ist es bei der Rotation das Massenträgheitsmoment (siehe Tabelle 2.1).

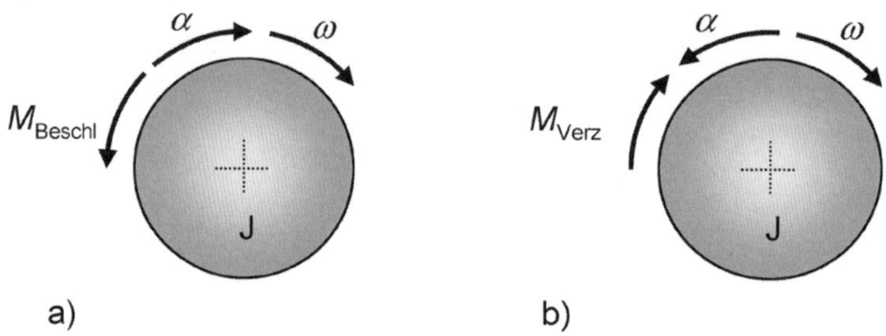

Bild 3.19 *Beschleunigungs- und Verzögerungsdrehmomente an einem rotierenden Körper*
a) Beschleunigung
b) Verzögerung

Die Beschleunigungs- und Verzögerungsdrehmomente sind alleine vom Massenträgheitsmoment J und der Größe der Winkelbeschleunigung bzw. -verzögerung α abhängig.

$$M_{Beschl} = J \cdot \alpha$$
$$M_{Verz} = J \cdot \alpha$$

Berechnung der Massenträgheitsmomente

Im einfachsten Fall ist als Massenträgheitsmoment das Produkt einer Einzelmasse Δm mit dem Quadrat ihres Abstandes a zum Drehmittelpunkt zu verstehen (Bild 3.20).

$$J = \Delta m \cdot a^2$$

In den wenigsten Fällen wird jedoch eine kleine Einzelmasse in dieser Anordnung bewegt. Es handelt sich um verschiedenste geometrische Körper, deren gesamtes Massenträgheitsmoment sich aus der Summe dieser einzelnen Trägheitsmomente ergibt.

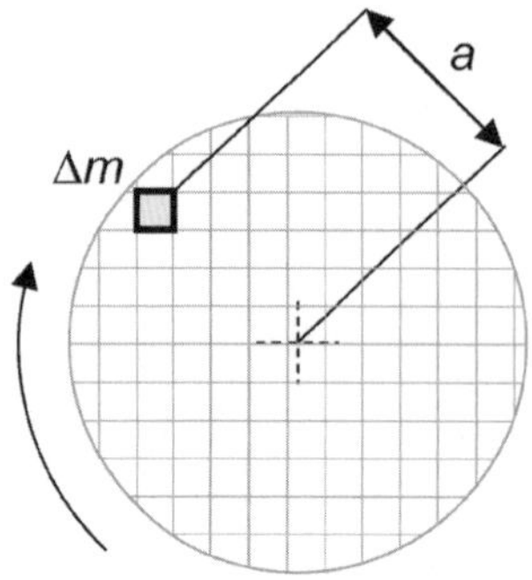

Bild 3.20
Massenträgheitsmoment

$$J = \sum_{i=1}^{n} m_i \cdot a_i^2$$

Für die Ermittlung der Massenträgheitsmomente von einfachen Körpern sind in Tabelle 3.9 die entsprechenden Formeln in Abhängigkeit von der Lage der Drehachse angegeben.

Tabelle 3.9 *Massenträgheitsmomente verschiedener Körper*

Körper	Massenträgheitsmoment
gerader Kreiszylinder 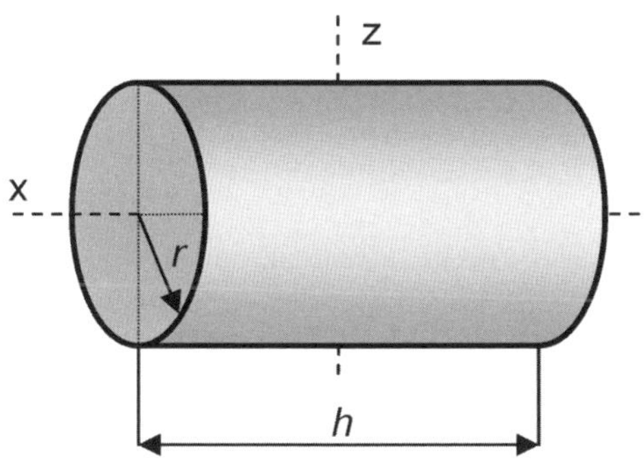	$J_x = m \cdot \frac{r^2}{2}$ $J_z = m \cdot \frac{3 \cdot r^2 + h^2}{12}$ $m = \rho \cdot \pi \cdot r^2 \cdot h$
gerader kreisförmiger Hohlzylinder 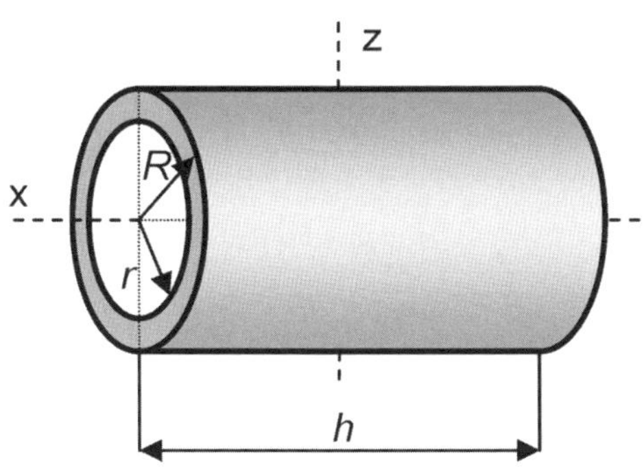	$J_x = m \cdot \frac{R^2 + r^2}{2}$ $J_z = \frac{m}{4} \cdot \left(r^2 + R^2 + \frac{h^2}{3} \right)$ $m = \rho \cdot \pi \cdot (R^2 - r^2) \cdot h$
Rechtkantkörper (Vierkantprisma) 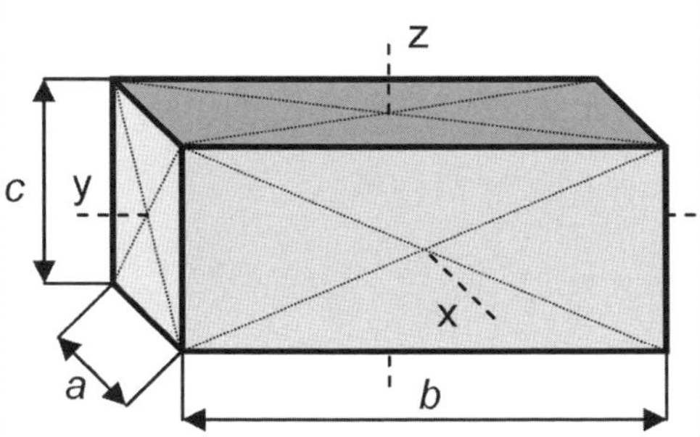	$J_x = \frac{m}{12} \cdot (b^2 + c^2)$ $J_y = \frac{m}{12} \cdot (a^2 + c^2)$ $J_z = \frac{m}{12} \cdot (a^2 + b^2)$ $m = \rho \cdot a \cdot b \cdot c$

Ring mit kreisförmigem Querschnitt 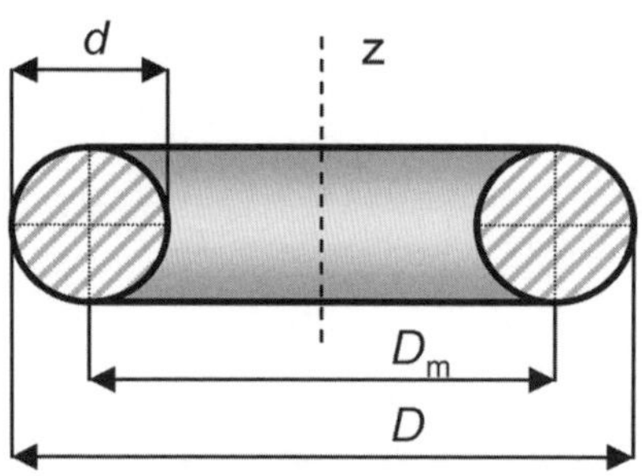	$J_z = \frac{m}{4} \cdot \left(D_m^2 + \frac{3 \cdot d^2}{4} \right)$ $m = \frac{\rho \cdot \pi^2 \cdot d^2 \cdot D_m}{4}$
Kugel 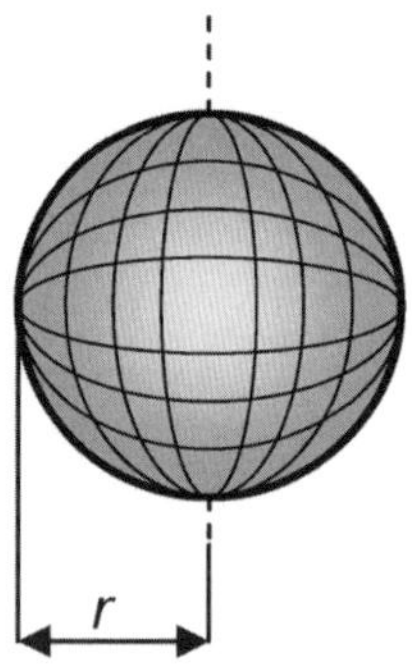	$J = \frac{2 \cdot m \cdot r^2}{5}$ $m = \frac{\rho \cdot 4 \cdot \pi \cdot r^3}{3}$
Kegel 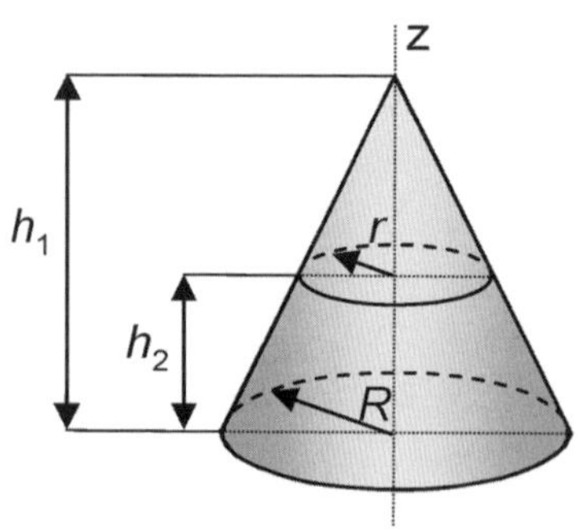	$J_z = \frac{3 \cdot m \cdot R^2}{10}$ $m = \frac{\rho \cdot \pi \cdot R^2 \cdot h_1}{3}$ abgestumpft: $J_z \approx \frac{3 \cdot m \cdot \left(R^5 - r^5\right)}{10 \cdot \left(R^3 - r^3\right)}$ $m = \frac{\rho \cdot \pi \cdot h_2 \cdot \left(R^2 + R \cdot r + r^2\right)}{3}$

Bei den Formeln in Tabelle 3.9 wird davon ausgegangen, dass die Drehachse immer durch den Schwerpunkt der Körper geht. Wenn die Drehachse parallel dazu verschoben ist (Bild 3.21), erhöht sich das gesamte Massenträgheitsmoment um den Steinerschen Anteil und berechnet sich zu:

$$J_{ges} = J_z + m \cdot s^2$$

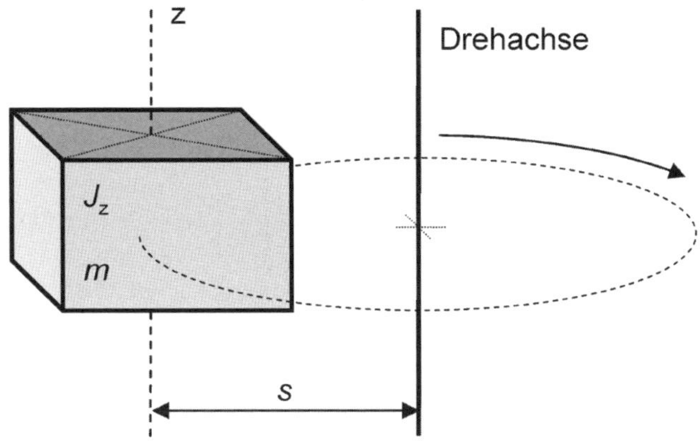

Bild 3.21
Erhöhung des gesamten Massenträgheitsmomentes durch Steinerschen Anteil

3.19 Sonstige Zusatzdrehmomente

Bei rotativen Bewegungen entstehen zusätzliche Drehmomente hauptsächlich durch Reibung in Dichtungen, Abstreifern oder durch erforderliche Drehmomente, um Versorgungsleitungen beispielsweise über Schleifringe mitzudrehen.

Wenn deren Größe bekannt ist, können sie, auch wie bei den linearen Bewegungen, durch einen konstanten Zahlenwert M_{Zus} berücksichtigt werden. Wenn nicht, werden sie mit Hilfe eines allgemeinen Wirkungsgrades η_{Anl} der Anlage ausgedrückt und damit als prozentualer Anteil der zu übertragenden Kräfte eingerechnet.

Siehe auch in Abschnitt 13.1: «Zusätzliche Kräfte / Drehmomente sind nicht genau bekannt».

3.20 Zusammenfassung der Kräfte und Drehmomente

Hinweis

Berechnungstool auf **InfoClick**!

Sind die Kräfte und Drehmomente ermittelt, müssen sie nun in Abhängigkeit ihrer Wirkrichtung addiert werden. Daraus ergibt sich bei linearen Bewegungen die resultierende Kraft F_{res} bzw. bei rotativen Bewegungen das resultierende Drehmoment M_{res} pro Bewegungsphase. In Tabelle 3.10 sind die Regeln dafür aufgelistet. Die resultierende Kraft ist die Kraft, die der Motor in der jeweiligen Bewegungsphase abgeben bzw. aufnehmen muss.

Tabelle 3.10 *Regeln für die Ermittlung der resultierenden Kraft / Drehmoment pro Bewegungsphase*

Kräfte bei linearen Bewegungen	Drehmomente bei rotativen Bewegungen
Die Summe aller Kräfte ist immer null.	Die Summe aller Drehmomente ist immer null.
Die Bewegungsrichtung ist die positive Richtung für die Zählpfeile.	Die Drehrichtung ist die positive Richtung für die Zählpfeile.
Die gesuchte resultierende Kraft F_{res} wird zunächst willkürlich in Bewegungsrichtung gezählt.	Das gesuchte resultierende Drehmoment M_{res} wird zunächst willkürlich in Drehrichtung gezählt.

Kräfte, die gegen die Bewegungsrichtung wirken, werden negativ gezählt • Hangabtriebskraft beim Heben der Last bzw. Aufwärtsfahrt • Windkraft bei Gegenwind • Reibungskräfte • Prozesskräfte, wenn sie gegen die Bewegungsrichtung wirken • Zusatzkräfte, wenn sie gegen die Bewegungsrichtung wirken	Drehmomente, die gegen die Drehrichtung wirken, werden negativ gezählt • Gewichtsdrehmoment beim Heben einer exzentrischen Last • Winddrehmoment gegen Drehrichtung • Reibungsdrehmomente • Prozessdrehmomente, wenn sie gegen die Drehrichtung wirken • Zusatzdrehmomente, wenn sie gegen die Drehrichtung wirken
Kräfte, die in Bewegungsrichtung wirken, werden positiv gezählt • Hangabtriebskraft beim Senken einer Last bzw. Abwärtsfahrt • Windkraft bei Rückenwind • Prozesskräfte, wenn sie in die Bewegungsrichtung wirken • Zusatzkräfte, wenn sie in die Bewegungsrichtung wirken	Drehmomente, die in Drehrichtung wirken, werden positiv gezählt • Gewichtsdrehmoment beim Senken einer exzentrischen Last • Winddrehmoment in Drehrichtung • Prozessdrehmomente, wenn sie in die Drehrichtung wirken • Zusatzdrehmomente, wenn sie in die Drehrichtung wirken
Beschleunigungskräfte werden beim Beschleunigen negativ gezählt. Sie wirken der Beschleunigungsrichtung entgegen.	Beschleunigungsdrehmomente werden beim Beschleunigen negativ gezählt. Sie wirken der Beschleunigungsdrehrichtung entgegen.
Verzögerungskräfte werden beim Verzögern positiv gezählt. Sie wirken der Verzögerungsrichtung entgegen.	Verzögerungsdrehmomente werden beim Verzögern positiv gezählt. Sie wirken der Verzögerungsdrehrichtung entgegen.
Gleichung nach resultierender Kraft F_{res} umstellen.	Gleichung nach resultierenden Drehmoment M_{res} umstellen.
Ist das Ergebnis positiv, liegt motorischer Betrieb vor. Die Kraft des Antriebs muss in die Bewegungsrichtung wirken und ist treibend. Die Energie geht vom Antrieb zur Anwendung.	Ist das Ergebnis positiv, liegt motorischer Betrieb vor. Das Drehmoment des Antriebs muss in die Drehrichtung wirken und ist treibend. Die Energie geht vom Antrieb zur Anwendung.
Ist das Ergebnis negativ, liegt generatorischer Betrieb vor. Die Kraft des Antriebs muss gegen die Bewegungsrichtung wirken und ist bremsend. Die Energie geht von der Anwendung zum Antrieb.	Ist das Ergebnis negativ, liegt generatorischer Betrieb vor. Das Drehmoment des Antriebs muss gegen die Drehrichtung wirken und ist bremsend. Die Energie geht von der Anwendung zum Antrieb.

Tabelle 3.11 fasst diesen Sachverhalt zusammen. Für jede mögliche Bewegungsphase (Spalten) ist das Vorzeichen für die einzelnen Kräfte / Drehmomente (Zeilen) angegeben und kann somit einfach in die Formel eingesetzt werden.

Hinweis

Siehe Berechnungsbeispiele in den Abschnitten 15.1, 15.2, 15.3 und 15.4.

Tabelle 3.11 *Vorzeichenbewertung der verschiedenen Kräfte und Drehmomente in Abhängigkeit des Bewegungszustandes und der Bewegungsrichtung*

Bewegungszustand	**Beschleunigung**			**Konstant**			**Verzögerung**		
Bewegungsrichtung	**aufwärts**	**Ebene**	**abwärts**	**aufwärts**	**Ebene**	**abwärts**	**aufwärts**	**Ebene**	**abwärts**
Reibkraft (F_{R_Roll}, F_{R_Gleit}, F_{R_Haft}) Reibdrehmoment (M_{R_Roll}, M_{R_Gleit}, M_{R_Haft}) Zusatzkraft (F_{Zus}) Zusatzdrehmoment (M_{Zus}) Prozesskraft gegen Bewegungsrichtung (F_{Proz}) Prozessdrehmoment geg. Bewegungsrichtung (M_{Proz}) Windkraft gegen Bewegungsrichtung (F_{Wind}) Winddrehmoment gegen Bewegungsrichtung (M_{Wind})	–	–	–	–	–	–	–	–	–
Prozesskraft in Bewegungsrichtung (F_{Proz}) Prozessdrehmoment in Bewegungsrichtung (M_{Proz}) Windkraft in Bewegungsrichtung (F_{Wind}) Winddrehmoment in Bewegungsrichtung (M_{Wind})	+	+	+	+	+	+	+	+	+
Beschleunigungskraft (F_{Beschl}) Beschleunigungsdrehmoment (M_{Beschl})	–	–	–	0	0	0	0	0	0
Verzögerungskraft (F_{Verz}) Verzögerungsdrehmoment (M_{Verz})	0	0	0	0	0	0	+	+	+
Hangabtriebskraft (F_{Ha}) Wirksames Gewichtsdrehmoment (M_{W_Gew})	–	0	+	–	0	+	–	0	+
Resultierende Kraft (F_{res}) Resultierendes Drehmoment (M_{res})	+	+	+	+	+	+	+	+	+

Zum besseren Verständnis wird der Sachverhalt an je einem Beispiel für lineare Bewegung mit Kräften und für rotative Bewegung mit Drehmomenten verdeutlicht.

Beispiel für lineare Bewegung mit Kräften

Der Wagen in Bild 3.22 fährt mit konstanter Geschwindigkeit abwärts und soll abgebremst werden. Während dieser Bewegungsphase wirken die Kräfte mit ihren eingezeichneten Richtungen.

Zunächst wird die Gleichung aufgestellt, in der die Summe aller Kräfte null ist. Dazu werden die einzelnen Kräfte aus Tabelle 3.11 für die Spalte «Verzögerung abwärts» eingesetzt:

$$\Sigma F = 0 = + F_{res} + F_{Ha} + F_{Verz} - F_{Zus} - F_{Proz} - F_{Reib}$$

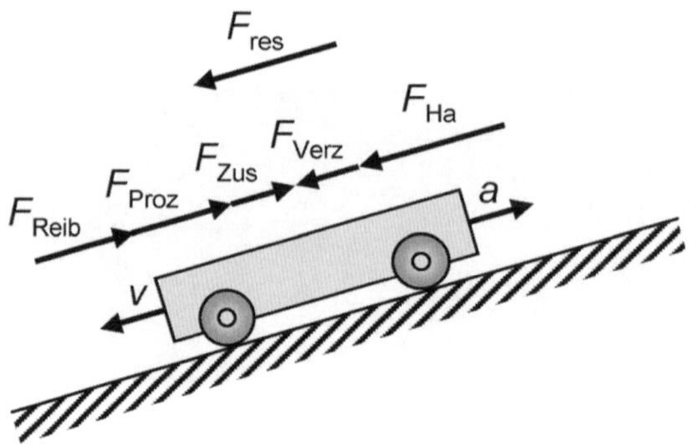

Bild 3.22
Wirkung der Kräfte am Beispiel einer Bremsbewegung bei Abwärtsfahrt

Die Gleichung wird nun nach der gesuchten resultierenden Kraft F_{res} umgestellt:

$$F_{res} = -F_{Ha} - F_{Verz} + F_{Zus} + F_{Proz} + F_{Reib}$$

Beispiel für rotative Bewegung mit Drehmomenten

Der Drehtisch in Bild 3.23 dreht mit konstanter Drehzahl im Uhrzeigersinn und soll auf eine höhere Drehzahl beschleunigt werden. Dazu werden die einzelnen Kräfte aus Tabelle 3.11 für die Spalte «Beschleunigung abwärts» eingesetzt.

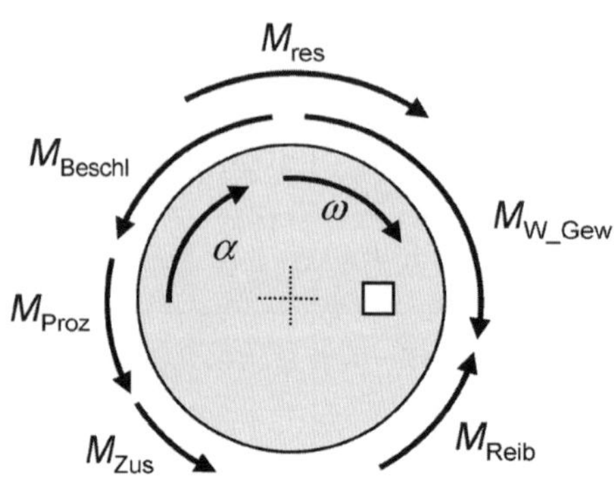

Bild 3.23
Wirkung der Drehmomente am Beispiel einer Beschleunigungsbewegung

Gleichung für Summe der Drehmomente:

$$\Sigma M = 0 = M_{res} + M_{W\_Gew} - M_{Reib} - M_{Zus} - M_{Proz} - M_{Beschl}$$

Umstellung nach gesuchtem Drehmoment:

$$M_{res} = -M_{W\_Gew} + M_{Reib} + M_{Zus} + M_{Proz} + M_{Beschl}$$

Die Richtung «abwärts» musste in diesem Fall deshalb gewählt werden, weil die exzentrisch angeordnete Masse sich nach unten bewegt. Sobald sie den untersten Punkt erreicht hat, gilt ab dieser Position wieder die Richtung aufwärts.

In Kürze

Mit der Kenntnis der verschiedenen Kräfte und Drehmomente, dem Wissen, in welchen Bewegungsphasen sie auftreten, wie sie berechnet werden und in welche Richtung sie wirken, kann man die einzelnen Bewegungsabschnitte systematisch aufarbeiten. Ergebnis sind immer Größe und Wirkrichtung der resultierenden Kraft bzw. des resultierendes Drehmomentes auf der Lastseite.

4 Umrechnung am Abtriebselement

Werden lineare Abtriebsbewegungen durch rotative Antriebsbewegungen erzeugt, ist ein Abtriebselement zur Umwandlung dieser Bewegungsarten erforderlich. Dafür müssen sowohl die linearen Größen auf rotative umgerechnet werden als auch umgekehrt: rotative Größen auf lineare.

4.1 Allgemeines

Hinweis

Berechnungstool auf **InfoClick**!

Für jede Bewegungsphase müssen am Abtriebselement die

- Geschwindigkeiten in Winkelgeschwindigkeiten bzw. in Drehzahlen,
- Beschleunigungen in Winkelbeschleunigungen,
- Kräfte in Drehmomente,
- Massen in Massenträgheitsmomente

umgerechnet werden. Hinzu kommen noch der eigene Drehmomentbedarf zur Überwindung konstanter Reibung, der prozentual vom zu übertragenden Drehmoment abhängigen Verluste sowie des erforderlichen Drehmomentes zur Beschleunigung der Eigenträgheit. Dafür müssen die folgenden Kenngrößen des Abtriebselementes bekannt sein:

- Vorschubkonstante K_{VA}
  Die Vorschubkonstante gibt an, wie viel Weg auf der linearen Seite zurückgelegt wird, wenn das Abtriebselement eine Umdrehung macht.
  Beispielsweise entspricht die Vorschubkonstante kreisförmiger Abtriebselemente (Rad, Rolle, Ritzel, Walze) deren Umfang
  $K_{VA} = \pi \cdot d$
  und die Vorschubkante von Gewindetrieben (Kugel-, Trapezgewindespindel) entspricht deren Steigung
  $K_{VA} = h$
- Wirkungsgrad η_A^k
  Der Wirkungsgrad des Abtriebselementes verringert das zu übertragende Drehmoment in Richtung des Energieflusses. Um diesen Sachverhalt zu berücksichtigen, wird der Wirkungsgrad in den entsprechenden Formeln immer multipliziert und in Abhängigkeit von der Energierichtung mit dem Exponenten k bewertet.
  $k = 1$ Die resultierende Kraft (Abschnitt 3.20) ist negativ. Der Antrieb arbeitet generatorisch, die Energie geht von der Anwendung zum Antrieb.
  $k = -1$ Die resultierende Kraft (Abschnitt 3.20) ist positiv. Der Antrieb arbeitet motorisch, die Energie geht vom Antrieb zur Anwendung.
- Massenträgheitsmoment J_A
  Der Wert des Massenträgheitsmomentes wird benötigt, um das erforderliche Beschleunigungs-/Verzögerungsdrehmoment zur Überwindung der Eigenträgheit des Abtriebselementes zu berechnen. Bei hochdynamischen Anwendungen kann dieser Anteil am gesamten Drehmom-

entbedarf nicht mehr vernachlässigt werden. Für die richtige Bewertung gelten die gleichen Regeln, wie in Abschnitt 3.20 und Tabelle 3.11 für Beschleunigungs- und Verzögerungsmomente angegeben sind.

- Grundreibmoment M_{R_A}
  Konstante Grundreibmomente wirken unabhängig von der Höhe der Belastung und müssen als zusätzliches Drehmoment berücksichtigt werden. In der Regel ist das jedoch nur bei kleineren Abtriebselementen der Fall, wenn das Grundreibmoment einen nicht mehr zu vernachlässigenden Anteil gegenüber dem gesamten Drehmoment hat. Für die richtige Bewertung gelten die gleichen Regeln, wie in Abschnitt 3.20 und Tabelle 3.11 für Zusatzdrehmoment angegeben sind.

Mit Hilfe der Vorschubkonstante und dem Wirkungsgrad kann nun für jedes beliebige Abtriebselement die Umrechnung der linearen in rotative Größen vorgenommen werden:

- Geschwindigkeit in Winkelgeschwindigkeit

$$\omega = \frac{v \cdot 2 \cdot \pi}{K_{VA}}$$

- Geschwindigkeit in Drehzahl

$$n = \frac{v}{K_{VA}}$$

- Beschleunigung in Winkelbeschleunigung

$$\alpha = \frac{a \cdot 2 \cdot \pi}{K_{VA}}$$

- Kraft in Drehmoment

$$M = \frac{F \cdot K_{VA} \cdot \eta_A^k}{2 \cdot \pi}$$

- Masse in Massenträgheitsmoment

$$J = m \cdot \left(\frac{K_{VA}}{2 \cdot \pi}\right)^2$$

Das Drehmoment zum Beschleunigen und Verzögern der Eigenträgheit des Abtriebselementes berechnet sich dann zu:

$$M_{Beschl} = M_{Verz} = J_A \cdot \alpha$$

Hinweis

Siehe Berechnungsbeispiele in den Abschnitten 15.1 und 15.4.

4.2 Ritzel mit Zahnstange

Hinweis

Berechnungstool auf **InfoClick**!

Mit Hilfe von Ritzel-Zahnstange-Anordnungen (Bild 4.1) sind formschlüssige Kraftübertragungen möglich. Dadurch ist diese Mechanik unabhängig von den Reibverhältnissen und erlaubt eine hohe Kraftübertragung.

Der zur Berechnungen der Vorschubkonstante relevante Durchmesser ist nicht der Außendurchmesser des Ritzels, sondern der sogenannte Wirkdurchmesser, an dem sich die Ritzelzähne mit der Zahnstange berühren.

$$K_{VA} = \pi \cdot d$$

Ist der Wirkdurchmesser nicht bekannt, kann er auch aus dem Modul m und der Anzahl der Zähne N berechnet werden. Das Modul ist eine Angabe für die Größe der Zähne bei Zahnrädern bzw. Ritzeln.

$$d = m \cdot N$$

Ritzel-Zahnstange-Anordnungen bieten mehrere Möglichkeiten der Bewegungsumsetzung:

- Ritzel fest und Zahnstange beweglich;
- Ritzel beweglich und Zahnstange fest (Antrieb fährt mit, auch mehrere Einheiten können entlang einer Zahnstange verfahren werden);
- Ritzel fest und zwei gegenüberliegende bewegliche Zahnstangen für gegenläufige Bewegungen.

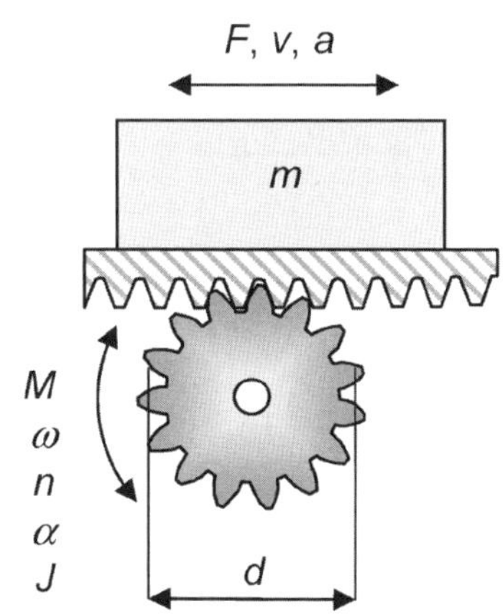

Bild 4.1
Abtrieb über Ritzel mit Zahnstange

Das Massenträgheitsmoment des Ritzels wird den technischen Daten des Herstellers entnommen oder kann aus seinen Abmessungen berechnet werden. Dafür ist es ausreichend, das Ritzel wie einen geraden kreisförmigen Hohlzylinder zu betrachten.

4.3 Rad

Hinweis

Berechnungstool auf **InfoClick**!

Mit Radantrieben werden reibschlüssige Kraftübertragungen realisiert (Bild 4.2). Damit ist die maximal vom Rad auf die Schiene übertragbare Kraft abhängig von

- den Reibverhältnissen zwischen Rad und Untergrund,
- der Aufstandskraft,
- die Anzahl der angetriebenen Räder,

und es kann im ungünstigsten Fall zum Durchrutschen der Räder kommen (siehe auch Abschnitt 12.6).

Zur Berechnung der Vorschubkonstante wird der Außendurchmesser eingesetzt:

$K_{VA} = \pi \cdot d$

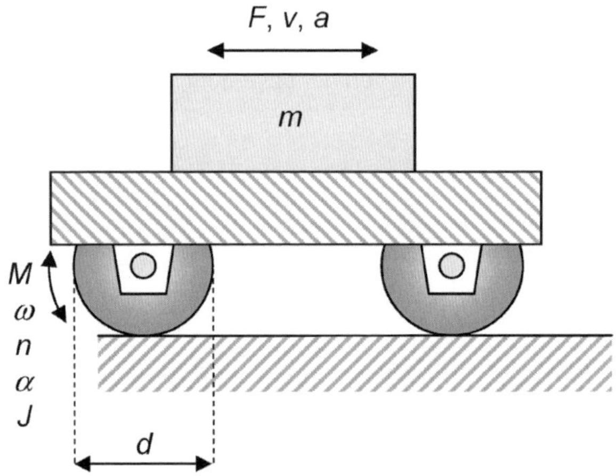

Bild 4.2
Abtrieb über Rad

Für die Ermittlung des Massenträgheitsmomentes müssen alle Räder, auch die nicht angetriebenen (mitlaufend / tragend), berücksichtigt werden.

4.4 Rolle

Hinweis

Berechnungstool auf **InfoClick**!

Rollen werden als Abtriebselement zum Transport von schweren Stückgütern wie beispielsweise Stahlbrammen, Transportpaletten usw. (Bild 4.3) eingesetzt. Sie können dabei einzeln, aber auch zentral über Ketten oder Riemen angetrieben sein.

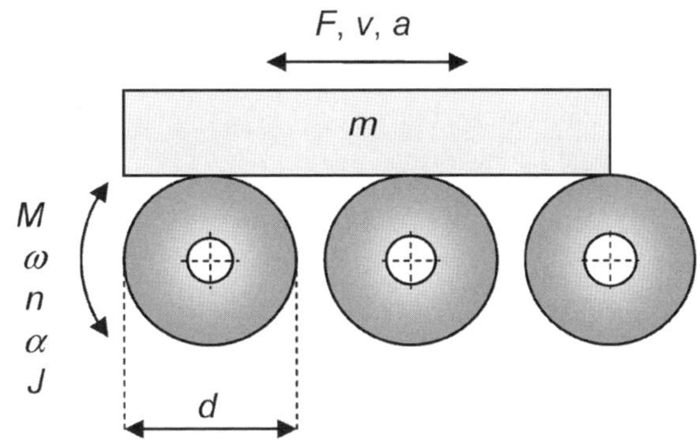

Bild 4.3
Abtrieb über Rollen

Weiterhin bilden Rollen den Träger (Wickeldorn) zum Übereinander-Aufwickeln von Materialbahnen.

Die Vorschubkonstante einer Rolle berechnet sich mit ihrem Außendurchmesser zu:

$K_{VA} = \pi \cdot d$

4.5 Seiltrommel

Hinweis
Berechnungstool auf **InfoClick**!

Seiltrommeln sind in Winden zum Ziehen oder Heben von Lasten eingesetzt (Bild 4.4).

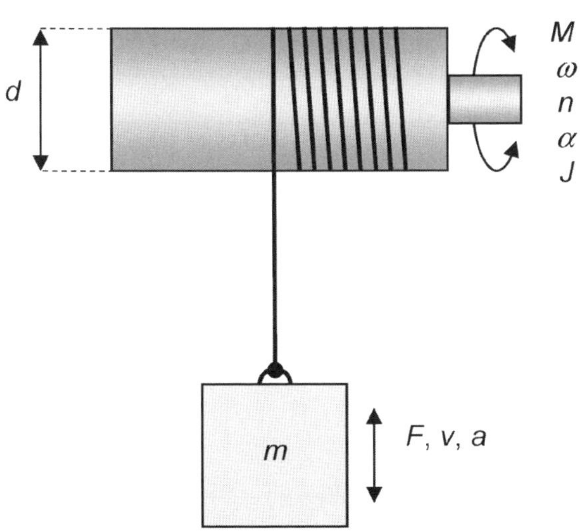

Bild 4.4
Abtrieb über Seiltrommel

Zwischen der Seiltrommel und der Last können weitere lose Rollen und feste Umlenkrollen vorhanden sein. Je nach deren Anzahl und Anordnung wird dadurch das erforderliche Drehmoment an der Seiltrommel geringer. Allerdings muss die Drehzahl zum Erreichen einer bestimmten Geschwindigkeit dafür größer werden. Die verschiedenen Einscherungen des Seils wirken wie eine Getriebeübersetzung und werden mit dem Einscherungsfaktor bei der Umrechnung von der linearen auf die rotative Seite berücksichtigt. Er berechnet sich zu:

$$i_{EF} = \frac{\text{Anzahl eingescherte Seile}}{\text{Anzahl angezogene Seile}}$$

Tabelle 4.1 zeigt Beispiele für verschiedene Einscherungen und deren Einscherungsfaktoren.

Tabelle 4.1 *Beispiele für Einscherung von Hebezeugen und Einscherungsfaktoren*

Art der Einscherung	Einscherungsfaktor
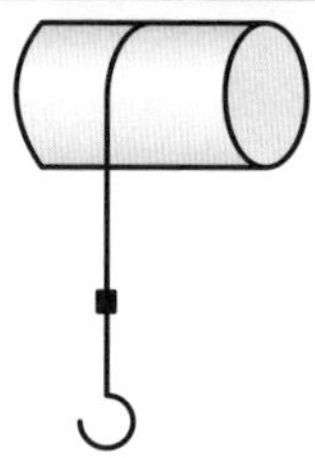	- ein Seil eingeschert - ein Seil angezogen $i_{EF} = \frac{1}{1} = 1$
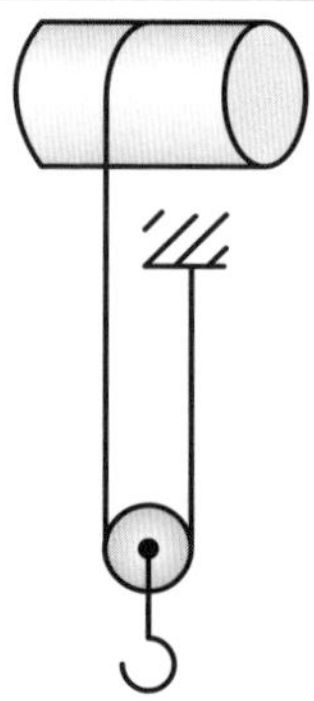	- zwei Seile eingeschert - ein Seil angezogen $i_{EF} = \frac{2}{1} = 2$
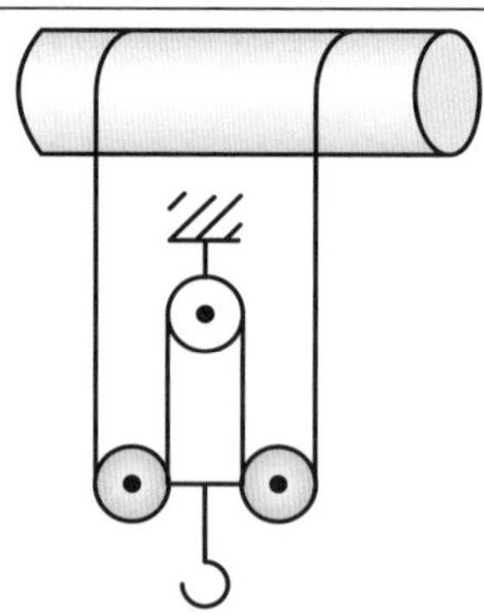	- vier Seile eingeschert - zwei Seile angezogen $i_{EF} = \frac{4}{2} = 2$

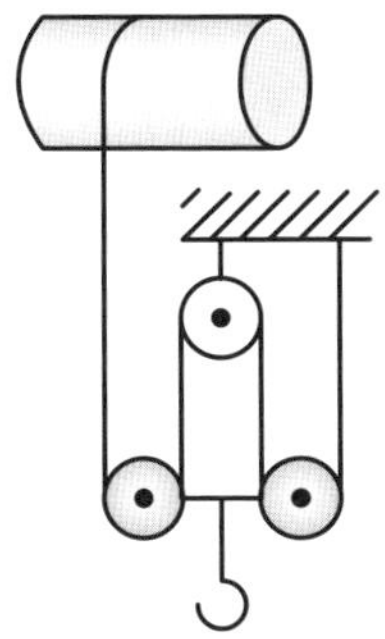	- vier Seile eingeschert - ein Seil angezogen $i_{EF} = \frac{4}{1} = 4$
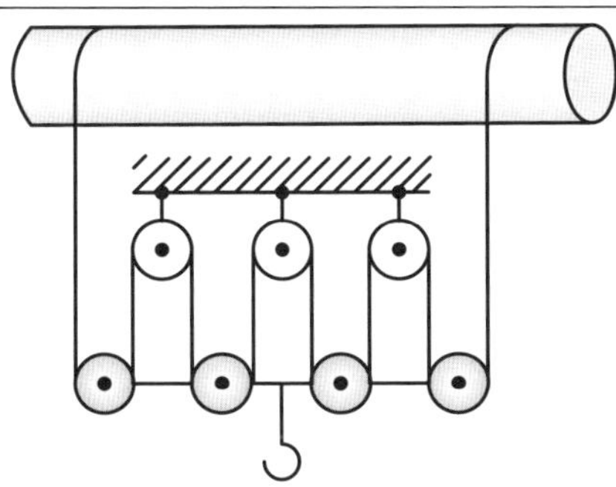	- acht Seile eingeschert - zwei Seile angezogen $i_{EF} = \frac{8}{2} = 4$

Es gibt eine Vielzahl weiterer Einscherungen, die sich in der Anzahl der Seiltrommeln und in der Art und Anzahl der Anordnung auf der Trommel unterscheiden.

Mit dem Einscherungsfaktor und dem Trommeldurchmesser berechnet sich die Vorschubkonstante zu:

$$K_{VA} = \frac{\pi \cdot d}{i_{EF}}$$

Bei kompakten Hubwerken ist in der Seiltrommel bereits ein Planetengetriebe integriert. Dabei ist der Wert des Massenträgheitsmomentes der Seiltrommel meist im Wert des Massenträgheitsmomentes des Getriebes enthalten und muss nicht extra berechnet werden.

Bei Hubanwendungen mit großen Seillängen (zum Beispiel für Winden zum Absenken von Lasten in Erdbohrungen) muss die Masse bzw. die Gewichtskraft des Seils bei der Berechnung mit berücksichtigt werden, ebenso die Tatsache, dass dabei viele Lagen des Seils auf der Trommel übereinander gewickelt werden und sich dadurch der wirksame Durchmesser ändert.

Bei Treibscheibenantrieben in Aufzugs- oder Förderanlagen gibt es eine weitere Besonderheit. Bild 4.5 veranschaulicht dazu die grundsätzliche Anordnung. Die Übertragung bzw. Umwandlung des Drehmomentes von der Treibscheibe in eine Kraft im Seil erfolgt dort kraftschlüssig. Hier wird die Haftreibkraft zwischen Seil und Treibscheibe ausgenutzt.

Die Zugkräfte im Seil müssen für dieses Prinzip auf beiden Seiten der Treibscheibe ausreichend sein und dürfen bestimmte Verhältnisse zueinander nicht überschreiten.

Auf dem zum Förderkorb entgegengesetzten Seilstück ist dazu ein Gegengewicht oder ein zweiter Förderkorb vorhanden. Bei langen Förderwegen würde jedoch auf der jeweils absenkenden Seite die zunehmende Seillänge ein starkes Ungleichgewicht bewirken (wandernde Seillast) und somit die o.a. Kräfteverhältnisse ungünstig beeinflussen. Dies wird mit einem Seilgewichtsausgleich durch sogenannte Unterseile oder Seilgewichtsausgleichketten wieder kompensiert. Deren zusätzliche Masse muss ebenfalls in der Berechnung berücksichtigt werden.

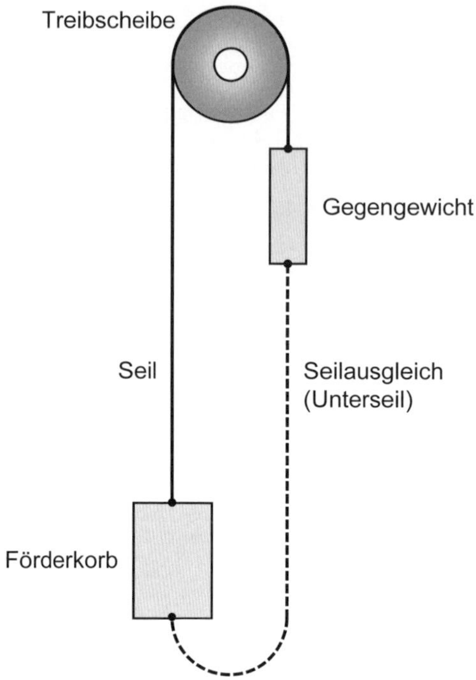

Bild 4.5
Treibscheibenantrieb mit Seilgewichtsausgleich

4.6 Zahnriemen

Hinweis
Berechnungstool auf **InfoClick**!

Zahnriemenantriebe übertragen die Kraft formschlüssig (Bild 4.6) und werden häufig bei Anwendungen eingesetzt, in denen hohe Beschleunigungen gefordert sind.

Die beiden Ritzel können unterschiedliche Durchmesser haben. Für die Berechnung der Vorschubkonstante muss der Durchmesser des angetriebenen Ritzels eingesetzt werden:

$K_{VA} = \pi \cdot d$

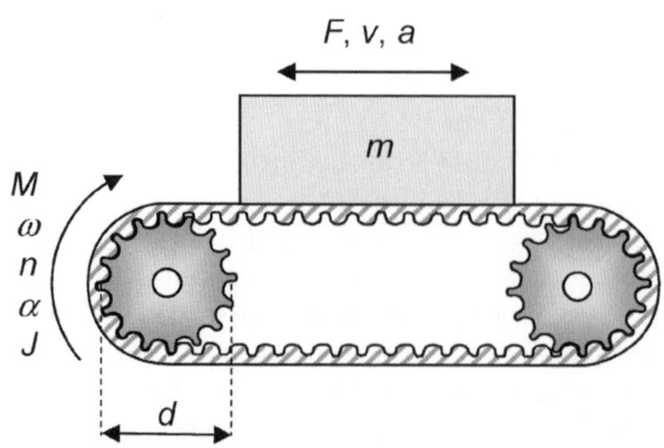

Bild 4.6
Abtrieb über Zahnriemen

Auch hier ist es nicht der Außendurchmesser, sondern der wirksame Durchmesser, an dem sich Ritzel und Zahnriemen berühren.

Bei hohen Beschleunigungen sollten zur Berechnung der Beschleunigungs- und Verzögerungsdrehmomente nicht nur die Massenträgheitsmomente der beiden Ritzel, sondern auch das des Zahnriemens mit berücksichtigt werden. Dessen Masse wird wie die zu bewegende Masse von der linearen auf die rotative Seite umgerechnet.

4.7 Gewindetrieb

Hinweis

Berechnungstool auf **InfoClick**!

Gewindetriebe können als Kugel- oder Trapezgewindetriebe ausgeführt sein. Während beim Trapezgewinde Gleitreibung vorliegt, wird in Kugelgewindetrieben die Rollreibung ausgenutzt, die damit auch einen höheren Wirkungsgrad hat.

Für den Antrieb gibt es zwei Prinzipien:

- *Rotierende Spindel*: Die Gewindespindel ist angetrieben und die Spindelmutter wird, gegen Verdrehen gesichert, linear geführt (Bild 4.7a).
- *Rotierende Mutter*: Die Gewindespindel ist fest und die Spindelmutter wird angetrieben (Bild 4.7b). Bei dieser Anordnung können mehrere Einheiten auf einer Spindel fahren.
  Die Spindelmutter kann direkt in einem Hohlwellenmotor integriert sein, dessen Stator gegen Verdrehen gesichert sein muss und linear geführt ist. Der Antrieb der Spindelmutter über einen Zahnriemen ist ebenfalls möglich.

Die Vorschubkonstante berechnet sich, unabhängig vom Prinzip, über die Gewindesteigung der Spindel:

$$K_{VA} = h$$

Die Vorschubkonstante eines Gewindetriebes ist im Allgemeinen wesentlich kleiner ist als die von Rädern und Ritzeln. Deshalb sind bei Gewindetrieben in vielen Fällen keine weiteren Übersetzungen wie Getriebe oder Zahnriemen erforderlich.

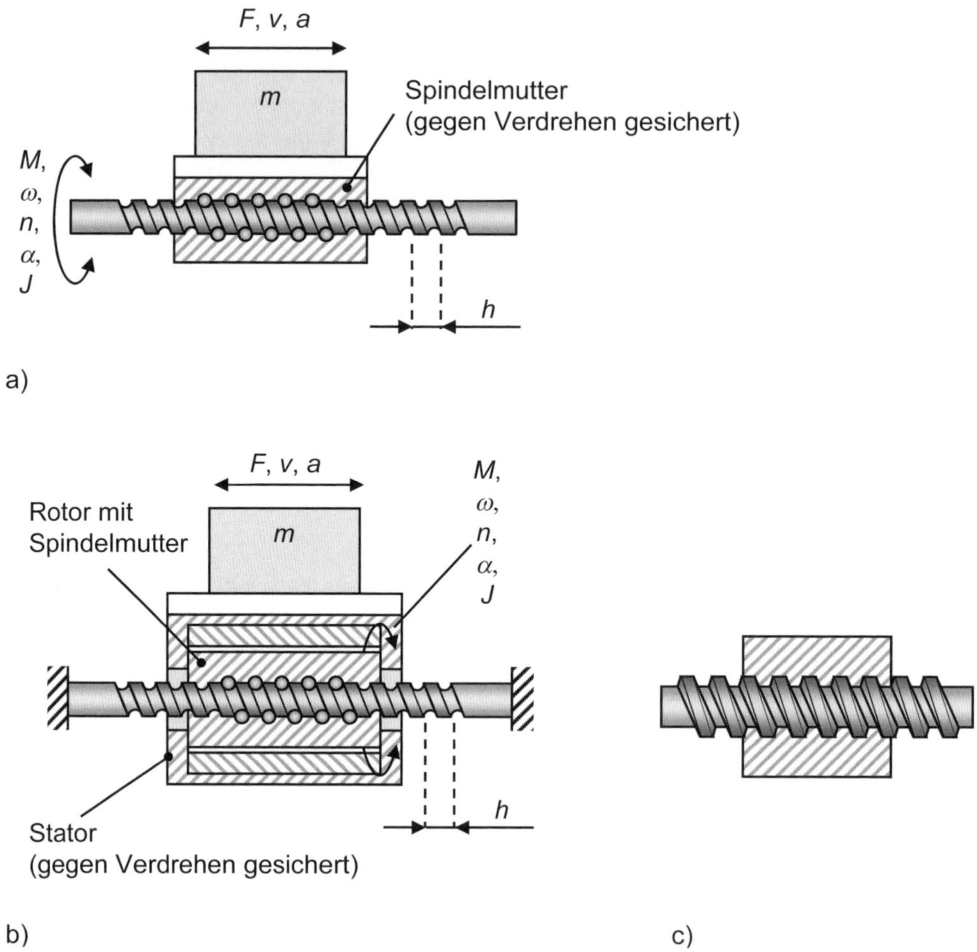

Bild 4.7 *Gewindetrieb a) Kugelgewindetrieb mit rotierender Spindel, b) Kugelgewindetrieb mit rotierender Mutter, c) Trapezgewinde*

4.8 Schubkurbel

Hinweis

Berechnungstool auf **InfoClick**!

Mit der Schubkurbelmechanik lassen sich einfache Linearbewegungen realisieren. Die Länge der Kurbelstange gibt die Grenzen des Weges zwischen dem oberen Totpunkt (OT) und dem unteren Totpunkt (UT) vor (Bild 4.8). In diesen beiden Stellungen können sehr große Kräfte gehalten und eine gute Positioniergenauigkeit erreicht werden.

GRUNDSATZ

Die Festlegung von unterer und oberer Totpunkt ist analog zu Verbrennungsmotoren gewählt und unabhängig von der Einbaulage.

Bei konstanter Winkelgeschwindigkeit ändert sich in Abhängigkeit des Winkels φ die lineare Geschwindigkeit. Sie ist in den beiden Totpunkten null und erreicht bei ca. rechtem Winkel zwischen Kurbel- und Schubstange ihr Maximum.

Die erforderlichen Drehmomente an der Antriebswelle sind während einer Kurbelumdrehung bei konstanter Winkelgeschwindigkeit ebenfalls nicht konstant:

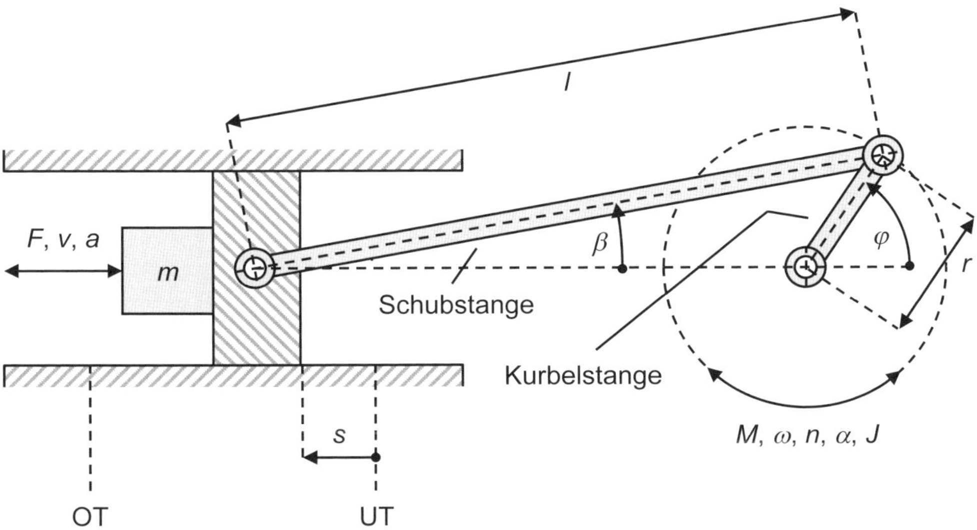

Bild 4.8 *Abtrieb über Schubkurbel (die Winkel werden ausgehend vom unteren Totpunkt (UT) gezählt)*

- Die Massen auf der linearen Seite werden ständig beschleunigt bzw. verzögert, deshalb ist dafür immer ein Beschleunigungsmoment aufzubringen.
- Der Wert des Massenträgheitsmomentes ist von der Winkelstellung abhängig.
- Drehmomente, die zur Überwindung von konstanten Kräften (Reibung usw.) auf der linearen Seite benötigt werden, sind von der Winkelstellung abhängig.

Die Zusammenhänge zwischen den rotativen und den translatorischen Größen werden über die Winkel beschrieben:

- Kurbelstangenwinkel φ und Schubstangenwinkel β

$$r \cdot \sin\varphi = l \cdot \sin\beta$$

- Pleuelverhältnis

$$\lambda = \frac{r}{l}$$

Hinweis

In der Praxis sind Pleuelverhältnisse im Bereich von 1…3 üblich.

- Winkelgeschwindigkeit und lineare Geschwindigkeit

$$v = \frac{\omega \cdot r \cdot \sin(\varphi - \beta)}{\cos\beta}$$

- Drehzahl und lineare Geschwindigkeit

$$v = \frac{n \cdot 2 \cdot \pi \cdot r \cdot \sin(\varphi - \beta)}{\cos\beta}$$

- Winkelgeschwindigkeit und lineare Beschleunigung

$$a = \frac{(\omega \cdot r)^2}{r} \cdot \left[\frac{\cos(\varphi + \beta)}{\cos(\beta)} - \lambda \cdot \frac{\cos^2\varphi}{\cos^3\beta} \right]$$

- Drehzahl und lineare Beschleunigung

$$a = \frac{(n \cdot 2 \cdot \pi \cdot r)^2}{r} \cdot \left[\frac{\cos(\varphi + \beta)}{\cos(\beta)} - \lambda \cdot \frac{\cos^2\varphi}{\cos^3\beta} \right]$$

- Kraft und Drehmoment

$$M = \frac{F \cdot \sin(\varphi - \beta) \cdot r \cdot \eta_A^k}{\cos\beta}$$

- Masse und Massenträgheitsmoment

$$J = \frac{m \cdot v^2}{\omega^2}$$

- Wegabhängigkeit

$$s = r \cdot (1 - \cos\varphi) - l \cdot (1 - \cos\beta)$$

In Kürze

Mit Hilfe der einfachen Umrechnungen kann man schnell zwischen rotativen und linearen Größen transformieren. Durch die Verwendung der Vorschubkonstante wird der Sachverhalt noch mehr vereinfacht. Weiterführende Berechnungen können dadurch unabhängig vom Abtriebselement gleich gehalten werden. Ausnahme bilden lediglich nur diskontinuierlich wirkende Abtriebselemente.

5 Umrechnung bei Übertragungselementen

Auf der Lastseite wird eine mechanische Leistung benötigt. Motoren, die diese Leistung abdecken können, erzeugen sie in der Regel jedoch mit kleineren Drehmomenten, dafür aber bei höheren Drehzahlen. Deshalb sind in den meisten Fällen zwischen Motor und Lastseite Drehmoment-Drehzahlwandler in Form von Getrieben erforderlich. Für deren Auswahl und Optimierung müssen die verschiedenen Größen von der Eingangs- auf die Ausgangsseite und umgekehrt transformiert werden.

5.1 Allgemeines

Hinweis
Berechnungstool auf **InfoClick**!

Für Übertragungselemente, die als Drehmomentwandler dienen, müssen für jede Bewegungsphase die

- Winkelgeschwindigkeiten,
- Drehzahlen,
- Winkelbeschleunigungen,
- Drehmomente und
- Massenträgheitsmomente

von der Abtriebs- auf die Antriebseite umgerechnet werden (Bild 5.1).

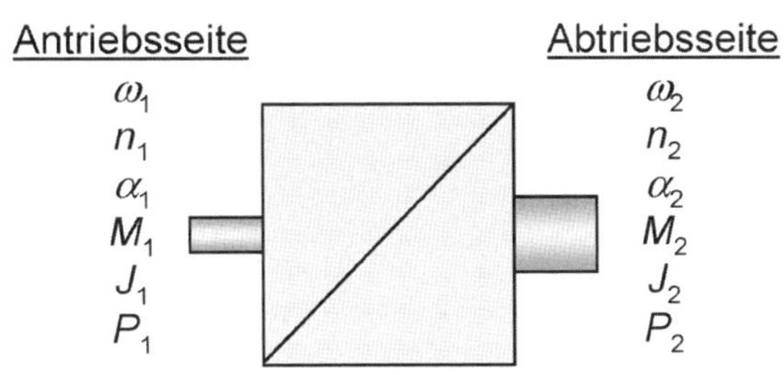

Bild 5.1
Relevante Größen an einem Übertragungselement

Hinzu kommen noch der eigene Drehmomentbedarf zur Überwindung konstanter Reibung, der prozentual vom zu übertragenden Drehmoment abhängigen Verluste sowie das erforderliche Drehmoment zur Beschleunigung der Eigenträgheit. Dafür müssen die folgenden Größen des Übertragungselementes bekannt sein:

- Übersetzungsverhältnis $i_Ü$
  Das Übersetzungsverhältnis ist die kennzeichnende Größe eines Übertragungselementes und gibt an, um welches Verhältnis sich Drehmomente, Winkelgeschwindigkeiten, Drehzahlen, Winkelbeschleunigungen und Massenträgheitsmomente zwischen Abtriebs- und Antriebsseite ändern.

- Wirkungsgrad $\eta_{Ü}^{k}$
  Der Wirkungsgrad des Übertragungselementes verringert das zu übertragende Drehmoment in Richtung des Energieflusses. Um diesen Sachverhalt zu berücksichtigen, wird der Wirkungsgrad in den entsprechenden Formeln immer multipliziert und in Abhängigkeit von der Energierichtung mit dem Exponenten k bewertet.
  k = 1 Das resultierende Drehmoment ist negativ. Der Antrieb arbeitet generatorisch, die Energie geht von der Anwendung (Abtriebsseite) zum Motor (Antriebsseite).
  k = –1 Das resultierende Drehmoment ist positiv. Der Antrieb arbeitet motorisch, die Energie geht vom Motor (Antriebsseite) zur Anwendung (Abtriebsseite).
- Massenträgheitsmoment $J_{Ü}$ (bezogen auf die Antriebsseite)
  Der Wert des Massenträgheitsmomentes wird benötigt, um das erforderliche Beschleunigungs-/Verzögerungsdrehmoment zur Überwindung der Eigenträgheit des Übertragungselementes zu berechnen. Bei hochdynamischen Anwendungen kann dieser Anteil am gesamten Drehmomentbedarf nicht mehr vernachlässigt werden.
- Grundreibmoment $M_{R\_Ü}$ (bezogen auf die Antriebsseite)
  Konstante Grundreibmomente wirken unabhängig von der Höhe der Belastung und müssen als zusätzliches Drehmoment berücksichtigt werden. In der Regel ist das jedoch nur bei kleineren Übertragungselementen der Fall, wenn das Grundreibmoment einen nicht mehr zu vernachlässigenden Anteil gegenüber dem gesamten Drehmoment hat.

Mit Hilfe des Übersetzungsverhältnisses und dem Wirkungsgrad kann nun für jedes beliebige Übertragungselement die Umrechung von der Abtriebs- auf die Antriebsseite vorgenommen werden:

- Winkelgeschwindigkeit
  $\omega_1 = \omega_2 \cdot i_{Ü}$
- Drehzahl
  $n_1 = n_2 \cdot i_{Ü}$
- Winkelbeschleunigung
  $\alpha_1 = \alpha_2 \cdot i_{Ü}$
- Drehmoment
  $$M_1 = \frac{M_2 \cdot \eta_{Ü}^{k}}{i_{Ü}}$$
- Massenträgheitsmoment
  $$J_1 = \frac{J_2}{i_{Ü}^2}$$
- Leistung
  $P_1 = P_2 \cdot \eta_{Ü}^{k}$

Das Drehmoment zum Beschleunigen und Verzögern der Eigenträgheit des Übertragungselementes berechnet sich dann zu:

$$M_{Beschl} = M_{Verz} = J_{Ü} \cdot \alpha$$

Hinweis
Siehe Berechnungsbeispiel in Abschnitt 15.1.

Übertragungselemente für lineare Bewegungen bilden die Ausnahme und werden in Abschnitt 5.10 gesondert behandelt.

5.2 Stirnradgetriebe

Hinweis
Berechnungstool auf **InfoClick**!

Das Übersetzungsverhältnis eines Zahnradpaares (Bild 5.2) kann aus den Wirkdurchmessern der Zahnräder oder aus deren Zähnezahl berechnet werden.

$$i_Ü = \frac{d_2}{d_1} = \frac{N_2}{N_1}$$

Bild 5.2
Zahnradpaar einer Stirnradgetriebestufe

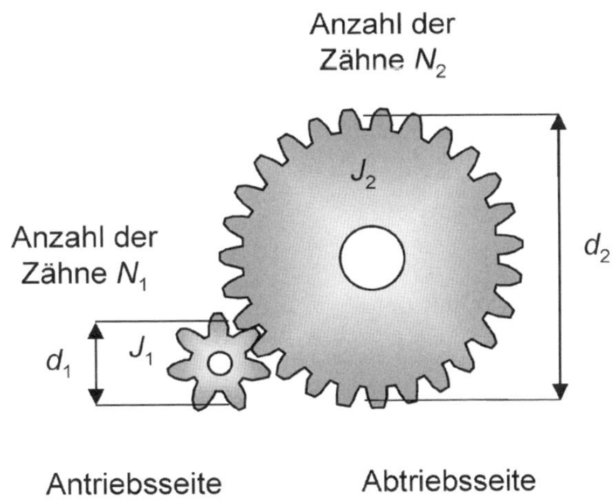

Das gesamte Massenträgheitsmoment, bezogen auf die Antriebsseite, ist:

$$J_Ü = J_1 + \frac{J_2}{i_Ü^2}$$

Der Wirkungsgrad beträgt pro Getriebestufe ca. 97%...98%.

5.3 Schneckengetriebe

Hinweis

Berechnungstool auf **InfoClick**!

Das Übersetzungsverhältnis einer Schneckengetriebestufe (Bild 5.3) wird aus der Zähnezahl des Schneckenrades und der Gangzahl der Schnecke berechnet. Als Gangzahl bezeichnet man die Anzahl der Zähne, die sich um die Welle der Schnecke winden.

$$i_Ü = \frac{N_2}{N_1}$$

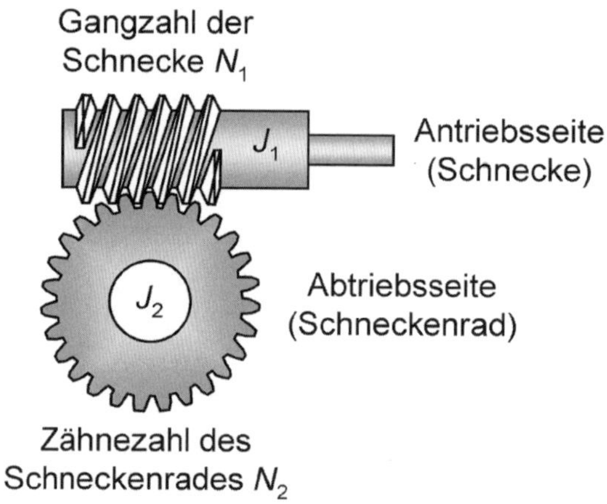

Bild 5.3
Schneckengetriebestufe

Das gesamte Massenträgheitsmoment, bezogen auf die Antriebsseite, ist:

$$J_Ü = J_1 + \frac{J_2}{i^2}$$

Meist ist in einem Schneckengetriebe noch eine Stirnradgetriebestufe vorgeschaltet. Schneckengetriebe haben prinzipbedingt einen geringeren Wirkungsgrad als andere Zahnradgetriebe. Abhängig von der Ausführung kann er in einem großen Bereich von 30%…96% liegen. Während der Einlaufphase ist er um bis zu 15% schlechter.

5.4 Planetenradgetriebe

Hinweis

Berechnungstool auf **InfoClick**!

In Abhängigkeit davon, welches Teil in einem Planetengetriebe (Bild 5.4) angetrieben wird, welches festgesetzt ist und welches der Abtrieb ist, ergeben sich verschiedene Drehzahl- und Drehrichtungsverhältnisse.

Die Standübersetzung berechnet sich aus dem Verhältnis der Zähnezahlen von Hohl- zu Sonnenrad:

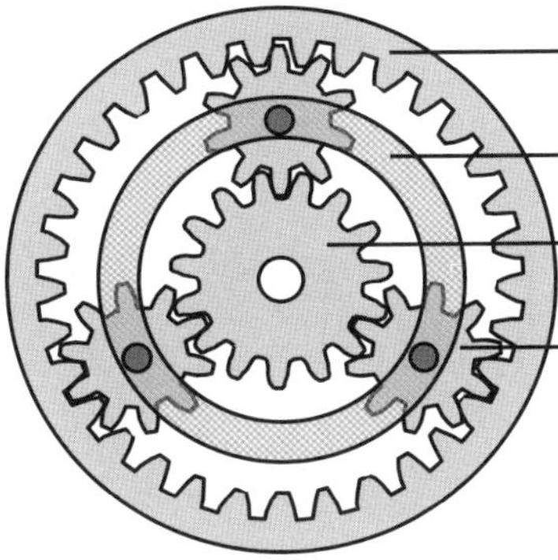

Bild 5.4 *Planetenradstufe*

$$i_{\text{Stand}} = -\frac{N_3}{N_1}$$

Mit Hilfe dieses kennzeichnenden Übersetzungsverhältnisses können Planetenradgetriebe untereinander verglichen werden. Ist es bei zwei Planetenradgetrieben gleich, sind auch alle anderen Übersetzungsverhältnisse bei den verschiedenen Möglichkeiten nach Tabelle 5.1 gleich groß.

Tabelle 5.1 *Übersetzungsverhältnisse bei einem Planetengetriebe*

Fest	Antrieb	Abtrieb	Übersetzung
Hohlrad	Sonnenrad	Steg	$i_{Ü} = 1 + \frac{N_3}{N_1}$
	Steg	Sonnenrad	$i_{Ü} = \frac{1}{1 + \frac{N_3}{N_1}}$
Sonnenrad	Hohlrad	Steg	$i_{Ü} = 1 + \frac{N_1}{N_3}$
	Steg	Hohlrad	$i_{Ü} = \frac{1}{1 + \frac{N_1}{N_3}}$
Steg	Sonnenrad	Hohlrad	$i_{Ü} = -\frac{N_3}{N_1}$
	Hohlrad	Sonnenrad	$i_{Ü} = -\frac{N_1}{N_3}$

Ist das Übersetzungsverhältnis negativ, bedeutet das eine gegenüber der Antriebsbewegung gegensinnige Abtriebsbewegung. Bei positivem Übersetzungsverhältnis sind An- und Abtriebsbewegung gleichsinnig.

Der Wirkungsgrad eines Planetengetriebes beträgt pro Getriebestufe ca. 96%...98%.

5.5 Keil- und Flachriemen

Hinweis

Berechnungstool auf **InfoClick**!

Das Übersetzungsverhältnis kann aus den Durchmessern der Riemenscheiben (Bild 5.5) berechnet werden:

$$i_Ü = \frac{d_2}{d_1}$$

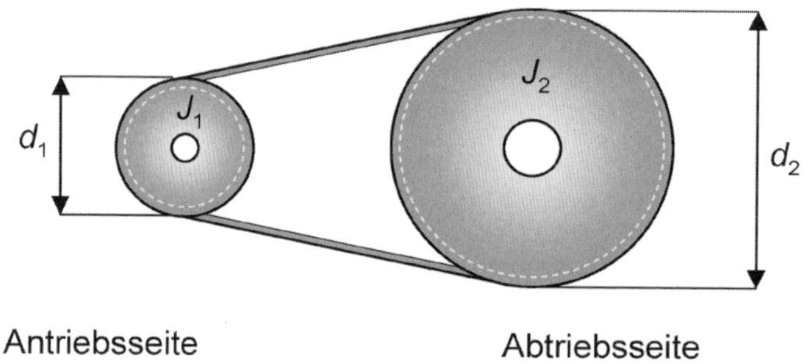

Bild 5.5 *Relevante Größen bei Übertragungselement Flachriemen oder Keilriemen*

Das Massenträgheitsmoment der beiden Riemenscheiben, bezogen auf die Antriebsseite, ist:

$$J_Ü = J_1 + \frac{J_2}{i^2}$$

Als Wirkungsgrad können folgende Richtwerte angesetzt werden:

- Keilriemen pro vollständige Umschlingung 88%...94%,
- Flachriemen pro vollständige Umschlingung 96%...98%.

5.6 Zahnriemen und Ketten

Hinweis

Berechnungstool auf **InfoClick**!

Das Übersetzungsverhältnis kann entweder aus den Durchmessern oder aus der Zähnezahl der beiden Zahnriemenscheiben bzw. Kettenräder (Bild 5.6) berechnet werden:

$$i_Ü = \frac{d_2}{d_1} = \frac{N_2}{N_1}$$

Das Massenträgheitsmoment, bezogen auf die Antriebsseite, ist:

$$J_Ü = J_1 + \frac{J_2}{i^2}$$

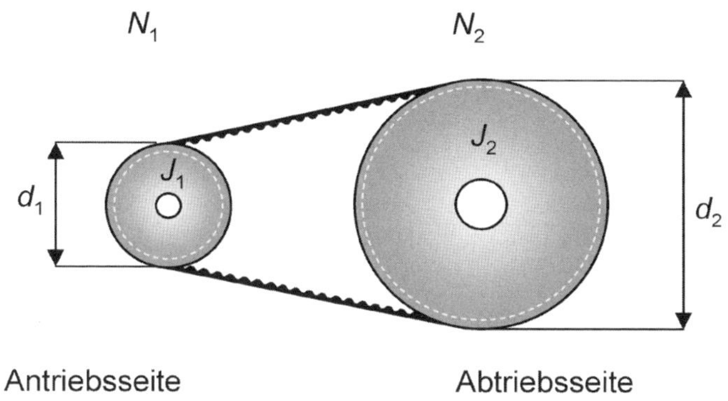

Bild 5.6 *Relevante Größen bei Übertragungselement Zahnriemen oder Ketten*

Bei sehr hochdynamischen Anwendungen wird auch die Masse des Zahnriemens berücksichtigt und in das Massenträgheitsmoment mit eingerechnet:

$$J_Ü = J_1 + \frac{J_2}{i^2} + \frac{m \cdot d_1^2}{4}$$

Der Wirkungsgrad beträgt:

- Zahnriemen pro vollständige Umschlingung ca. 0,9...0,98,
- Kette pro vollständige Umschlingung ca. 0,9...0,98.

5.7 Kupplungen und Gelenkwellen

Für die Antriebsauslegung ist das Massenträgheitsmoment der Kupplung bzw. der Welle in die Berechnung mit einzubeziehen, wenn deren Anteil am gesamten Massenträgheitsmoment hoch ist.

Bei Anlaufkupplungen ergibt sich eine Drehzahldifferenz zwischen der Antriebs- und der Abtriebsseite. Sie wird bei steigender Antriebsdrehzahl immer kleiner und nach erfolgtem Hochlauf null. Für die Berechnung des Hochlaufs ist dabei das Verhalten der Anlaufkupplung zu berücksichtigen, worauf im Rahmen dieses Buches nicht weiter eingegangen wird.

5.8 Auswahl und Optimierung des Übersetzungsverhältnisses

Mit der Wahl des Übersetzungsverhältnisses werden im Wesentlichen das erforderliche Drehmoment und die Drehzahl des Motors festgelegt.

Mit größer werdender Übersetzung wird der Drehmomentbedarf am Motor kleiner und die Drehzahl in gleichem Maße höher; die erforderliche Leistung bleibt gleich.

Da die Baugröße eines Motors hauptsächlich durch sein Drehmoment bestimmt wird, werden Motoren gleicher Leistung mit steigenden Bemessungsdrehzahlen kleiner (Bild 5.7). Folglich hat man mit der Wahl des Übersetzungsverhältnisses auch entscheidenden Einfluss auf die zum Einsatz kommende Baugröße des Motors.

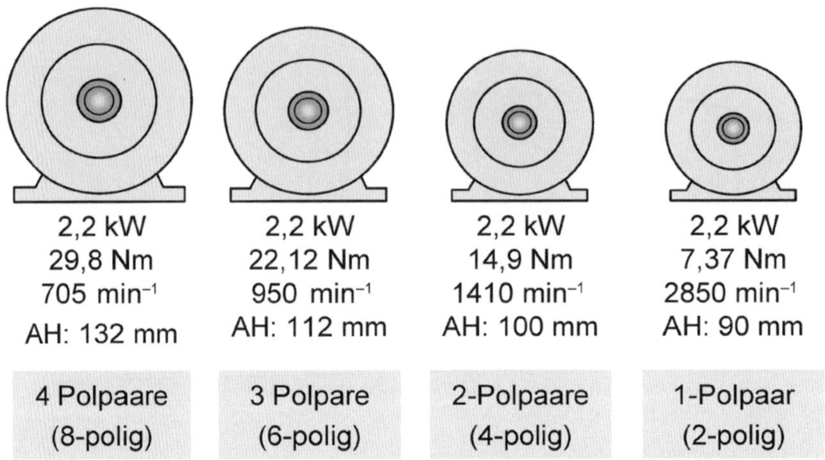

Bild 5.7 *Baugrößenvergleich von 2,2-kW-Normmotoren bei verschiedenen Polzahlen*
AH Achshöhe (Abstand Unterkante Füße bis Wellenmitte)

Nicht in jedem Fall ist aber der Einsatz eines Motors mit möglichst geringer Baugröße gewünscht. Oftmals kommen leistungsgleiche Motoren anderer Dreh- bzw. Polzahl in einer Anlage bereits zum Einsatz. Mit Hinsicht auf eine optimale Ersatzteilhaltung wird dann unter Umständen das Übersetzungsverhältnis so gewählt, dass diese vorhandenen Motoren verwendet werden können.

Beim Getriebe bleibt die Drehmoment- und Drehzahlanforderung auf der Abtriebsseite gleich und damit auch im Wesentlichen dessen Baugröße. Erst bei sehr hohen Übersetzungen, wenn eine zusätzliche Getriebestufe erforderlich ist, kann das Bauvolumen größer werden.

GRUNDSATZ

Nicht nur Getriebe mit einem Übersetzungsverhältnis kommen zum Einsatz. Schaltgetriebe mit mehreren Übersetzungen werden beispielsweise verwendet, um bei geringeren Drehmomentanforderungen eine höhere Ausgangsdrehzahl zu erreichen. Dadurch kann die Leistung des am Netz mit starrer Drehzahl betriebenen Motors über einen größeren (Ausgangs-)Drehzahlbereich ausgenutzt werden.

Auswahl für bestimmte Drehzahl

In vielen Anwendungen werden die Motoren nicht drehzahlvariabel betrieben. Das Getriebeübersetzungsverhältnis wird dann so gewählt, dass bei der Nenndrehzahl des zum Einsatz kommenden Motors die erforderliche Drehzahl des Abtriebselements für die gewünschte Geschwindigkeit der Anlage erreicht wird.

Die Entscheidung für einen Motor bestimmter Dreh- bzw. Polzahl hängt von vielen Faktoren ab. In der Regel werden 4-polige Motoren eingesetzt (Abschnitt 1.3.2). 2-polige Motoren verwendet man häufig, wenn der Anlauf (z.B. bei Fahrantrieben) langsam erfolgen soll oder bei polumschaltbaren Motoren ein sehr hohes Drehzahlverhältnis zu realisieren ist. Die höherpoligen Motoren erfordern kleinere Übersetzungen. Sie kommen unter anderem dann zum Einsatz, wenn der Übersetzungsbereich der zur Verfügung stehenden Getriebe den Einsatz von 4-poligen Motoren nicht mehr zulässt.

Handelt es sich um drehzahlvariablen Betrieb, wird das Übersetzungsverhältnis in den meisten Fällen so ausgewählt, dass bei den geforderten Maximalgeschwindigkeiten der Motor möglichst gut, unter Umständen bis in den Feldschwächbereich hinein, ausgenutzt wird.

Das optimale Übersetzungsverhältnis errechnet sich nach:

$$i_{\text{opt}} = \frac{n_{\text{Mot\_opt}}}{n_{\text{A\_erf}}}$$

Die Drehzahl des Abtriebselementes wird aus der gewünschten Geschwindigkeit, bei der die Anwendung betrieben wird, mit der entsprechenden Umrechnungsformel für das eingesetzte Abtriebselement (Kapitel 4) berechnet.

Beispiel

- Ein Transportwagen soll mit einer Geschwindigkeit von 12 m/min verfahren werden.
- Der Durchmesser der angetriebenen Räder beträgt 125 mm.
- Es soll ein 4-poliger Asynchronmotor eingesetzt werden, der seine Nenndrehzahl bei knapp unterhalb von 1500 min^{-1} hat.

$$n_{\text{A\_erf}} = \frac{v}{\pi \cdot d} = \frac{12\,\text{m}}{\text{min} \cdot \pi \cdot 0{,}125\,\text{m}} = 30{,}6\,\text{min}^{-1}$$

$$i_{\text{opt}} = \frac{n_{\text{Mot\_opt}}}{n_{\text{A\_erf}}} = \frac{1500\,\text{min}^{-1}}{30{,}6\,\text{min}^{-1}} = 49$$

Geringstes Beschleunigungsdrehmoment

Auf dieses Kriterium wird das Übersetzungsverhältnis optimiert, wenn sehr viele Beschleunigungs- und Verzögerungsvorgänge auftreten. Beispielhaft dafür sind die typischen Servoanwendungen mit ihren hohen Anforderungen an die Dynamik. Dort bestimmen die erforderlichen Drehmomente zum Beschleunigen der Trägheitsmomente die Motorbaugröße und oft auch einen großen Anteil am gesamten Energiebedarf.

Um den Sachverhalt zu erläutern, wird eine Anordnung wie in Bild 5.8 angenommen, in der alle externen Massenträgheiten bereits zu J_{ext} auf der Ausgangsseite des Getriebes zusammengefasst sind. Die Reibung und das Massenträgheitsmoment des Getriebes werden hier vernachlässigt.

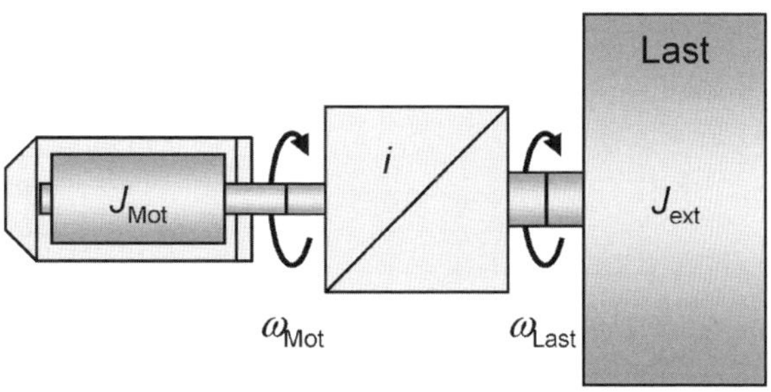

Bild 5.8
Beschleunigung eines Motors und einer externen Lastträgheit (Massenträgheitsmoment des Getriebes vernachlässigt)

Um die Anordnung zu beschleunigen, muss der Motor das Drehmoment

$$M = J_{\text{Mot}} \cdot \frac{\Delta\omega_{\text{Last}} \cdot i}{t_{\text{Beschl}}} + \frac{J_{\text{ext}}}{i^2} \cdot \frac{\Delta\omega_{\text{Last}} \cdot i}{t_{\text{Beschl}}} = M_{\text{Beschl\_Mot}} + M_{\text{Beschl\_Last}}$$

bereitstellen. Aus der Formel wird ersichtlich, dass es aus zwei Anteilen besteht:

- Drehmoment, um die Massenträgheit des Motors zu beschleunigen,
- Drehmoment, um die Massenträgheit der externen Last zu beschleunigen.

Der Anteil zum Beschleunigen der externen Lastträgheit muss durch das Getriebe geleitet werden und wird mit steigendem Übersetzungsverhältnis immer kleiner.

Der Anteil zum Beschleunigen der Motorträgheit wird mit steigendem Übersetzungsverhältnis immer größer.

Bild 5.9 zeigt das gesamte erforderliche Beschleunigungsmoment sowie deren beiden Anteile für Motor und externe Last in Abhängigkeit des Verhältnisses

$$\frac{J_{\text{ext}}/i^2}{J_{\text{Mot}}}$$

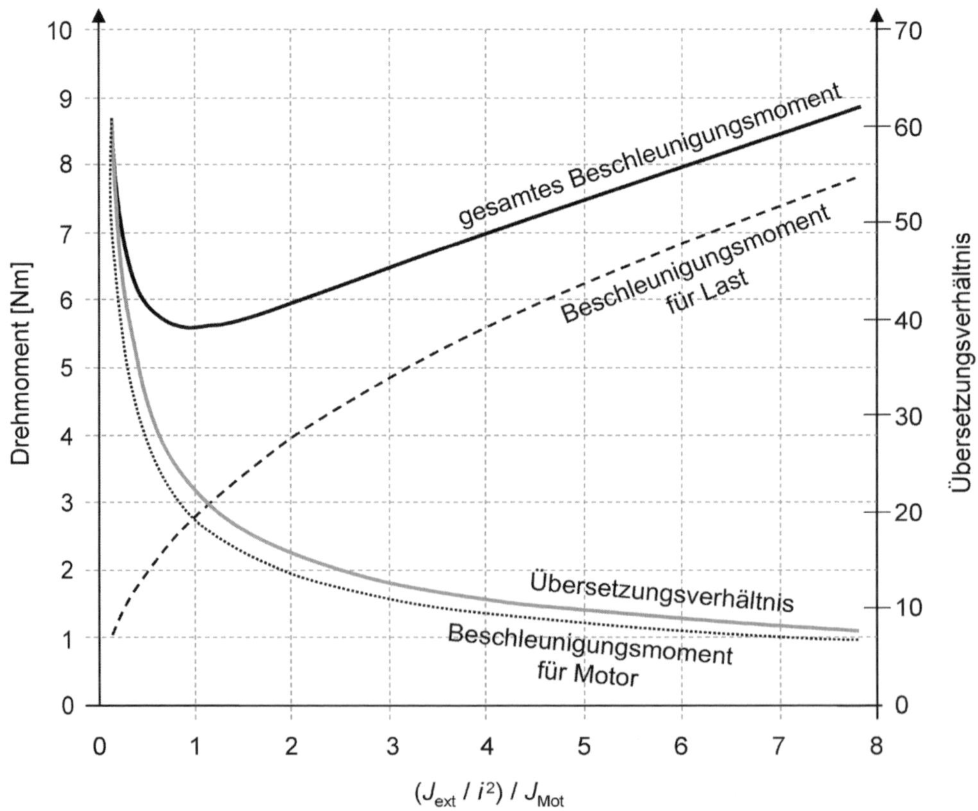

Bild 5.9 *Beispielhafter Verlauf der Beschleunigungsmomente für Motor und Last sowie des Übersetzungsverhältnisses in Abhängigkeit vom Verhältnis der Massenträgheitsmomente*

Der Teil J_{ext} / i^2 wird auch als reduziertes Lastträgheitsmoment oder reduziertes externes Trägheitsmoment bezeichnet.

An der Stelle, wo das Verhältnis

$$\frac{J_{ext}/i^2}{J_{Mot}} = 1$$

ist, ergibt sich das kleinste gesamte Beschleunigungsmoment. Umgestellt nach i, errechnet sich somit das optimale Übersetzungsverhältnis dafür:

$$i_{opt} = \sqrt{\frac{J_{ext}}{J_{Mot}}}$$

Zunächst ist das Massenträgheitsmoment des Motors nicht bekannt. In einem ersten Rechengang muss ein Motor mit einem vorläufig gewählten Übersetzungsverhältnis ausgesucht werden. Dann kann eine weitere Berechnung mit dem optimalen Übersetzungsverhältnis durchgeführt und der Motor damit wieder auf seine Eignung überprüft werden.

Optimales Massenträgheitsverhältnis

Werden gleichzeitig hohe Anforderungen an die Dynamik und die Positioniergenauigkeit eines Antriebes gestellt, wirken sich Elastizitäten bzw. Spiel im Antriebsstrang ungünstig aus. Elastizitäten sind zum Beispiel durch die Torsion von Wellen oder die Dehnung von Zahnriemen gegeben. Spiel entsteht unter anderem zwischen den Zähnen zweier Zahnräder.

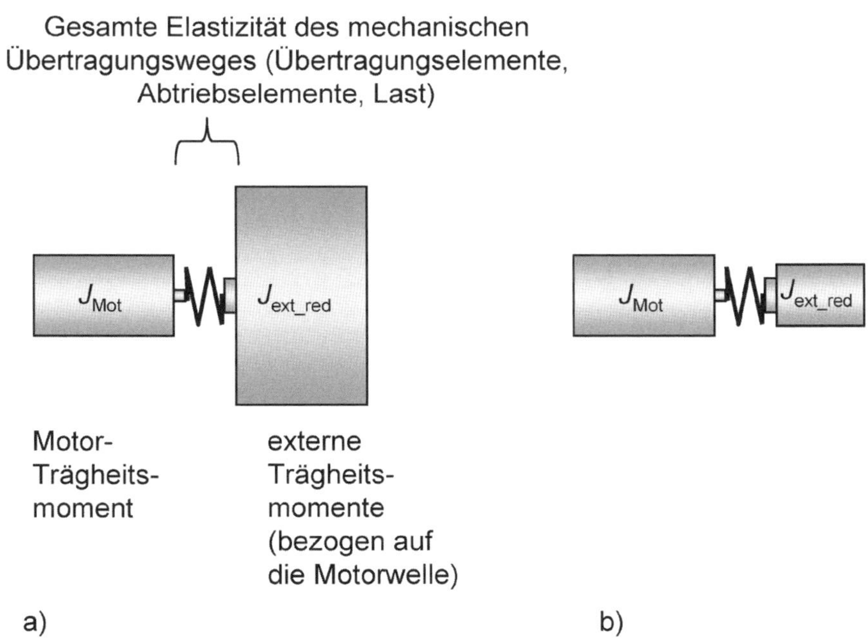

Bild 5.10 *Elastische Kopplung zwischen Motor und Last*
a) großes Verhältnis J_{ext_red} / J_{Mot}
b) kleines Verhältnis J_{ext_red} / J_{Mot}

Die Rückwirkungen der Last auf den Motor sind umso schwerer auszuregeln, je größer deren Massenträgheitsmoment im Vergleich zum Motor und je größer die Elastizität und das Spiel im mechanischen Übertragungsweg sind. Motor und Last sind praktisch wie durch eine Feder (Bild 5.10) miteinander gekoppelt.

Eine Verbesserung des Regelverhaltens ist unter anderem durch eine Verringerung des Verhältnisses zwischen dem reduzierten Massenträgheitsmoment der Last (J_{ext_red}) und dem Massenträgheitsmoment des Motors (J_{Mot})

$$\frac{J_{ext\_red}}{J_{Mot}} = \frac{J_{ext}/i^2}{J_{Mot}}$$

zu erreichen.

Mit steigender Übersetzung wird dieses Verhältnis kleiner, und die Last kann den Motor nicht mehr so stark beeinflussen. Hierfür gibt es Erfahrungswerte, die man je nach Art der Anwendung ansetzen kann. Tabelle 5.2 gibt dazu einen Überblick.

Tabelle 5.2 *Anhaltswerte für das Verhältnis Massenträgheitsmoment der Last zu Massenträgheitsmoment des Motors*

Anwendung	Verhältnis Massenträgheitsmoment der Last zu Massenträgheitsmoment des Motors
High-End-Servoantriebe für höchste Genauigkeit bei gleichzeitig höchster Dynamik	$\frac{J_{ext\_red}}{J_{Mot}} \leq 1$
typische Servoantriebe in Werkzeugmaschinen	$1 < \frac{J_{ext\_red}}{J_{Mot}} \leq 3$
Handlingsysteme mit hoher Dynamik	$3 < \frac{J_{ext\_red}}{J_{Mot}} \leq 10$
Direktantriebe mit starrer Kopplung zwischen Motor und Last, einfache Anwendungen ohne Ansprüche an die Positioniergenauigkeit und Dynamik	$10 < \frac{J_{ext\_red}}{J_{Mot}}$

Hinweis

Siehe Berechnungsbeispiel in Abschnitt 15.1.

Ob das gewählte Verhältnis richtig ist, kann man letztendlich nur über die Erreichung der gewünschten Performance in der jeweiligen Anwendung bewerten.

Neben den o.a. Maßnahmen gibt es natürlich noch eine Reihe weiterer Möglichkeiten zur Verbesserung der Performance, wie zum Beispiel die Positionserfassung direkt an der Last, die Verringerung der Reglerzykluszeit oder der Einsatz von Direktantrieben zur starren Kopplung zwischen Motor und Last.

5.9 Auswahl der Getriebegröße

Neben den in Abschnitt 5.1 aufgelisteten Werten eines Getriebes, die für die Umrechnung der rotativen Größen benötigt werden, ist eine weitere entscheidende Größe der Betriebsfaktor f_B. Er kann erst berechnet werden, nachdem ein Motor ausgewählt wurde. Der Betriebsfaktor gibt das Verhältnis zwischen dem Getriebenennmoment auf der Ausgangsseite und dem auf die Getriebeausgangsseite umgerechneten Motornennmoment an. Je höher der f_B ist, umso «sicherer» ist das Getriebe ausgelegt. Bild 5.11 soll dies verdeutlichen.

Das Getriebenennmoment ist für

- eine definierte Belastung,
- eine zugrunde gelegte tägliche Laufzeit,
- bestimmte Schaltungen pro Stunde,
- ein bestimmtes Verhältnis des lastseitigen Trägheitsmomentes zum Motorträgheitsmoment

ausgelegt.

Die tatsächlichen Betriebsbedingungen einer Anwendung können teils erheblich von diesen Referenzgrößen abweichen. So stellen zum Beispiel schwere Laststöße (Drehmomentstöße) wegen hohen Losbrechmomenten eine größere Belastung dar. Auch verhältnismäßig hohe Massenträgheitsmomente auf der Getriebeausgangsseite beanspruchen das Getriebe stärker, da ein hoher Anteil des Beschleunigungsdrehmomentes durch das Getriebe geleitet werden muss. In diesen Fällen wird der erforderliche Betriebsfaktor mit Hilfe von Tabellen und Diagrammen entsprechend den Herstellerangaben ermittelt.

Der Betriebsfaktor der Getriebe-Motor-Kombination muss größer / gleich dem erforderlichen Betriebsfaktor sein.

$$f_B \geq f_{B\_erf}$$

Getriebe für Servomotoren werden meist nur nach ihren Maximalwerten für Drehmoment und Drehzahl ausgewählt. Hohe Lastwechsel, Drehrichtungsumkehr, viele Beschleunigungs- und Verzögerungsvorgänge sowie ein ständiges Ausregeln der Position belasten das Getriebe stark. Die Häufigkeit dieser Vorgänge ist oftmals gar nicht bekannt. Deshalb kann nur nach den auftretenden Maxima ausgelegt werden.

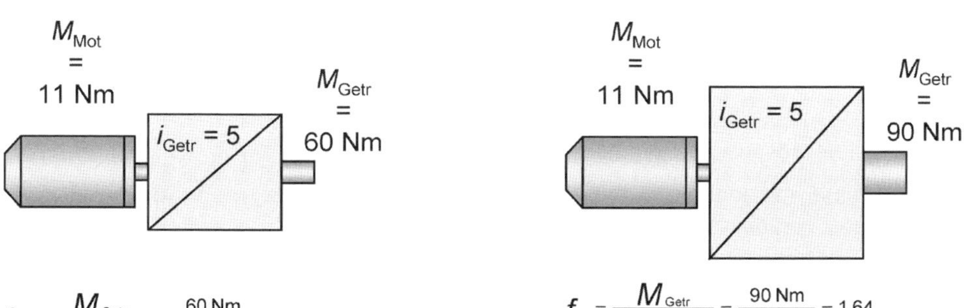

$$f_B = \frac{M_{Getr}}{M_{Mot} \cdot i_{Getr}} = \frac{60\,\text{Nm}}{11\,\text{Nm} \cdot 5} = 1{,}09$$

a)

$$f_B = \frac{M_{Getr}}{M_{Mot} \cdot i_{Getr}} = \frac{90\,\text{Nm}}{11\,\text{Nm} \cdot 5} = 1{,}64$$

b)

Bild 5.11 *Getriebe mit verschiedenen Betriebsfaktoren*
a) Betriebsfaktor = 1,09
b) Betriebsfaktor = 1,64

5.10 Lineare Übersetzung

Ein lineares Übertragungselement ist in Bild 5.12 gezeigt. Im Prinzip handelt es sich um zwei gegenläufig angeordnete lose Rollen.

Die Wirkung ist wie bei dem Einscherungsfaktor 2 bei Hebezeugen (siehe Tabelle 4.1). Die Umrechung der relevanten Größen ist in Tabelle 5.3 zusammengefasst.

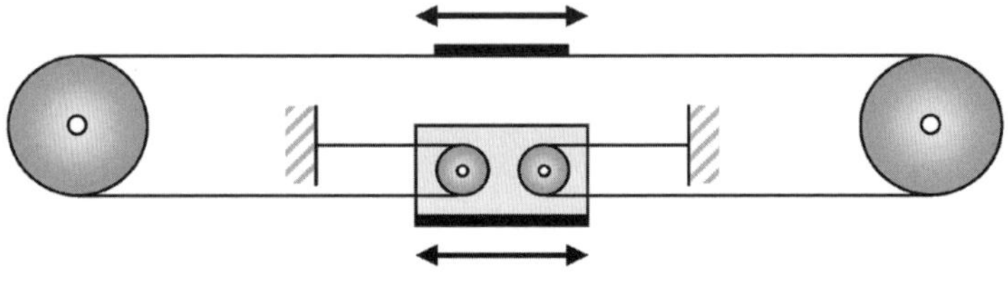

Bild 5.12 *Lineare Übersetzung*

Tabelle 5.3 *Umrechnung von Abtriebsseite auf Antriebsseite bei linearer Übersetzung*

Größe	Berechnungsformel
Geschwindigkeit	$v_1 = \frac{v_2}{2}$
Beschleunigung	$a_1 = \frac{a_2}{2}$
Kraft	$F_1 = 2 \cdot F_2 \cdot \eta_Ü^k$
Masse	$m_1 = m_2 \cdot \frac{v_2^2}{v_1^2}$
Leistung	$P_1 = P_2 \cdot \eta_Ü^k$

Für das Übertragungselement wird zum Beschleunigen und Verzögern seiner eigenen Masse $m_Ü$ die Kraft

$$F_{Beschl} = F_{Verz} = m_Ü \cdot a$$

benötigt.

Gibt es konstante Grundreibkräfte $F_{R\_Ü}$, die unabhängig von der Belastung (also auch im Leerlauf) immer vorhanden sind, müssen diese ebenfalls in den einzelnen Bewegungsphasen wie eine Reibkraft berücksichtigt werden.

In Kürze

Unabhängig von der Art des Getriebes lassen sich nun mit dem Übersetzungsverhältnis und dem Wirkungsgrad die Eingangs- und Ausgangsgrößen einfach ineinander umrechnen. Für die Wahl des Übersetzungsverhältnisses und dessen Optimierung auf bestimmte Kriterien sind die verschiedenen Möglichkeiten erklärt.

6 Motorauswahl

Alle auslegungsrelevanten Werte sind nun von der Lastseite bis auf die Motorseite umgerechnet. Aus dem sich daraus ergebenden Lastprofil werden die signifikanten Größen für die Auswahl des Motors bestimmt. Er muss sowohl diese Anforderungen an Drehmoment und Drehzahl abdecken als auch seine eigene Massenträgheit beschleunigen und ggf. bremsen können. Weiterhin ist noch zu überprüfen, dass der Motor thermisch nicht überlastet wird.

6.1 Drehzahlen und Geschwindigkeiten

Nachdem für jeden Bewegungsabschnitt der Wert der Drehzahl (Geschwindigkeit) am Anfang und am Ende bestimmt und auf die Motorseite umgerechnet wurde, ist zur thermischen Kontrolle des Motors die mittlere Drehzahl bzw. Geschwindigkeit (arithmetischer Mittelwert des Betrages) über den gesamten Bewegungszyklus zu berechnen. Die allgemein gültige Formel dafür lautet:

- rotativ: $$n_{\text{mitt}} = \frac{1}{t_{\text{zyk}}} \cdot \int_0^{t_{\text{zyk}}} |n(t)| \cdot dt$$
- linear: $$v_{\text{mitt}} = \frac{1}{t_{\text{zyk}}} \cdot \int_0^{t_{\text{zyk}}} |v(t)| \cdot dt$$

Die Verläufe lassen sich über die gesamte Zykluszeit in den meisten Fällen nicht mit einer Funktion durchgängig beschreiben. Deshalb werden sie für die einzelnen Bewegungsabschnitte *i* betrachtet, und es gilt:

- rotativ: $$n_{\text{mitt}} = \frac{1}{t_{\text{zyk}}} \cdot \sum_{i=1}^{n} |n_i| \cdot \Delta t_i$$
- linear: $$v_{\text{mitt}} = \frac{1}{t_{\text{zyk}}} \cdot \sum_{i=1}^{n} |v_i| \cdot \Delta t_i$$

Handelt es sich in den einzelnen Bewegungsabschnitten um lineare Verläufe (Bild 6.1), berechnet sich die mittlere Drehzahl bzw. Geschwindigkeit pro Bewegungsabschnitt *i* zu:

- rotativ: $$n_i = \frac{|n_{a,i}| + |n_{e,i}|}{2}$$
- linear: $$v_i = \frac{|v_{a,i}| + |v_{e,i}|}{2}$$

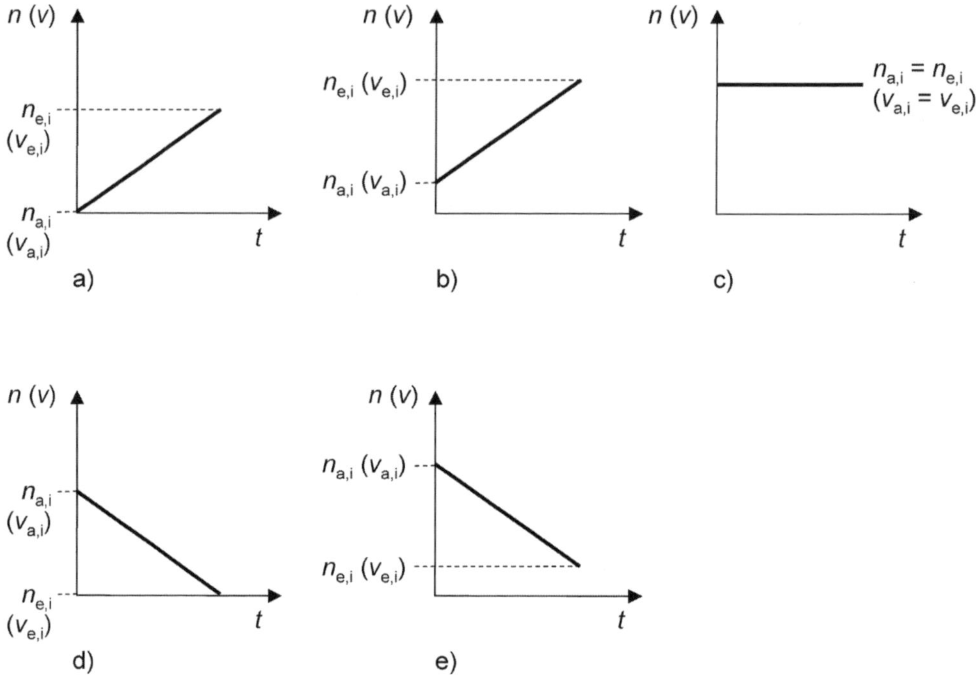

Bild 6.1 *Drehzahl- bzw. Geschwindigkeitsverläufe*
a) Beschleunigungsphase ohne Anfangsdrehzahl (-geschwindigkeit)
b) Beschleunigungsphase mit Anfangsdrehzahl (-geschwindigkeit)
c) Phase mit konstanter Drehzahl (Geschwindigkeit)
d) Verzögerungsphase ohne Enddrehzahl (-geschwindigkeit)
e) Verzögerungsphase mit Enddrehzahl (-geschwindigkeit)

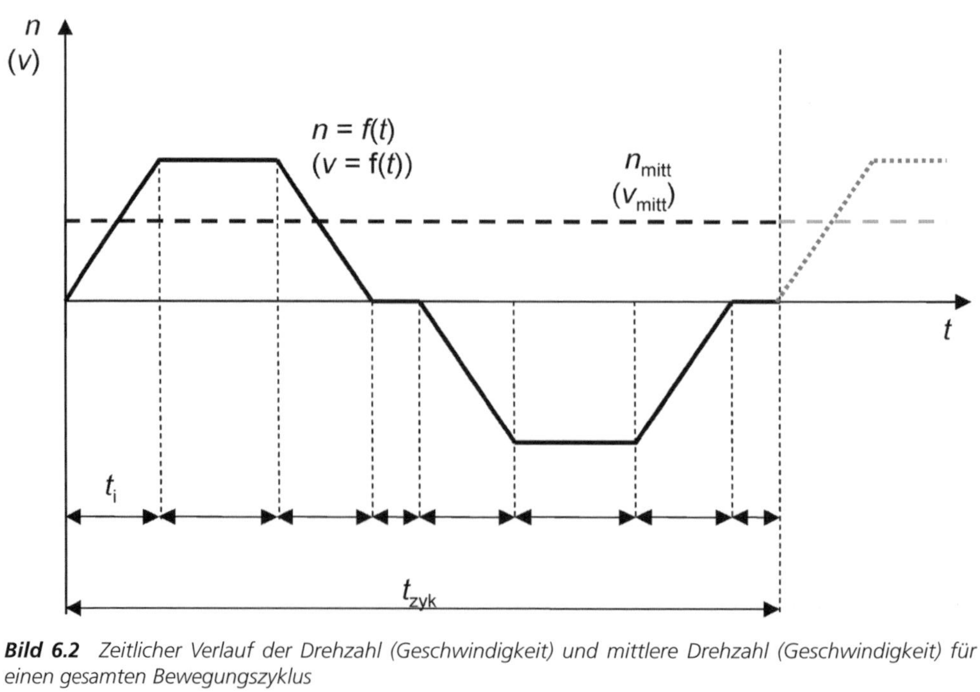

Bild 6.2 *Zeitlicher Verlauf der Drehzahl (Geschwindigkeit) und mittlere Drehzahl (Geschwindigkeit) für einen gesamten Bewegungszyklus*

Die mittleren Werte für einen ganzen Bewegungszyklus ergeben sich daraus mit:

- mittlere Drehzahl: $n_{\text{mitt}} = \frac{1}{t_{\text{zyk}}} \cdot \left(|n_1| \cdot \Delta t_1 + |n_2| \cdot \Delta t_2 \cdots |n_n| \cdot \Delta t_n \right)$

- mittlere Geschwindigkeit: $v_{\text{mitt}} = \frac{1}{t_{\text{zyk}}} \cdot \left(|v_1| \cdot \Delta t_1 + |v_2| \cdot \Delta t_2 \cdots |v_n| \cdot \Delta t_n \right)$

Die Zeit für den gesamten Bewegungszyklus t_{zyk} enthält auch alle Zeiten für Stillstand und endet an der Stelle, an der sich der Bewegungszyklus erneut wiederholt (Bild 6.2).

Hinweis

Siehe Berechnungsbeispiele in den Abschnitten 15.1 und 15.2.

Relative Einschaltdauer

Die mittlere Drehzahl (Geschwindigkeit) bei der relativen Einschaltdauer wird im Prinzip genau so berechnet wie bei einem exakt bekannten Bewegungsablauf. Hier werden jedoch nicht die Zeiten in das Verhältnis zur gesamten Zykluszeit gesetzt, sondern die prozentualen Anteile in das Verhältnis zu 100%:

- mittlere Drehzahl

$$n_{\text{mitt}} = \frac{1}{100\%} \cdot \left(\frac{|n_{\max}|}{2} \cdot \text{ED}_{\text{Beschl}} + \frac{|n_{\max}|}{2} \cdot \text{ED}_{\text{Verz}} + |n_{\max}| \cdot \text{ED}_{\max} + |n_1| \cdot \text{ED}_{n1} \cdots |n...| \cdot \text{ED}_{...} \right)$$

- mittlere Geschwindigkeit

$$v_{\text{mitt}} = \frac{1}{100\%} \cdot \left(\frac{|v_{\max}|}{2} \cdot \text{ED}_{\text{Beschl}} + \frac{|v_{\max}|}{2} \cdot \text{ED}_{\text{Verz}} + |v_{\max}| \cdot \text{ED}_{\max} + |v_1| \cdot \text{ED}_{v1} \cdots |v...| \cdot \text{ED}_{...} \right)$$

Bild 6.3 zeigt das zusammengefasste Diagramm.

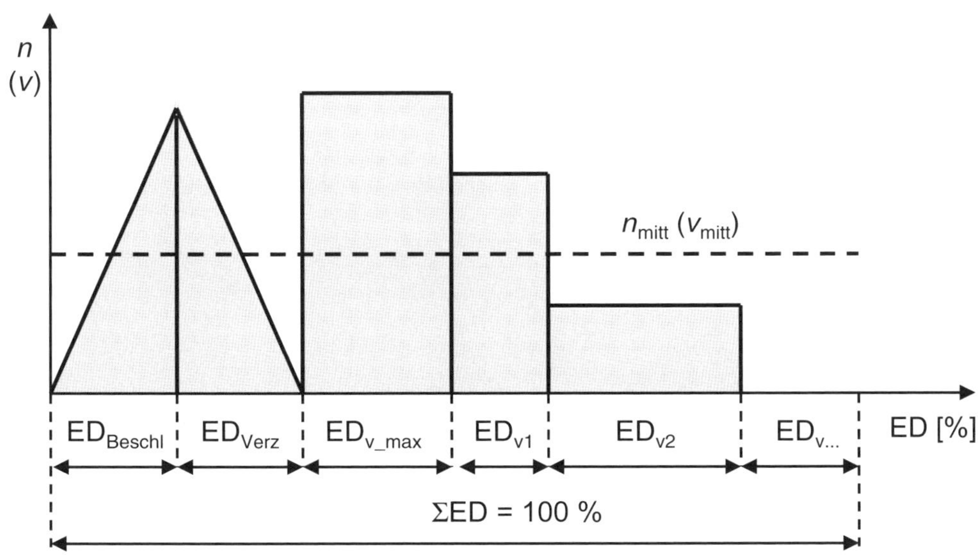

Bild 6.3 *Drehzahl (Geschwindigkeit) und mittlere Drehzahl (Geschwindigkeit) für relative Einschaltdauer*

Hinweis

Siehe Berechnungsbeispiel in Abschnitt 15.3.

6.2 Drehmomente und Kräfte

Auch die Drehmomente (Kräfte) wurden für jeden Bewegungsabschnitt zu einem resultierenden Drehmoment (Kraft) zusammengefasst und auf die Motorseite umgerechnet.

Zur thermischen Kontrolle wird das effektive Drehmoment bzw. die Kraft (quadratisches Mittel) über den gesamten Bewegungszyklus berechnet.

Wie bereits in Abschnitt 1.5 mittels der Verlustenergie erläutert, beruht die thermische Kontrolle auf der Tatsache, dass die Lastverluste quadratisch vom Strom und somit bei Elektromotoren mit Nebenschluss- oder Synchronverhalten quadratisch vom Drehmoment bzw. von der Kraft abhängig sind. Deshalb stellt der quadratische Mittelwert (Effektivwert) bei diesen Maschinen eine zeitlich konstante Ersatzlast der zeitlich veränderlichen Belastung dar. (Bei Motoren mit Reihenschlussverhalten wäre es der arithmetische Mittelwert.)

Die allgemein gültige Formel für den quadratischen Mittelwert lautet:

- rotativ: $$M_{eff} = \sqrt{\frac{1}{t_{zyk}} \cdot \int_0^{t_{zyk}} M^2(t) \cdot dt}$$
- linear: $$F_{eff} = \sqrt{\frac{1}{t_{zyk}} \cdot \int_0^{t_{zyk}} F^2(t) \cdot dt}$$

Die Verläufe lassen sich über die gesamte Zykluszeit in den meisten Fällen nicht mit einer Funktion durchgängig beschreiben. Deshalb werden sie für die einzelnen Bewegungsabschnitte *i* betrachtet, und es gilt:

- rotativ: $$M_{eff} = \sqrt{\frac{1}{t_{zyk}} \cdot \sum_{i=1}^{n} M_i^2 \cdot \Delta t_i}$$
- linear: $$F_{eff} = \sqrt{\frac{1}{t_{zyk}} \cdot \sum_{i=1}^{n} F_i^2 \cdot \Delta t_i}$$

Handelt es sich in den einzelnen Bewegungsabschnitten um lineare Verläufe, lassen sich die Anteile

- rotativ: $M_i^2 \cdot \Delta t_i$
- linear: $F_i^2 \cdot \Delta t_i$

pro Bewegungsabschnitt *i* nach Tabelle 6.1 berechnen.

Tabelle 6.1 *Drehmoment- und Kraftverläufe*

Verlauf von Drehmoment bzw. Kraft	Einfache Berechnung von $M_i^2 \cdot \Delta t_i$ bzw. $F_i^2 \cdot \Delta t_i$
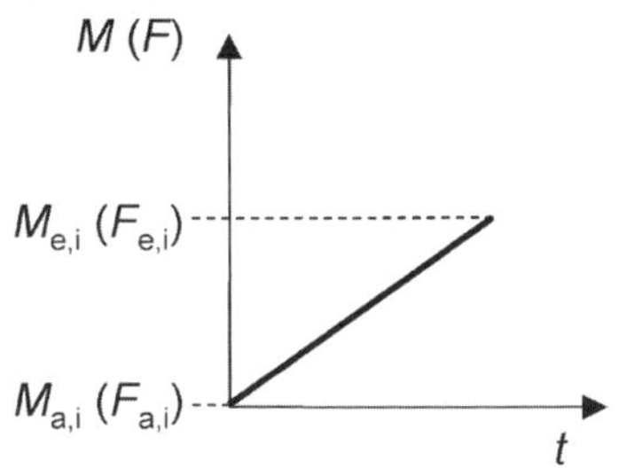	$M_i^2 \cdot \Delta t_i = \frac{M_{e,i}^2 \cdot t_i}{3}$ $F_i^2 \cdot \Delta t_i = \frac{F_{e,i}^2 \cdot t_i}{3}$
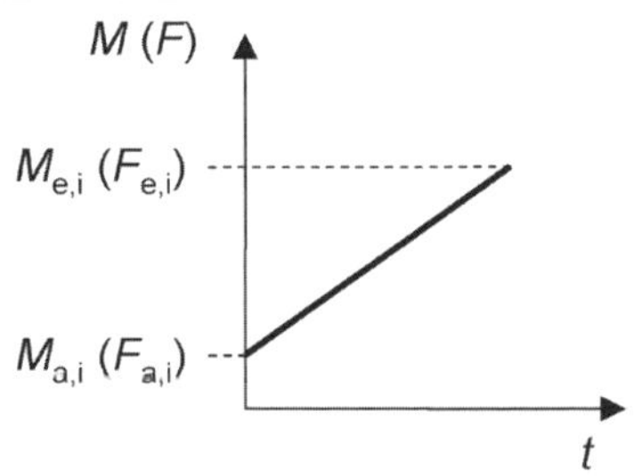	$M_i^2 \cdot \Delta t_i = \frac{\left(M_{e,i}^3 - M_{a,i}^3\right) \cdot t_i}{\left(M_{e,i} - M_{a,i}\right) \cdot 3}$ $F_i^2 \cdot \Delta t_i = \frac{\left(F_{e,i}^3 - F_{a,i}^3\right) \cdot t_i}{\left(F_{e,i} - F_{a,i}\right) \cdot 3}$
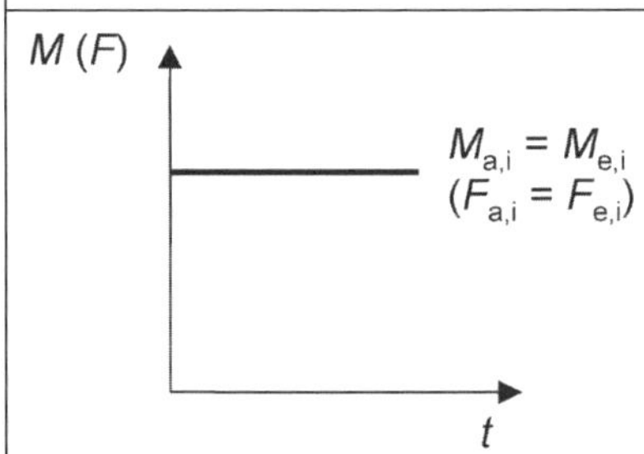	$M_i^2 \cdot \Delta t_i = M_{e,i}^2 \cdot t_i$ $F_i^2 \cdot \Delta t_i = F_{e,i}^2 \cdot t_i$
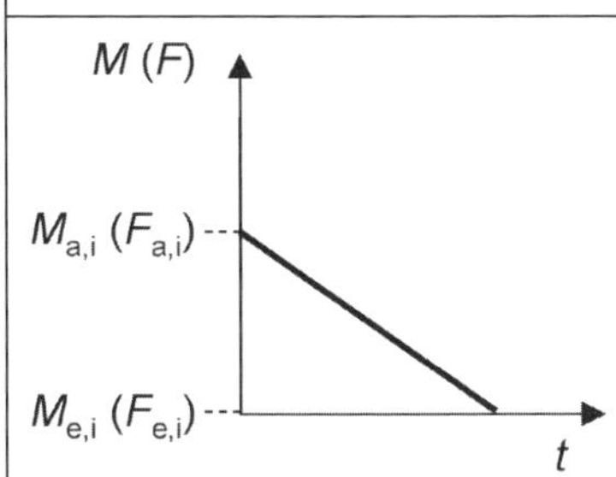	$M_i^2 \cdot \Delta t_i = \frac{M_{a,i}^2 \cdot t_i}{3}$ $F_i^2 \cdot \Delta t_i = \frac{F_{a,i}^2 \cdot t_i}{3}$
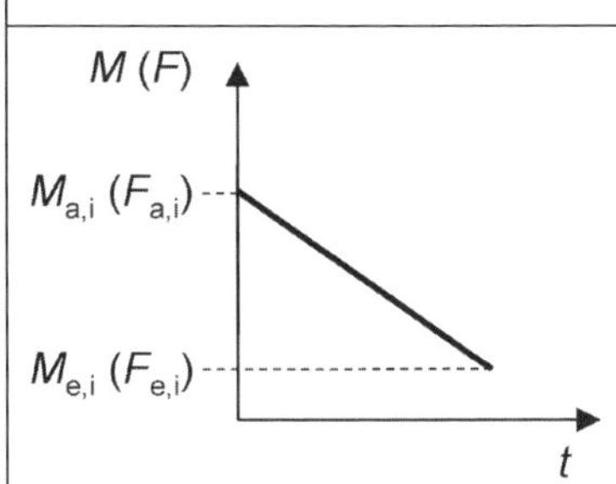	$M_i^2 \cdot \Delta t_i = \frac{\left(M_{a,i}^3 - M_{e,i}^3\right) \cdot t_i}{\left(M_{a,i} - M_{e,i}\right) \cdot 3}$ $F_i^2 \cdot \Delta t_i = \frac{\left(F_{a,i}^3 - F_{e,i}^3\right) \cdot t_i}{\left(F_{a,i} - F_{e,i}\right) \cdot 3}$

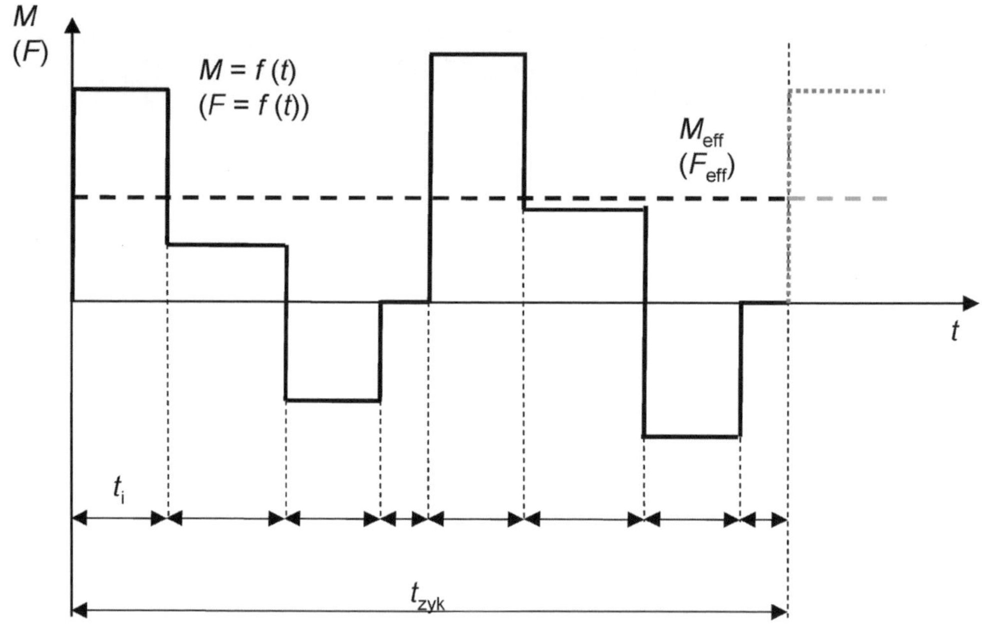

Bild 6.4 *Zeitlicher Verlauf des Drehmomentes (Kraft) und Effektivdrehmoment (-kraft)*

Die Effektivwerte für einen ganzen Bewegungszyklus ergeben sich daraus zu:

- Effektivmoment: $M_{\mathrm{eff}} = \sqrt{\frac{1}{t_{\mathrm{zyk}}} \cdot \left(M_1^2 \cdot \Delta t_1 + M_2^2 \cdot \Delta t_2 \cdots M_n^2 \cdot \Delta t_n\right)}$

- Effektivkraft: $F_{\mathrm{eff}} = \sqrt{\frac{1}{t_{\mathrm{zyk}}} \cdot \left(F_1^2 \cdot \Delta t_1 + F_2^2 \cdot \Delta t_2 \cdots F_n^2 \cdot \Delta t_n\right)}$

Die Zeit für den gesamten Bewegungszyklus t_{zyk} (Bild 6.4) ist identisch mit der Zykluszeit für das Bewegungsprofil.

Hinweis

Siehe Berechnungsbeispiele in den Abschnitten 15.1 und 15.2.

Relative Einschaltdauer

Bei der relativen Einschaltdauer wird das Effektivmoment im Prinzip genau so berechnet wie bei einem exakt bekannten Bewegungsablauf. Hier werden nicht die Zeiten in das Verhältnis zur gesamten Zykluszeit gesetzt, sondern die prozentualen Anteile in das Verhältnis zu 100%:

- Effektivmoment

$$M_{\mathrm{eff}} = \sqrt{\frac{1}{100\%} \cdot \left(M_{\mathrm{Beschl}}^2 \cdot \mathrm{ED}_{\mathrm{Beschl}} + M_{\mathrm{Verz}}^2 \cdot \mathrm{ED}_{\mathrm{Verz}} + M_{\mathrm{n\_max}}^2 \cdot \mathrm{ED}_{\mathrm{n\_max}} + M_{\mathrm{n1}}^2 \cdot \mathrm{ED}_{\mathrm{n1}} \cdots M_{\dots}^2 \cdot \mathrm{ED}_{\dots}\right)}$$

- Effektivkraft

$$F_{\mathrm{eff}} = \sqrt{\frac{1}{100\%} \cdot \left(F_{\mathrm{Beschl}}^2 \cdot \mathrm{ED}_{\mathrm{Beschl}} + F_{\mathrm{Verz}}^2 \cdot \mathrm{ED}_{\mathrm{Verz}} + F_{v\_\mathrm{max}}^2 \cdot \mathrm{ED}_{v\_\mathrm{max}} + F_{v1}^2 \cdot \mathrm{ED}_{v1} \cdots F_{\dots}^2 \cdot \mathrm{ED}_{\dots}\right)}$$

Hinweis

Siehe Berechnungsbeispiele in den Abschnitten 15.1 und 15.3.

6.3 Arbeitspunkte der Anwendung

Als Arbeitspunkte der Anwendung werden alle Drehmoment-Drehzahl- bzw. Kraft-Geschwindigkeits-Wertepaare in den einzelnen Bewegungsabschnitten bezeichnet. Es ist zweckmäßig, die Arbeitspunkte der Anwendung in einem Diagramm aufzutragen (Bild 6.5).

Dadurch können sie mit der Kennlinie des Motors leicht verglichen werden. Auch der Effektivwert des Drehmomentes bzw. der Kraft wird bei der mittleren Drehzahl bzw. Geschwindigkeit eingezeichnet. In Wirklichkeit tritt dieser Arbeitspunkt nicht auf, wird jedoch für die Beurteilung der Wärmebelastung (thermische Kontrolle) benötigt.

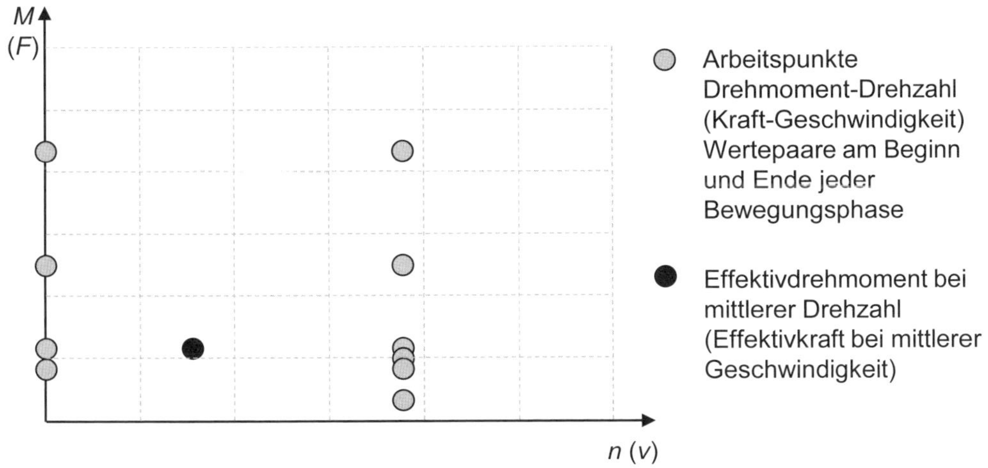

Bild 6.5 *Arbeitspunkte im Drehmoment-Drehzahl- bzw. Kraft-Geschwindigkeits-Diagramm*

6.4 Externes Massenträgheitsmoment

Bei rotativen Motoren ist das Verhältnis aller externen Massenträgheitsmomente zum Massenträgheitsmoment des Motors ein weiteres Entscheidungskriterium für die Motorauswahl. Da während eines Bewegungszyklus die zu bewegenden Massen unterschiedlich sein können, variiert somit auch das externe Massenträgheitsmoment und muss für jeden Bewegungsabschnitt separat betrachtet werden.

6.5 Auswahl des Motors

Neben der Eignung eines Motors bezüglich Drehmoment–Drehzahl bzw. Kraft–Geschwindigkeit, muss er grundsätzlich für die Umgebungs- und Einsatzbedingungen wie

- Temperaturbereich,
- Aufstellhöhe,
- Verschmutzung,

- Luftfeuchtigkeit,
- Anforderungen an Explosionsschutz,
- mechanische Einbausituation,
- mechanische Beanspruchungen wie Schock und Vibration

geeignet sein.

Unter Umständen kann eine Reduzierung der Motordaten erforderlich werden, wenn man von den Nennbedingungen wie zum Beispiel der Umgebungstemperatur oder der Aufstellhöhe abweicht. Die Hersteller geben hier Reduktionsfaktoren und obere Grenzwerte in ihren Motordatenblättern an.

6.5.1 Vorauswahl

Bei der Vorauswahl wird ein hinsichtlich Drehmoment–Drehzahl bzw. Kraft–Geschwindigkeit geeigneter Motor bestimmt. Bild 6.6 zeigt beispielhaft das Drehmoment-Drehzahl-Diagramm eines rotativen Motors und Bild 6.7 das Kraft-Geschwindigkeits-Diagramm eines Linearmotors mit den eingezeichneten Arbeitspunkten der Anwendung.

Für die Auswahl des Motors sind nun folgende Kriterien entscheidend:

Rotativer Motor

- Das Maximaldrehmoment des Motors muss größer / gleich den Drehmomenten der einzelnen Arbeitspunkte sein:
  $M_{max\_Mot} \geq M_{res}$
- Das Dauerdrehmoment des Motors muss größer / gleich dem Effektivmoment bei der mittleren Drehzahl sein:
  $M_{dauer\_Mot} \geq M_{eff}$
- Die maximal zulässige Drehzahl des Motors muss größer / gleich der maximal auftretenden Drehzahl der Anwendung sein:
  $n_{max\_Mot} \geq n_{max}$
- Das zulässige Verhältnis des externen Massenträgheitsmomentes zum Massenträgheitsmoment des Motors muss größer / gleich dem vorhandenen Verhältnis sein:

$$\left(\frac{J_{ext}}{J_{Mot}}\right)_{zulässig} \geq \frac{J_{ext}}{J_{Mot}}$$

Hinweis

Siehe Berechnungsbeispiele in den Abschnitten 15.1, 15.2 und 15.4.

Linearmotor

- Die Maximalkraft des Motors muss größer / gleich den Kräften der einzelnen Arbeitspunkte sein:
  $F_{max\_Mot} \geq F_{res}$
- Die Dauerkraft des Motors muss größer / gleich der Effektivkraft bei der mittleren Geschwindigkeit sein:
  $F_{dauer\_Mot} \geq F_{eff}$
- Die maximal zulässige Geschwindigkeit des Motors muss größer / gleich der maximal auftretenden Geschwindigkeit der Anwendung sein:
  $v_{max\_Mot} \geq v_{max}$

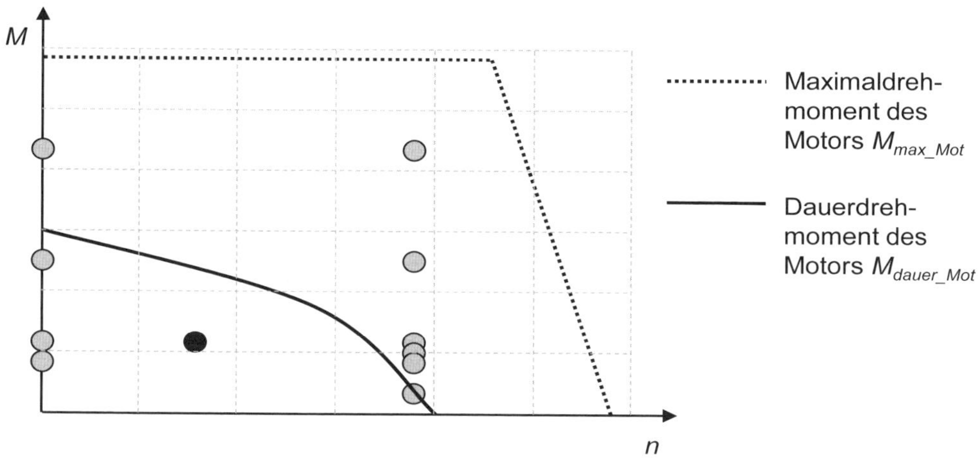

Bild 6.6 *Drehmoment-Drehzahl-Kennlinie des Motors (Synchronmotor) mit eingezeichneten Drehmomenten der Arbeitspunkte*

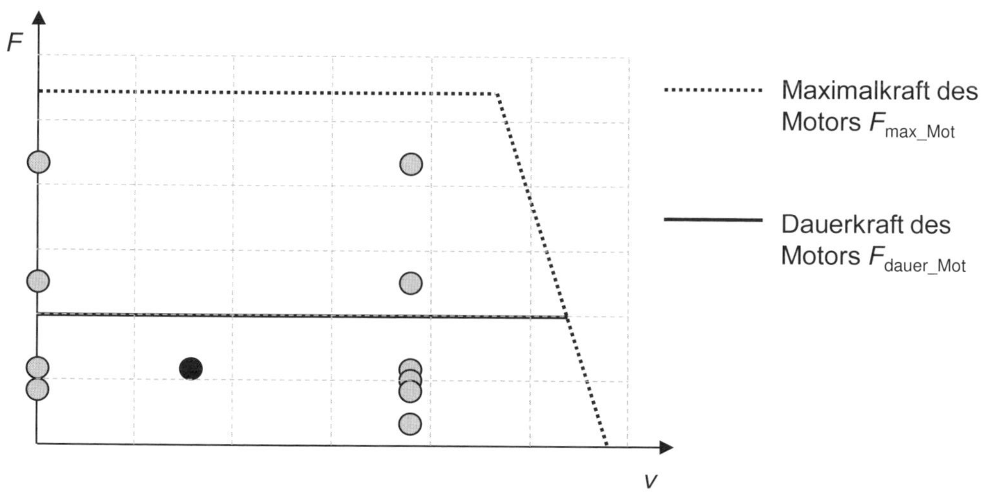

Bild 6.7 *Kraft-Geschwindigkeits-Kennlinie des Motors mit eingezeichneten Kräften der Arbeitspunkte*

Hinweis

Siehe Berechnungsbeispiel in Abschnitt 15.3.

6.5.2 Nachrechnung des ausgewählten Motors

Nach der ersten Vorauswahl ist bekannt, wie groß das Massenträgheitsmoment des rotativen bzw. die Masse des linearen Motors ist. Jetzt wird der Drehmoment- bzw. Kraftbedarf für die Beschleunigungs- und Verzögerungsphasen noch einmal berechnet, weil der Anteil des Motors mitberücksichtigt werden muss. Dadurch ändern sich die Drehmomente und Kräfte in diesen Bewegungsabschnitten und somit auch das Effektivmoment (-kraft). Bild 6.8 zeigt den Sachverhalt am Beispiel eines rotativen Motors.

Jetzt werden die gleichen Kriterien wie bei der Vorauswahl des Motors noch einmal geprüft. Erfüllt der Motor die Bedingungen, ist er geeignet. Wenn die Bedingungen nicht erfüllt sind, muss der nächstgrößere Motor geprüft werden. Dies ist sozusagen ein iterativer Vorgang, der so lange wiederholt werden muss, bis ein geeigneter Motor die Bedingungen erfüllt.

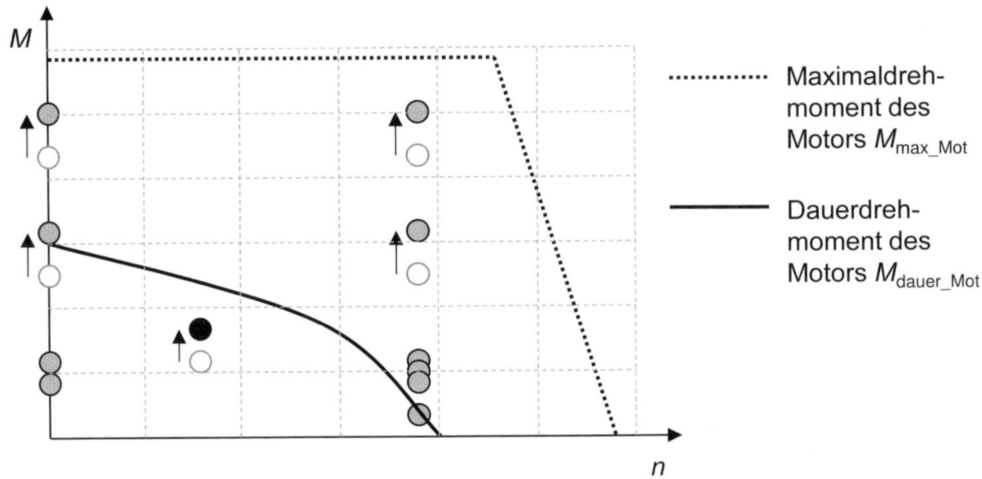

Bild 6.8 *Drehmoment-Drehzahl-Kennlinie des Motors (Synchronmotor) mit eingezeichneten Drehmomenten der Arbeitspunkte*

GRUNDSATZ

In den meisten Anwendungen sind die resultierenden Drehmomente in den Beschleunigungs- und Bremsphasen mit der Motorträgheit größer als sie in der Vorauswahl ohne Motorträgheit zunächst berechnet wurden. Wenn der Motor in der Bremsphase jedoch sogar Drehmoment zur Anwendung abgeben muss, zum Beispiel beim Reibschweißen, hilft die gespeicherte Energie in der Massenträgheit des Motors und reduziert dadurch das vom Motor aufzubringende Drehmoment.

Besonderheiten bei einem Linearmotor

Wenn das Primärteil des Linearmotors bewegt wird (siehe Bild 1.46a), kann dessen Masse direkt aus den Datenblättern des Herstellers für die Berechnung herangezogen werden.

Wird das Sekundärteil bewegt (siehe Bild 1.46b), muss dessen Masse in Abhängigkeit vom Verfahrbereich (siehe Abschnitt 2.9) berechnet werden, da es mindestens so lang sein muss.

Grundsätzlich berechnet sich die erforderliche Länge des Sekundärteils aus dem Fahrweg zuzüglich der Länge des Primärteils.

In Kürze

Der selektierte Motor ist in der Lage, die Drehmoment-Drehzahlanforderungen der Last abzudecken und darüber hinaus auch seinen eigenen Drehmomentbedarf für die Beschleunigungs- und Bremsphasen. Die thermische Auslastung ist über das errechnete Effektivmoment geprüft. Dieses Lastspiel bildet die Grundlage, um die elektrischen Größen für die Auswahl des Stellgerätes zu berechnen.

7 Auswahl des Stellgerätes

Das Stellgerät muss dem Motor für die Erreichung der geforderten Drehzahlen und Drehmomente Spannungen bestimmter Amplitude und Frequenz sowie die notwendigen Ströme liefern können. Dafür wird das mechanische Lastprofil des Motors in ein elektrisches Lastprofil umgerechnet. Hier werden dann wieder die auslegungsrelevanten Größen errechnet und geprüft, ob das Stellgerät dieses Spektrum abdecken kann. Abschließend erfolgt noch die Prüfung der thermischen Belastung.

Auch beim Stellgerät sind neben der Eignung bezüglich der Leistung bzw. des Stromes die Umgebungs- und Einsatzbedingungen zu berücksichtigen. Das Stellgerät ist aber in den wenigsten Anwendungen den gleichen Bedingungen wie der Motor ausgesetzt. Sie werden meist in Schaltschränke oder oftmals in separaten Schalträumen installiert. Dort sind zum Beispiel die Schock- und Vibrationsbeanspruchungen geringer oder die Umgebungstemperatur ist eine andere.

Wird jedoch von den Nennbedingungen abgewichen, muss für das Stellgerät ebenfalls eine Reduzierung der Stromdaten vorgenommen werden.

Ein wichtiges Kriterium bei der Motor-Stellgerät-Zuordnung ist die PWM-Frequenz, mit der das Stellgerät getaktet wird. Je höher die PWM-Frequenz gewählt wird, desto mehr Schaltverluste werden darin verursacht und umso größer ist die Reduzierung des Ausgangsstromes.

Für den Motor sind die Verhältnisse genau umgekehrt: Je höher die PWM-Frequenz des Stellgerätes ist, desto weniger Verluste werden im Motor verursacht, weil die Kurvenform der Ausgangsspannung immer besser der idealen Sinusform entspricht. Man muss also bei der Auswahl dieser beiden Komponenten darauf achten, welche PWM-Frequenz zur Erreichung der Motordaten erforderlich ist. Dies kann bei den Motorherstellern erfragt werden.

Weitere Stromreduzierungen können aufgrund kurzer Lastspiele mit hohen Überlasten (siehe Abschnitt 1.7) sowie bei Parallelschaltung von Stellgeräten erforderlich werden.

7.1 Für Nenndaten des Motors

Diese Art der Auswahl wird bei den typischen Frequenzumrichter-Anwendungen bevorzugt angewendet.

Die Hersteller von Frequenzumrichtern orientieren sich mit den Stromabstufungen meist an denen der Asynchronnormmotoren. Somit ist eine einfache und sichere Zuordnung zu den genormten Standardmotoren möglich. Wie in Abschnitt 1.7 bereits erwähnt, werden die Asynchronmotoren bei Umrichterbetrieb in der Regel nicht mehr als 1,5-, maximal 2-fach überlastet. Auch die Überlastfähigkeit der Frequenzumrichter ist dafür ausgelegt. Häufig sind auch schon direkte Zuordnungen zu den Wellenleistungen der Asynchronmotoren gegeben. Dabei kann ein Stellgerät für eine Motorleistung n eingesetzt und mit 1,5-facher Überlast betrieben werden. Das gleiche Stellgerät kann auch für die nächstgrößere Motorleistung $n+1$ bei höherer Dauerlast, aber dafür geringerer Überlast (1,1-fach) eingesetzt werden.

Die folgenden Bedingungen müssen für diese Art der Auswahl erfüllt sein:

- Der Dauernennstrom des Stellgerätes muss mindestens so groß sein wie der Dauernennstrom des Motors:
  $I_{Nenn\_SG} \geq I_{Nenn\_Mot}$

- Der Maximalstrom des Stellgerätes muss mindestens so groß sein wie der Maximalstrom des Motors:
  $I_{max\_SG} \geq I_{max\_Mot}$
- Die zulässige Zeit für den Maximalstrom des Stellgerätes muss mindestens so groß sein wie die zulässige Zeit für den Maximalstrom des Motors:
  t für $I_{max\_SG} \geq t$ für I_{max_Mot}

Einige Hersteller unterteilen ihre Stellgerät-Motor-Zuordnungen auch nach den Angaben «Quadratisches Gegenmoment» und «Konstantes Gegenmoment». Hintergrund zu dieser Einteilung ist folgende Annahme:

Wenn der Motor mit einer Arbeitsmaschine belastet wird, deren Drehmoment quadratisch von der Drehzahl abhängt (siehe Abschnitt 1.2), reicht das 1,1-fache Nennmoment und somit auch der ca. 1,1-fache Nennstrom des Motors aus, um ihn zu beschleunigen. Er hat damit in einem weiten Bereich genügend Drehmomentüberschuss zum Beschleunigen (Bild 7.1a). Nur in Ausnahmefällen können Anforderungen an eine sehr kleine Beschleunigungszeit oder die Beschleunigung sehr hoher Massenträgheitsmomente ein größeres Stellgerät erforderlich machen.

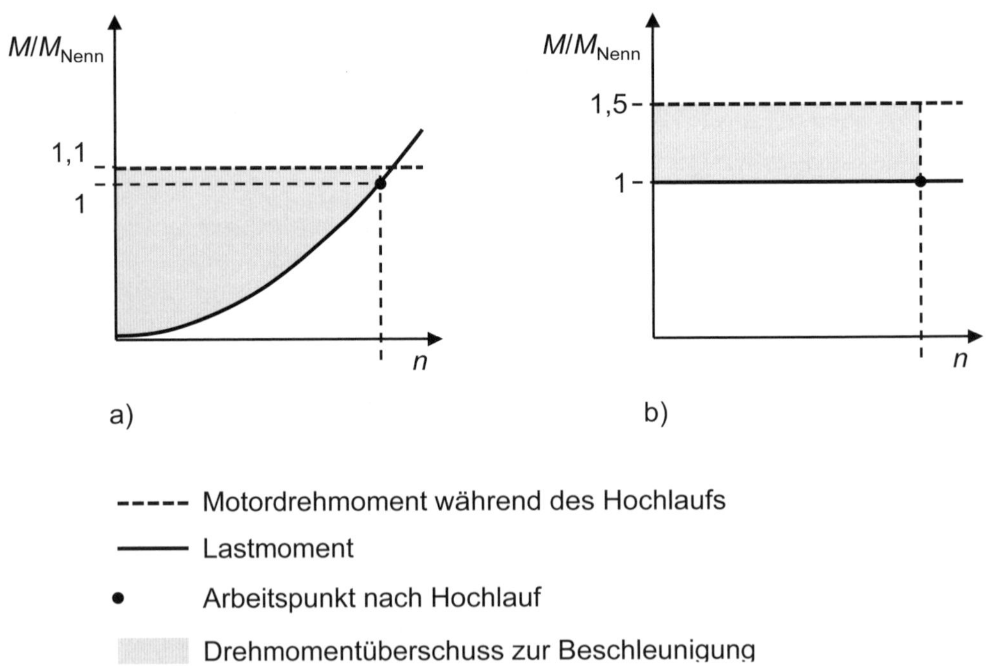

Bild 7.1 *Beschleunigungen bei quadratischen und konstanten Lastmoment*

Muss der Motor ein von der Drehzahl nahezu unabhängiges, konstantes Lastmoment treiben (siehe Abschnitt 1.2), dessen Höhe schon im Bereich seines Nennmomentes liegt, braucht er in der Regel einen höheren Drehmomentüberschuss zum Nennmoment. Hier wird davon ausgegangen, dass das 1,5-fache Nennmoment und somit auch der ca. 1,5-fache Nennstrom des Motors erforderlich ist (Bild 7.1b). Ausnahmen bilden Maschinen, die ohne Lastmoment beschleunigt werden können (entlasteter Anlauf, Leeranlauf).

7.2 Für den tatsächlichen Strombedarf des Motors

Insbesondere bei den typischen Servoanwendungen wird das Stellgerät nicht für den Nenndauer- und Nennmaximalstrom des Motors ausgelegt, sondern für dessen spezifischen Strombedarf, der sich entsprechend den geforderten Drehmomenten aus seiner Anwendung ergibt. Die Vorgehensweise ist hier sinnvoll, weil sich durch Variation der Motor-Stellgeräte-Zuordnung die vielfältigen Anforderungen der Servoanwendungen ideal abdecken lassen.

Oftmals ist auch eine gewählte Motorgröße nicht wegen des Drehmomentbedarfs, sondern nur wegen ihres höheren Massenträgheitsmomentes erforderlich (siehe Abschnitt 5.8). Dadurch wäre ein Stellgerät, das die Nennströme des Motors liefern könnte, überdimensioniert.

Der anwendungsspezifische Strombedarf des Motors wird mit Hilfe der Formeln zur Berechnung des Stromes aus den Drehmomenten bzw. Kräften ermittelt. Nachfolgend ist die überschlägige Bestimmung für die beiden hauptsächlichsten Vertreter der Antriebsmotoren dargestellt.

Asynchronmotoren

Die Stromaufnahme setzt sich bei einem Asynchronmotor aus zwei Anteilen zusammen:

- Blindstrom I_B zum Aufbau des Magnetfeldes,
- Wirkstrom I_W zur Erzeugung des Drehmomentes.

Die geometrische Addition dieser beiden rechtwinklig zueinander stehenden Stromanteile ergibt bei Nennbelastung durch das Moment M_{Nenn} den Nennstrom I_{Nenn}, der auch auf dem Leistungsschild des Motors bzw. in seinem Datenblatt angegeben ist. Der $\cos\varphi$ ist ebenfalls eine Angabe für den Motor bei Nennbetrieb. Der Zusammenhang ist in Bild 7.2 dargestellt.

Bild 7.2
Zusammensetzung der Stromaufnahme beim Asynchronmotor

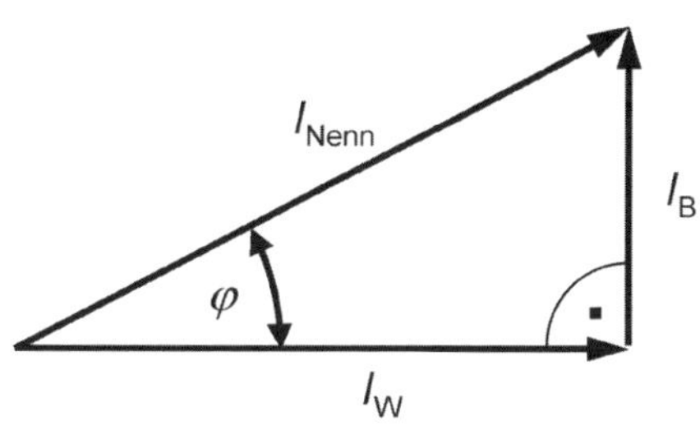

Der Asynchronmotor muss bereits bei Leerlauf den Strom I_B über die Ständerwicklung vom Umrichter beziehen, um das Magnetfeld zu erzeugen. Somit ist für Motor und Umrichter immer eine gewisse «Grundlast» vorhanden und erwärmt diese Komponenten. Der Blindstrom kann mit der überschlägigen Formel:

- Konstantmomentbereich

$$I_B = I_{Nenn} \cdot \sin\varphi = I_{Nenn} \cdot \sqrt{1-\cos^2\varphi}$$

- Konstantleistungsbereich (Feldschwächung)

$$I_B = I_{Nenn} \cdot \sqrt{1-\cos^2\varphi} \cdot \frac{n_{Nenn}}{n}$$

aus den Nenndaten ermittelt werden und wird als konstant bzw. unabhängig von der Belastung angenommen.

Die Größe des Wirkstromes I_W zur Erzeugung des Drehmomentes ist von der Belastung, also vom Drehmoment, das der Motor abgeben muss, abhängig. Er berechnet sich bei einem rotativen Motor zu:

- Konstantmomentbereich

$$I_W = I_{Nenn} \cdot \cos\varphi \cdot \frac{M}{M_{Nenn}}$$

- Konstantleistungsbereich (Feldschwächung)

$$I_W = I_{Nenn} \cdot \cos\varphi \cdot \frac{M}{M_{Nenn}} \cdot \frac{n}{n_{Nenn}}$$

wobei mit dem Faktor:

$$\frac{M}{M_{Nenn}}$$

die aktuelle Auslastung berücksichtigt wird.

Für einen linearen Asynchronmotor müssen in den obigen Formeln die Drehmomente M durch die Kräfte F und die Drehzahlen n durch die Geschwindigkeiten v ersetzt werden.

Diese überschlägige Berechnung gilt nur für den linearen Bereich der Abhängigkeit des Drehmomentes vom Strom. Insbesondere im höheren Überlastbereich ist unter Umständen ein etwas größerer Strom aufgrund der Sättigung erforderlich.

Der auch im Leerlauf geringe Wirkstrom (für Reibung, Lüfter …) wird vernachlässigt.

Unter diesen Bedingungen berechnet sich nun die auslastungsabhängige gesamte Stromaufnahme des Motors:

$$I = \sqrt{I_B^2 + I_W^2}$$

Synchronmotoren

Bei den Permanentmagnet-erregten Synchronmotoren wird mit der Drehmomentkonstante k_T angegeben, wie viel Drehmoment der Motor pro A Strom abgeben kann. Gleiches gilt für die Kraftkonstante k_F zur Erzeugung der Kraft pro A. Die Stromaufnahme ergibt sich damit bei einem Synchronmotor:

Rotativer Motor: $$I = \frac{M}{k_T}$$

Linearermotor: $$I = \frac{F}{k_F}$$

Diese Drehmoment«konstante» ist jedoch nicht wirklich konstant, da sie von zwei wesentlichen Umständen beeinflusst wird:

- Das erzeugte Drehmoment (bzw. die Kraft) ist nur im Bereich bis ca. 1,5…2 · M_{Nenn} direkt proportional vom eingeprägten Strom abhängig. Im höheren Überlastbereich geht der Werkstoff des Magnetkreises in Sättigung. Es ist dann pro Nm Drehmoment mehr Strom erforderlich.

- Die Drehmomentkonstante bezieht sich auf eine Wicklungstemperatur von meist 20 °C. Im Betrieb ist die Temperatur aufgrund der Verlustwärme und der Umgebungstemperatur wesentlich höher, wodurch auch die Drehmomentkonstante kleiner wird.

Wie die Abhängigkeit des benötigten Stromes für ein Drehmoment ist, zeigt Bild 7.3.

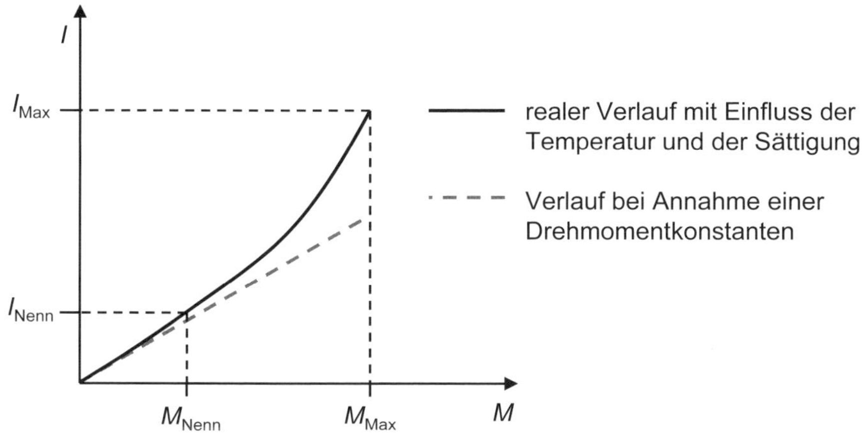

Bild 7.3 *Beispielhafter Verlauf der Abhängigkeit des benötigten Stromes vom Drehmoment*

Aufgrund der o.g. Einflussfaktoren ist die Verwendung der Drehmomentkonstanten zur Ermittlung des Stromes zu ungenau. Besser lässt sich die Stromaufnahme bestimmen, wenn man sowohl für das Nenn- als auch für das Maximaldrehmoment die dazugehörigen Ströme des Motors aus seinem Datenblatt benutzt. Diese beiden Werte kann man in einem Diagramm auftragen und daraus Zwischenwerte interpolieren (Bild 7.4).

Bild 7.4
Verwendung der Nenn- und Maximalwerte für Strom und Drehmoment zur Ermittlung der Stromaufnahme bei dazwischen liegenden Drehmomenten

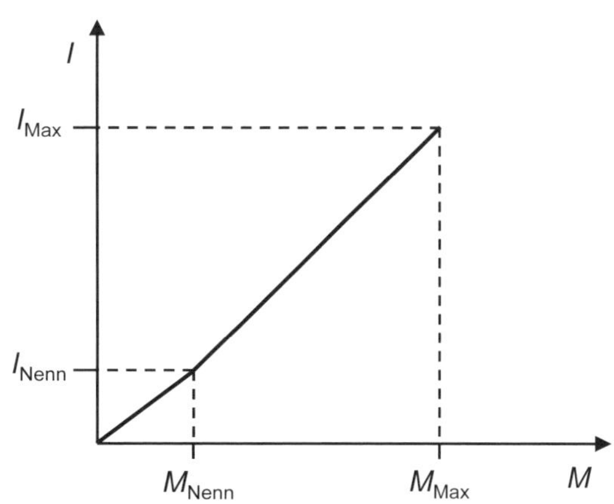

Mit Hilfe des bereits in Abschnitt 6.2 erzeugten Drehmoment-Zeit- bzw. Kraft-Zeit-Diagramms kann man nun

- die Ströme in den einzelnen Bewegungsphasen berechnen,
- ein Strom-Zeit-Diagramm erstellen,
- den maximalen Strom ermitteln,
- den effektiven Strom berechnen.

Die allgemein gültige Formel zur Berechnung des effektiven Stromes lautet:

$$I_{\text{eff}} = \sqrt{\frac{1}{t_{\text{zyk}}} \cdot \int_0^{t_{\text{zyk}}} I^2(t) \cdot dt}$$

Der Verlauf des Stromes lässt sich über die gesamte Zykluszeit nicht mit einer Funktion durchgängig beschreiben. Deshalb werden sie für die einzelnen Bewegungsabschnitte *i* betrachtet, und es gilt:

$$I_{\text{eff}} = \sqrt{\frac{1}{t_{\text{zyk}}} \cdot \sum_{i=1}^{n} I_i^2 \cdot \Delta t_i}$$

In Tabelle 7.1 ist dargestellt, wie sich die einzelnen Anteile

$$I_i^2 \cdot \Delta t_i$$

für eine Bewegungsphase *i* der verschiedenen linearen Stromverläufe vereinfacht berechnen.

Tabelle 7.1 *Verschiedene lineare Stromverläufe und dazugehörige Integrale*

<table>
<tr><th>Verlauf des Stromes</th><th>Einfache Berechnung von $I_i^2 \times \Delta t_i$</th></tr>
<tr><td>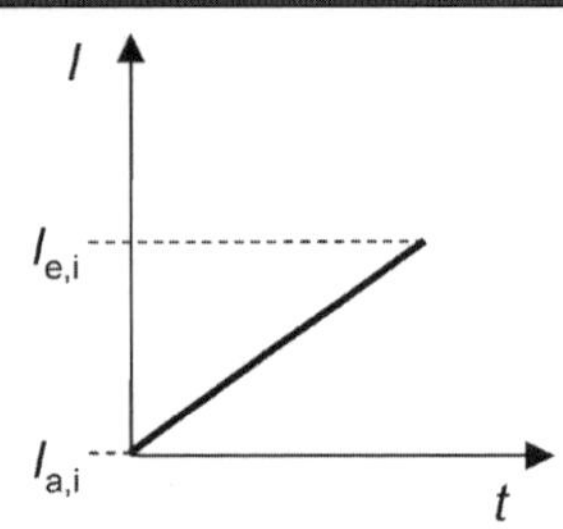
</td><td>$I_i^2 \cdot \Delta t_i = \frac{I_{e,i}^2 \cdot t_i}{3}$</td></tr>
<tr><td>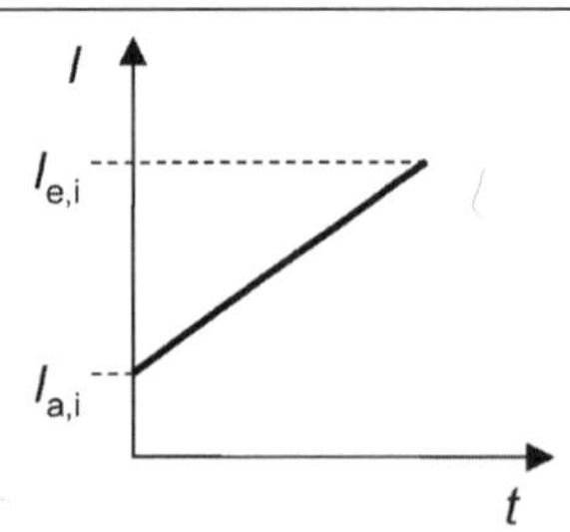
</td><td>$I_i^2 \cdot \Delta t_i = \frac{\left(I_{e,i}^3 - I_{a,i}^3\right) \cdot t_i}{\left(I_{e,i} - I_{a,i}\right) \cdot 3}$</td></tr>
<tr><td>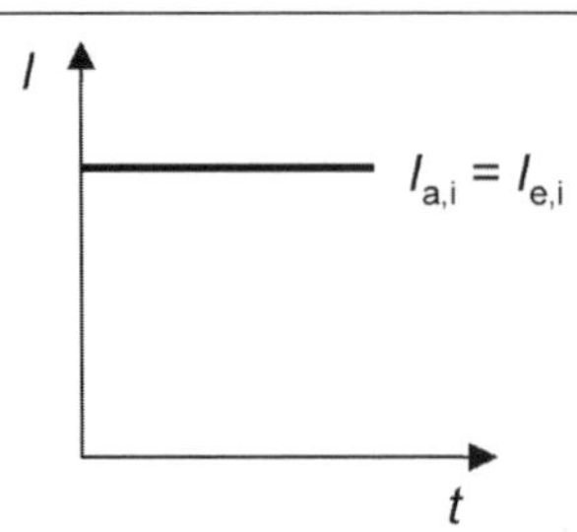
</td><td>$I_i^2 \cdot \Delta t_i = I_{e,i}^2 \cdot t_i$</td></tr>
</table>

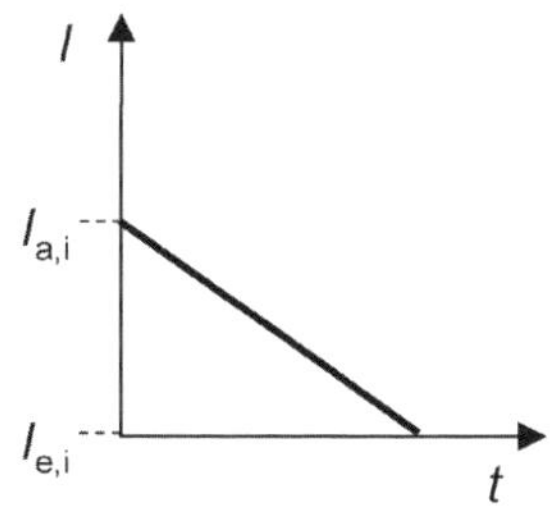	$I_i^2 \cdot \Delta t_i = \frac{I_{a,i}^2 \cdot t_i}{3}$
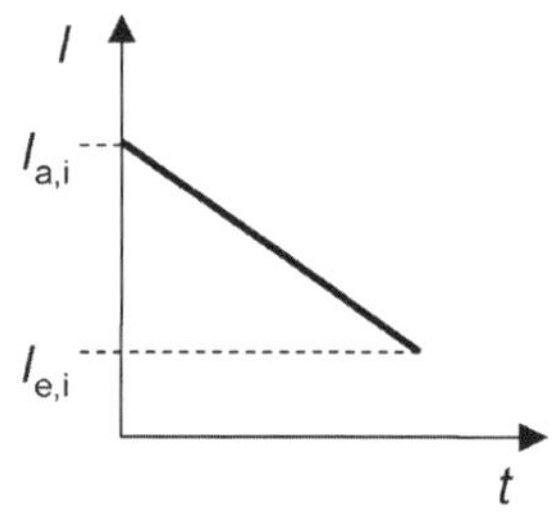	$I_i^2 \cdot \Delta t_i = \frac{\left(I_{a,i}^3 - I_{e,i}^3\right) \cdot t_i}{\left(I_{a,i} - I_{e,i}\right) \cdot 3}$

Der effektive Strom für einen ganzen Bewegungszyklus (Bild 7.5) ergibt sich dann aus der Aufsummierung der einzelnen Integrale, eingesetzt in die allgemeine Formel:

$$I_{eff} = \sqrt{\frac{1}{t_{zyk}} \cdot \left(I_1^2 \cdot \Delta t_1 + I_2^2 \cdot \Delta t_2 \cdots I_n^2 \cdot \Delta t_n\right)}$$

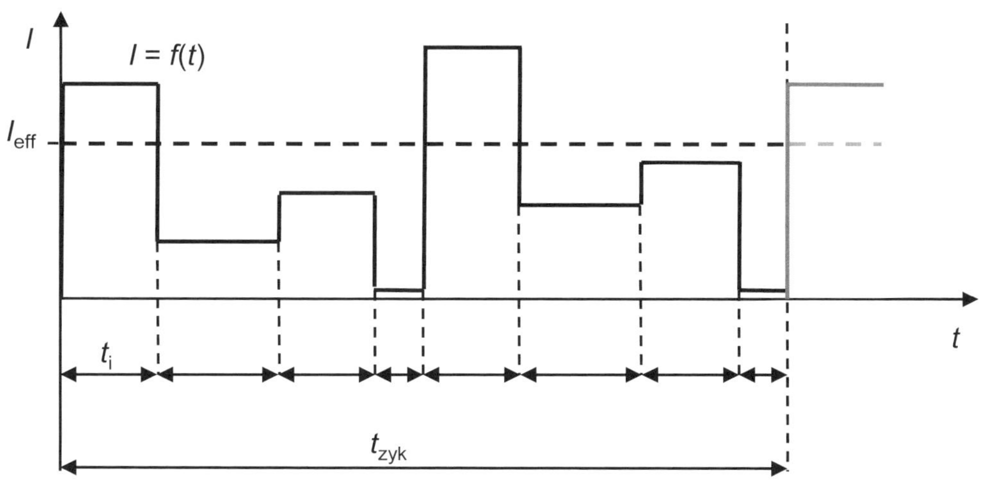

Bild 7.5 *Zeitlicher Verlauf des Stromes und effektiver Strom*

Auf den ersten Blick erscheint es nicht sinnvoll, den Effektivwert des Stromes aus den einzelnen Stromwerten in den Bewegungsphasen zu berechnen. Man könnte ja gleich das Effektivmoment in einen Effektivstrom umrechnen. Das würde jedoch nur zutreffen, wenn für alle Drehmomente eine einheitliche Drehmomentkonstante gilt.

Für die Auswahl des Stellgerätes müssen nun die folgenden Bedingungen erfüllt sein:

- Der Dauernennstrom des Stellgerätes muss mindestens so groß sein wie der berechnete effektive Strom des Motors in seiner Anwendung:

  $I_{Nenn\_SG} \geq I_{eff}$

- Der Maximalstrom des Stellgerätes muss mindestens so groß sein wie der berechnete Maximalstrom des Motors in seiner Anwendung:

  $I_{max\_SG} \geq I_{max\_Mot}$

- Die zulässige Zeit für den Maximalstrom des Stellgerätes muss mindestens so groß sein wie die erforderliche Zeit für den Maximalstrom des Motors in seiner Anwendung:

  t für $I_{max\_SG} \geq t$ für I_{max_Mot}

Hinweis

Siehe Berechnungsbeispiele in den Abschnitten 15.1 und 15.2.

7.3 Nach Kennlinie für Motor mit Stellgerät

Einige Hersteller geben für die Kombination eines Motors mit verschiedenen Stellgeräten die daraus resultierenden Drehmoment-Drehzahl- bzw. Kraft-Geschwindigkeits-Kennlinien an. Damit können für unterschiedliche Lastfälle Kennlinien zur Auswahl angeboten werden:

- Hohes Dauer- und Maximaldrehmoment (bzw. -kraft)
  Das Stellgerät kann den vollen Dauer- und den vollen Maximalstrom des Motors liefern.
- Hohes Dauer- bei geringem Maximaldrehmoment (bzw. -kraft)
  Das Stellgerät kann den vollen Dauerstrom des Motors liefern.
  Der Maximalstrom des Stellgerätes ist jedoch kleiner als der Maximalstrom des Motors und begrenzt somit das Maximaldrehmoment (bzw. -kraft).
- Geringes Dauer- bei hohem Maximaldrehmoment (bzw. -kraft)
  Das Stellgerät kann den vollen Maximalstrom des Motors liefern.
  Der Dauerstrom des Stellgerätes ist jedoch kleiner als der Dauerstrom des Motors und begrenzt somit das Dauerdrehmoment (bzw. -kraft).

Hier ist also bei der Überprüfung der Drehmomente, wie in Abschnitt 6.5 beschrieben, gleichzeitig das passende Stellgerät mitbestimmt.

Bild 7.6 zeigt für diese drei Lastfälle die Kennlinien eines rotativen Motors mit unterschiedlichen Stellgeräten.

7.4 Erforderliche Ausgangsfrequenz

Um die benötigten Drehzahlen bzw. Geschwindigkeiten des Motors zu erreichen, muss das Stellgerät die dafür erforderlichen Ausgangsfrequenzen bereitstellen können.

Die Drehzahl des umlaufenden Magnetfeldes, auch Drehfeld- oder Synchrondrehzahl genannt, wird über die Beziehung

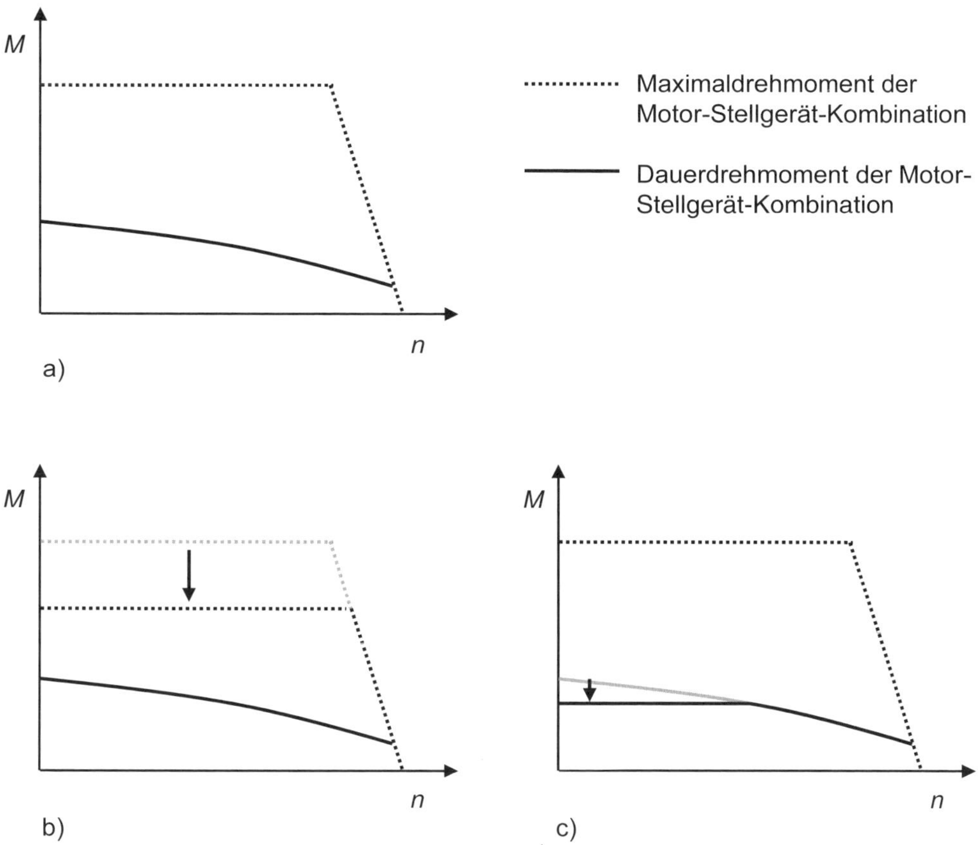

Bild 7.6 *Verschiedene Kennlinien eines rotativen Synchronmotors mit unterschiedlichen Stellgeräten*
a) hohes Dauer- und Maximaldrehmoment, keine Begrenzung der Motordrehmomente
b) hohes Dauer- bei geringem Maximaldrehmoment, Stellgerät begrenzt das Maximaldrehmoment des Motors
c) geringes Dauer- bei hohem Maximaldrehmoment, Stellgerät begrenzt das Dauerdrehmoment

$$n_{syn}\left[\text{min}^{-1}\right] = \frac{f \cdot 60}{p}$$

beschrieben und zeigt deren direkte Abhängigkeit von der Frequenz.

Für Linearmotoren gilt analog dazu: v_{syn} [m/min] = $f \cdot 2 \cdot \tau_P \cdot 60$

Synchronmotor

Bei einem Synchronmotor entspricht die mechanische Drehzahl an der Motorwelle exakt der Drehfelddrehzahl (siehe Abschnitt 1.3.3).

$$n_{Mot} = n_{syn}$$

Somit lässt sich die erforderliche Ausgangsfrequenz für einen Synchronmotor bei einer bestimmten Motordrehzahl leicht über die Umstellung nach der Frequenz f ermitteln:

$$f = \frac{n_{Mot}\left[\text{min}^{-1}\right] \cdot p}{60}$$

Asynchronmotor

Beim Asynchronmotor besteht eine Differenz zwischen der mechanischen Drehzahl an der Motorwelle und der Drehfelddrehzahl (siehe Abschnitt 1.3.2). Diese Differenz ist lastabhängig und wird Schlupfdrehzahl genannt (Bild 7.7). Im Nennpunkt beträgt sie:

$$n_{\text{Schlupf\_Nenn}} = n_{\text{syn}} - n_{\text{Nenn}}$$

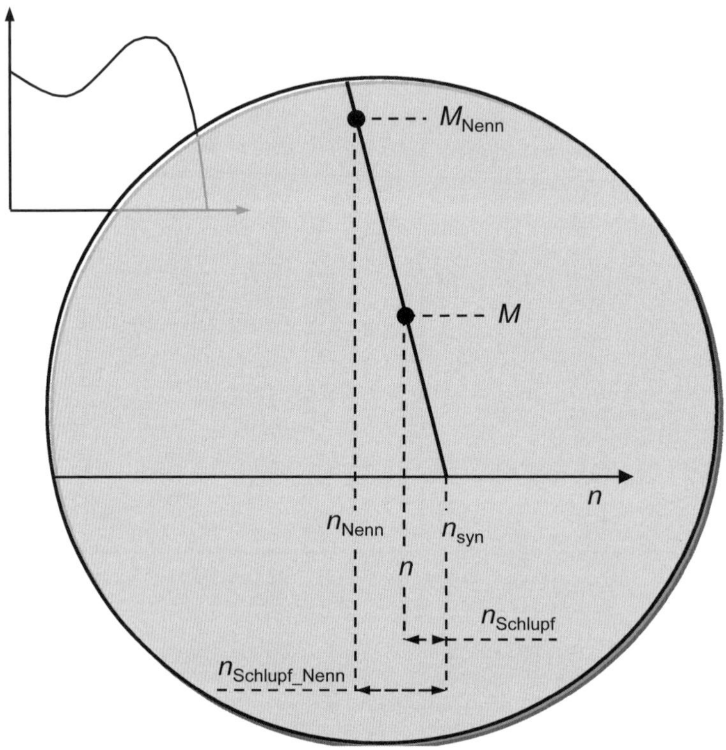

Bild 7.7 *Lastabhängigkeit der Drehzahl beim Asynchronmotor*

Um für den Asynchronmotor die erforderliche Ausgangsfrequenz des Stellgerätes berechnen zu können, muss erst diese lastabhängige Schlupfdrehzahl ermittelt werden.

Mit den Vereinfachungen:

- ohne äußere Belastung an der Welle dreht der Asynchronmotor mit Drehfelddrehzahl,
- die Drehmomentkennlinie ist im auszunutzenden Drehmomentbereich linear

beträgt die lastabhängige Schlupfdrehzahl bei einem bestimmten Drehmoment M:

$$n_{\text{Schlupf}} = \frac{M}{M_{\text{Nenn}}} \cdot n_{\text{Schlupf\_Nenn}}$$

Damit ergibt sich die erforderliche Ausgangsfrequenz für einen Asynchronmotor unter Berücksichtigung der lastabhängigen Schlupfdrehzahl:

$$f = \frac{(n + n_{Schlupf})[min^{-1}] \cdot p}{60}$$

TIPP

Damit man weiß, in welchen Größenordnungen die erforderliche Frequenz liegt, kann man zur Vereinfachung beim Asynchronmotor die Schlupfdrehzahl vernachlässigen und die Berechnung wie beim Synchronmotor machen.

Mit den ermittelten Ausgangsfrequenzen kann man in den Angaben der Stellgeräte nachschauen, ob es diese erzeugen kann und welche PWM-Frequenz dazu wiederum notwendig ist.

TIPP

Als Richtwert kann man für die erforderliche PWM-Frequenz den 10-fachen Wert der Ausgangsfrequenz ansetzen. Bei Motoren mit geringen Induktivitäten (zum Beispiel Dynamometer) oder bei erhöhten Ansprüchen an den Geräuschpegel, können höhere PWM-Frequenzen erforderlich sein.

Es ist dann noch zu überprüfen, ob bei dieser PWM-Frequenz eine Reduzierung des Ausgangsstromes notwendig ist und eventuell ein größeres Stellgerät eingesetzt werden muss.

In Kürze

Insbesondere in Anwendungen mit vielen Last- und Drehzahlwechseln stellt die Auslegung entsprechend dem elektrischen Lastprofil sicher, dass sowohl alle geforderten Ströme vom Stellgerät beherrscht werden als auch die thermische Auslastung nicht überschritten wird. Lediglich bei «relativ undynamischen» Anwendungen ist eine pauschale Motor-Stellgerät-Zuordnung eine einfachere Alternative.

8 Berechnung der Werte am Zwischenkreis

Der Zwischenkreis ist das Bindeglied zwischen der Netzversorgung und dem Stellgerät für den Motor. Seine entkoppelnde Wirkung wird über entsprechende Energiespeicher (beim Spannungszwischenkreisumrichter mittels Kondensatoren) gewährleistet. Ab diesem Teil des Antriebssystems bezieht man sich auf die (nahezu) gleichbleibenden Spannungsverhältnisse. Es wird vorwiegend über die Größe Leistung weitergerechnet. Für die spätere Auswahl der Netzversorgung, eines eventuell notwendigen Bremswiderstandes oder zusätzlichen Energiespeichers müssen die Leistungsverläufe im Zwischenkreis berechnet werden.

8.1 Leistungen

Hinweis

Siehe Berechnungsbeispiele in Abschnitt 15.1.

Zunächst werden die Leistungen der einzelnen Motoren berechnet. Als Grundlage dienen dafür die berechneten Werte der resultierenden Drehmomente und Drehzahlen bzw. Kräfte und Geschwindigkeiten am Motor. Die Formel zur Berechnung der mechanischen Leistung aus Drehmoment und Drehzahl bzw. Kraft und Geschwindigkeit lautet:

- bei rotativem Motor: $P_{mech} = M \cdot \omega = M \cdot 2 \cdot \pi \cdot n$
- bei linearem Motor: $P_{mech} = F \cdot v$

Um auf die elektrische Leistung im Zwischenkreis zu kommen, müssen noch die Wirkungsgrade des Motors und des Motorwechselrichters berücksichtigt werden, die die zu übertragende Leistung in Richtung des Energieflusses vermindern (Bild 8.1).

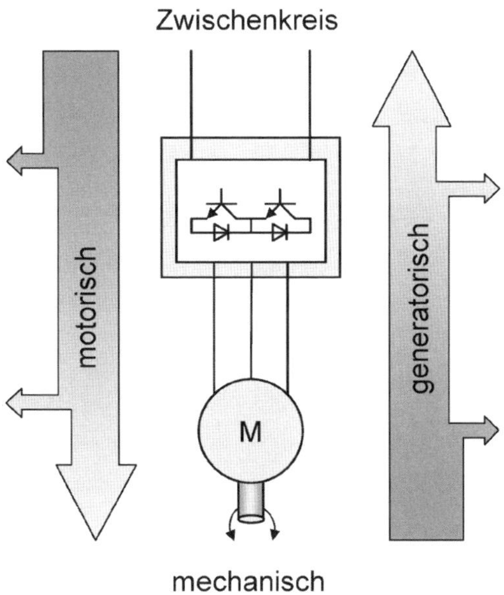

Bild 8.1
Berücksichtigung der Wirkungsgrade – Motor und Stellgerät

Der Sachverhalt wird wieder dadurch berücksichtigt, dass der Wirkungsgrad in der Berechnung immer multipliziert und mit dem Vorzeichen des Exponenten k bewertet wird.

η^k

k = 1 Resultierendes Drehmoment / Kraft und somit auch die Leistung sind negativ (generatorisch, Energie geht von der Anwendung zum Motor in den Zwischenkreis)
k = −1 Resultierendes Drehmoment / Kraft und somit auch die Leistung sind positiv (motorisch, Energie geht vom Zwischenkreis zum Motor in die Anwendung)

Damit ergeben sich die Formeln zur Berechnung der Leistung im Zwischenkreis:

bei einem rotativen Motor

- am Anfang einer Bewegungsphase $P_{a,i} = M_{a,i} \cdot 2 \cdot \pi \cdot n_{a,i} \cdot \eta^k$
- am Ende einer Bewegungsphase $P_{e,i} = M_{e,i} \cdot 2 \cdot \pi \cdot n_{e,i} \cdot \eta^k$

bei einem linearen Motor

- am Anfang einer Bewegungsphase $P_{a\_i} = F_{a,i} \cdot v_{a,i} \cdot \eta^k$
- am Ende einer Bewegungsphase $P_{e,i} = F_{e,i} \cdot v_{e,i} \cdot \eta^k$

Mit den Anfangs- und Endwerten jeder Bewegungsphase kann der Verlauf der Zwischenkreisleistung dargestellt werden. Die Visualisierung dient auch hier wieder dem besseren Verständnis und ist beispielhaft in Bild 8.2 zu sehen.

Soll der Motor im Stillstand ein Drehmoment bzw. eine Kraft aufbringen, so wird in ihm ausschließlich Verlustleistung, jedoch keine mechanische Leistung erzeugt. Im Wesentlichen besteht diese Verlustleistung nur aus den Stromwärmeverlusten im Motor. Mit dem in Abschnitt 7.2 ermittelten Strombedarf (in der Zuleitung) des Motors und dessen Widerstandswert (Angabe bzw. Messung zwischen zwei Anschlussklemmen) ist sie:

$$P_v = 1{,}5 \cdot I^2 \cdot R$$

und muss nun unter Berücksichtigung des Wechselrichterwirkungsgrades in die Leistung im Zwischenkreis

$$P = P_v \cdot \eta^k$$

umgerechnet werden.

8.1.1 Effektive Zwischenkreisleistung

Zur thermischen Kontrolle der Netzversorgung und des Zwischenkreises wird die effektive Zwischenkreisleistung (quadratischer Mittelwert der Leistungen) über den gesamten Bewegungszyklus berechnet. Das heißt, die zeitlich veränderliche Leistung wird dafür wieder auf einen äquivalenten Dauerbetrieb zurückgeführt. Die allgemein gültige Formel lautet:

$$P_{eff} = \sqrt{\frac{1}{t_{zyk}} \cdot \int_0^{t_{zyk}} P^2(t) \cdot dt}$$

Auch der Verlauf der Leistung ist über die gesamte Zykluszeit meist nicht mit einer Funktion durchgängig beschreibbar, und es gilt:

$$P_{\text{eff}} = \sqrt{\frac{1}{t_{\text{zyk}}} \cdot \sum_{i=1}^{n} P_i^2 \cdot \Delta t_i}$$

Handelt es sich in den einzelnen Bewegungsabschnitten um lineare Leistungsverläufe, lassen sich die Anteile

$$P_i^2 \cdot \Delta t_i$$

pro Bewegungsabschnitt i nach Tabelle 8.1 berechnen.

Tabelle 8.1 *Leistungsverläufe*

<table>
<tr><th>Verlauf der Leistung</th><th>Einfache Berechnung von $P_i^2 \cdot \Delta t_i$</th></tr>
<tr><td>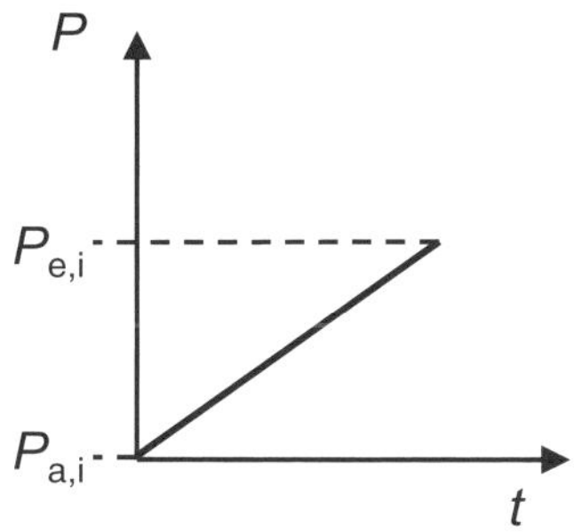
</td><td>$$P_i^2 \cdot \Delta t_i = \frac{P_{e,i}^2 \cdot t_i}{3}$$</td></tr>
<tr><td>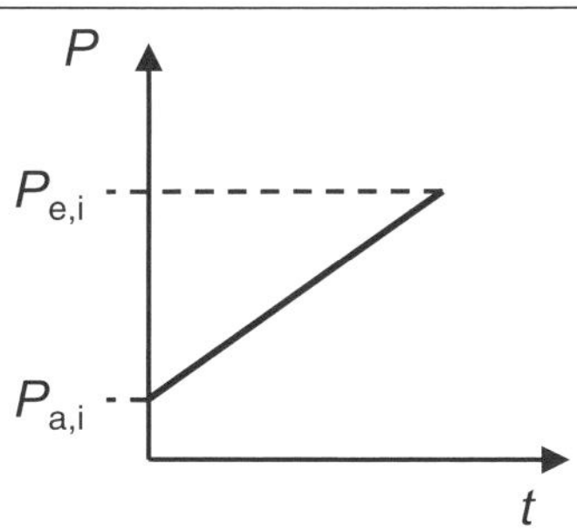
</td><td>$$P_i^2 \cdot \Delta t_i = \frac{\left(P_{e,i}^3 - P_{a,i}^3\right) \cdot t_i}{\left(P_{e,i} - P_{a,i}\right) \cdot 3}$$</td></tr>
<tr><td>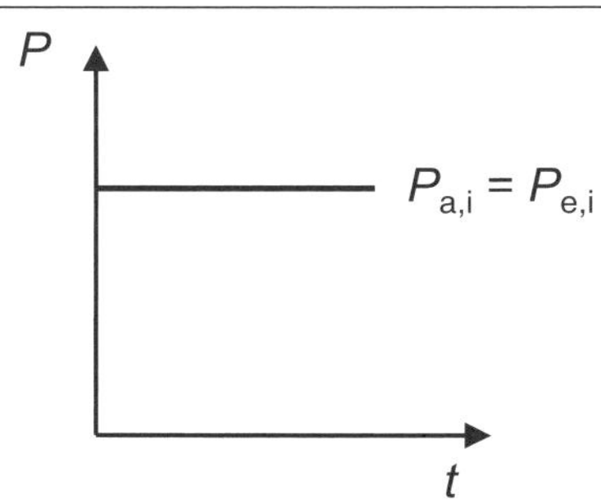
</td><td>$$P_i^2 \cdot \Delta t_i = P_{e,i}^2 \cdot t_i$$</td></tr>
</table>

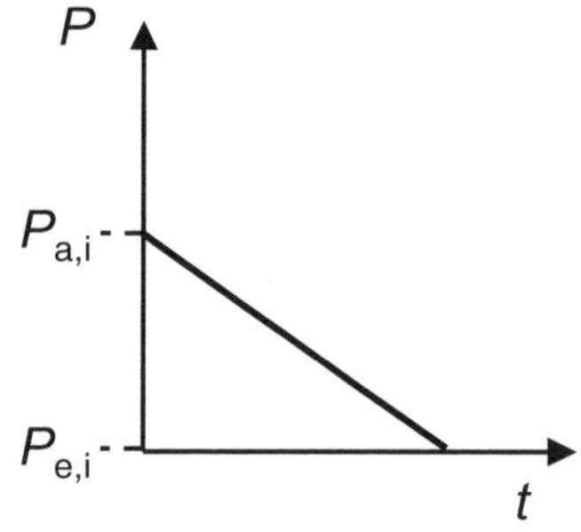	$P_i^2 \cdot \Delta t_i = \frac{P_{a,i}^2 \cdot t_i}{3}$
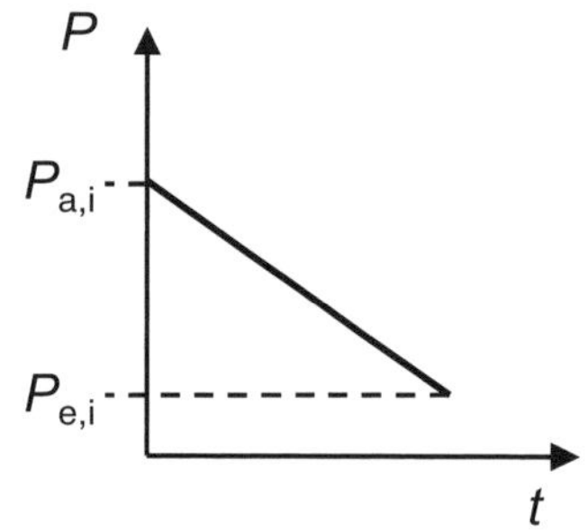	$P_i^2 \cdot \Delta t_i = \frac{\left(P_{a,i}^3 - P_{e,i}^3\right) \cdot t_i}{\left(P_{a,i} - P_{e,i}\right) \cdot 3}$

Der Effektivwert für den gesamten Bewegungszyklus t_{zyk} (Bild 8.2) ergibt sich daraus zu:

$$P_{eff} = \sqrt{\frac{1}{t_{zyk}} \cdot \left(P_1^2 \cdot \Delta t_1 + P_2^{\,2} \cdot \Delta t_2 \cdots P_n^{\,2} \cdot \Delta t_n\right)}$$

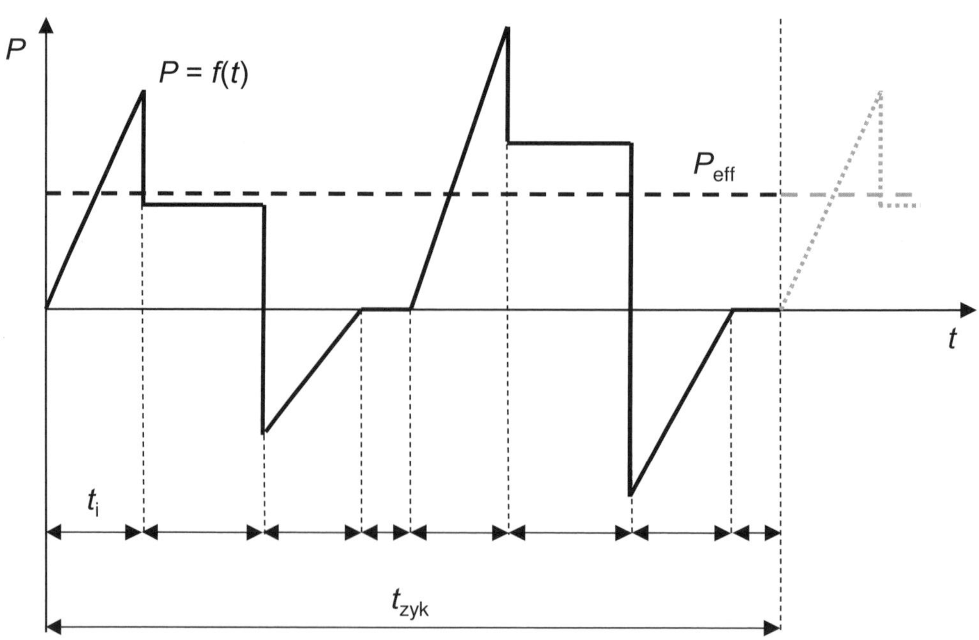

Bild 8.2 *Zeitlicher Verlauf der Zwischenkreisleistung und effektive Zwischenkreisleistung*

ACHTUNG
Die effektive Zwischenkreisleistung darf nicht als Leistungsaufnahme interpretiert werden, da in ihr sowohl motorische als auch generatorische Anteile enthalten sind und der Effektivwert eine reine Ersatzgröße zur thermischen Überprüfung darstellt.

In der Praxis kommt es häufig vor, dass aus einer Antriebsauslegung nur das effektive Moment (bzw. Kraft) und die mittlere Drehzahl (bzw. Geschwindigkeit) vorliegen oder abgeschätzt wurden und der Projektierer keine weiteren Detailinformationen über den Drehmoment- und Drehzahlverlauf vorliegen hat. Mit Hilfe dieser beiden Größen kann die effektive Zwischenkreisleistung anhand der folgenden Formel überschlägig abgeschätzt werden.

- rotativer Motor: $P_{mitt} \approx \frac{M_{eff} \cdot 2 \cdot \pi \cdot n_{mitt}}{\eta}$
- linearer Motor: $P_{mitt} \approx \frac{F_{eff} \cdot v_{mitt}}{\eta}$

Der Unterschied zur detaillierten Berechnung besteht im Wesentlichen darin, dass hier angenommen wird, der Leistungsfluss ginge immer vom Zwischenkreis in Richtung Motor, da der Wirkungsgrad unter dem Bruchstrich steht.

8.1.2 Mittlere Zwischenkreis-Einspeiseleistung

Um den Leistungsbezug des Zwischenkreises vom netzseitigen Gleich- bzw. Wechselrichter zu berechnen, wird der Mittelwert der motorischen (positiven) Leistungsanteile während der gesamten Zykluszeit betrachtet (Bild 8.3).

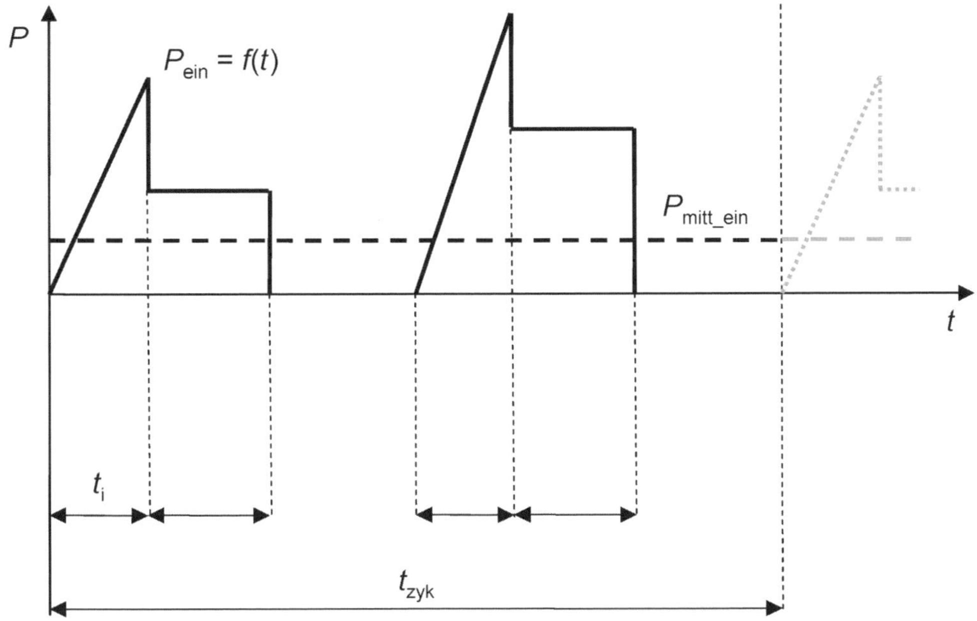

Bild 8.3 *Verlauf der Zwischenkreis-Einspeiseleistung und mittlere Zwischenkreis-Einspeiseleistung*

Die allgemein gültige Formel zur Berechnung des Mittelwertes der Leistungen ist:

$$P_{\text{mitt}} = \frac{1}{t_{\text{zyk}}} \cdot \int_{0}^{t_{\text{zyk}}} P(t) \cdot \mathrm{d}t$$

Da der Verlauf der Leistung über die gesamte Zykluszeit meist nicht mit einer Funktion durchgängig beschreibbar ist, gilt wieder:

$$P_{\text{mitt}} = \frac{1}{t_{\text{zyk}}} \cdot \sum_{i=1}^{n} P_{\text{i}} \cdot \Delta t_{\text{i}}$$

Handelt es sich um lineare Leistungsverläufe, wie in Bild 8.3 dargestellt, berechnet sich die mittlere Leistung für einen einzelnen Bewegungsabschnitt i (siehe Leistungsverläufe in Tabelle 8.1) zu:

$$P_{\text{i}} = \frac{P_{\text{a,i}} + P_{\text{e,i}}}{2}$$

Die mittlere Einspeiseleistung ergibt sich somit zu:

$$P_{\text{mitt\_ein}} = \frac{1}{t_{\text{zyk}}} \cdot \left(P_{\text{ein,1}} \cdot \Delta t_1 + P_{\text{ein,2}} \cdot \Delta t_2 \cdots P_{\text{ein,n}} \cdot \Delta t_{\text{n}}\right)$$

8.1.3 Mittlere Zwischenkreis-Rückspeiseleistung

Um den Leistungsabgabe des Zwischenkreises in den netzseitigen Wechselrichter beim Einsatz von rückspeisefähigen Netzversorgungen zu berechnen, wird der Mittelwert der generatorischen (negativen) Leistungsanteile während der gesamten Zykluszeit betrachtet (Bild 8.4). Darüber hinaus ist die mittlere Zwischenkreis-Rückspeiseleistung für die thermische Auslegung eines eventuell zum Einsatz kommenden Bremswiderstandes die entscheidende Größe.

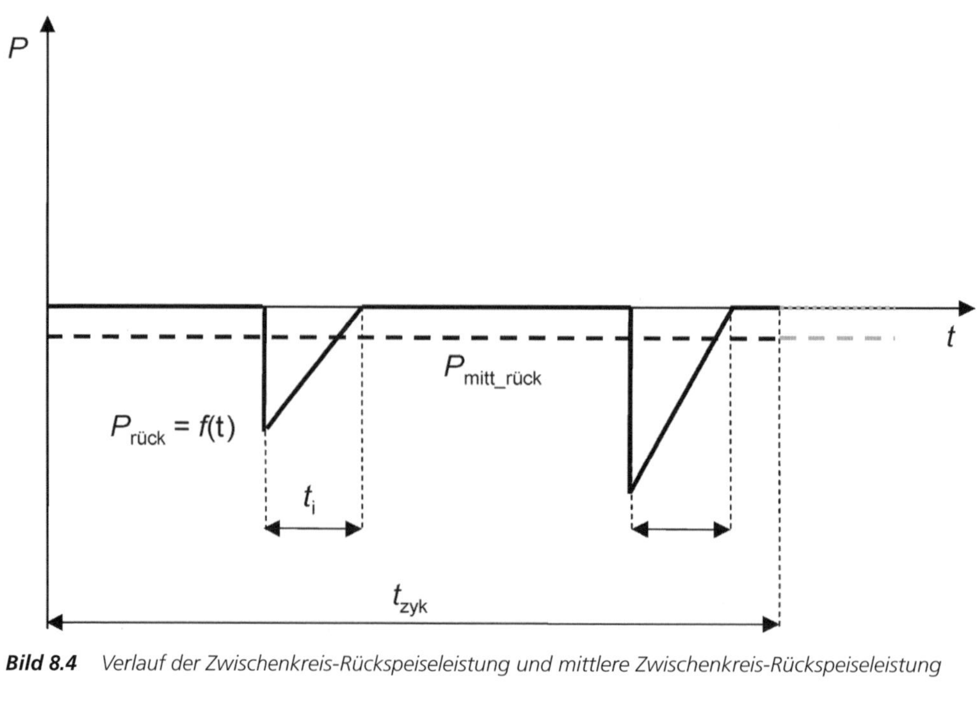

Bild 8.4 *Verlauf der Zwischenkreis-Rückspeiseleistung und mittlere Zwischenkreis-Rückspeiseleistung*

$$P_{\text{mitt\_rück}} = \frac{1}{t_{\text{zyk}}} \cdot \left(P_{\text{rück},1} \cdot \Delta t_1 + P_{\text{rück},2} \cdot \Delta t_2 \cdots P_{\text{rück},n} \cdot \Delta t_n\right)$$

Mit Hilfe der mittleren Rückspeiseleistung kann später beurteilt werden, ob die Rückführung der anfallenden Energie in das Versorgungsnetz Sinn macht, sie besser im Antriebssystem zwischengespeichert wird oder der Anteil so gering ist, dass sie in einem Bremswiderstand in Wärme umgewandelt werden soll.

8.1.4 Maximale Zwischenkreis-Einspeiseleistung

Die maximale Zwischenkreis-Einspeiseleistung wird für die weiterführenden Berechnungen zur Maximalbeanspruchung auf der Netzseite benötigt. Sie ergibt sich aus dem zeitlichen Verlauf der einspeisenden Leistung entsprechend Bild 8.3:

$$P_{\text{max\_ein}} = \text{Maximum}\ [P_{\text{ein}} = f(t)]$$

8.1.5 Maximale Zwischenkreis-Rückspeiseleistung

Die maximale Zwischenkreis-Rückspeiseleistung wird ebenfalls für die weiterführenden Berechnungen zur Maximalbeanspruchung auf der Netzseite, jedoch nur im Fall des Einsatzes von rückspeisenden Versorgungen, benötigt.

Weiterhin ist sie die Größe, mit deren Hilfe die Maximalbelastung eines Bremswiderstandes überprüft werden muss.

Sie ergibt sich aus dem zeitlichen Verlauf der generatorischen (negativen) Leistung entsprechend Bild 8.4:

$$P_{\text{max\_rück}} = |\text{Minimum}\ [P_{\text{rück}} = f(t)]|$$

8.1.6 Maximale Zwischenkreisleistung

Der Maximalwert aus der maximalen Zwischenkreis-Einspeiseleistung und der maximalen Zwischenkreis-Rückspeiseleistung ist die Auslegungsgröße zur Überprüfung der höchsten Beanspruchung des Zwischenkreises.

$$P_{\text{max}} = \text{Maximum}\ [P_{\text{max\_ein}}\ ;\ \text{P}_{\text{max,rück}}]$$

8.2 Energie

Bei Bremsvorgängen in einer Maschine soll die kinetische Energie häufig nicht in das Netz zurückgespeist oder an einem Bremswiderstand in Wärme umgewandelt werden. Stattdessen möchte man sie kurzzeitig in Kondensatoren des Zwischenkreises speichern, um sie danach wieder zu nutzen. Die Energiemenge lässt sich aus den Leistungen im Zwischenkreis berechnen.

Die allgemeine Formel für die Berechnung der Energie aus der Leistung lautet:

$$E = P \cdot t$$

Die im Kondensator zu speichernde Energie ist gleich der Fläche unter der Leistungskurve im Diagramm $P_{\text{rück}} = f(t)$ in Bild 8.4.

Handelt es sich um lineare Leistungsverläufe, wie in Bild 8.2 dargestellt, berechnet sich die Energie des zu betrachtenden Bremsvorgangs im Bewegungsabschnitt *i* zu:

$$E_i = \frac{\left(P_{a,i} + P_{e,i}\right) \cdot t_i}{2}$$

In Kürze

Mit Hilfe der berechneten Leistungen ist nun die erforderliche Größe der Netzversorgung bestimmbar. Darüber hinaus kann aus dem Leistungsverlauf, bzw. bei mehreren Achsen aus deren Summenverlauf, beurteilt werden, welche Art und welche Topologie der Netzversorgung am besten geeignet ist.
Eventuell notwendige Zusatzkomponenten wie Bremswiderstände oder der Einsatz von Energiespeichern werden ebenfalls mit Hilfe der berechneten Zwischenkreisgrößen und deren Verläufen dimensioniert.

9 Auslegung der Netzversorgung und des Bremswiderstandes

Die Netzversorgung wird entsprechend dem Zwischenkreis-Leistungsbedarf der angeschlossenen Stellgeräte (Motorwechselrichter) ausgelegt. Abhängig von der Art der Versorgung und deren topologischer Anordnung, muss auch die Notwendigkeit eines Bremswiderstandes geprüft und dessen Leistungsgröße für die verschiedenen Betriebsfälle dimensioniert werden.

Die Netzversorgung erzeugt aus dem Netz eine Gleichspannung und stellt diese dem Spannungszwischenkreis zur Verfügung. Er enthält Kapazitäten, die die Spannung glätten. Außerdem wirken sie als Energiespeicher und entkoppeln dadurch den Zwischenkreis vom Netz. Werden Asynchronmotoren betrieben, gewährleisten die Kondensatoren den Blindstromaustausch mit dem Motor. Aus diesem Gleichspannungszwischenkreis werden die Stellgeräte, auch Motorwechselrichter genannt, versorgt.

Bei den meisten Geräten können am Zwischenkreis weitere Kondensatoren oder Bremstransistoren und -widerstände angeschlossen werden.

Bei Netzversorgungen mit Netzgleichrichtern (Bild 9.1) ist eine Rückspeisung von überschüssiger Energie in das Netz nicht möglich. Sie werden deshalb auch als Einspeiseversorgungen bezeichnet. Für den Gleichrichter besteht die feste Abhängigkeit

$$U_{ZK} = U_{Netz} \cdot \sqrt{2}$$

zwischen Netzspannung und gleichgerichteter Zwischenkreisspannung (ideale Glättung der gleichgerichteten Spannung vorausgesetzt).

Im motorischen Betrieb geht die Energie vom Netz in Richtung Zwischenkreis.

Beim generatorischen Betrieb fließt die Energie vom Motor über den Motorwechselrichter in den Zwischenkreis. Wenn die Energieaufnahmefähigkeit der Zwischenkreiskondensatoren ausgeschöpft und die obere Grenze der Zwischenkreisspannung erreicht ist, muss sie im Widerstand in Wärme umgewandelt werden.

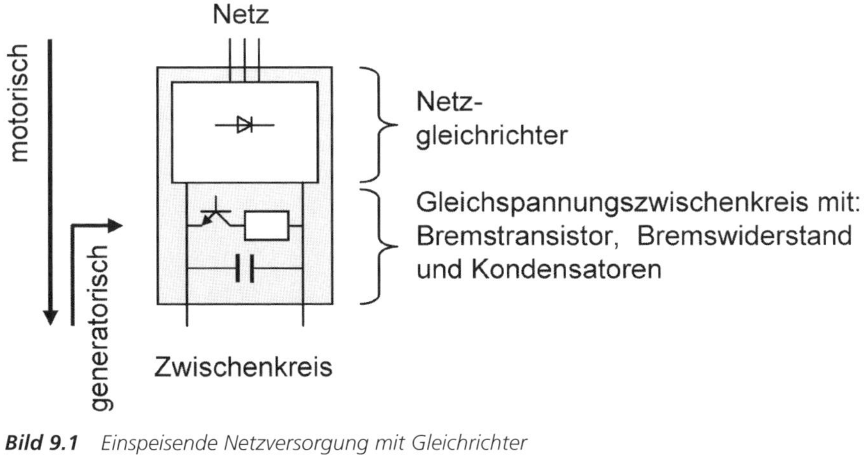

Bild 9.1 *Einspeisende Netzversorgung mit Gleichrichter*

GRUNDSATZ
Einspeisende Versorgungen werden verwendet, wenn wenig generatorische Energie anfällt bzw. diese in Energiespeichern zwischengespeichert werden kann.

Ist die Netzversorgung aus einem Netzwechselrichter aufgebaut (Bild 9.2), kann die Energie sowohl vom Netz in Richtung Zwischenkreis als auch umgekehrt – vom Zwischenkreis zurück in das Netz – fließen. Bei dieser Arbeitsweise ist kein Widerstand zur Vernichtung der betriebsmäßig anfallenden Bremsenergie erforderlich. Lediglich für den Netzspannungsausfall muss ein Notbremswiderstand vorgesehen werden. Er muss in der Lage sein, die einmalig auftretende Bremsenergie aufzunehmen. Müssen die Motoren bei Netzspannungsausfall nicht abgebremst werden und können frei austrudeln, ist ein Notbremswiderstand nicht notwendig.

Mit Netzwechselrichtern kann die Zwischenkreisspannung auch auf einen konstanten Wert geregelt werden. Sie ist dadurch in weiten Bereichen unabhängig von Netzspannungsschwankungen. Je nach Ausführung ist Hochsetzstellbetrieb (Zwischenkreisspannung hat mindestens den Scheitelwert der Netzspannung + Regelreserve) oder auch Tiefsetzstellbetrieb möglich.

GRUNDSATZ
Ein-/rückspeisende Versorgungen werden vorzugsweise eingesetzt, wenn über einen längeren Zeitraum viel generatorische Energie anfällt, geringste Netzrückwirkungen gefordert sind oder konstante, netzspannungsunabhängige Zwischenkreisspannung benötigt wird.

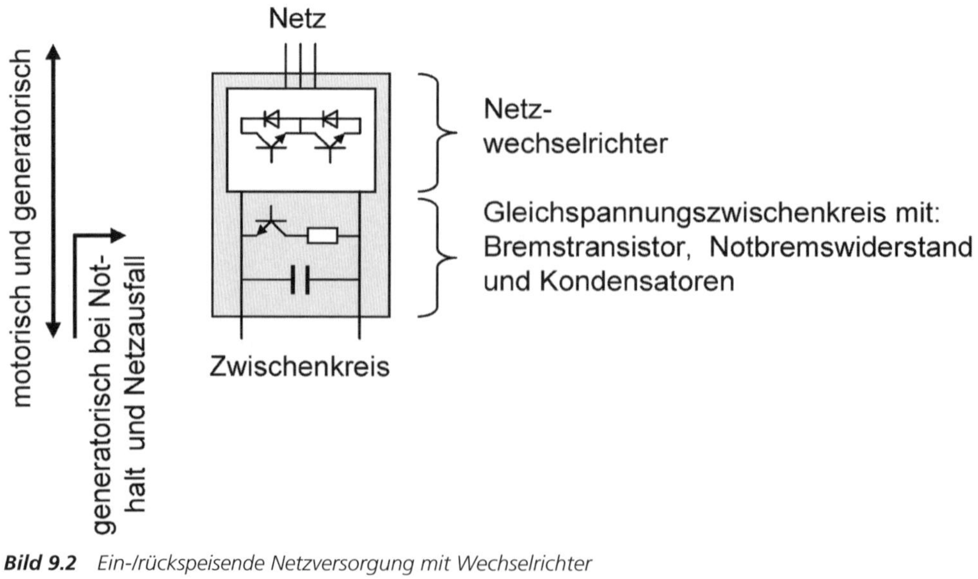

Bild 9.2 *Ein-/rückspeisende Netzversorgung mit Wechselrichter*

Auswahl der Versorgung

- Die Dauerleistung der Netzversorgung muss größer / gleich der effektiven Zwischenkreisleistung sein:

  $P_{dauer\_Vers} \geq P_{eff}$

- Die Maximalleistung der Netzversorgung muss größer / gleich der maximalen Zwischenkreisleistung sein:

  $P_{max\_Vers} \geq P_{max}$

Hinweis

Siehe Berechnungsbeispiel in Abschnitt 15.1.

GRUNDSATZ

Bei rückspeisefähigen Versorgungen wird davon ausgegangen, dass die Werte der Dauer- und der Maximalleistung der Versorgung sowohl im Einspeise- als auch im Rückspeisebetrieb zur Verfügung stehen.

Berücksichtigung der Anordnung der Versorgung

Bei Umrichtern sind die Netzversorgung und der motorseitige Wechselrichter in einem Gehäuse untergebracht. Auch hier gibt es sowohl nur einspeisende als auch ein-/rückspeisende Varianten (Bild 9.3).

Der Netzgleich- bzw. Netzwechselrichter ist meist genau auf den Bedarf des Motorwechselrichters abgestimmt und muss im Normalfall nicht extra geprüft werden.

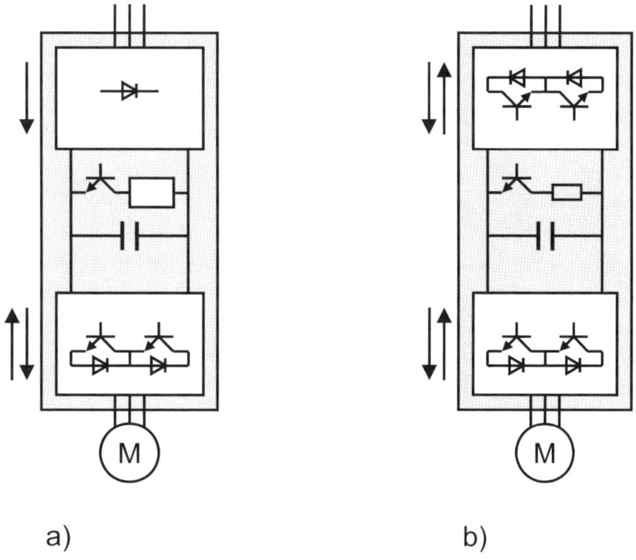

Bild 9.3 *Versorgung in Umrichtern*
a) einspeisender Umrichter
b) ein-/rückspeisender Umrichter

GRUNDSATZ

Umrichter mit eingebauter Versorgung werden typischerweise bei Einzelantrieben bzw. geringer Achsanzahl eingesetzt und wenn jeder Motor die installierte Leistung gleichzeitig aus dem Netz bezieht bzw. in das Netz zurückspeist.

Die Bremswiderstände müssen geprüft werden, da sie nicht für die volle Umrichterleistung ausgelegt sind. Eventuell sind zusätzliche Komponenten vorzusehen.

Während es sich bei den Umrichtern um Geräte für typische Einzelantriebe handelt, gibt es auch modulare Systeme mit einer zentral angeordneten Versorgung. Dabei sind alle Motorwechselrichter über den Zwischenkreis verbunden und an der Netzversorgung angeschlossen (Bild 9.4).

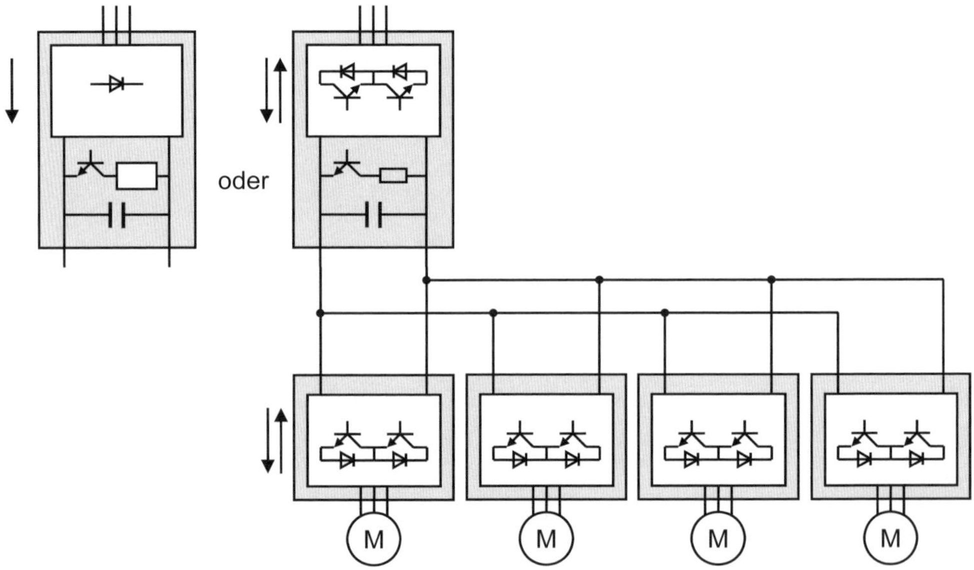

Bild 9.4 *Zentrale Netzversorgung für modularen Aufbau*

Hier muss der Leistungsbedarf aller daran angeschlossenen Motoren betrachtet werden, um die geeignete Netzversorgung auswählen zu können.

GRUNDSATZ

Die Verwendung modularer Systeme mit zentraler Netzversorgung ist zweckmäßig, wenn die für den Prozess benötigte Summenleistung geringer ist als die installierte Leistung aller einzelnen Antriebe. Das ist immer dann der Fall, wenn zum Beispiel motorisch und generatorisch arbeitende Motoren die Energie über den Zwischenkreis austauschen können oder wenn nicht alle Antriebe gleichzeitig laufen.

Im Idealfall ist der Leistungsverlauf aller Antriebe bekannt und auch deren zeitliche Abfolge untereinander. Dann kann aus den einzelnen Leistungsdiagrammen die Summenleistung berechnet werden (Bild 9.5).

Für die Auswahl der zentralen Netzversorgung müssen die Werte in Abschnitt 8.1 aus dem Verlauf der Summenleistung berechnet werden.

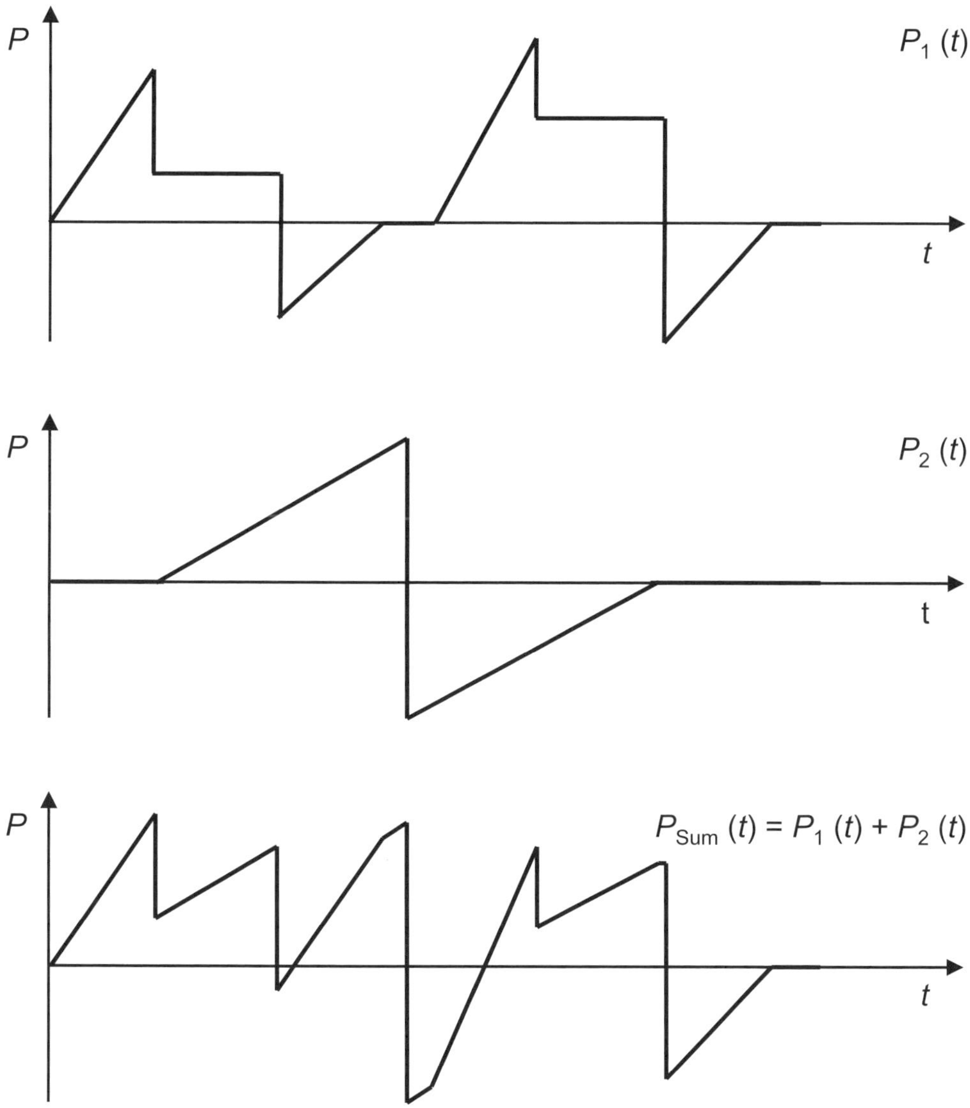

Bild 9.5 *Zeitlicher Verlauf der Gesamtleistung aus Summe der Einzelleistungen*

Häufig ist die zeitliche Abfolge der einzelnen Antriebe in einer komplexen Maschine nicht genau bekannt. In diesen Fällen werden die Leistungen aufsummiert und mit einem Gleichzeitigkeitsfaktor FG multipliziert. Er gibt an, wie viel Prozent der gesamten Leistung tatsächlich zu einem Zeitpunkt umgesetzt wird. Der Gleichzeitigkeitsfaktor kann nur aus der Erfahrung bei ähnlichen Maschinen abgeschätzt werden.

Auswahl des Bremswiderstandes

In den Datenblättern für Bremswiderstände machen die Hersteller Angaben zur Dauerleistung P_{dauer_Bremsw} sowie zur Maximalleistung P_{max_Bremsw} (Bild 9.6).

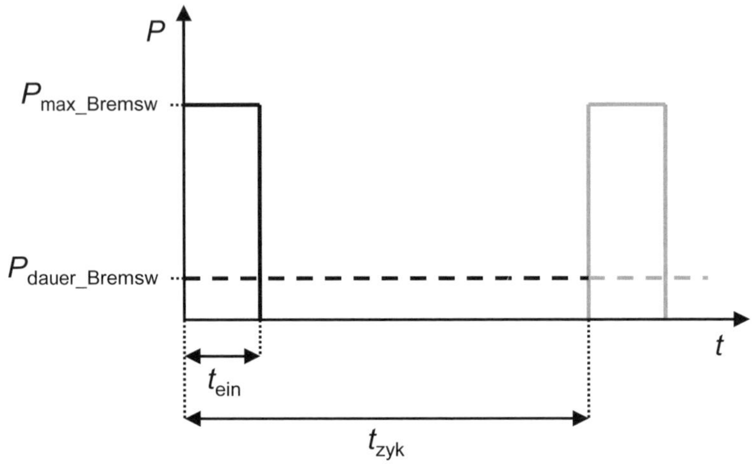

Bild 9.6
Leistungs- und Zeitangaben für Bremswiderstände

Die Dauerleistung kann der Bremswiderstand ununterbrochen (ohne weitere Überlast) in Wärme umsetzen und durch sein Kühlsystem (Konvektion, Belüftung, Flüssigkeitskühlung) kontinuierlich an das Kühlmedium abgeben.

Die Maximalleistung wird für die höchstzulässige Impulsbelastung angegeben. Für sie ist zusätzlich noch die Angabe der zulässigen Einschaltzeit t_{ein}, bezogen auf eine Zykluszeit t_{zyk}, erforderlich.

GRUNDSATZ

Während für die genormten Betriebsarten von elektrischen Maschinen Spiel- bzw. Zykluszeiten von 10 min zugrunde gelegt werden, ist dies bei der Zykluszeit für Bremswiderstände anders. Die meisten Hersteller beziehen sich bei den Bremswiderständen auf eine Zykluszeit von 120 s.

Alternativ zur Einschaltzeit kann auch die Einschaltdauer ED angegeben sein. Der Zusammenhang der beiden Größen ist:

$$ED = 100\,\% \cdot \frac{t_{ein}}{t_{zyk}}$$

Ist die Taktzeit eines real auftretenden Lastspiels kleiner als die Zykluszeit des Bremswiderstandes, kann die reale Einschaltdauer weiterhin nach der obigen Formel berechnet werden. Ist die Taktzeit jedoch größer, so muss der ungünstigste Teil des Lastspiels in die Zykluszeit des Bremswiderstandes gelegt werden.

Hinweis

Siehe dazu auch das Beispiel «Falsche Bewertung des Lastspiels für die Einschaltdauer des Bremswiderstandes» in Abschnitt 13.1.

Die Energie sehr hoher Impulsbelastungen kann nicht sofort an das Kühlmedium abgegeben werden. Sie wird in der Masse des Widerstandsdrahtes aufgenommen. Danach muss eine genügend große Pausenzeit vorhanden sein, damit sich der Widerstand wieder abkühlen kann. Neben der maximal zulässigen Impulsbelastung werden meist noch weitere (kleinere) Leistungen mit den dazugehörigen (größeren) Einschaltzeiten oder Einschaltdauern angegeben. Die zulässige Energie des Impulses (Fläche unter der Leistungs-Zeit-Kurve) kann für die verschiedenen Angaben variieren. Dies ist vom Aufbau, den Materialien, dem Kühlsystem, der Wärmekapazität des Widerstandsdrahtes und vom Wärmeübergangswiderstand zum Kühlmedium abhängig. Daher ist es nicht zwangsläufig so, dass die Fläche unter der Kurve der maximalen Bremsleistung ($P_{max\_Bremsw} \cdot t_{ein}$) gleich der Fläche unter der Dauerleistung ($P_{dauer\_Bremsw} \cdot t_{zyk}$) ist (Bild 9.6).

Der von den Herstellern der Bremswiderstände angegebene Belastungsverlauf deckt sich häufig nicht mit den in einer Anwendung tatsächlich auftretenden Lastspielen. Bei typischen Bremsvorgängen ist der Verlauf oftmals dreieckförmig, da mit konstantem Bremsmoment die Drehzahl meist linear reduziert wird. Bild 9.7 zeigt einige beispielhafte Verläufe.

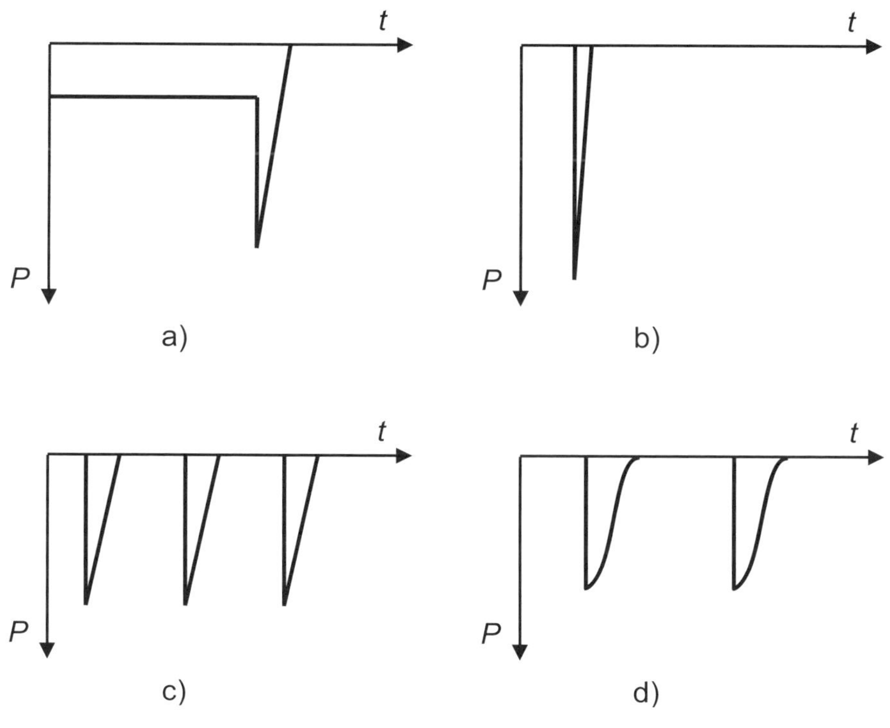

Bild 9.7
Typische Verläufe der Bremsleistung bei verschiedenen Anwendungen
a) Kranhubwerk beim Absenken einer Last und Bremsen auf Stillstand
b) einmaliges Abbremsen für einen Not-Halt
c) Fahrantrieb beim zyklischen Abbremsen
d) Zyklisches Abbremsen mit variablem Drehmoment

Für die Auswahl des Bremswiderstandes gilt grundsätzlich:

- Die Dauerleistung des Bremswiderstandes muss größer / gleich der mittleren Rückspeiseleistung sein:
  $P_{dauer\_Bremsw} \geq P_{mitt\_rück}$

- Die maximale Leistung des Bremswiderstandes muss größer / gleich der maximalen Rückspeiseleistung sein:
  $P_{max\_Bremsw} \geq P_{max\_rück}$
- Für eine Impulsbelastung muss die maximale Energie des Bremswiderstandes größer / gleich der maximal zurückgespeisten Energie sein:
  $W_{max\_Bremsw} \geq W_{max\_rück}$

Hinweis

Siehe Berechnungsbeispiel in Abschnitt 15.1.

TIPP

Bei rückspeisefähigen Versorgungen braucht nur der Not-Halt bei Netzausfall betrachtet zu werden, da die im normalen Betrieb anfallende Bremsenergie in das Versorgungsnetz zurückgespeist wird.

Ist vom Hersteller der Versorgung bzw. des Umrichters keine Auswahltabelle mit einer Zuordnung verschiedener Bremswiderstände zu den Geräten gemacht, muss für die Dimensionierung des Bremswiderstandes neben den o.a. Daten auch noch der Widerstandswert berechnet werden.

Der Bremswiderstand dient dazu, das Ansteigen der Zwischenkreisspannung zu begrenzen. Die Spannung U_{BW_ein}, bei der das Zuschalten des Bremswiderstandes durch den Bremstransistor erfolgt, ergibt zusammen mit der maximalen Bremsleistung den notwendigen minimalen Widerstandswert:

$$R_{Bremsw} = \frac{U^2_{Bw\_ein}}{P_{max}}$$

Ist der Wert der Spannung nicht bekannt, kann alternativ auch über den maximal zulässigen Strom des Bremstransistors I_{max_Bt} gerechnet werden:

$$R_{Bremsw} = \frac{P_{max}}{I^2_{max\_Bt}}$$

In Kürze

Mit der Auslegung und Auswahl der Netzversorgung ist sichergestellt, dass den daran angeschlossenen Stellgeräten während des Prozesses jederzeit genügend Leistung zur Verfügung gestellt werden kann. Die Netzversorgung wird thermisch nicht überlastet und kann die erforderlichen Lastspitzen abdecken. Ein bei generatorischem Betrieb evtl. notwendiger Bremswiderstand ist ebenfalls sicher dimensioniert.

10 Berechnung der Netzgrößen

Für die Auslegung weiterer Komponenten auf der Netzseite, müssen die wesentlichen Größen an der Schnittstelle Antrieb–Versorgungsnetz berechnet werden. Darüber hinaus dienen diese Werte auch dazu, das vorhandene Netz bezüglich seiner Eignung auf die gegebene Belastung durch das Antriebssystem zu prüfen.

Zwischen der Netzversorgung des Antriebspaketes und dem speisenden Netz sind in der Regel noch weitere Komponenten zwischengeschaltet. Es handelt sich dabei um:

- **Netzdrossel**
  Die Kondensatoren im Gleichspannungszwischenkreis werden im Maximum der Netzspannung nachgeladen. Ohne Netzdrossel treten dabei entsprechend hohe Nachladeströme auf. Eine vorgeschaltete Netzdrossel verlängert die Stromflusszeit und reduziert die Stromspitzen. Somit werden die niederfrequenten Oberschwingungen reduziert und die Lebensdauer der Kondensatoren erhöht.
  Bei Netzwechselrichtern, die im Hochsetzstellbetrieb arbeiten, wenn also die Zwischenkreisgleichspannung größer als der Scheitelwert der Netzspannung ist, liefert die Netzdrossel die notwendige Energie für den Hochsetzstellbetrieb.
- **Netzfilter**
  Der Netzfilter erhöht die Störimmunität gegen Einwirkungen von außen und verringert die Störemissionen nach außen. Es handelt sich dabei um die höherfrequenten Oberschwingungen.
- **Netzschütz oder Leistungsschalter**
  Das Netzschütz dient zum Abschalten der Spannung für die Netzversorgung. Da das Netzschütz auch vom Antriebssystem selbst – beim Auftreten bestimmter Fehler – oder durch einen externen Not-Aus-Befehl jederzeit ausgeschaltet werden kann, muss es auch unter Last schalten können. Ein ansteuerbarer Leistungsschalter erfüllt den gleichen Zweck. Er kann zusätzlich auch von Hand geschaltet und mechanisch verriegelt werden und ist somit gegen Wiedereinschalten gesichert.
- **Kabel**
  Das Kabel überträgt die notwendige Energie und leitet im Fehlerfall die Fehlerströme, in Abhängigkeit von der Netzform, niederohmig zur Spannungsquelle zurück.
- **Sicherungen**
  In der Regel wird der Querschnitt des Kabels entsprechend dem Strom der Netzversorgung und den Umgebungsbedingungen (Temperatur, Verlegeart ...) ausgewählt. Die Sicherungen dienen zum Schutz des Kabels vor thermischer Überlastung sowie zum Schutz gegen die hohen dynamischen und thermischen Beanspruchungen im Falle eines Kurzschlusses. Die Netzversorgung schützt sich im Allgemeinen durch eingebaute Temperatursensoren selbst gegen (mittlere) thermische Überlastung. Um jedoch im (seltenen) Fall eines geräteinternen Kurzschlusses die Brandgefahr in der Netzversorgung zu minimieren, schützen die Sicherungen auch in diesen Fall. Soll die Leistungselektronik der Netzversorgung bei einem geräteinternen Kurzschluss vor Schäden geschützt werden, sind dafür flinke Sicherungen erforderlich, die sehr schnell abschalten.
- **Transformator**
  Ein Transformator ist nur dann erforderlich, wenn die Netzspannung auf die Nennspannung der Netzversorgung angepasst werden muss. Zur reinen Spannungsanpassung reicht ein Spartransformator. Die Bauleistung des Spartransformators ist wesentlich geringer als die eines Trenntransformators.

Muss die Netzversorgung vom speisenden Netz jedoch galvanisch entkoppelt werden, um zum Beispiel die Netzform anzupassen, wird ein Trenntransformator benötigt.
Ein Trenntransformator mit zwei Sekundärwicklungen und 30 Grad Phasenversatz ist dann erforderlich, wenn man die Vorteile der Netzgleichrichter in 12-Puls-Ausführung nutzen möchte und deswegen einen 6-phasigen Anschluss benötigt. Damit werden die 5., 7., 17. und 19. Oberwelle im Netzstrom unterdrückt, was insbesondere bei größeren Leistungen genutzt wird. Höherpulsige Ausführungen (18- und 24-pulsig) sind ebenfalls möglich und erfordern entsprechende Transformatoren.

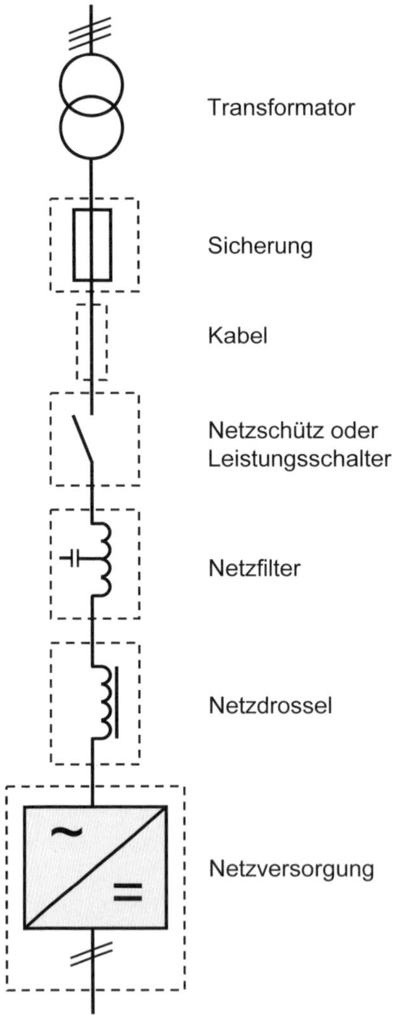

Bild 10.1
Komponenten im Netzanschlussstrang vor der Netzversorgung

Je nach Hersteller und Anforderungen können Netzdrossel, -filter und -schütz auch in der Netzversorgung integriert sein. Unabhängig davon, ob extern oder intern angeordnet, machen die meisten Hersteller feste Zuordnungen der Netzdrosseln und -filter zu ihren Geräten.

Für die Auslegung dieser Komponenten müssen die benötigten Leistungen und Ströme auf der Eingangsseite der Netzversorgung berechnet werden. Weiterhin dienen sie dazu, eine Aussage zur Belastung des Versorgungsnetzes machen zu können.

10.1 Wirkleistung

Die Wirkleistung auf der Netzseite berechnet sich aus der Leistung im Zwischenkreis der Versorgung (Bild 10.2).

Bild 10.2
Berücksichtigung des Wirkungsgrades beim netzseitigen Gleich- bzw. Wechselrichter

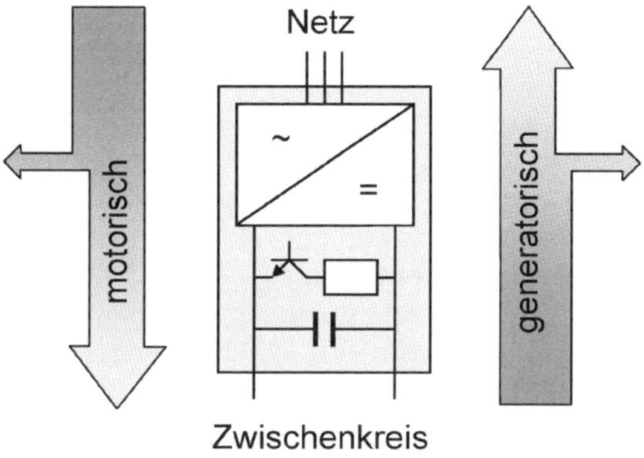

Der generatorische bzw. motorische Betrieb wird dadurch berücksichtigt, dass der Wirkungsgrad der Netzversorgung in der Berechnung immer multipliziert und mit dem Vorzeichen des Exponenten k bewertet wird.

η^{k}

k = 1 Zwischenkreisleistung ist negativ
(generatorisch, Energie geht vom Zwischenkreis in das Netz)
k = –1 Zwischenkreisleistung ist positiv
(motorisch, Energie geht vom Netz in den Zwischenkreis)

Damit ergibt sich die Formel zur Berechnung der Netzwirkleistung zu:

$$P_{\text{Netz}} = P_{\text{ZK}} \cdot \eta^{k}$$

Hinweis
Siehe Berechnungsbeispiel in Abschnitt 15.1.

10.2 Scheinleistung

Die Scheinleistung setzt sich bei Wechselstromstellern aus drei Anteilen zusammen:

- der Wirkleistung,
- der Verschiebungsblindleistung (Grundschwingungsblindleistung),
- der Verzerrungsblindleistung.

Die Scheinleistung wird aus der Wirkleistung unter Berücksichtigung des Leistungsfaktors λ berechnet.

$$S_{Netz} = \frac{P_{Netz}}{\lambda}$$

mit:

$$\lambda = \cos\varphi_1 \cdot g_I$$

Hinweis

Siehe Berechnungsbeispiel in Abschnitt 15.1.

Mit dem Leistungsfaktor λ (auch Gesamtleistungsfaktor genannt) werden beide Folgen der Stromrichter – Verschiebung zwischen Strom und Spannung und Verzerrung der Kurvenform des Stromes – berücksichtigt. Somit ist er eine wesentliche Größe für die Auslegung der Komponenten im Netzanschlussstrang. In Abhängigkeit von der Art der Netzversorgung ist der Leistungsfaktor λ auslastungsabhängig. Bei geringer Auslastung ist er kleiner.

Zwischen der Spannung und der Grundwelle des Stromes gibt es eine Phasenverschiebung. Diese verursacht die Verschiebungsblindleistung. Der Verschiebungsfaktor $\cos\varphi_1$ (auch Leistungsfaktor der Grundschwingung genannt) wird als Maß für die Verschiebung angegeben.

Die Kurvenform des Stromes entspricht nicht mehr einer reinen Sinusform und ist verzerrt. Der damit verbundene Leistungsanteil wird aufgrund seiner Wirkung Verzerrungsblindleistung genannt. Der Grundschwingungsgehalt g_I des Stromes wird dafür als Maß der Abweichung von der reinen Sinusform angegeben.

DEFINITION

Nur bei reinen Sinusgrößen ist der Verschiebungsfaktor $\cos\varphi_1$ gleich dem Leistungsfaktor λ und wird dort im Allgemeinen einfach als $\cos\varphi$ bezeichnet.

10.3 Netzstrom

Zur Dimensionierung der Kabel, Sicherungen, Stromschienen usw. wird die Größe des netzseitigen Stromes benötigt. Er ergibt sich aus der Scheinleistung und der Netzspannung bei dreiphasigen Netzen zu:

$$I_{Netz} = \frac{S_{Netz}}{U_{Netz} \cdot \sqrt{3}}$$

und bei einphasigen Netzen:

$$I_{Netz} = \frac{S_{Netz}}{U_{Netz}}$$

Hinweis

Siehe Berechnungsbeispiel in Abschnitt 15.1.

Da für die Belastung der Komponenten der gesamte Strom ausschlaggebend ist, wird hier der Scheinstrom ermittelt.

Im Gegensatz zum direkten Netzbetrieb der Asynchronmotoren, wo der Blindleistungsbedarf aus dem Netz bezogen wird, wird er beim Betrieb am Umrichter von den Zwischenkreiskondensatoren geliefert, wenn diese ausreichend bemessen sind. Deshalb ist der Netzstrom des Umrichters kleiner als der Ausgangsstrom – vorausgesetzt, er hat einen guten Wirkungsgrad und wird mit Netzdrossel betrieben.

In Kürze

Mit den ermittelten Daten an der Netzseite können nun weiterführende Berechnungen und Überprüfungen für die Dimensionierung und Auswahl der Netzanschaltkomponenten gemacht werden. Weiterhin sind die Daten für die Netzbetreiber zur Beurteilung der Netzbelastung und zur Überprüfung ihrer Komponenten wichtig.

11 Auslegung der Motorbremse

Die Aufgabe einer Bremse reicht vom einfachen statischen Halten einer Last bis hin zum zyklischen Abbremsen eines Antriebssystems mit großen Massenträgheitsmomenten aus hohen Drehzahlen. Die Beanspruchungen und damit die Anforderungen an eine Bremse können sehr unterschiedlich sein. Für die Auslegung dieser Komponente ist es deshalb wichtig, die geforderte Aufgabe der Bremse genau zu kennen, um daraus resultierend die notwendigen Parameter zu deren Auswahl berechnen zu können. Unnötiger Verschleiß, zu kurze Standzeiten sowie ungeeignetes Bremsverhalten werden bei richtiger Auslegung somit schon im Voraus vermieden.

11.1 Allgemeines

Bei der Auslegung einer im Motor ein- oder am Motor angebauten reibschlüssigen Bremse geht es im Wesentlichen um die Berechnung und Überprüfung des erforderlichen Bremsmomentes und der auftretenden Bremsenergie. Hinsichtlich ihrer Beanspruchung kann man die Bremsen für verschiedene Verwendungsarten einteilen:

- Verwendung als **statische** Bremse: **Haltebremse**
  Als Haltebremse wird hier eine Bremse verstanden, die den bereits im Stillstand befindlichen Motor gegen Verdrehen sichert. Der Motor bzw. der gesamte mechanische Antriebsstrang konnte zuvor entweder frei austrudeln oder wurde durch ein anderes Bremsverfahren auf Drehzahl Null gebracht. In der Bremse wird demzufolge keine Reibarbeit verrichtet.
  Beispiel: Antriebe für Zustellachsen in Werkzeugmaschinen. Der Antrieb wird auf Position gefahren und dort mit der mechanischen Bremse gegen die auf ihn einwirkenden Prozesskräfte gehalten.
- Verwendung als **dynamische** Bremse: **Not-Stopp-Bremse**
  Unter einer Not-Stopp-Bremse ist in diesem Zusammenhang eine Bremse zu verstehen, die den Antrieb bei Versagen der betriebsmäßigen Bremsverfahren noch zum Stillstand bringen kann. Diese Situation kann z.B. bei Ausfall des Frequenzumrichters, der den Motor im Normalfall auf Drehzahl Null bringt, auftreten. Da solche Ausfälle eher selten sind und zudem zeitlich lange auseinander liegen, braucht die Bremse nur für eine bestimmte Anzahl von dynamischen Bremsungen ausgelegt zu werden.
  Beispiel: frequenzgesteuerte Antriebe für Handlingsysteme. Der Antrieb wird im Normallfall durch den Frequenzumrichter zum Stillstand gebracht.
- Verwendung als **dynamische** Bremse: **Betriebsbremse**
  Betriebsbremsen müssen den Antrieb bei jedem Stillsetzen von seiner aktuellen Drehzahl in den Stillstand abbremsen. Es erfolgt im Vergleich zur Not-Stopp-Bremse ein viel größerer Energieumsatz pro Zeit. Betriebsbremsen haben deshalb ein größeres Volumen bzw. Masse als Halte- oder Not-Stopp-Bremsen bei vergleichbarem Bremsmoment.
  Beispiel: am Netz betriebene Motoren, die zur Verringerung von Taktzeiten möglichst schnell zum Stillstand gebracht werden müssen.
- Verwendung als **dynamische** und **statische** Bremse
  In diesem Fall muss die Bremse den Antrieb sowohl in den Stillstand bringen als auch gegen Verdrehen sichern.
  Beispiel: am Netz betriebene Motoren für Fahr- und Hubanwendungen in der Fördertechnik.

11.2 Berechnung und Überprüfung der Bremsmomente

11.2.1 Erforderliches Bremsmoment für dynamisches Bremsen

Hinweis

Berechnungstool auf **InfoClick**!

Das erforderliche Bremsmoment für das dynamische Abbremsen auf Drehzahl Null erhält man durch nachfolgende Formel. Alle Größen müssen dafür auf die Motorwelle bezogen sein.

$$M_{Br} = J_{ges} \cdot \frac{2 \cdot \pi \cdot n}{t_{Verz}} \pm M_{Last}$$

$+M_{Last}$: Lastmoment ist treibend (wirkt in die Bewegungsrichtung);
$-M_{Last}$: Lastmoment ist bremsend (wirkt gegen die Bewegungsrichtung).

Die Formel enthält den Drehmomentanteil, der notwendig ist, um alle Massenträgheitsmomente in der vorgegebenen Verzögerungszeit von der aktuellen Motordrehzahl in den Stillstand zu bringen.

Weiterhin berücksichtigt sie, ob das Lastmoment das Bremsen unterstützt, also bremsend wirkt, oder ob es noch zusätzlich mit gebremst werden muss, weil es treibend wirkt.

Größe und Wirkrichtung des Lastmomentes ändern sich zum Beispiel durch:

- unterschiedliche Massen,
- wechselnde Bedingungen wie Gegen- oder Rückenwind,
- Fahrt gegen Steigung bzw. mit Gefälle,
- Hub- oder Senkbetrieb.

Für die Berechnung des erforderlichen Bremsmomentes muss deshalb bekannt sein, für welchen Betriebszustand die geforderte Bremszeit einzuhalten ist. Im Anschluss wird überprüft, welche Bremszeiten sich jeweils für die anderen Betriebszustände ergeben.

11.2.2 Erforderliches Bremsmoment für statisches Bremsen

Hinweis

Berechnungstool auf **InfoClick**!

Hier muss das aktiv auf den Antrieb wirkende Lastmoment von der Bremse im Stillstand gehalten werden. Bei Hubwerken entspricht es dem wirksamen Gewichtsmoment der zu hebenden Masse. Bei einem Fahrantrieb, der auf einer schiefen Ebene bewegt wird, wäre es die auf die Motorwelle als Drehmoment umgerechnete Hangabtriebskraft.

Um den Antrieb sicher im Stillstand zu halten, muss das erforderliche Bremsmoment größer als das Lastmoment sein. Wären beide gleich groß, würde die Last mit konstanter Geschwindigkeit weiter abgesenkt werden. Dieser erforderliche Drehmomentüberschuss wird mit dem Sicherheitsfaktor f_{SB} in u.a. Formel berücksichtigt.

Er muss für schwerkraftbelastete Achsen aus den gültigen Sicherheitsbestimmungen entnommen werden und liegt in der Regel im Bereich 1,3…2. Damit errechnet sich das erforderliche Bremsmoment zu:

$$M_{Br} = M_{Last} \cdot f_{SB}$$

Zum Halten von Achsen gegen Prozesskräfte, um z.B. die Position eines Werkstückes beim Bearbeiten zu sichern, entspricht das Lastmoment in obiger Formel dem an der Welle anstehenden Prozessdrehmoment. Auch hier wird mit dem Sicherheitsfaktor der erforderliche Drehmomentüberschuss berücksichtigt, um das Werkstück sicher gegen die einwirkenden Kräfte zu halten. Er liegt dann eher im unteren Bereich der o.a. Werte.

11.2.3 Auswahl und Überprüfung der Bremse hinsichtlich Bremsmoment

Hinweis

Berechnungstool auf **InfoClick**!

Vorauswahl

Das vorhandene Bremsmoment der Bremse muss größer oder gleich dem erforderlichen Bremsmoment sein:

$$M_{Br\_v} \geq M_{Br}$$

Einige Hersteller unterscheiden bei der Angabe der Bremsmomente zwischen statischen und dynamischen Bremsmoment.

Das statische Bremsmoment gilt für Stillstand, es wirkt der Haftreibkoeffizient. Das dynamische Bremsmoment gilt für Bewegung, hier wirkt der Gleitreibkoeffizient. Der Haftreibkoeffizient ist immer größer als der Gleitreibkoeffizient, deshalb sind Angaben zum statischen Bremsmoment höher als die zum dynamischen Bremsmoment. Statische Bremsmomente dürfen deshalb nicht zur Auslegung dynamischer Bremsvorgänge herangezogen werden.

Nachrechnung der ausgewählten Bremse

Ist die Bedingung bei der Vorauswahl erfüllt, muss die Rechnung und Überprüfung unter Berücksichtigung des Massenträgheitsmomentes der ausgewählten Bremse und deren tatsächlich vorhandenen Bremsmoment noch einmal durchgeführt werden.

11.3 Berechnung und Überprüfung der Bremsenergie

Hinweis

Berechnungstool auf **InfoClick**!

Vor diesem Berechnungsschritt ist die Bremse bezüglich ihres Bremsmomentes bereits ausgewählt. Damit sind das tatsächlich vorhandene Bremsmoment der Bremse und das gesamte Massenträgheitsmoment bekannt und können in den weiterführenden Berechnungen für die Bremsenergie gleich mitberücksichtigt werden.

11.3.1 Anfallende Bremsenergie bei dynamischen Bremsvorgängen

Die in der Bremse anfallende Energie wird für die thermische Kontrolle benötigt und wie folgt berechnet:

$$W_{Br} = \frac{J_{ges}}{2} \cdot \omega^2 \cdot \frac{M_{Br\_v}}{M_{Br\_v} \pm M_{Last}}$$

$+M_{Last}$: Lastmoment ist bremsend (wirkt gegen die Bewegungsrichtung);
$-M_{Last}$: Lastmoment ist treibend (wirkt in die Bewegungsrichtung).

In der Formel wird berücksichtigt, ob ein bremsendes Lastmoment einen Teil der in den Massenträgheiten gespeicherten kinetischen Energie vernichtet oder ob die Bremse noch zusätzlich Energie eines treibenden Lastmomentes aufnehmen muss.

Für die Überprüfung der mittleren thermischen Belastung (siehe Abschnitt 11.3.2) kann man für die Bremsenergie einen Mittelwert aus den verschiedenen Lastfällen bilden. Dies ist aber nur dann empfehlenswert, wenn sie im Voraus bekannt sind und im späteren Betrieb davon nicht abgewichen wird.

Ist das nicht der Fall, ist es besser, immer mit den ungünstigsten Verhältnissen zu rechnen. Insbesondere können bei Hubwerken viele Bremsungen im Senkbetrieb (treibendes Lastmoment) erfolgen. Deshalb sollte hier die Bremsenergie immer mit $-M_{Last}$ gerechnet werden.

Zur Überprüfung der zulässigen Bremsenergie für eine Bremsung (siehe Abschnitt 11.3.2) muss grundsätzlich der ungünstigste Fall mit der höchsten auftretenden Bremsenergie herangezogen werden.

11.3.2 Überprüfung der Bremse hinsichtlich Bremsenergie

Mittlere thermische Belastung – Zulässige Anzahl der Bremsungen pro Stunde

Um die mittlere thermische Belastung der Bremse zu überprüfen, muss die zulässige Anzahl der Bremsungen pro Stunde berechnet werden. Wenn W_{th/h_zul} der in der Bremse zugelassene thermische Energieumsatz pro Stunde ist, berechnet sich die zulässige Anzahl der Bremsungen pro Stunde zu:

$$Z_{Br/h\_zul} = \frac{W_{th/h\_zul}}{W_{Br}}$$

Die zulässige Anzahl der Bremsungen pro Stunde muss größer oder gleich der von der Anwendung erforderlichen Anzahl der Bremsungen pro Stunde sein:

$$Z_{Br/h\_zul} \geq Z_{Br/h}$$

Hier wird davon ausgegangen, dass sich die Bremsungen zeitlich gleichmäßig auf eine Stunde verteilen. Gerade bei einer geringen Anzahl ist es wichtig, da bei einer kurzen Abfolge der wenigen zulässigen Bremsungen sich die Bremse unzulässig hoch erwärmen würde.

Zulässige Bremsenergie für eine Bremsung

Obwohl die Überprüfung der mittleren thermischen Belastung der Bremse zu einem positiven Ergebnis führen kann, muss zusätzlich noch die auftretende Energie pro Bremsung kontrolliert werden.

Die an den Bremsbelägen entstehende Wärme muss schnell genug in die Bremse eingeleitet werden können, damit sie über deren Oberfläche an die Umgebung abgegeben werden kann. Diesem Vorgang sind physikalische Grenzen gesetzt. Die vom Hersteller zugelassene Energie pro Bremsvorgang W_{th_zul} muss größer oder gleich der auftretenden Bremsenergie sein:

$$W_{th\_zul} > W_{Br}$$

Für die Überprüfung der einmalig zulässigen Bremsenergie muss der ungünstigste Lastfall mit der höchsten Bremsenergie angenommen werden.

Zulässige Anzahl der Bremsungen bis zum Nachstellen

Bei elektromagnetisch betätigten Bremsen muss das von der Spule erzeugte Magnetfeld über den Luftspalt auf die sogenannte Ankerscheibe wirken. Durch die Abnutzung der Bremsbeläge wird der Luftspalt in der Bremse mit der Zeit größer. Ab einer bestimmten Größe ist zur sicheren Lüftung der Bremse ein Nachstellen erforderlich.

Ist die zulässige Bremsarbeit bis zum Nachstellen mit W_{Ns_zul} gegeben, berechnet sich die zulässige Anzahl der Bremsungen bis zum Nachstellen zu:

$$Z_{Ns\_zul} = \frac{W_{Ns\_zul}}{W_{Br}}$$

Nachstellzeit

Die Nachstellzeit gibt an, nach wie vielen Betriebsstunden das Nachstellen der Bremse erfolgen muss. Damit kann dem Servicepersonal ein zeitlicher Richtwert für Wartungsintervalle gegeben werden. Die Nachstellzeit wird aus der tatsächlichen Anzahl der Bremsungen pro Stunde $Z_{Br/h}$, die aus dem geforderten Bewegungszyklus zu ermitteln sind, und der zulässigen Anzahl der Bremsungen bis zum Nachstellen Z_{Ns_zul} berechnet:

$$t_{Ns} = \frac{Z_{Ns\_zul}}{Z_{Br/h}}$$

11.3.3 Möglichkeiten zur Reduzierung der Bremsenergie

Wenn die anfallende Bremsenergie die thermisch zulässige Grenze der Bremse übersteigt und eine Bremse mit höherem Energieaufnahmevermögen nicht vorhanden ist, bestehen noch Möglichkeiten zur Reduzierung der anfallenden Bremsenergie. Wie man aus der Formel zur Berechnung der Bremsenergie erkennen kann, gibt es drei Größen, durch deren Veränderung Einfluss genommen werden kann:

- Massenträgheitsmoment,
- Drehzahl,
- Bremsmoment.

Eine Änderung des Massenträgheitsmomentes geht proportional in die Höhe der Bremsenergie ein. Die Änderung der Drehzahl wirkt sich quadratisch auf die Bremsenergie aus und bietet den größten Stellhebel. Die Wahl eines anderen Bremsmomentes wirkt sich in Abhängigkeit, ob das Lastmoment treibend oder bremsend ist, unterschiedlich aus.

Nachfolgend werden einige Möglichkeiten zur Reduzierung der Bremsenergie erläutert.

Massenträgheitsmoment reduzieren – Mehrmotorenantrieb

Die Aufteilung der Antriebsaufgabe auf mehrere Motoren reduziert die abzubremsenden Massenträgheitsmomente pro Bremse erheblich. Nicht nur, dass sich die Massenträgheitsmomente der Last auf zwei Bremsen aufteilen, auch das Massenträgheitsmoment des nun kleineren Motors pro Antrieb ist erheblich kleiner.

Massenträgheitsmoment reduzieren – «Leichte» Bremse verwenden

Hersteller von Motorbremsen bieten bezüglich des Massenträgheitsmomentes meist zwei verschiedene Ausführungen bei in etwa gleichem Bremsmoment an:

- leichte Bremse mit geringem Massenträgheitsmoment,
- schwere Bremse mit hohem Massenträgheitsmoment.

Durch den Einsatz der leichten Bremse mit dem geringeren Massenträgheitsmoment ist die anfallende Bremsenergie kleiner und somit auch der Verschleiß. Es ergeben sich dadurch noch weitere Vorteile: Die Zeit bis zur Nachstellung der Bremse sowie die gesamte Betriebszeit sind größer. Die Schalthäufigkeit eines direkt am Netz betriebenen Motors ist ebenfalls höher, da er ein geringeres Massenträgheitsmoment zu beschleunigen hat.

Der Einsatz der schweren Bremse kann aus verschiedenen Gründen notwendig sein. Hinweise dazu werden in Abschnitt 11.4 gegeben.

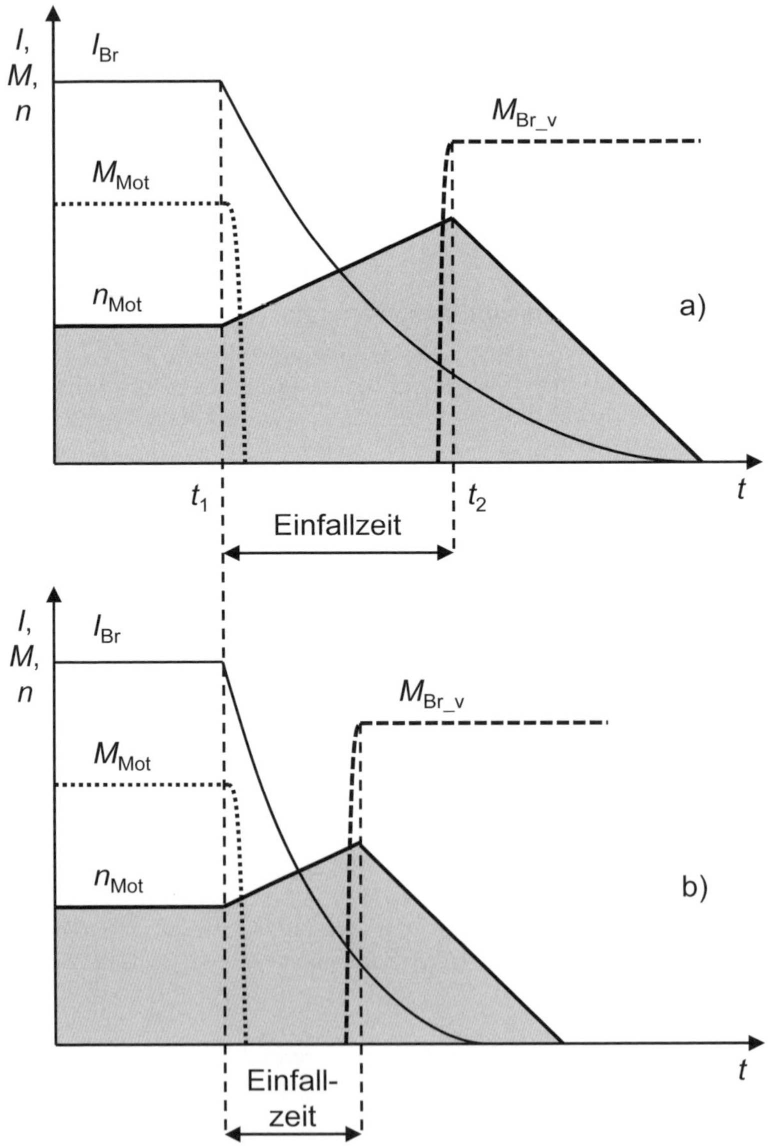

Bild 11.1 *Einfallzeit beim Ausschalten einer Bremse*
a) normale Einfallzeit
b) Einfallzeit durch schaltungstechnische Maßnahmen verkürzt, vereinfachte Darstellung der Größen

Drehzahl reduzieren – Polumschaltbare Motoren verwenden

Bei direkt am Netz betriebenen Motoren bietet sich durch den Einsatz von polumschaltbaren Motoren die Möglichkeit, zuerst von der hohen Drehzahl auf die niedrige umzuschalten und dann erst die mechanische Bremse einfallen zu lassen. Dadurch wird ein erheblicher Anteil der Bremsenergie in der Motorwicklung in Wärme umgewandelt. Die elektrische Schalthäufigkeit des Motors wird durch die zusätzliche thermische Belastung allerdings reduziert. Weiterhin muss berücksichtigt werden, dass die generatorischen Bremsmomente unter Umständen das Getriebe stark belastet und / oder die auftretende Verzögerung so hoch ist, dass sie sich ungünstig auf das gewünschte Verhalten auswirkt (siehe Abschnitt 1.3.2).

Drehzahlanstieg bei treibendem Lastmoment reduzieren – Einfallzeit verkürzen

Wird eine elektromagnetisch erregte Bremse ausgeschaltet, verhindert die Induktivität der Bremsspule, dass der Strom unmittelbar in $t = 0$ s auf den Wert Null abfällt. Dadurch dauert es also auch eine gewisse Zeit, bis ihr Magnetfeld abgebaut ist, die Bremse wieder schließt und somit ihr Bremsmoment entfalten kann. Diese Zeit wird Einfallzeit genannt (siehe Bild 11.1a).

Eine lange Einfallzeit kann sich bezüglich der auftretenden Bremsenergie ungünstig auswirken: Bei durchziehenden Lasten, wie sie z.B. bei einem Hubwerk vorhanden sind, bewirken sie beim Bremsen im Senkbetrieb, dass der Antrieb während der Einfallzeit vom treibenden Lastmoment beschleunigt wird. Dies kommt dadurch, weil der Motor in der Regel zeitgleich mit der Bremsspule (zum Zeitpunkt t_1 in Bild 11.1a) abgeschaltet wird und sein Drehmoment dem Lastmoment nicht mehr entgegenwirken kann. Die anfallende Bremsenergie wird also wegen der steigenden Drehzahl und der quadratischen Abhängigkeit erheblich größer.

Eine Verkürzung der Einfallzeit (Bild 11.1b) ist durch verschiedene Maßnahmen möglich:

- Man schaltet die wechselspannungsseitige Versorgung einer Bremse nicht gemeinsam mit der Motorwicklung, sondern separat ab. Dadurch wirkt die nach dem Ausschalten des Motors geringe induzierte Spannung an den Motorklemmen nicht mehr auf die Bremsenversorgung. Dies gilt sowohl für Bremsen, die einen Wechselstrommagneten haben, als auch für Bremsen, die einen Gleichstrommagneten haben, der über einen Gleichrichter mit Wechselspannung versorgt wird.
- Bei Bremsen mit Gleichstrommagneten ist eine deutliche Verkürzung der Einfallzeit durch zusätzliches Abschalten auf der Gleichspannungsseite möglich.

Hersteller von elektromagnetisch erregten Bremsen bieten hier meist entsprechende Bremsschaltungen und Komponenten an.

Drehzahlanstieg bei treibenden Lastmoment reduzieren – Bremse vorsteuern

Lässt sich die Einfallzeit einer Bremse nicht mittels schaltungstechnischer Maßnahmen, wie im vorausgegangenen Abschnitt beschrieben, verringern oder bringen diese nicht den gewünschten Effekt, können durch eine übergeordnete Steuerung die Bremse und der Motor zeitversetzt ausgeschaltet werden.

Nach Bild 11.2 würde die Bremse zum Zeitpunkt t_1 ausgeschaltet und der Motor erst kurz vor Erreichen des Zeitpunktes t_2. Dadurch wirkt das Motordrehmoment während der Einfallzeit weiterhin dem treibenden Lastmoment entgegen, so dass die Drehzahl konstant bleibt und nicht weiter ansteigen kann.

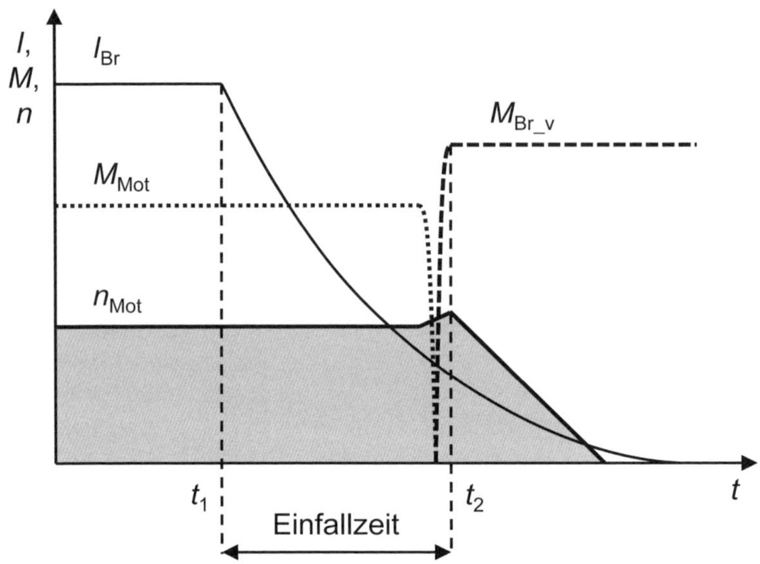

Bild 11.2 *Vorsteuern der Bremse durch zeitversetztes Ausschalten von Bremse und Motor (vereinfachte Darstellung der Größen)*

Bremsmoment bei treibendem Lastmoment erhöhen

Ein treibendes Lastmoment bewirkt, insbesondere bei Hubwerken im Senkbetrieb, einen zusätzlichen Energieeintrag in die Bremse. Die Erhöhung wird in der Formel zur Berechnung der Bremsenergie (siehe Abschnitt 11.3.1) mit dem Faktor:

$$\frac{M_{Br\_v}}{M_{Br\_v} \pm M_{Last}}$$

ausgedrückt. Daraus geht hervor, dass die Erhöhung des Bremsmomentes im Senkbetrieb zu einer Verringerung der Bremsenergie beiträgt. Im Hubbetrieb tritt der gegenteilige Effekt ein, dieser ist aber nicht so groß (Bild 11.3).

Ist also die Anzahl der Bremsungen bei Hub- und Senkbetrieb in etwa gleich groß, ist mit einer Bremsmomentsteigerung immer noch eine Reduzierung der anfallenden Bremsenergie machbar.

Natürlich sind dieser Möglichkeit Grenzen gesetzt. Das Bremsmoment kann unter Berücksichtigung der zulässigen Verzögerungswerte nicht beliebig gesteigert werden. Außerdem ist die erreichbare Einsparung an Bremsenergie eher gering.

11.4 Weitere Hinweise

Verwendung einer schweren Bremse

Gerade bei direkt am Netz betriebenen Motoren kann man mit der Wahl der schwereren Bremse das Anlaufverhalten «sanfter» gestalten, da der Anlauf aufgrund des höheren Massenträgheitsmomentes länger dauert.

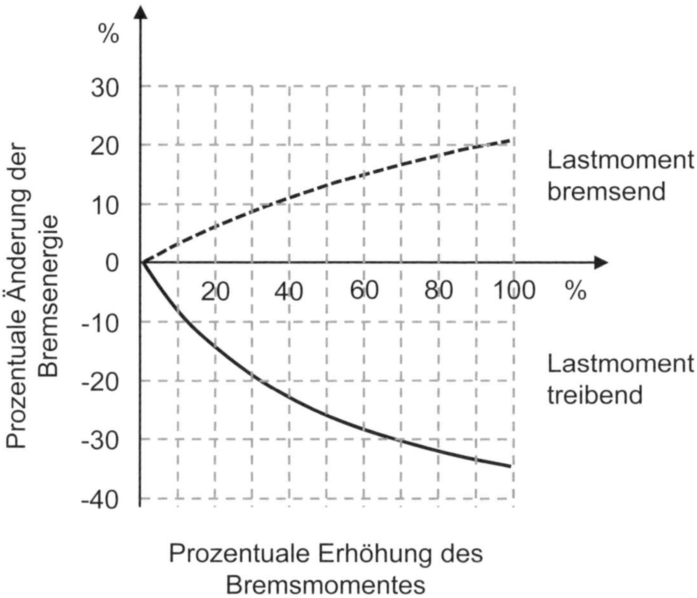

Bild 11.3 *Änderung der Bremsenergie bei Erhöhung des Bremsmomentes*

Ein weiterer Grund: Da die Bremse in den meisten Fällen auf oder an der Motorwelle, also noch vor dem Getriebe, angeordnet ist, können somit bei netzbetriebenen Antrieben Laststöße durch das Getriebe vermindert werden, da beim Beschleunigen mehr Drehmoment vor dem Getriebe verbraucht wird. Weiterhin kann sich dadurch auch der erforderliche Betriebsfaktor für das Getriebe verringern, was somit evtl. eine kleinere Getriebebaugröße zur Folge haben kann (siehe Abschnitt 5.9).

Ein weiterer Effekt kann mit der Wahl der schweren Bremse vermindert werden: Ist ein hohes Bremsmoment erforderlich, damit zum Beispiel der Fahrantrieb eines Kranes im Freien auch bei Rückenwind sicher zum Stillstand gebracht und dort gehalten werden kann, so bewirkt dieses hohe Bremsmoment im Normalbetrieb, also ohne Rückenwind, unter Umständen eine zu hohe Verzögerung. Um dieser wieder entgegenzuwirken, verlängert das hohe Massenträgheitsmoment der schweren Bremse die Bremszeit.

Wie in Abschnitt 5.8 (Stichpunkt «Optimales Massenträgheitsverhältnis») beschrieben, wirkt sich ein geringes Verhältnis zwischen dem reduzierten Massenträgheitsmoment der Last und dem Massenträgheitsmoment des Motors günstig auf das Regelverhalten aus. Hat man auch hier die Alternative einer Bremse mit höherem Massenträgheitsmoment und ist diese starr auf der Motorwelle angebracht, kann man dadurch noch indirekt Einfluss auf ein besseres Regelverhalten nehmen. Die Wahl einer größeren Bremse ist allemal besser, als einen Motor der nächsten Baulänge oder gar Baugröße zu nehmen.

Einfluss der Lüftzeit

Jede Bremse benötigt bis zum vollständigen Lüften, um also vom geschlossenen bzw. festgebremsten in den gelösten Zustand zu gelangen, eine gewisse Zeit, die sogenannte Lüft- oder Ansprechzeit. Je größer die Lüftzeit ist, desto länger muss der Motor nach dem Einschalten gegen die noch geschlossene bzw. sich öffnende Bremse arbeiten (Bild 11.4) und umso mehr machen sich zwei Auswirkungen bemerkbar:

- Es kommt zum Drehen gegen die noch geschlossene Bremse, wenn der Motor genügend Drehmoment hat. Dies führt zu erhöhtem Verschleiß der Bremse.
- Es kommt zu einem längeren Fließen des Motoranlaufstromes. Dies führt zur Reduzierung der Schalthäufigkeit des Motors.

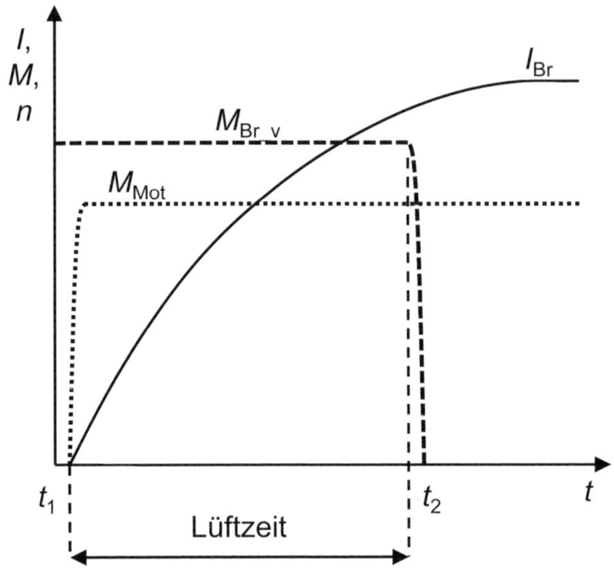

Bild 11.4
Lüftzeit beim Einschalten einer Bremse (vereinfachte Darstellung der Größen)

Bei elektromagnetisch erregten Bremsen werden zur Verkürzung der Lüftzeiten meist verschiedene Möglichkeiten angeboten. So können durch sogenannte Schnellerregung oder durch Übererregung der Bremsspulen die Lüftzeiten deutlich reduziert werden. Auch mit Hilfe von speziellen Bremsschaltungen, bei denen der Motor erst kurz nach Erregung der Bremsspule zugeschaltet wird, werden o.a. Auswirkungen vermindert.

GRUNDSATZ

Bremsen werden häufig nach dem Lüften mit reduzierter «Haltespannung» betrieben. Diese ist geringer als die notwendige Spannung zum normalen Lüften. Dadurch wird nicht nur der Energieverbrauch der Bremse reduziert, auch die abzuführende Verlustwärme wird kleiner.

In Kürze

Mit den aufgezeigten Berechnungen und Optimierungen kann man eine mechanische Bremse sowohl für die verschiedenen Anforderungen auslegen als auch das Bremsverhalten berechnen. Darüber hinaus erhält man aus der Berechnung weiterer Größen zur Bremsenbeanspruchung die entsprechenden Vorgaben zur Planung von Wartungsintervallen dieses prinzipbedingt verschleißbehafteten Antriebselements.

12 Berechnungen rotativer Motoren bei direktem Netzbetrieb

Der Einsatz eines drehzahlvariablen Antriebs ist nicht immer notwendig oder in vielen Fällen wirtschaftlich nicht vertretbar. Die Motoren werden daher direkt am Netz betrieben oder mittels einfacher Methoden gestartet bzw. im Betrieb gesteuert. Die mathematisch nicht einfach zu beschreibende Drehmomentcharakteristik der Asynchronmaschine erschwert die dazu notwendigen Berechnungen. Für die Praxis gibt es jedoch einfache Ansätze. Darüber hinaus wird die Standard-Asynchronmaschine in den unterschiedlichsten Betriebsarten eingesetzt. Dies erfordert ebenfalls praktikable Berechnungen, um die Eignung des Motors in einer anderen Betriebsart einfach prüfen zu können.

12.1 Möglichkeiten zur Berechnung der Hochlaufzeit

12.1.1 Grafisch-rechnerische Bestimmung

Mit dieser Methode kann man die Hochlaufzeit jedes beliebigen Motors mit einer beliebigen Arbeitsmaschine bestimmen. Es ist unabhängig davon, wie die Verläufe der Drehmomente in Abhängigkeit von der Drehzahl sind. Dafür müssen die folgenden Größen bekannt sein:

- Verlauf der Drehmoment-Drehzahl-Kennlinie des Motors,
- Verlauf der Drehmoment-Drehzahl-Kennlinie der Arbeitsmaschine,
- Massenträgheitsmoment des Motors,
- Massenträgheitsmoment der Arbeitsmaschine.

Zunächst werden die beiden Kennlinien in ein gemeinsames Diagramm aufgezeichnet. Bild 12.1 zeigt dies beispielhaft für einen Asynchronmotor mit einer Arbeitsmaschine.

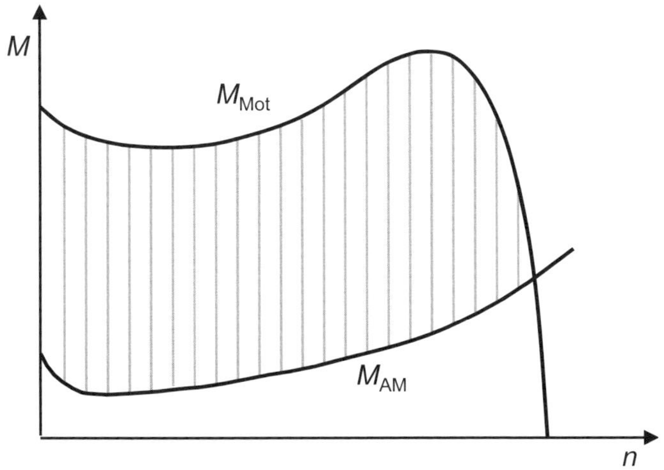

Bild 12.1 *Drehmoment-Drehzahlkennlinie des Motors und der Arbeitsmaschine*

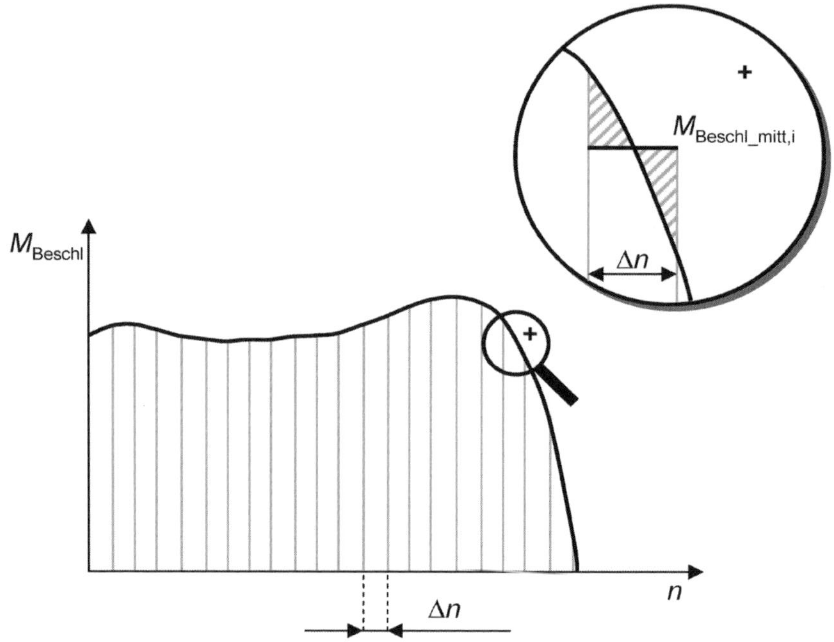

Bild 12.2 *Verlauf des Beschleunigungsmomentes und Ermittlung des mittleren Beschleunigungsmomentes pro Intervall*

Durch Subtraktion der Kennlinien $M_{AM} = f(n)$ von $M_{Mot} = f(n)$ ergibt sich der Verlauf des Beschleunigungsmomentes $M_{Beschl} = f(n)$.

Das Beschleunigungsmoment wird ebenfalls in einem Diagramm als Funktion über der Drehzahl aufgezeichnet und in gleich breite Drehzahlintervalle Δn aufgeteilt (Bild 12.2).

In jedem Intervall von Δn wird durch Flächenausgleich ein mittleres Beschleunigungsmoment M_{Beschl_mitt} gebildet. Durch Umstellung der allgemeinen Formel

$$M = J \cdot \frac{\Delta\omega}{\Delta t}$$

nach Δt

$$\Delta t_i = (J_{Mot} + J_{AM}) \cdot \frac{2 \cdot \pi \cdot \Delta n}{M_{Beschl\_mitt,i}}$$

können die Zeiten der einzelnen Intervalle berechnet werden. Die gesamte Hochlaufzeit ergibt sich dann zu

$$t_H = \sum_{i=1}^{n} \Delta t_i$$

Da in den meisten Fällen die Verläufe der Drehmomente von Motor und Arbeitsmaschine nicht in ihren genauen mathematischen Zusammenhängen gegeben sind, reicht für eine Abschätzung der Hochlaufzeit auch die Kenntnis des qualitativen Verlaufs der Kennlinien und einiger Stützpunktwerte aus.

12.1.2 Mit mittlerem Anlaufmoment

Manche Hersteller geben für Asynchronmotoren ein mittleres Anlaufmoment an. Das mittlere Anlaufmoment ist in diesem Fall der gemittelte Wert des Drehmomentverlaufs (Bild 12.3).

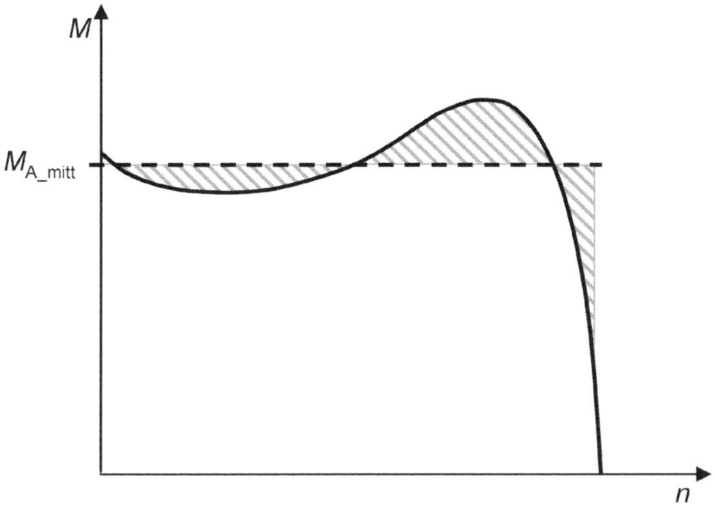

Bild 12.3 *Drehmoment-Drehzahl-Kennlinie eines Asynchronmotors mit mittlerem Anlaufmoment*

Durch Umstellung der allgemeinen Gleichung

$$M = J \cdot \frac{\Delta\omega}{\Delta t}$$

und Einsetzen der relevanten Größen erhält man

$$\Delta t = \left(J_{\mathrm{Mot}} + J_{\mathrm{AM}}\right) \cdot \frac{2 \cdot \pi \cdot n}{\left(M_{\mathrm{A\_mitt}} - M_{\mathrm{AM}}\right)}$$

als die gesuchte Hochlaufzeit.

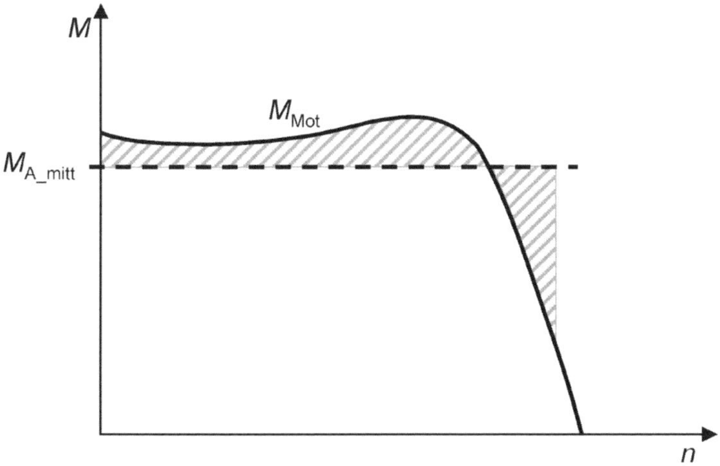

Bild 12.4 *Drehmoment-Drehzahl-Kennlinie eines Asynchronmotors für Fahrantriebe mit mittlerem Anlaufmoment*

Speziell für Fahrantriebe ausgelegte Motoren weisen für diese Vorgehensweise eine noch bessere Charakteristik auf. Sie besitzen kein extrem ausgeprägtes Anlauf-, Sattel- und Kippmoment, sondern haben eine eher weiche Charakteristik. Dadurch entstehen während des Anlaufs keine hohen Drehmomentstöße, was sich in einem besonders sanften Fahrverhalten auswirkt. Bild 12.4 zeigt den Drehmomentverlauf.

12.2 Auslegung verschiedener Anlaufverfahren

12.2.1 Stern-Dreieck-Anlauf

Eine Maßnahme zur Reduzierung der Anlaufströme bei direkt am Netz betriebenen Asynchronmotoren ist der Stern-Dreieck-Anlauf. Der Motor wird dafür beim Einschalten in Stern geschaltet und danach über Schütze in Dreieck (Bild 12.5).

Die Dreieckschaltung ist für die Netzspannung gewickelt. Bei Sternschaltung liegt dadurch über jedem Wicklungsstrang eine geringere Spannung an, und damit fließt ein kleinerer Strom.

Ein weiterer Effekt neben dem geringeren Strom ist eine Verringerung des Drehmomentes. Da bei der Asynchronmaschine das Drehmoment ca. vom Quadrat der Spannung abhängig ist, ergeben sich Drehmomentreduzierungen von etwa 1 : 3 bei der Sternschaltung. In Tabelle 12.1 sind die Zusammenhänge zwischen den beiden Schaltungen bei gleicher Netzspannung angegeben.

Tabelle 12.1 *Zusammenhang zwischen den Größen von Stern- und Dreieckschaltung bei gleicher Netzspannung*

	Sternschaltung	Dreieckschaltung
Spannung zwischen den Außenleitern	U_L	
Spannung an einem Wicklungsstrang	$U_{Str\_Y} = \frac{1}{\sqrt{3}} \cdot U_L$	$U_{Str\_D} = U_L$
Verhältnis der Spannungen an einem Wicklungsstrang	$\frac{U_{Str\_Y}}{U_{Str\_D}} = \frac{1}{\sqrt{3}}$	
Verhältnis der Drehmomente	$\frac{M_Y}{M_D} \sim \frac{U_{Str\_Y}^2}{U_{Str\_D}^2} = \frac{1}{3}$	
Widerstand an zwei Außenleitern	$Z_{L\_Y} = 2 \cdot Z_{Str}$	$Z_{L\_D} = \frac{1}{1{,}5} \cdot Z_{Str}$
Außenleiterstrom	$I_{L\_Y} = \frac{U_L}{Z_L} = \frac{1}{2} \cdot \frac{U_L}{Z_{Str}}$	$I_{L\_D} = \frac{U_L}{Z_L} = 1{,}5 \cdot \frac{U_L}{Z_{Str}}$
Verhältnis der Außenleiterströme	$\frac{I_{L\_Y}}{I_{L\_D}} = \frac{1}{3}$	

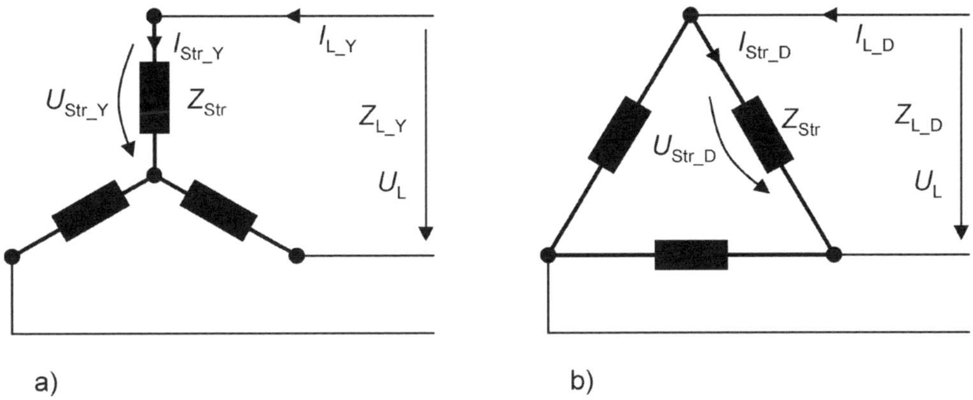

Bild 12.5 *Wicklungsschaltung und relevante Größen*
a) Sternschaltung
b) Dreieckschaltung

Um die Hochlaufzeit bei einem Stern-Dreieck-Anlauf berechnen zu können, ist zunächst die Kenntnis der Drehmomentkennlinie des Motors erforderlich. Wie aus den Zusammenhängen in Tabelle 12.1 hervorgeht, wird die Drehmomentkennlinie bei Betrieb in Sternschaltung auf ca. $^1/_3$ reduziert. Bild 12.6 veranschaulicht diesen Zusammenhang.

Jetzt kann mit dem grafisch-rechnerischen Verfahren (Abschnitt 12.1.1) die Hochlaufzeit berechnet werden. Interessant ist in diesem Zusammenhang auch, dass damit abgeschätzt werden kann, wann der Umschaltzeitpunkt hinsichtlich des Drehmomentes erfolgen sollte. Ein zu frühes Umschalten erzeugt unter Umständen einen zu hohen Drehmomentstoß. Weiterhin könnte es die gewollte Reduzierung des Anlaufstromes noch nicht zulassen. Ein zu spätes Umschalten würde die Anlaufzeit nur unnötig verlängern.

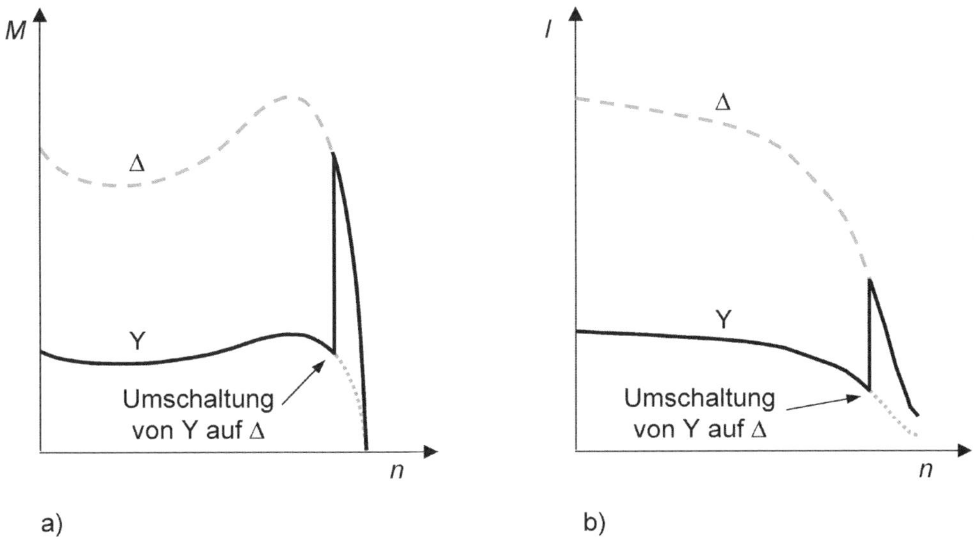

Bild 12.6 *Verläufe verschiedener Größen des Asynchronmotors bei Umschaltung von Stern auf Dreieck an gleicher Netzspannung*
a) Drehmomente
b) Ströme

12.2.2 Anlauf mit variabler Spannung

Der Anlauf durch Verstellung der Ständerspannung des Asynchronmotors kann

- als Teilspannungsanlauf mit einem Transformator,
- stufenlos mit einem Transformator oder
- stufenlos mit einem Stellgerät (Sanftanlaufgerät)

erfolgen.

Bei Anwendung einer Methode mit Transformator kann dieser als einfacher Spartransformator ausgeführt sein, da eine galvanische Trennung zum Versorgungsnetz nicht erforderlich ist. Sein Übersetzungsverhältnis reduziert den geringeren Strom des Motors nochmals zur Netzseite. Da der Transformator nur während des Anlaufs benötigt wird, muss er nicht für Dauerbetrieb ausgelegt sein. Beim Teilspannungsanlauf soll beim Umschalten auf das Netz eine kurzzeitige Trennung des Motors von der Spannung vermieden werden («geschlossenes Umschalten»). Dazu bedient man sich der 3-Schalter-Methode, auch «Korndörfer-Schaltung» genannt. Bild 12.7 zeigt den prinzipiellen Aufbau.

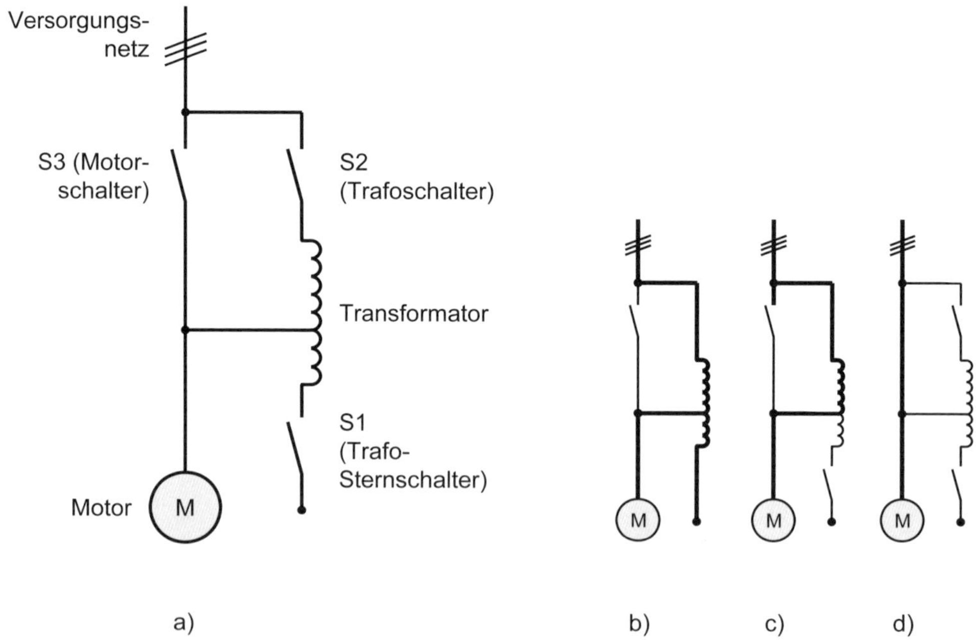

Bild 12.7 *Teilspannungsanlauf über Transformator mit 3-Schalter-Methode*
a) Prinzipielle Schaltung (Schutzeinrichtungen usw. nicht dargestellt)
b) Motor an Teilspannung über Spartransformator (S1 schließen, danach S2 schließen)
c) Motor über Drossel am Netz (S1 öffnen)
d) Motor direkt am Netz (S3 schließen, danach S2 öffnen)

Um bezüglich der Höhe der Teilspannung noch Anpassungsmöglichkeiten zu haben, sind an dem Spartransformator zusätzliche Anzapfungen vorzusehen.

Bei einer stufenlosen Verstellung bestehen erweiterte Möglichkeiten. Neben dem Hochfahren der Spannung an einer Zeitrampe kann zum Beispiel auch eine Stromgrenze vorgegeben werden.

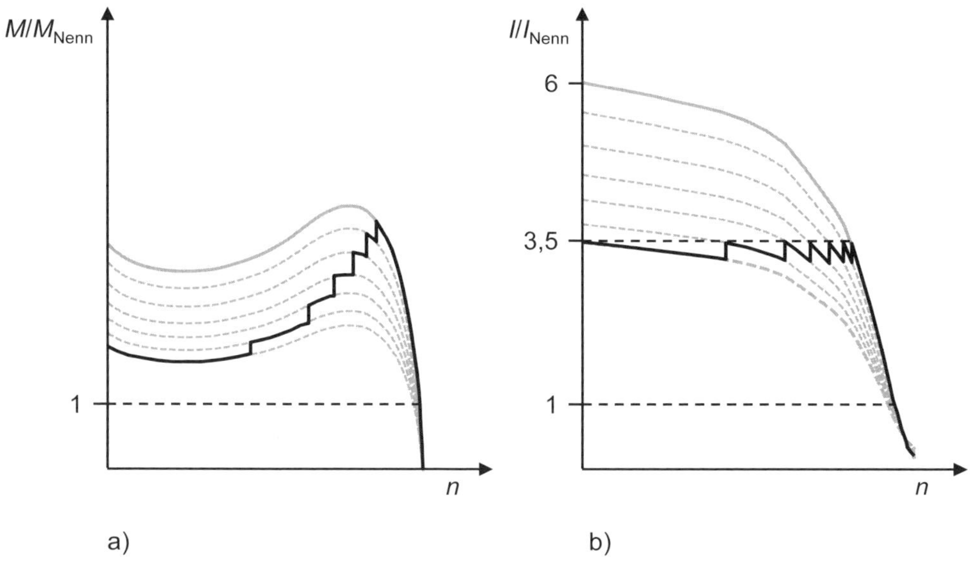

Bild 12.8 *Drehmoment- und Stromverlauf beim Anlauf eines Asynchronmotors mit Spannungsstellung an vorgegebener Stromgrenze (zur Verdeutlichung nur grobe Abstufungen dargestellt)*

Die Berechnung der Hochlaufzeit erfolgt auch in diesen Fällen wieder mit dem grafisch-rechnerischen Verfahren (Abschnitt 12.1.1). In Bild 12.8 ist ein Drehmoment- und Stromverlauf dargestellt, wenn während des Anlaufs zum Beispiel eine bestimmte Stromgrenze nicht überschritten werden darf.

12.2.3 Anlauf und Drehzahlstellung mit Läufervorwiderständen

Hinweis

Berechnungstool auf **InfoClick**!

Bei besonders rauen Umgebungs- sowie schweren Anlauf- und Betriebsbedingungen kommt häufig der Drehstrom-Asynchronmotor mit Schleifringläufer zum Einsatz. Durch Zuschalten von Widerständen in den Läuferkreis besteht damit die Möglichkeit, Einfluss auf den Verlauf der Drehmomentkennlinie zu nehmen. Die großen Vorteile dieser Methode sind:

- Erhöhung des Anlaufmomentes bis zum Kippmoment,
- gleichzeitige Verringerung des Anlaufstromes,
- lastabhängige Einstellung der Drehzahl möglich,
- Verlagerung der Verlustwärme aus dem Läufer in die externen Zusatzwiderstände während des Anlaufs.

Die mit einer relativ einfachen und robusten Technik erreichbaren Vorteile sind auch heute noch Treiber für den Einsatz dieser Antriebsart – trotz der fortschreitenden Umrichtertechnik.

Im Folgenden wird beschrieben, wie die Widerstände auszulegen sind, um ein bestimmtes Anlaufverhalten zu erreichen.

Mit zusätzlichen Widerständen R_{2v} im Läuferkreis der Drehstrom-Asynchron-Schleifringläufermaschine lässt sich jedes Drehmoment von seinem ursprünglichen Schlupfwert s auf einen neuen Schlupfwert s^* verschieben. Bild 12.9 zeigt die Auswirkung auf die Kennlinie.

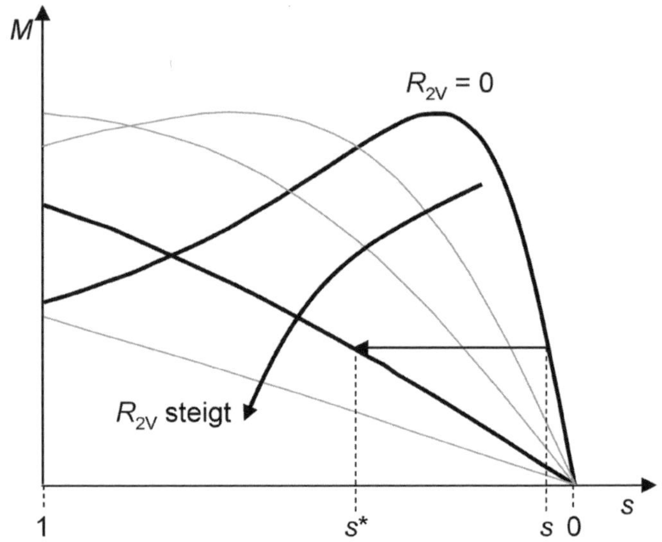

Bild 12.9 *Neigung der Drehmomentkennlinie des Drehstrom-Asynchron-Schleifringläufermotors mittels Läufervorwiderständen*

Der neue Schlupf s^* bei Zuschalten eines zusätzlichen Widerstandes R_{2v} in den Läuferkreis ergibt sich zu:

$$s^* = s \cdot \left(1 + \frac{R_{2v}}{R_2}\right)$$

Der erforderliche Zusatzwiderstand R_{2v} für einen gewünschten Schlupf s^* ergibt sich durch Umstellung der Formel

$$R_{2v} = R_2 \cdot \left(\frac{s^*}{s} - 1\right)$$

Um nun den Anlauf der Maschine mit dem grafisch-rechnerischen Verfahren (Abschnitt 12.1.1) zu bestimmen, kann man sich näherungsweise mit Hilfe der Kloßschen Gleichung die Drehmomentkennlinien zeichnen.

Als Erstes wird die Originalkennlinie des Motors, ohne Zusatzwiderstand, gezeichnet:

$$M = f(s) = \frac{2 \cdot M_K}{\frac{s}{s_K} + \frac{s_K}{s}}$$

Nun wird mit dem zuvor berechneten Zusatzwiderstand R_{2v} der neue Kippschlupf berechnet:

$$s_K^* = s_K \cdot \left(1 + \frac{R_{2v}}{R_2}\right)$$

und es kann die neue Drehmomentkennlinie, jetzt mit Zusatzwiderstand, gezeichnet werden:

$$M = f(s) = \frac{2 \cdot M_K}{\frac{s}{s_K^*} + \frac{s_K^*}{s}}$$

Um ein bestimmtes gefordertes Anlaufverhalten eines Asynchronmotors mit Schleifringläufer mittels Zusatzwiderständen zu erreichen, wird der Widerstand (pro Läuferphase) in mehreren Stufen nacheinander immer mehr verringert, bis schließlich die Läuferwicklung an den Schleifringen mit den Anschlüssen k, l, m, kurzgeschlossen ist und nur noch der Läuferwiderstand R_2 wirkt. Das Prinzip ist in Bild 12.10 dargestellt.

Hinweis

Siehe Berechnungsbeispiel in Abschnitt 15.9.

Die Kennlinie kann somit den in Bild 12.11 gezeigten Verlauf annehmen.

Bei der Berechnung der Widerstände, der Festlegung der Anzahl von Schaltstufen und den Umschaltzeitpunkten ist zu beachten, dass zum Schutz der Mechanik keine zu hohen Drehmomentspitzen auftreten. Auf der anderen Seite sollte mit genügendem Abstand zum Lastmoment geschaltet werden, um den Hochlauf nicht unnötig lange zu verzögern, was durch ungünstige Netzverhältnisse (geringere Netzspannung) wegen $M \sim U^2$ verstärkt wird.

TIPP

Beim Auslegen des Widerstandes sollte man zusätzliche Anzapfungen zwischen den berechneten Widerstandswerten vorsehen, um später auf geänderte Verhältnisse flexibel reagieren zu können.

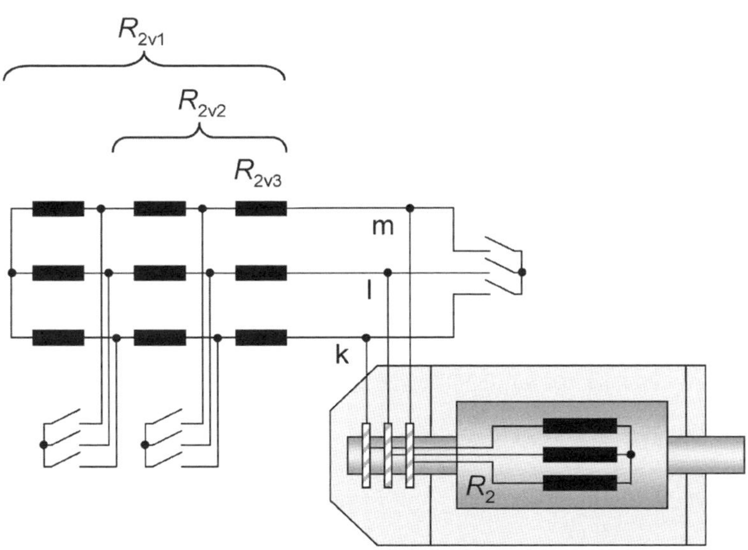

Bild 12.10 *Prinzipdarstellung des Anlassens mit Läufervorwiderständen*

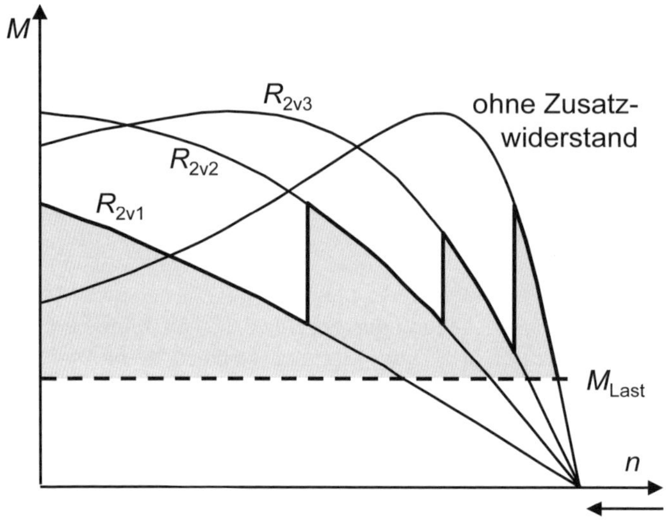

Bild 12.11
Hochlaufkennlinie eines Asynchronmotors mit Schleifringläufer über stufenweise geschaltete Widerstände (R_{2v1} bis R_{2v3}) bis zur Kennlinie ohne Zusatzwiderstand

12.3 Verlustenergie bei Anlauf, Reversieren und Gegenstrombremsen

Anlauf, Gegenstrombremsen und Reversieren stellen für den Drehstrom-Asynchronmotor eine hohe thermische Belastung dar.

Unter Anlauf versteht man den Vorgang, wenn der Asynchronmotor von Drehzahl Null durch Zuschalten der Netzspannung mit Nennfrequenz auf seine Betriebsdrehzahl beschleunigt. Gegenstrombremsen liegt vor, wenn der laufende Motor vom Netz getrennt wird, zwei Zuleitungen vertauscht werden und dann wieder zugeschaltet wird. Dabei dreht der Läufer zunächst in seine ursprüngliche Richtung, wird aber durch das nun gegenläufige Ständerfeld stark abgebremst. Ist der Motor auf Drehzahl Null gebremst, wird er vom Netz getrennt.

Unter Reversieren versteht man das Umschalten der Drehrichtung. Reversieren setzt sich aus der unmittelbaren Abfolge einer Gegenstrombremsung und eines Anlaufs zusammen. Die laufende Maschine wird also vom Netz getrennt, zwei Zuleitungen vertauscht und wieder zugeschaltet.

Die bei solchen Vorgängen vom Motor aufgenommene Energie teilt sich auf für

- die Überwindung des Lastmomentes,
- die Änderung kinetischer Energie,
- die Deckung der Verluste.

Die Stromwärmeverluste sind dabei sehr groß, weil der Motor für diese nichtstationären Vorgänge sehr hohe Ströme aufnimmt. Die Leerlaufverluste werden für die nachfolgenden Betrachtungen vernachlässigt.

Ohne die Berücksichtigung des Lastmomentes beträgt die Verlustenergie für einen nicht stationären Vorgang:

$$E_V = \left(1 + \frac{R_1}{R'_2}\right) \cdot \frac{J_{ges} \cdot \omega_{syn}^2}{2} \cdot \left(s_a^2 - s_e^2\right)$$

Dabei werden über den Faktor

$$\left(1+\frac{R_1}{R'_2}\right)$$

die Verlustanteile von Stator und Rotor ausgedrückt. Der Faktor

$$\left(s_a^2 - s_e^2\right)$$

berücksichtigt, in welchem Schlupfbereich der nichtstationäre Vorgang stattfindet. Betrachtet man die Werte für den Schlupf s_a am Anfang und s_e am Ende des Vorganges, wie in Tabelle 12.2 dargestellt, so erkennt man, dass die Verlustenergie ohne Berücksichtigung des Lastmomentes beim Gegenstrombremsen drei Anläufen und bei einem Reversiervorgang vier Anläufen entspricht.

Tabelle 12.2 *Schlupfwerte für Anlauf, Gegenstrombremsen und Reversieren*

Vorgang	s_a	s_e	$s_a^2 - s_e^2$
Anlauf	1	0	1
Gegenstrombremsen	2	1	3
Reversieren	2	0	4

Soll für die Betrachtung der Verlustenergie nichtstationärer Vorgänge der Einfluss des Lastmomentes mitberücksichtigt werden, so wird für eine praktikable Berechnung in der Praxis angenommen, dass das Lastmoment konstant ist und die Motorkennlinie durch zwei Geraden ersetzt wird. Bild 12.12 zeigt die Kennlinien dazu.

Mit Berücksichtigung des Lastmomentes beträgt die Stromwärmeverlustenergie für einen nichtstationären Vorgang:

$$E_V = \left(1+\frac{R_1}{R'_2}\right)\cdot\frac{J_{ges}\cdot\omega_{syn}^2}{2}\cdot\frac{s_a^2 - s_e^2}{1 \pm M_{Last}/M_{Mot\_neu}}$$

Das Pluszeichen gilt dabei für Gegenstrombremsen, in diesem Fall «hilft» das Lastmoment beim Abbremsen und vernichtet einen Teil der kinetischen Energie. Das Minuszeichen ist für einen Anlauf einzusetzen, hier fordert das Lastmoment zusätzlich Energie.

Bei einem Reversiervorgang müssen beide Verlustenergien, für Gegenstrombremsen und für Anlauf, getrennt berechnet und anschließend addiert werden.

Für überschlägige Berechnungen, um zum Beispiel einen Vergleich der Verlustenergie von verschiedenen Anlaufverfahren zu machen, wird häufig nur die Läuferverlustenergie für einen reinen Trägheitsmomentanlauf ohne Lastmoment betrachtet. Die Läuferverlustenergie ist am Ende des Anlaufs gleich der in den bewegten Massenträgheitsmomenten gespeicherten kinetischen Energie:

$$E_{VA\_Leer} = \frac{J_{ges}\cdot(2\cdot\pi\cdot n)^2}{2}$$

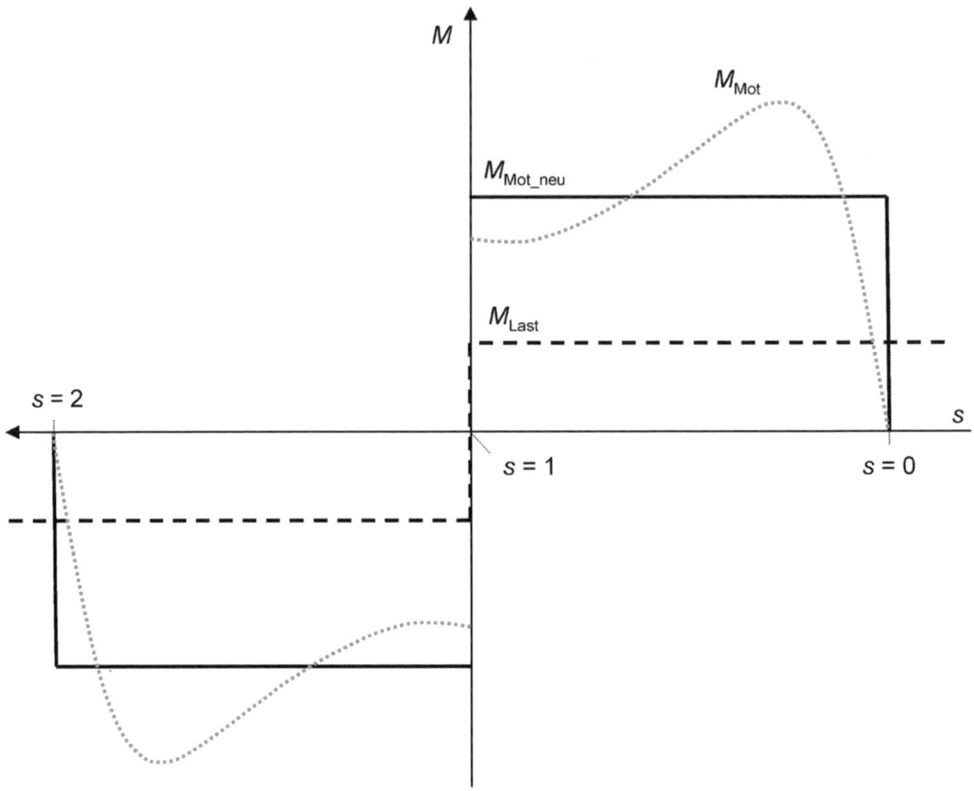

Bild 12.12 *Vereinfachung der Kennlinie der Asynchron- und der Arbeitsmaschine für Anlauf, Gegenstrombremsen und Reversieren*

Verdeutlicht wird dies in Bild 12.13. Die Energie im Rotor ergibt sich aus der Fläche unter der Funktion der Luftspaltleistung während der Anlaufzeit.

Die Luftspaltleistung wird vom Ständer auf den Rotor übertragen und teilt sich auf in die mechanische Leistung zum Beschleunigen des gesamten Massenträgheitsmomentes und die Verlustleistung im Läufer.

$$P_{\text{Luftspalt}} = M \cdot \omega_{\text{syn}} = P_{\text{mech}} + P_{\text{V\_Läufer}}$$

Darin sind:

$$P_{\text{mech}} = M \cdot \omega = P_{\text{Luftspalt}} \cdot (1-s)$$

und

$$P_{\text{V\_Läufer}} = M \cdot \omega_{\text{syn}} \cdot s = P_{\text{Luftspalt}} \cdot s$$

Ist die Asynchronmaschine als polumschaltbarer Motor ausgelegt, kann man über einen gestuften Anlauf die Entstehung von Verlustenergie vermindern. Möchte man die Maschine mit der hohen Drehzahl betreiben und würde man diese direkt einschalten, entstehen entsprechend Bild 12.14 hohe Verluste im Läufer, weil die Winkelgeschwindigkeit des Drehfeldes hoch ist.

Bild 12.13
Aufteilung der Energie während des Anlaufs am Netz

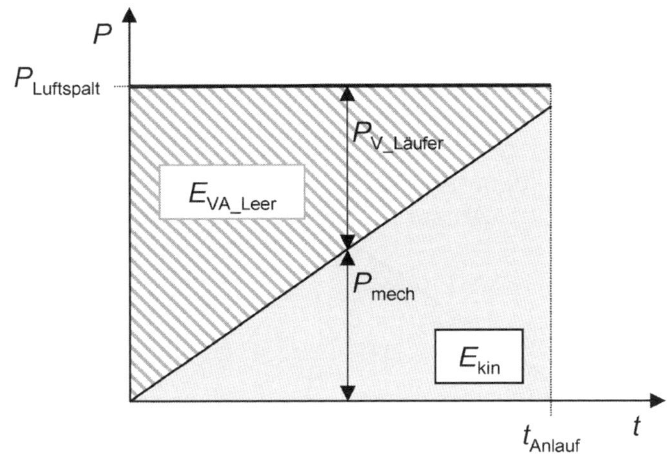

Schaltet man jedoch zuerst die kleine Drehzahl ein und nach erfolgtem Hochlauf auf die hohe Drehzahl um, entstehen wesentlich geringere Verluste.

Bild 12.14 veranschaulicht diesen Sachverhalt prinzipiell für einen 8/4-poligen Motor.

Die Ausnutzung des gestuften Anlaufs mittels polumschaltbaren Motoren ist dann sinnvoll, wenn es sich um Anwendungen mit hohen Trägheitsmomenten handelt bzw. wenn dieser Motortyp aus prozessbedingten Gründen ohnehin zum Einsatz kommt.

Eine weitaus größere Reduzierung der Verlustenergie beim Anlauf ist durch den Einsatz von frequenzgesteuerten oder -geregelten Antrieben möglich. Da hierbei die Winkelgeschwindigkeit des Drehfeldes nur geringfügig größer als die mechanische Winkelgeschwindigkeit des Läufers gehalten wird, sind auch die Verluste entsprechend gering. Bild 12.15 zeigt den prinzipiellen Verlauf.

Bild 12.14
Aufteilung der Energie während des gestuften Anlaufs eines polumschaltbaren Motors am Netz

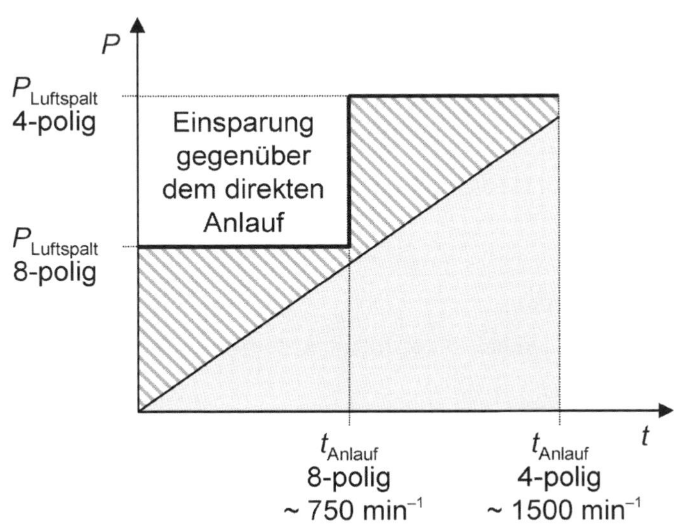

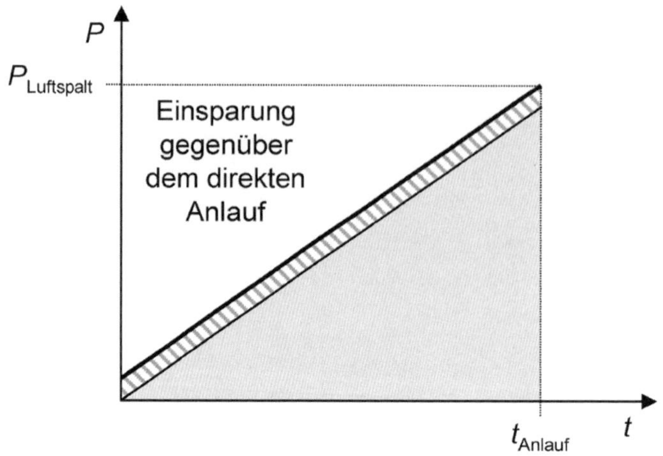

Bild 12.15
Aufteilung der Energie während des Anlaufs eines Motors am Frequenzumrichter

12.4 Zulässige Schalthäufigkeit für S1-Motoren

Durch die hohen Verluste beim Reversieren hat der Asynchronmotor nach einer bestimmten Anzahl von Reversierungen seine zulässige Grenzübertemperatur erreicht. Die Anzahl der Reversiervorgänge des unbelasteten Motors ohne zusätzliche Massenträgheiten, die zum Erreichen seiner zulässigen Grenzübertemperatur führen, wird als zulässige Leerschalthäufigkeit z_0 bezeichnet.

Ein Reversiervorgang setzt sich aus der unmittelbaren Abfolge von Gegenstrombremsen und Anlauf zusammen.

Die zulässige Leerschalthäufigkeit wird durch bestimmte Einflussfaktoren vermindert:

- Zum einen müssen zusätzliche Massenträgheiten berücksichtigt werden, die die Dauer des Anlaufvorganges verlängern. Dies wird über den Trägheitsmomentfaktor (Factor of inertia) ausgedrückt:

$$FI = \frac{J_{Mot} + J_{ext}}{J_{Mot}}$$

- Weiterhin muss die zusätzliche Belastung durch das Lastmoment während des Anlaufs berücksichtigt werden:

$$f_M = 1 - \frac{M_{Last}}{M_{Nenn}}$$

- Die Belastung des Motors während der Arbeitsphase wird über den Faktor

$$f_P = 1 - \left(\frac{P_{Last}}{P_{Nenn}}\right)^2$$

berücksichtigt.

Die erreichbare Schalthäufigkeit des Motors ist unter Berücksichtigung der Faktoren dann:

$$z = z_0 \cdot \frac{1}{FI} \cdot f_M \cdot f_P$$

Wenn das Lastmoment gleich dem Nennmomentes des Motors ist, wird die zulässige Schalthäufigkeit sogar null.

Wenn der Bremsvorgang den Motor thermisch nicht beeinflusst, zum Beispiel beim mechanischen Bremsen oder wenn der Motor einfach austrudeln kann, wird die Leerschalthäufigkeit z_0 durch die Anlaufhäufigkeit z_A in den o.a. Formeln ersetzt. Die Anlaufhäufigkeit ist theoretisch um den Faktor 4 höher als die Leerschalthäufigkeit (vgl. Abschnitt 12.3). In der Praxis liegen die Werte meist bei ca.

$$z_A \approx 2{,}5 \cdot z_0$$

12.5 Berechnung der erforderlichen Motornennleistung bei verschiedenen Betriebsarten

12.5.1 S1-Motoren

Motoren, die für die Betriebsart S1 ausgewiesen sind, können auch für andere Betriebsarten eingesetzt werden. Dazu muss das Lastspiel der von S1 abweichenden Betriebsart auf einen äquivalenten Dauerbetrieb umgerechnet werden (siehe auch Abschnitt 1.6).

Konstante Last mit S1-Motor

Die zeitlich konstante Belastung (Bild 12.16) stellt den Standardfall für S1-Motoren dar.

Die erforderliche Nennleistung für einen S1-Motor ergibt sich zu:

$$P_{Nenn\_S1} \geq M \cdot 2 \cdot \pi \cdot n$$

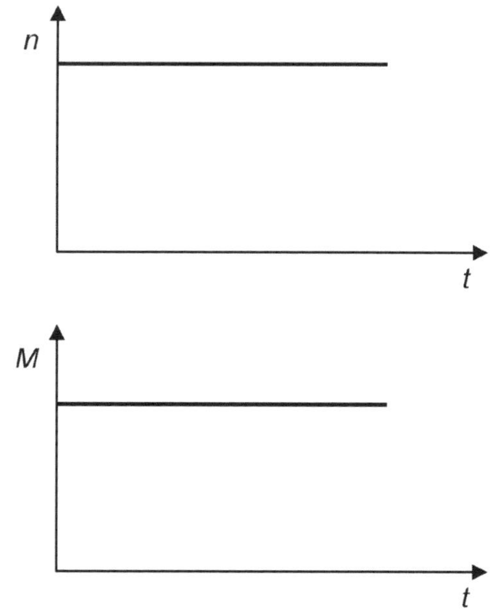

Bild 12.16
Zeitlich konstante Belastung

Periodische Last mit S1-Motor

Wenn die Zykluszeit einer periodisch wechselnden Belastung sehr viel kleiner als die thermische Zeitkonstante des Motors ist:

$$t_{zyk} \ll \tau_{Mot\_S1}$$

kann zur Vereinfachung angenommen werden, dass der Temperaturanstieg im Motor wenig von einer einfachen e-Funktion abweicht. Bild 12.17 zeigt dafür den Drehzahl- und den Drehmomentverlauf. Dieser tritt beispielsweise während einer Umdrehung bei der Schubkurbelmechanik (Abschnitt 4.8) auf.

Zur Berechnung kann nun das Effektivmoment des Lastspiels herangezogen werden:

$$P_{Nenn\_S1} \geq M_{eff} \cdot 2 \cdot \pi \cdot n$$

Weiterhin muss das maximal erforderliche Drehmoment der Anwendung sicher vom Motor aufgebracht werden können:

$$M_{max\_S1} \geq M_{max}$$

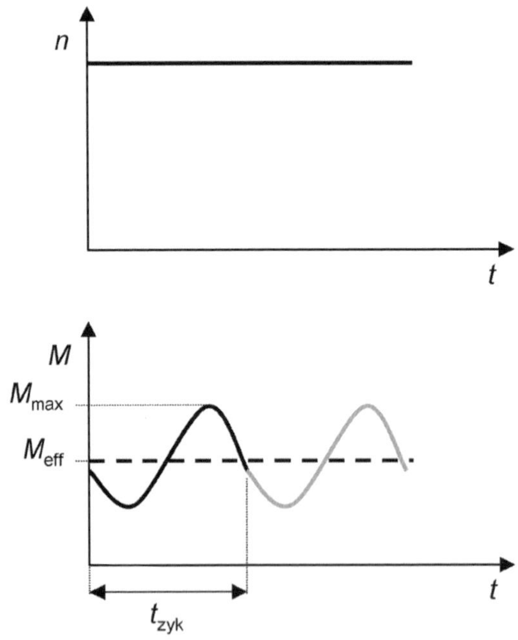

Bild 12.17
Periodisch wechselnde Belastung

Aussetzende Last mit S1-Motor

Der Drehzahl- und Drehmomentverlauf (Bild 12.18) ähnelt dem einer periodisch wechselnden Belastung mit dem Unterschied, dass der Motor in den Pausenzeiten ausgeschaltet ist. Damit ändern sich während der Pausenzeiten die Belüftungsverhältnisse, und der Abkühlungsvorgang wird nicht mehr durch die thermische Zeitkonstante τ, sondern durch die Stillstandszeitkonstante τ_{St} bestimmt. Die Zeitkonstante τ bestimmt jetzt nur noch den Erwärmungsvorgang.

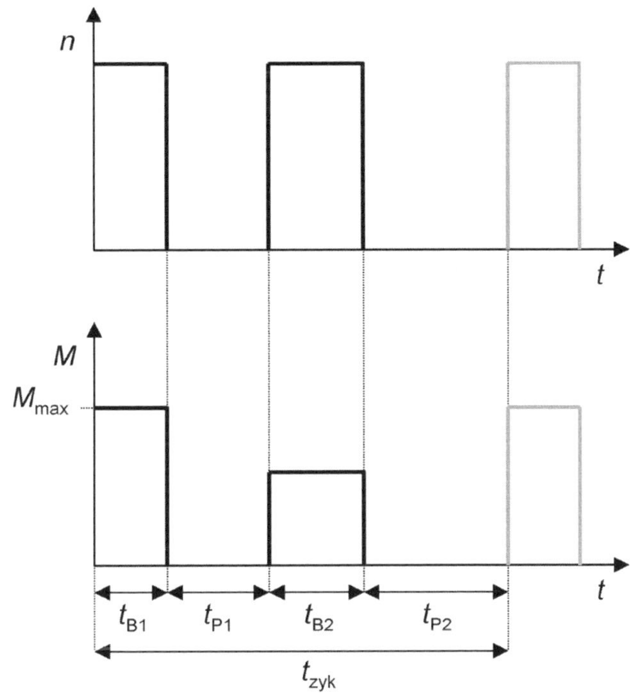

Bild 12.18
Aussetzbetrieb

Um die erforderliche Leistung eines S1-Motors für den Einsatz in diesem Anwendungsfall bestimmen zu können, muss das Lastspiel wieder auf eine zeitlich konstante Ersatzlast umgerechnet werden. Dafür ist es aber notwendig, den Abkühlungsvorgang so umzurechnen, als ob dabei die Zeitkonstante τ wirken würde. Dies wird mit einer rechnerischen Reduzierung der Pausenzeiten t_P erreicht. Die für die Berechnung reduzierte Pausenzeit ergibt sich nach:

$$t'_P = t_P \cdot \frac{\tau}{\tau_{St}}$$

und damit die zur Berechnung des Effektivmomentes benötigte reduzierte Zykluszeit zu:

$$t'_{zyk} = \Sigma t_{Bi} + \Sigma t'_{Pi}$$

Bild 12.19 zeigt dafür den neuen Verlauf von Drehzahl und Drehmoment mit den reduzierten Pausenzeiten.

Die erforderliche Leistung eine S1-Motors ergibt sich nun aus

$$P_{Nenn\_S1} \geq M_{eff} \cdot 2 \cdot \pi \cdot n$$

Auch hier muss wieder sichergestellt sein, dass das maximal erforderliche Drehmoment der Anwendung sicher vom Motor aufgebracht werden kann:

$$M_{max\_S1} \geq M_{max}$$

Dieser Berechnungsvorgang kann auch angewendet werden, wenn es sich um eine Anwendung entsprechend der Betriebsart S3 handelt.

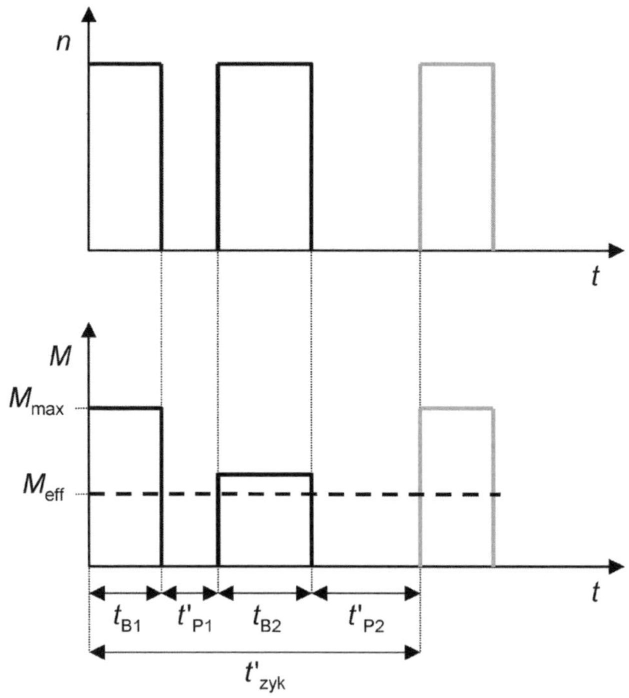

Bild 12.19
Aussetzbetrieb mit reduzierten Pausenzeiten und reduzierter Zykluszeit

Kurzzeitlast mit S1-Motor

Beim Kurzzeitbetrieb wird der Motor während der Betriebszeit t_B belastet. Der thermische Beharrungszustand wird jedoch nicht erreicht, und die nachfolgende Pause ist von so langer Dauer, dass sich der Motor wieder auf seine Umgebungstemperatur abkühlt. In Bild 12.20 ist der Verlauf von Drehzahl und Drehmoment für diesen Fall dargestellt.

Wenn man einen S1-Motor nur kurzzeitig für die Zeit t_B mit seiner Nennleistung belastet, würde der Motor nach dieser Zeit seine zulässige Übertemperatur noch nicht erreicht haben. Ideal ausgenutzt wäre der Motor dann, wenn er nach der Betriebszeit t_B seine zulässige Übertemperatur erreicht hat. Deshalb kann er für diese Zeit höher – mit der Kurzzeitleistung P_K – belastet werden. Die zulässige Vergrößerung der Verlustleistung, die auch eine Erhöhung der Erwärmung verursacht, wird über den Faktor

$$q = \frac{1}{1 - e^{-\frac{t_B}{\tau}}}$$

ausgedrückt.

Ist weiterhin das Verhältnis der Leerlauf- zu den Lastverlusten

$$k = \frac{P_{V\_Leer}}{P_{V\_Last}}$$

bekannt, kann die erforderliche Nennleistung eines für S1-Betrieb bemessenen, aber mit P_K belasteten Motors wie folgt ermittelt werden:

$$P_{Nenn\_S1} = \frac{P_K}{\sqrt{q \cdot (1+k) - k}}$$

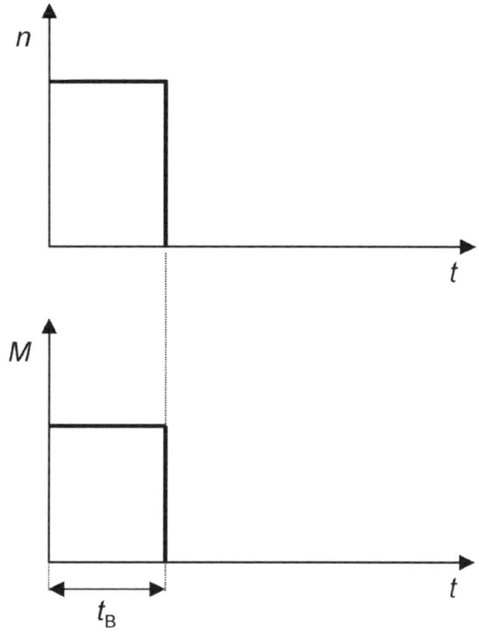

Bild 12.20
Kurzzeitbetrieb

Es muss sichergestellt werden, dass der Motor nach der Zeit t_B abgeschaltet wird und er sich wieder auf seine Umgebungstemperatur abkühlen kann.

Die Werte für die thermische Zeitkonstante τ und für das Verlustverhältnis k müssen aus den technischen Datenblättern der Hersteller entnommen werden.

12.5.2 S2-Motoren

Die für Betriebsart S2 bemessenen Motoren sind mit der zusätzlichen Angabe einer Betriebszeit versehen. Auch hier findet man Werte für genormte Betriebszeiten t_{BN} in den Herstellerangaben.

Falls es sich bei dem vorhandenen Lastspiel um einen Kurzzeitbetrieb mit zeitlich veränderlicher Belastung handelt, muss es auf eine zeitlich konstante Ersatzlast während der Betriebszeit t_B umgerechnet werden. In Bild 12.21 sind dazu alle Größen zu sehen.

Die erforderliche Leistung eines S2-Motors ist dann:

$$P_{Nenn\_S2} \geq \sqrt{\frac{t_B}{t_{BN}}} \cdot M_{eff\_S2} \cdot 2 \cdot \pi \cdot n$$

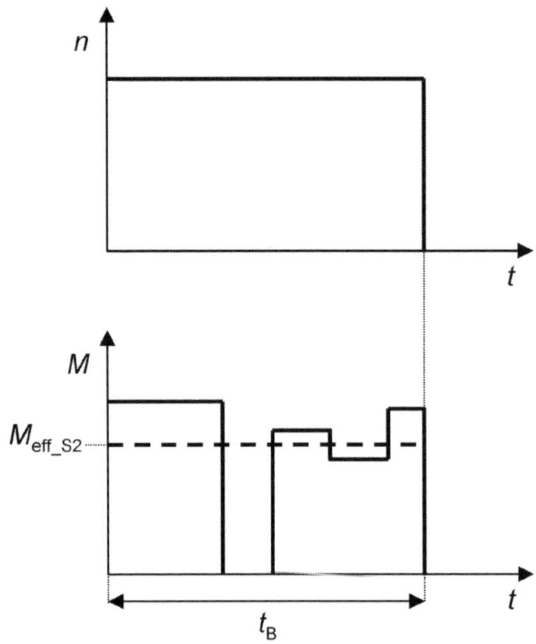

Bild 12.21
Kurzzeitbetrieb mit veränderlicher Belastung

12.5.3 S3-Motoren

Motoren, die speziell für den S3-Betrieb bemessen sind, werden zusätzlich auf dem Leistungsschild mit der relativen Einschaltdauer ED [%] gekennzeichnet. Meistens findet man Werte für genormte Einschaltdauern von ED_N = 15%, 25%, 40% oder 60%. In den wenigsten Fällen stimmt die tatsächlich vorhandene Einschaltdauer ED_t damit überein. Ein typischer Belastungsfall, wie er in der Bild 12.22 gezeigt ist, muss nun auf eine genormte Einschaltdauer umgerechnet werden, damit man den entsprechenden S3-Motor auswählen kann.

Dazu wird das Lastspiel entsprechend Bild 12.23 so umgewandelt, dass zunächst alle Belastungsphasen nacheinander folgen und sich danach die Summe aller Pausenzeiten anschließen.

Für die Ermittlung des Effektivmomentes ist zu beachten, dass es nicht über die gesamte Zykluszeit, sondern nur für die Betriebszeit berechnet wird.

Mit der tatsächlich vorhandenen Einschaltdauer:

$$ED_t = \frac{\sum t_B}{t_{zyk}} \cdot 100\%$$

berechnet sich nun die erforderliche Leistung eine S3-Motors zu:

$$P_{Nenn\_S3} \geq \sqrt{\frac{ED_t}{ED_N}} \cdot M_{eff\_S3} \cdot 2 \cdot \pi \cdot n$$

Bild 12.22
Aussetzbetrieb

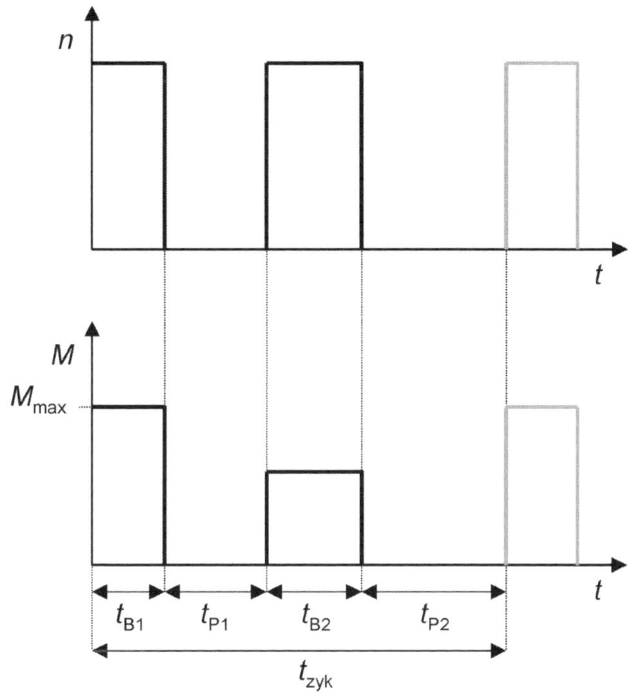

Bild 12.23
Umgewandeltes Lastspiel für Aussetzbetrieb zur Ermittlung des Effektivmomentes für die Betriebszeit

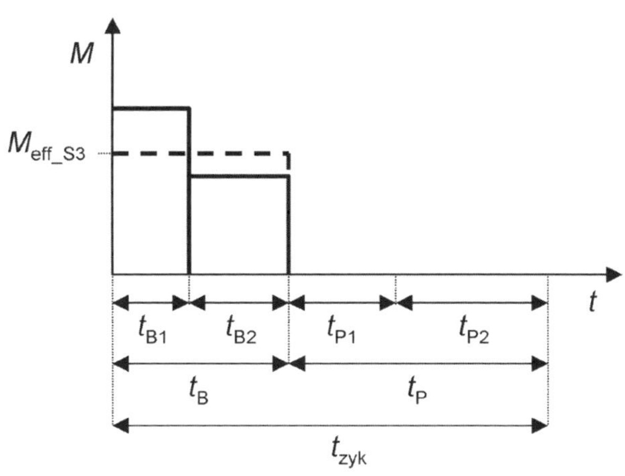

In Kürze

Die vorgestellten Berechnungen bieten für die Dimensionierung direkt am Netz betriebener Asynchronmotoren bzw. für die Auslegung des gesteuerten Anlaufs und / oder Betriebs pragmatische Ansätze. In den meisten Fällen können diese mittels der im Katalog angegebenen Motordaten relativ einfach angewendet werden.

13 Projektierungshinweise

Auch wenn der Antrieb rein rechnerisch richtig dimensioniert wurde, können unter ungünstigen Umständen im späteren Betrieb Probleme auftreten. Mit Kenntnis verschiedener Ursachen können die daraus resultierenden Fehler vermieden werden. Weitere Hinweise und Erklärungen auf zusätzliche Sachverhalte schärfen den Blick über die eigentliche Antriebsauslegung hinaus.

13.1 Fehlervermeidung

Bei der Antriebsauslegung können unter anderem Fehler entstehen, wenn

- aufgrund zu vieler unbekannter Größen falsche Annahmen für die Antriebsauslegung getroffen werden,
- Reservezuschläge zu hoch oder zu niedrig angesetzt werden,
- vom Normalbetrieb abweichende Zustände nicht berücksichtigt werden,
- keine ausreichende Kenntnis über das Verhalten der Komponenten vorhanden ist.

Die nachfolgend aufgeführten Punkte stellen eine Zusammenfassung typischer Fehlerquellen dar.

Betrieb bei kleinen Ausgangsfrequenzen

Bei vielen Stellgeräten wird der zur Verfügung stehende Ausgangsstrom bei sehr kleinen Ausgangsfrequenzen nach einer bestimmten Zeit zum thermischen Selbstschutz reduziert. Ursache dafür ist, dass die einzelnen Brückenzweige des motorseitigen Wechselrichters über eine längere Zeit Strom führen müssen, als es bei höheren Frequenzen der Fall ist.

Gerade im Einrichtbetrieb kann es zu solchen Zuständen kommen. Der Antrieb muss über längere Zeit eine Last halten oder eine bestimmte Kraft aufbringen, was im späteren Betrieb so nicht der Fall ist. Für die Auslegung müssen also auch diese Zustände mit berücksichtigt werden.

Höhere Last bei Abnahmeprüfungen

Bei Abnahmeprüfungen für Hebezeuge müssen ggf. höhere Lasten angehoben, gehalten und gesenkt werden als die angegebene Nennlast. Auch diesen Zustand muss der Antrieb beherrschen. In den meisten Fällen ist es nicht notwendig, dass er für diesen Betriebsfall thermisch ausgelegt sein muss. Hier genügt es, wenn das Drehmoment für die Prüfung aufgebracht werden kann.

Not-Halt

Im Fall eines Not-Haltes werden in Standards und Normen bestimmte Anforderungen an die Bremszeit gestellt. Diese Bremszeiten sind meist kleiner als die Bremszyklen im normalen Betrieb und dementsprechend sind höhere Drehmomente erforderlich. Deshalb muss der Antrieb dafür genügend Drehmomentreserve haben.

Energiespeicher für Netzspannungsausfall wird nicht vorgesehen

Es gibt Maschinen, in denen sich die zu bewegenden Teile nur für kurze Zeit an einer bestimmten Position befinden dürfen. Ein unerwarteter Netzspannungsausfall kann im ungünstigsten Fall dazu führen, dass diese Position nicht mehr verlassen werden kann, wenn dafür keine Energie vorgehalten wird.

Die Energie kann in Form von elektrischer Energie in Kondensatoren im Zwischenkreis gespeichert werden.

Eine andere Möglichkeit besteht in der Nutzung mechanischer Energiespeicher. Wenn es sich um einen Verbund von Achsen handelt, kann die mechanische Energie der rotierenden Massen genutzt werden, um sie über den Zwischenkreis nach dem Netzspannungsausfall anderen Motoren zur Verfügung zu stellen. Dies geht allerdings nur, wenn nicht schon die Reibverluste im System die gespeicherte Energie aufbrauchen und für die Rückzugsbewegung somit nicht genügend übrig bleibt. Eine weitere Methode ist die Verwendung eines zusätzlichen Motors mit angebauter Schwungmasse. Der Motor wird in diesem Fall beim Anlauf der Maschine mit hochgefahren und die Schwungmasse «aufgeladen».

Hinweise zur Berechnung von Energiespeichern werden in Abschnitt 13.3 gegeben.

Magnetische Anziehungskräfte bei Linearmotoren werden nicht berücksichtigt

Zwischen dem Primär- und dem Sekundärteil von Linearmotoren herrscht eine magnetische Anziehungskraft. Da das bewegte Teil mittels Linearführungen getragen wird, muss die Anziehungskraft unter Berücksichtigung des Reibfaktors als Grundreibkraft stets mit in die Rechnung einbezogen werden.

Sind die Primärteile gegensinnig angeordnet und mechanisch gekoppelt, heben sich die Anziehungskräfte auf und müssen somit nicht berücksichtigt werden. Bei eisenlosen Linearmotoren bestehen keine Anziehungskräfte.

Drehmomentreduzierung bei Asynchronmaschine durch geringe Spannung wird nicht berücksichtigt

Das Drehmoment der Asynchronmaschine ist vom Quadrat der Spannung abhängig. In schwachen Netzen kann es vorkommen, dass über längere Zeit die Spannung im unteren Toleranzbereich liegt. Damit der Asynchronmotor auch unter diesen Umständen das geforderte Drehmoment aufbringen kann, ist hier eine entsprechende Reserve einzurechnen. In der Regel reicht es aus, wenn bei 90% der Netzspannung gerechnet wird. Dafür sind also die angegebenen Drehmomente der Asynchronmotoren auf 81% zu reduzieren.

Dieser Sachverhalt braucht bei Betrieb eines Asynchronmotors an einem Stellgerät nur bedingt berücksichtigt zu werden. Dort wird die Ausgangspannung von (nahezu) null auf den Nennwert der Motorspannung (ca. proportional mit der Drehzahl) erhöht. Eine Reduzierung des Motordrehmomentes ist erst dann erforderlich, wenn das Stellgerät aufgrund der verminderten Netzspannung die erforderliche Motorspannung nicht mehr erzeugen kann.

Ausregelzeit wird nicht berücksichtigt

Bei geregelten Antrieben in hochdynamischen Anwendungen werden hohe Anforderungen an die Positioniergenauigkeit gestellt. Um vom Stillstand in einer Position über Beschleunigung und Verzögerung zum Stillstand in eine andere Position zu gelangen, stehen oftmals weit weniger als hundert Millisekunden zur Verfügung. In Abhängigkeit von den Regelkreiseinstellungen des Stellgerätes, der erforderlichen Verzögerung und der gewünschten Positioniergenauigkeit ist dafür eine bestimmte Ausregelzeit erforderlich. Die Ausregelzeit kann also einen nicht unerheblichen Anteil am Bewegungszyklus haben und muss deshalb mitberücksichtigt werden.

Reibung wird zu hoch angesetzt

Das Thema Reibung gehört zu den schon erwähnten «weichen» Faktoren bei der Antriebsauslegung. Häufig sind die Reibwerte der tragenden und führenden Elemente nicht genau bekannt und müssen deshalb abgeschätzt werden. Der Antriebsprojektierer neigt meist dazu, die Reibverhältnisse der Maschine etwas höher anzusetzen, um genügend Sicherheit zu haben. In den motorischen Bewegungsphasen ist das zunächst nicht verkehrt. In den generatorischen Bewegungsphasen vermindert aber die zu hoch angesetzte Reibung die rechnerisch ermittelte Rückspeiseleistung. Aus diesem Grund besteht die Gefahr, dass Bremswiderstände zu klein dimensioniert werden.

Zusätzliche Kräfte / Drehmomente sind nicht genau bekannt
In vielen Maschinen gibt es eine Reihe zusätzlicher Einrichtungen, deren erforderliche Kräfte nicht genau bekannt sind. Dazu zählen zum Beispiel:

- Schleppketten für die Versorgung mit Energie und Betriebsstoffen,
- Führungsrollen,
- Abstreifer,
- Dichtungen.

Ähnlich wie bei der Reibung kann das zur Berechnung einer falschen Rückspeiseleistung führen oder es werden zu große bzw. zu kleine Antriebe ausgelegt.

Wenn gar keine Erfahrungswerte oder Vergleichswerte bekannt sind, kann ein einfacher Versuch, zum Beispiel mit Hilfe einer Federwaage an einer ähnlichen Mechanik, hilfreich sein.

Kondensator als Energiespeicher wird mit falschem Spannungshub dimensioniert
Mit einem Kondensator im Zwischenkreis eines Stellgerätes kann elektrische Energie für verschiedene Betriebsfälle vorgehalten werden. Der nutzbare Spannungshub im Zwischenkreis ist zusammen mit der Kapazität des Kondensators die wesentliche Größe dafür, wie viel Energie gespeichert werden kann. Je nachdem, ob der Bereich von der Zwischenkreis-Nennspannung bis zur Obergrenze genutzt wird (zum Beispiel als dynamischer Speicher für schnelle Start-Stopp-Bewegungen) oder der Bereich von der Zwischenkreis-Nennspannung bis zur Spannungsuntergrenze (zum Beispiel für Rückzugsbewegung nach Netzspannungsausfall) müssen die ungünstigsten Netzverhältnisse für den jeweiligen Fall angenommen werden. Wird nämlich mit zu großem Spannungshub gerechnet und sind gerade ungünstige Netzspannungsverhältnisse, kann die berechnete Kapazität unter Umständen nicht ausreichend sein.

Siehe hierzu auch die Erläuterungen in den Abschnitten 13.3 und 13.4.

Ruckbegrenzung wird nicht berücksichtigt
Wie bereits in Abschnitt 2.10 erläutert wurde, ergibt sich bei einer einfachen Ruckbegrenzung eine höhere Maximalbeschleunigung, wenn Weg und Zeit gleich bleiben sollen. Dieser Umstand sollte schon bei der Auslegung mitberücksichtigt werden. Wenn nicht, werden die geforderten Beschleunigungsmomente unter Umständen später nicht erreicht.

Massenträgheitsmoment wird bei Vergleich von Alt- und Neumotor nicht berücksichtigt
Bei der Modernisierung oder Umrüstungen von Maschinen werden häufig die veralteten Motoren gegen neue ausgetauscht. Ein einfacher Vergleich der Drehmomente der beiden Motoren alleine ist hier nicht ausreichend. Auch die Massenträgheitsmomente der Motoren müssen betrachtet werden. Hat der neue Motor ein höheres Massenträgheitsmoment als der zu ersetzende, so muss er auch ein größeres Beschleunigungsmoment aufbringen.

Lastpendeln wird nicht berücksichtigt

Insbesondere bei Kran- und Katzfahrantrieben mit hoher Traglast, aber geringer Eigenmasse, hat die Traglast eine große Rückwirkung auf die Antriebe. Durch das Pendeln der großen Lastmasse an den Seilen werden das Fahrwerk mit seiner geringen Eigenmasse und somit auch die Antriebsmotoren in oder gegen die Fahrtrichtung getrieben. Damit der Motor diesen Drehmomentstößen dynamisch gewachsen ist, wird bei solchen Anwendungen oftmals mit der 1,5...2-fachen Lastmasse in den Beschleunigungs- und Bremsphasen gerechnet.

Falsche Bewertung des Lastspiels für die Einschaltdauer des Bremswiderstandes

Würde die Einschaltdauer aus den zyklisch wiederkehrenden Bremsvorgängen der Anwendung berechnet, kann diese sich für die Auslegung des Bremswiderstandes als falsch erweisen.

Insbesondere bei Anwendungen mit Zykluszeiten, die größer als die Zykluszeit der Bremswiderstände sind, müssen diese mit ihren Belastungszyklen so in die 120 s Spieldauer des Bremswiderstandes gelegt werden, dass für den Bremswiderstand die ungünstigste Einschaltdauer berechnet wird. Bild 13.1 zeigt dies deutlich.

Nach Bild 13.1a ergibt sich während der Zykluszeit der Anwendung von 144 s eine Belastungszeit von 72 s und anschließender Pause von ebenfalls 72 s. Demnach ist die relative Einschaltdauer

$$ED = 100\% \cdot \frac{t_{ein}}{t_{zyk}} = 100\% \cdot \frac{72\ s}{144\ s} = 50\%$$

Betrachtet man jedoch die für den Bremswiderstand ungünstigste Verteilung nach Bild 13.1b, so ergibt sich:

$$ED = 100\% \cdot \frac{72\ s}{120\ s} = 60\%$$

da der Bremswiderstand während 120 s im ungünstigsten Fall 72 s belastet wird.

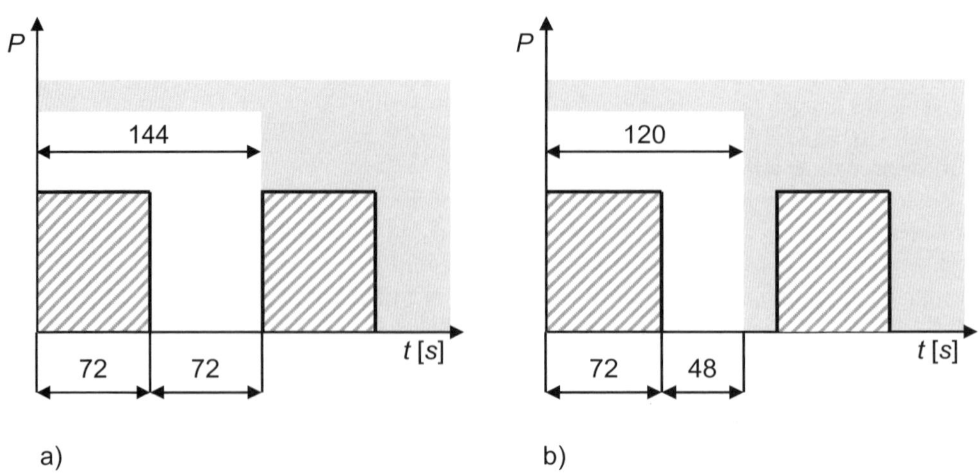

Bild 13.1 *Zyklische Belastung eines Bremswiderstandes*
a) falsche Verteilung für die Berechnung (ergibt 50% ED)
b) richtige Verteilung für die Berechnung (ergibt 60% ED)

Unsymmetrische Lastverteilung bei Portalen wird nicht berücksichtigt

Wenn die zu transportierende Last sich in der Mitte des Portals befindet, teilt sich das Drehmoment auf den linken und rechten Motor in etwa gleichmäßig auf. Steht die Last außermittig, werden die Motoren auf der einen Seite überlastet und die auf der gegenüberliegenden Seite entlastet. Bei direkt am Netz betriebenen Motoren kann man davon ausgehen, dass diese Mehrbelastung verkraftet wird, wenn es nicht dauernd auftritt. Werden die Motoren jedoch am Umrichter betrieben, sind die Verhältnisse genauer zu betrachten, da die Umrichter empfindlicher auf Überlast reagieren und zum Eigenschutz schneller abschalten, als das die Schutzeinrichtungen der Motoren bei Netzbetrieb tun (Bild 13.2).

Bild 13.2 verdeutlicht den Zusammenhang. Versorgt ein zentraler Umrichter beide Motoren, kann der Strom, der auf der entlasteten Seite nicht benötigt wird, dem höher belasteten Motor mehr zur Verfügung gestellt werden.

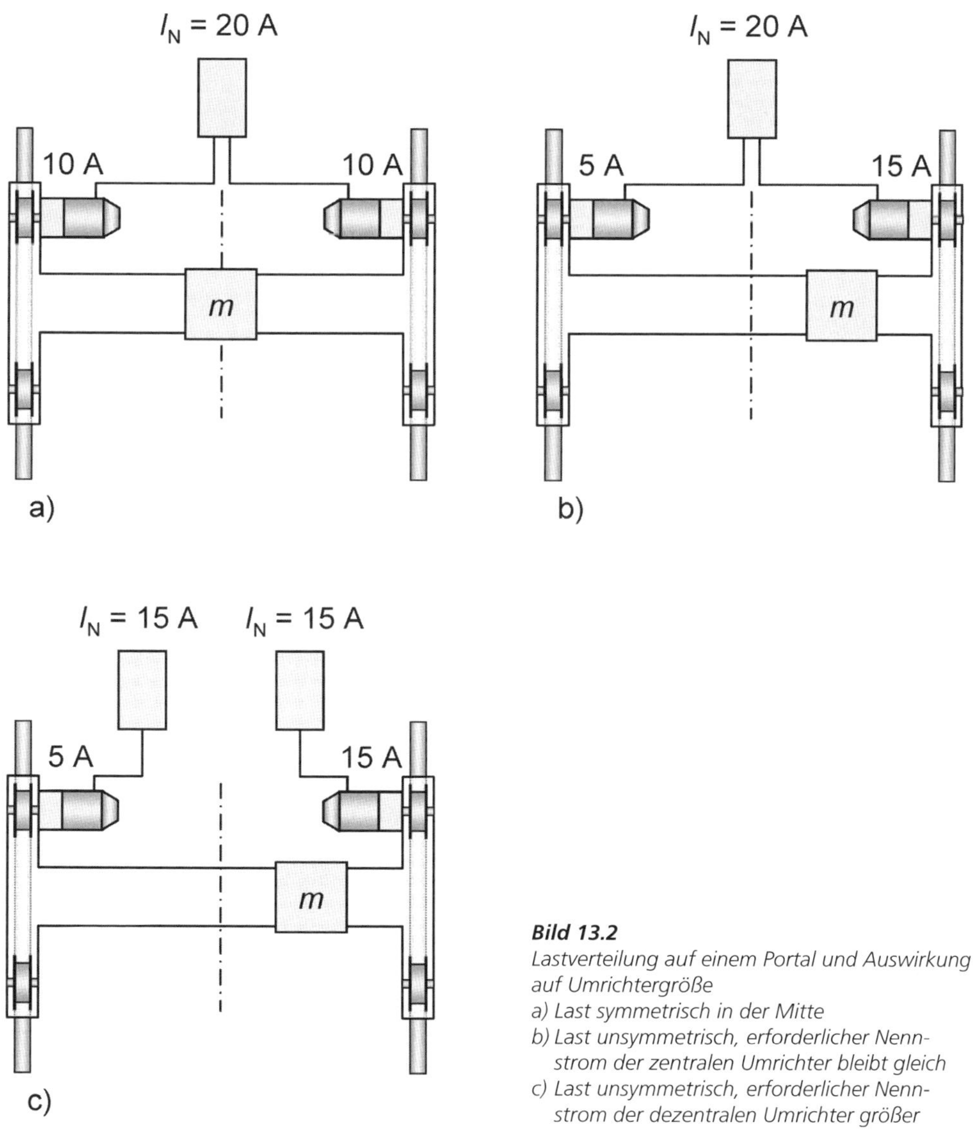

Bild 13.2
Lastverteilung auf einem Portal und Auswirkung auf Umrichtergröße
a) Last symmetrisch in der Mitte
b) Last unsymmetrisch, erforderlicher Nennstrom der zentralen Umrichter bleibt gleich
c) Last unsymmetrisch, erforderlicher Nennstrom der dezentralen Umrichter größer

Wird aber jeder Motor von einem separaten Umrichter versorgt, muss auch jeder Umrichter für die Überlast dimensioniert werden, da ein Ausgleich der Ströme nicht mehr stattfinden kann.

Durchbiegung bei Portalen wird nicht beachtet
Insbesondere bei Portalen mit großen Spannweiten kann, bedingt durch die Last, eine Durchbiegung auftreten. Das Fahrwerk muss dann gegen eine Steigung fahren. Bei der Auslegung kann dieser Sachverhalt mit Einrechnung einer geringen Steigung berücksichtigt werden.

Reduzierung der Motordaten durch zu geringe PWM-Frequenz
Bei einer zu geringen PWM-Frequenz des Umrichters kann es erforderlich sein, dass die Motordaten reduziert werden müssen. Dies kann zur Folge haben, dass entweder
- ein Motor der nächsthöheren Leistung ausgewählt werden muss
  oder
- die PWM-Frequenz des Umrichters erhöht werden muss, was zur Auswahl des nächstgrößeren Gerätes führen kann.

13.2 Leistungssteigerung durch Betrieb an höherer Eckfrequenz

Bei einer Asynchronmaschine können die Spannung und die Frequenz in einem festen Verhältnis von null bis zur Nennspannung und Nennfrequenz gesteigert werden. Bis dorthin steigt die Drehzahl proportional mit der Frequenz an, und das verfügbare Drehmoment ist annähernd konstant. Die Frequenz an diesem Punkt wird Eckfrequenz genannt. Für die Leistung bedeutet dies in etwa linearen Anstieg bis zur Nennleistung.

Wenn die maximale Spannung am Ausgang des Umrichters erreicht und eine Erhöhung nicht mehr möglich ist, kann nur noch die Frequenz gesteigert werden. Die Drehzahl steigt weiterhin proportional mit der Frequenz an, und das Drehmoment nimmt umgekehrt proportional mit der Frequenz ab. Für die Leistung bedeutet dies, dass sie ab diesem Punkt in etwa konstant bleibt. Hier setzt der sogenannte Feldschwächbetrieb ein.

Wenn die Wicklung der Asynchronmaschine für Stern und Dreieck umschaltbar ausgeführt ist und die maximale Spannung am Umrichtereingang der Spannung für die Sternschaltung entspricht, kann man bei Betrieb eines solchen Motors am Umrichter eine höhere Eckfrequenz erreichen. Dazu wird die Wicklung in Dreieck geschaltet, und die Frequenz und die Spannung werden linear bis zur Spannung für Sternschaltung erhöht.

Beispielsweise wird ein Motor mit den Betriebsspannungen 230 V Dreieck / 400 V Stern in Dreieck geschaltet. Der Verlauf der Ausgangsspannung am Umrichter wird nun so eingestellt, dass sich im 50-Hz-Punkt 230 V ergeben. Wird die Ausgangsfrequenz weiter gesteigert, erreicht sie erst bei 87 Hz die volle Höhe von 400 V (Bild 13.3).

Es muss allerdings auch beachtet werden, dass in etwa der um den Faktor Wurzel drei höhere Strom der Dreieckschaltung benötigt wird.

Damit ist in diesem Fall eine um den Faktor Wurzel drei höhere Leistung möglich, da der Bereich des konstanten Momentes um den Faktor Wurzel drei erweitert werden konnte.

Entscheidend ist immer das Verhältnis maximal mögliche Ausgangsspannung am Umrichter zu Motornennspannung. Beispielsweise könnte ein für 400 V / 50 Hz bemessener Motor mit einem Umrichter am 500-V-Netz bis zu einer Eckfrequenz = (500 V / 400 V) · 50 Hz = 62,5 Hz betrieben werden.

Hinweis
Siehe Berechnungsbeispiel in Abschnitt 15.5.

Anwendung findet diese Art des Motorbetriebes zum Beispiel dann, wenn:

- die Platzverhältnisse den Einbau eines größeren Motors nicht zulassen;
- die erforderliche Motorleistung zwischen zwei Normmotorabstufungen liegt;
- in einer bestehenden Anlage die Leistung gesteigert werden soll, aber ein Umbau der Motoren nicht erwünscht ist.

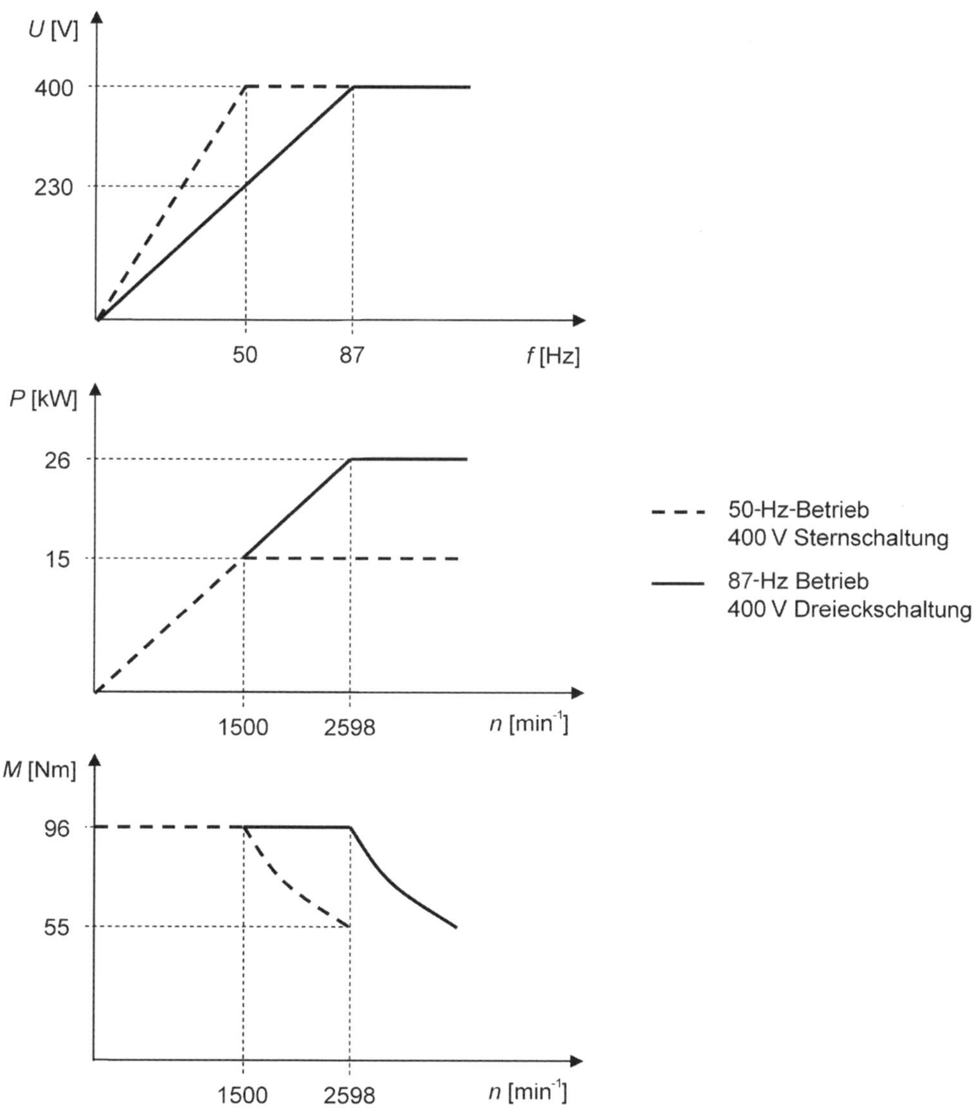

Bild 13.3 *Betrieb an verschiedenen Eckfrequenzen*

Zu beachten ist noch, dass herstellerabhängig die Drehmomente für den Betrieb an höherer Eckfrequenz geringfügig reduziert werden müssen. In Abhängigkeit von der Baugröße kommt unter Umständen auch noch eine Begrenzung der Drehzahl hinzu. Weiterhin ist mit der höheren Geräuschentwicklung zu rechnen, wenn die Belüftung des Motors über ein an der Motorwelle angebautes Lüfterrad erfolgt.

13.3 Energiespeicher für Netzspannungsausfall

Hinweis

Berechnungstool auf **InfoClick**!

Eine Möglichkeit, um nach einem Netzspannungsausfall genügend Energie für Notbewegungen zur Verfügung zu haben, besteht in der Speicherung von elektrischer Energie in k des Gleichspannungszwischenkreises des Umrichters. Entscheidend für die Höhe der speicherbaren Energie ist die Kapazität des Kondensators und der zur Verfügung stehende Spannungshub. Als Spannungshub steht die Differenz der Zwischenkreisspannung zum Zeitpunkt des Netzspannungsausfalls bis deren unteren Grenze zur Verfügung. Bild 13.4 zeigt dazu den Arbeitsbereich des Zwischenkreises und den nutzbaren Spannungshub.

Wenn zur Erzeugung der Zwischenkreis-Gleichspannung ein Brückengleichrichter verwendet wird, ist die Höhe der Gleichspannung direkt von der Netzspannung abhängig (siehe Kapitel 9). Im ungünstigsten Fall kann die Netzspannung im Augenblick des Ausfalls gerade in ihrem unteren Toleranzbereich, in der Regel nicht weniger als –10%, sein. Dies minimiert also den nutzbaren Bereich bis zur unteren Grenze und muss unbedingt bei der Dimensionierung beachtet werden. Die allgemeine Gleichung für die speicherbare Energie in einem Kondensator lautet:

$$E = \frac{C}{2} \cdot U^2$$

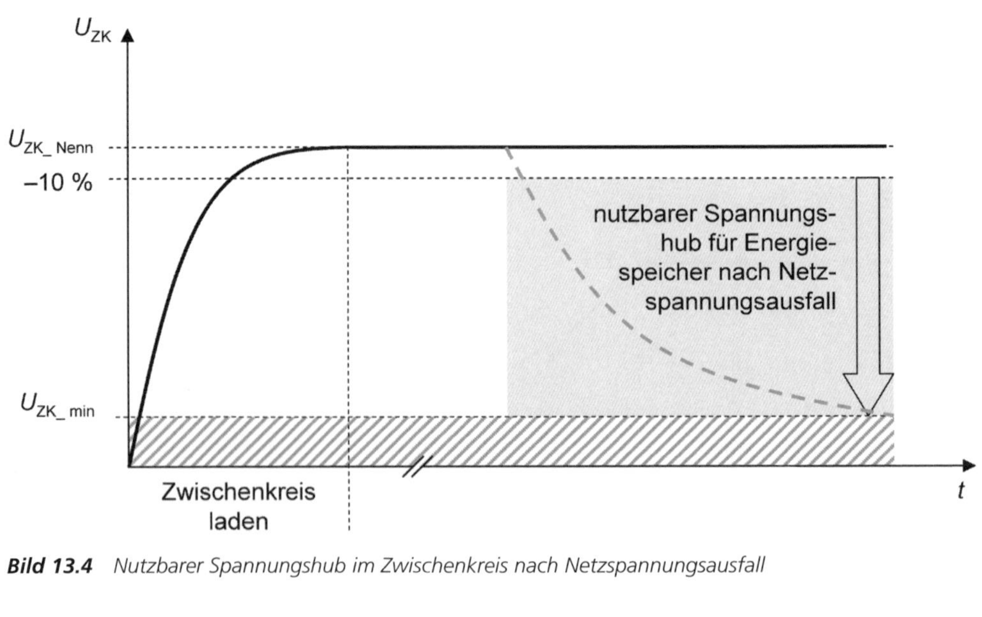

Bild 13.4 *Nutzbarer Spannungshub im Zwischenkreis nach Netzspannungsausfall*

Um die benötigte Kapazität im Zwischenkreis für die erforderliche Energie zu bestimmen, wird nun nach C umgestellt und der verfügbare Spannungshub eingesetzt:

$$C_{\mathrm{ZK}} = \frac{2 \cdot E_{\mathrm{erf}}}{\left(U^2_{\mathrm{ZK\_Nenn\text{-}10\%}} - U^2_{\mathrm{ZK\_min}}\right)}$$

ACHTUNG
Es muss die Differenz der Quadrate der Spannungslevel gebildet werden, nicht die Differenz zum Quadrat!

Reicht die im Zwischenkreis vorhandene Kapazität noch nicht aus, um die Energie zu speichern, müssen weitere externe Kapazitäten angeschlossen werden. Das Stellgerät muss dazu in der Lage sein, diese Kapazität beim Einschalten zu laden.

13.4 Energiespeicher für dynamische Anwendungen

Hinweis
Berechnungstool auf **InfoClick**!

Weitere Anwendungen für Kapazitäten als Energiespeicher im Zwischenkreis sind hochdynamische Bewegungen. Dabei werden die Massenträgheiten in zyklisch wiederkehrenden und zeitlich kurzen Abständen beschleunigt und abgebremst. Die beim Bremsen frei werdende Energie wird in den Kapazitäten zwischengespeichert und dem kurz darauf folgenden Beschleunigungsvorgang wieder zur Verfügung gestellt.

Im Gegensatz zum Energiespeicher bei Netzausfall wird hier der Spannungshub von der Zwischenkreis-Nennspannung bis zum Einschaltlevel des Bremstransistors ausgenutzt (Bild 13.5). Beim Verzögern steigt die Zwischenkreisspannung und damit die gespeicherte Energie in den Kondensatoren an und beim Beschleunigen nimmt sie wieder ab.

Die Formel zur Berechnung der benötigten Zwischenkreiskapazität lautet für diesen Fall:

$$C_{\mathrm{ZK}} = \frac{2 \cdot E_{\mathrm{erf}}}{\left(U^2_{\mathrm{Bw\_ein}} - U^2_{\mathrm{ZK\_Nenn+10\%}}\right)}$$

ACHTUNG
Es muss die Differenz der Quadrate der Spannungslevel gebildet werden, nicht die Differenz zum Quadrat!

Auch hier muss wieder das ungünstigste Spannungslevel in Betracht gezogen werden. Dies ist dann der Fall, wenn die Netzspannung in ihrem oberen Toleranzbereich, in der Regel nicht mehr als +10%, liegt und die Zwischenkreis-Gleichspannung ungeregelt, also direkt von der Netzspannung abhängig ist.

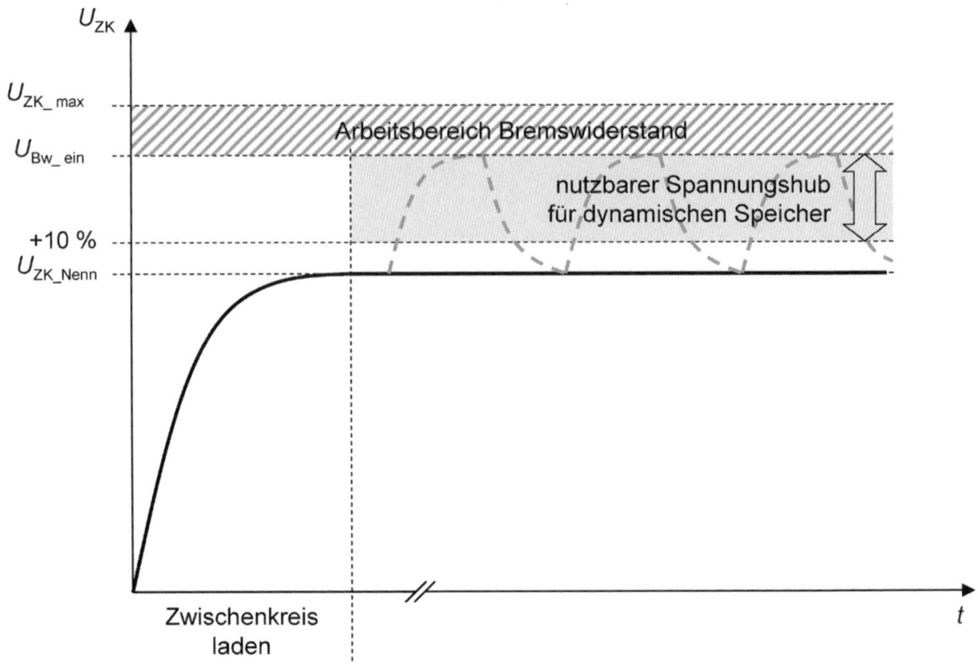

Bild 13.5 *Nutzbarer Spannungshub im Zwischenkreis für dynamische Anwendungen*

ACHTUNG
Die Ausnutzung von Kapazitäten für diesen Anwendungsfall ist nur dann möglich, wenn die Zwischenkreis-Gleichspannung ungeregelt ist. Nur so kann sich ein Spannungshub zur Energieaufnahme auf- und zur Energieabgabe abbauen.

13.5 Lastpendeln

In Abschnitt 13.1 wurde bereits auf die ungünstigen Auswirkungen von pendelnden Lasten hingewiesen. Der Pendelausschlag kann überschlägig aus der anstehenden Beschleunigung und der Erdbeschleunigung ermittelt werden.

Entgegen der Beschleunigungsrichtung wirkt die Kraft aus $m \cdot a$ (Bild 13.6). Dies ist die Trägheit der pendelnd aufgehängten Masse. Der Winkelausschlag berechnet sich zu:

$$\tan\varphi = \frac{m \cdot a}{m \cdot g}$$

Sind prozessbedingt Grenzen für den Winkelausschlag vorgegeben, kann somit die maximal mögliche Beschleunigung errechnet werden.

Bei genauerer Betrachtung erkennet man weiterhin, dass die Last eine, wenn auch minimale, Bewegung in die vertikale Richtung erfährt.

Bild 13.6
Lastpendeln

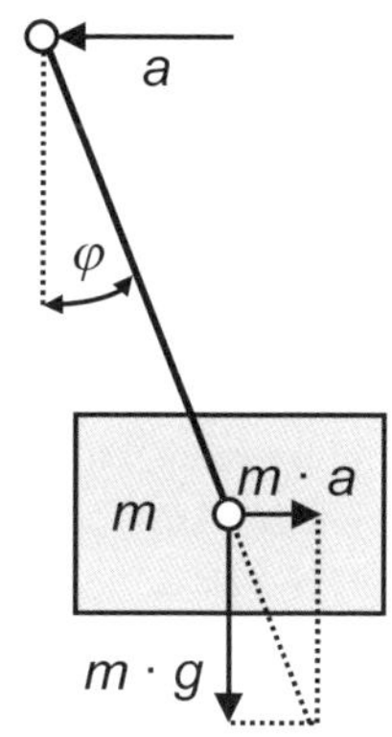

13.6 Rutschgrenze

Die Übertragung von Kräften und Drehmomenten findet bei reibschlüssigen Verbindungen nur dann vollständig statt, solange die Relativgeschwindigkeit an der Übertragungsstelle null ist.

Ist die resultierende Kraft, die aufgebracht werden muss, um die gewollte Bewegung auszuführen, größer als der Wert der Haftreibkraft, kommt es zum Durchrutschen an der Übertragungsstelle. Zwangsläufig ist damit sowohl Verschleiß als auch ein Unterschied zwischen der gewollten und der tatsächlichen Bewegung verbunden.

Bild 13.7 zeigt dies anhand eines einfachen Beispiels für ein Transportgut, das mit einer Unterlage bewegt werden soll. Bei der Beschleunigung oder Verzögerung der Unterlage muss die Trägheitskraft ($m \cdot a$) von der Unterlage auf das Transportgut übertragen werden. Dies kann nur dann erfolgen, solange die Haftreibkraft ($m \cdot \mu_0 \cdot g$) zwischen dem Transportgut und der Unterlage größer als die Trägheitskraft ist.

Um ein Durchrutschen zu vermeiden, gilt für die zulässige Beschleunigung/Verzögerung:

$$a \leq \mu_0 \cdot g$$

Auf einer geneigten Ebene kommt noch der Einfluss der Hangabtriebskraft hinzu. Darüber hinaus können noch weitere Kräfte wie zum Beispiel Prozess- oder Windkräfte wirken. Um all diese Einflussgrößen zu berücksichtigen, gilt, dass die resultierende Kraft (Abschnitt 3.20) in jeder Bewegungsphase immer kleiner als die Haftreibkraft sein muss.

$$F_{res} \leq F_{R\_Haft}$$

Bild 13.7
Rutschgrenze eines Gegenstandes auf einer ebenen Unterlage

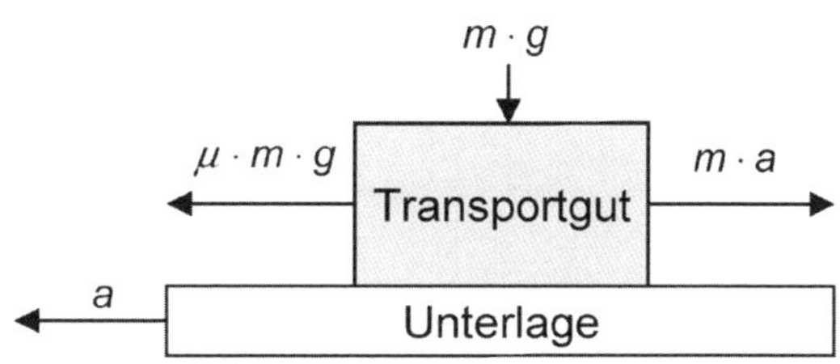

ACHTUNG
Um nicht zu nahe an der Rutschgrenze zu liegen, sollte man mit etwas Reserve rechnen, da die tatsächlichen Haftreibwerte häufig nicht ganz genau bekannt sind. Darüber hinaus können sich unter Umständen die Umwelteinflüsse (Staub, Regen ...) und somit die Haftreibwerte ändern.

Bei reibschlüssigen Fahrantrieben gilt die Betrachtungsweise analog. Die maximal vom Rad auf die Unterlage übertragbare Kraft teilt sich auf die gesamte Anzahl der tragenden bzw. stützenden Räder auf. Von diesen sind jedoch eventuell nicht alle angetrieben. In diesem Fall vermindert sich die übertragbare Kraft um den Faktor:

$$\frac{N_{Rad\_an}}{N_{Rad\_ges}}$$

13.7 Kippgrenze

Beim Transport von Gütern kann die entgegen der Beschleunigungsrichtung wirkende Kraft aus $m \cdot a$ den Körper zum Kippen bringen. In Bild 13.8 sind die Verhältnisse schematisch am Beispiel eines einfachen Quaders dargestellt. Der Schwerpunkt liegt genau in der Mitte des Quaders.

Damit es nicht zum Kippen kommt, muss die resultierende Kraft aus $m \cdot g$ und $m \cdot a$ noch innerhalb der Aufstandsfläche wirken. Der Winkel α stellt dabei den maximal möglichen Winkel dar. Er ergibt sich bei diesem Quader aus:

$$\tan\alpha = \frac{b}{h}$$

Der Winkel der resultierenden Kraft muss also kleiner sein:

$$\frac{m \cdot a}{m \cdot g} < \tan\alpha$$

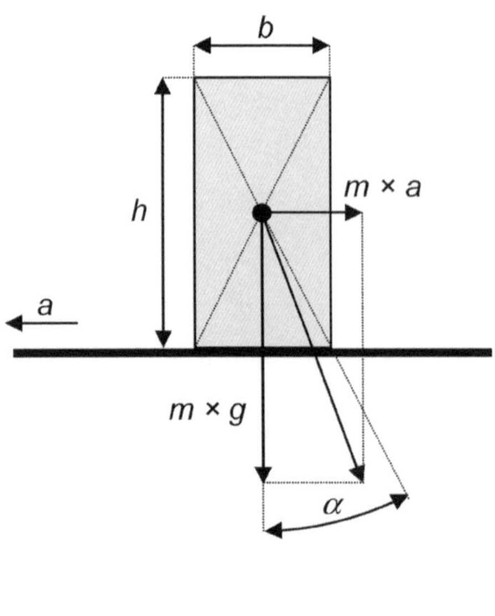

Bild 13.8
Kippen eines Gegenstandes

Damit gilt für die maximal zulässige Beschleunigung:

$a < \tan\alpha \cdot g$

Wenn der Körper auf einer geneigten Ebene transportiert wird, ist zu beachten, dass die Gewichtskraft nicht mehr senkrecht auf die Aufstandsfläche wirkt. Weiterhin ist die genaue Lage des Schwerpunktes zu ermitteln, da er in den wenigsten Fällen in der Mitte liegt.

13.8 Optimierung der Hochlauframpe

Die Anforderung an den Verlauf der Hochlauframpe eines Motors kann sehr unterschiedlich sein. Müssen zwei oder mehr Antriebe auf einer Mechanik arbeiten und eine fest vorgegebene Bewegung im Raum realisieren, ist auch die Form der Beschleunigung von den komplizierten Zusammenhängen der interpolierenden Achsen abhängig. Bei einfachen Mechaniken hingegen, wie beispielsweise:

- Hub- oder Fahrantriebe in fördertechnischen Anlagen,
- Hauptantriebe in Fräs- und Drehmaschinen,
- Pumpen- und Lüfterantrieben,

muss nur die geforderte Hochlaufzeit eingehalten werden. Hier könnten höchstens Vorgaben an eine Ruckbegrenzung einen nicht konstanten Verlauf der Beschleunigung erfordern.

Im einfachsten Fall wäre also die Beschleunigung mit einem konstanten Drehmoment von Stillstand auf die Zieldrehzahl umzusetzen.

Das dafür notwendige Drehmoment ergibt sich aus der geforderten Hochlaufzeit auf die Zieldrehzahl, den auf die Motorwelle bezogenen Massenträgheitsmomenten und einem während des Hochlaufs zu überwindenden Lastdrehmoment:

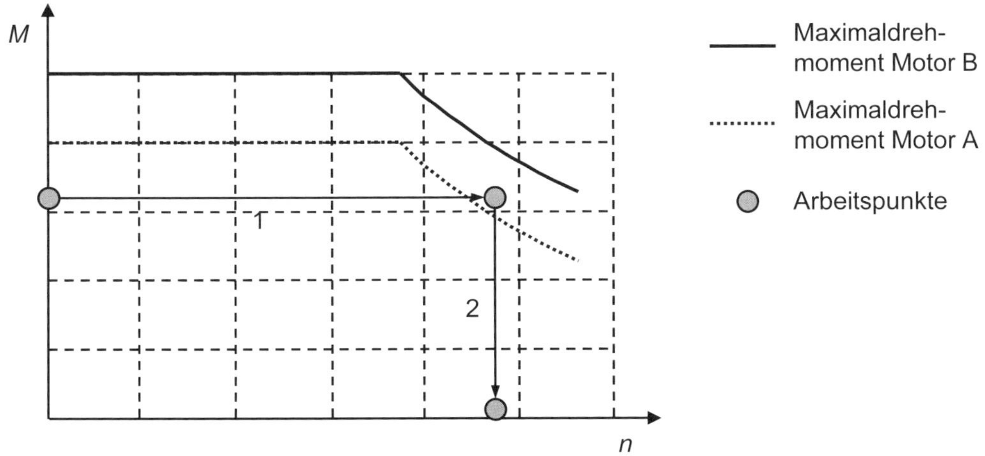

Bild 13.9 *Drehmoment-Drehzahl-Arbeitspunkte bei Hochlauf mit einer Beschleunigungsrampe (konstantes Beschleunigungsmoment)*

$$M = J_{\text{ges}} \cdot \alpha + M_{\text{Last}} = \left(J_{\text{Mot}} + J_{\text{ext\_red}}\right) \cdot \frac{2 \cdot \pi \cdot n}{t_{\text{Beschl}}} + M_{\text{Last}}$$

Die Arbeitspunkte für einen solchen Hochlauf sind im Drehmoment-Drehzahl-Diagramm in Bild 13.9 dargestellt. Der Motor muss beginnend bei Drehzahl Null mit einem konstanten Drehmoment entlang der Linie 1 bis zur Zieldrehzahl beschleunigen. Danach fällt das Drehmoment entlang der Linie 2 auf das zu diesem Zeitpunkt wirkende Lastmoment ab.

In Bild 13.9 sind auch die Maximaldrehmoment-Kennlinien von zwei Motoren dargestellt. Motor A kann die Anforderungen nicht erfüllen. Der Arbeitspunkt am Ende der Beschleunigung liegt außerhalb seiner Maximaldrehmoment-Kennlinie.

Würde man an der Hochlauframpe in Bild 13.9 festhalten, müsste also der nächstgrößere Motor B zur Auswahl herangezogen werden. Dafür wird das notwendige Drehmoment noch einmal unter Berücksichtigung seines (in der Regel größeren) Massenträgheitsmomentes berechnet und anschließend die Prüfung gegen seine Kennlinie durchgeführt.

Man sieht jedoch auch, dass das Beschleunigungsvermögen des Motors A noch nicht voll ausgenutzt wird. Über weite Strecken ist noch Reserve zwischen dem erforderlichen Beschleunigungsmoment und dem Maximaldrehmoment vorhanden.

Man kann nun versuchen, das Maximaldrehmoment des Motors A besser auszunutzen und damit so lange zu beschleunigen, bis er an die Grenzkennlinie stößt. In Bild 13.10 ist dieser Bewegungsabschnitt entlang der Linie 1' dargestellt. Dann senkt man das Drehmoment genügend ab (Linie 2') und beschleunigt im nächsten Abschnitt (Linie 3') auf die Zieldrehzahl. Danach ist wieder nur das zu diesem Zeitpunkt wirkende Lastmoment aufzubringen (Linie 4').

Mit dieser einfachen Optimierung der Hochlauframpe kann nun der kleinere Motor A verwendet werden. Im Abschnitt 1' wird durch das höhere Drehmoment und damit die höhere Beschleunigung genug Zeit eingespart, um im Abschnitt 3' mit einem kleineren Beschleunigungsmoment den Antrieb trotzdem in der vorgegebenen Zeit auf die Zieldrehzahl zu bekommen.

Hinweis

Siehe Berechnungsbeispiel in Abschnitt 15.10.

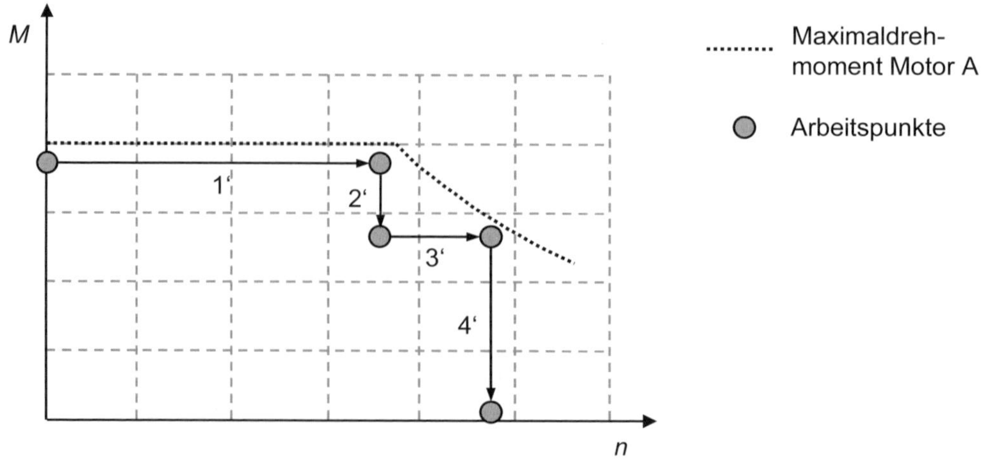

Bild 13.10 *Drehmoment-Drehzahl-Arbeitspunkte bei Hochlauf mit zwei Beschleunigungsrampen (abgestuftes Beschleunigungsmoment)*

Wenn eine Abstufung der Beschleunigungsphase in zwei Abschnitte noch nicht ausreicht, um die geforderte Hochlaufzeit einzuhalten, kann man die Beschleunigungsphase in viele kleine Abstufungen auflösen. Bild 13.11 zeigt dazu den grob aufgelösten Verlauf der Arbeitspunkte.

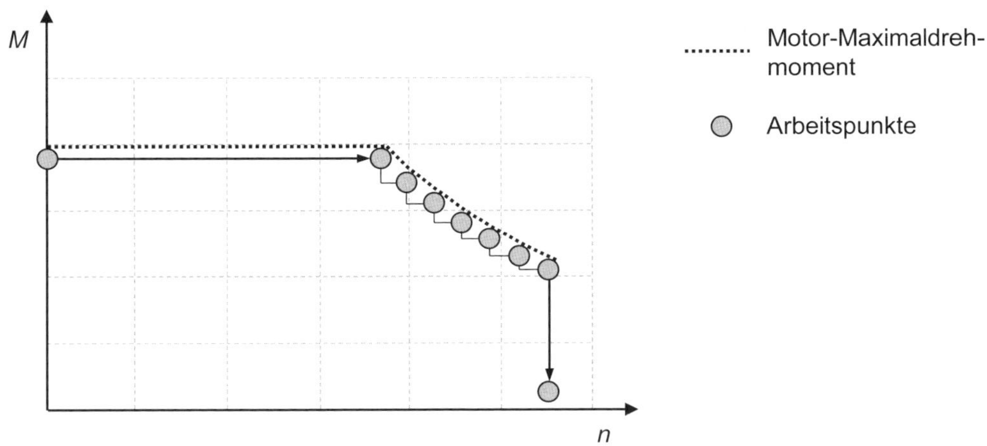

Bild 13.11 *Drehmoment-Drehzahl-Arbeitspunkte bei Beschleunigung entlang der Motor-Maximaldrehmomentkennlinie*

Im Extremfall beschleunigt man entlang der Grenze des Motor-Maximaldrehmomentes. Damit wäre dann der schnellstmögliche Hochlauf mit einem Motor erreicht.

In Kürze

Das Wissen, welche weiteren Größen und Randbedingungen zusätzlich zu den Vorgabedaten der Antriebsauslegung einfließen können, gibt nun die Möglichkeit, bisher nicht Betrachtetes zu hinterfragen und «weiche» Einflussfaktoren besser einschätzen zu können. Damit ist nun eine gesamthafte Betrachtung der Antriebsaufgabe möglich und demzufolge eine sichere Antriebsdimensionierung machbar.

14 Energieeinsparung

Ein Großteil der in der Industrie verbrauchten Energie entfällt auf elektrische Antriebe. Um herauszufinden, ob in einer Anwendung Einsparpotenziale stecken, muss man die darauf hinweisenden Indikatoren kennen. Erst dann ist es mit dem Wissen über die zur Verfügung stehenden Techniken möglich, die Potenziale zu berechnen und die sowohl wirtschaftliche als auch technisch sinnvolle Methode auszuwählen.

Bereits bei der Auslegung des Antriebes werden die Weichen für einen möglichst effizienten oder effektiven Betrieb gestellt. Wichtig sind bei diesem Schritt der Projektierung deshalb insbesondere:

- die Antriebsaufgabe richtig in ihre physikalischen Grundformen zurückführen,
- unnötige Reservezuschläge bei der Auslegung zu vermeiden,
- die Wechselwirkung der physikalischen Größen zu kennen,
- die Eigenschaften der zur Auswahl stehenden Produkte zu kennen,
- die verfügbaren Techniken und Methoden für Effizienz steigernden Betrieb zu kennen,

um die Einsparpotenziale zu nutzen.

Energiesparen kann bei elektrischen Antrieben und den damit angetriebenen Prozessen erreicht werden durch

- Vermindern der Verlustenergie,
- Vermindern des eigentlichen Energieverbrauchs.

Die beiden Möglichkeiten sind jedoch nicht für alle Anwendungsfälle gleichermaßen geeignet. Bei Antrieben, die in vorwiegend stationär ablaufenden Prozessen zum Einsatz kommen, bietet die Minimierung der Verlustenergie, insbesondere durch Einsatz von Komponenten mit verbesserten Wirkungsgrad, den größten Stellhebel. Das heißt, bei einem Antrieb mit nahezu gleich bleibenden Lastverhältnissen bringt beispielsweise ein gesteuerter Anlauf oder die Rückgewinnung von Bremsenergie recht wenig.

Eine Pumpe oder ein Lüfter, der immerwährend den gleichen Förderstrom liefern muss, wird durch den Einsatz eines Frequenzumrichters nicht effizienter. Der Einsatz eines Energiesparmotors mit einem gegenüber Standardmotoren erhöhten Wirkungsgrad ist in diesem Fall die bessere Lösung.

Bei Prozessen mit überwiegend nichtstationären Zuständen, bei denen der Leistungsbedarf aufgrund unterschiedlicher Drehzahl- oder Lastverhältnisse nicht konstant ist, erzielt man durch Optimierung von Prozess- und Bewegungsabläufen und den Einsatz einer geeigneten Antriebstopologie das größte Potenzial. Hier geht es also eher darum, den gesamten Energieverbrauch zu minimieren, anstatt am Wirkungsgrad einzelner Komponenten zu optimieren.

Eine Pumpe oder ein Lüfter, der unterschiedlichen Förderstrom liefern muss, wird durch den Einsatz eines polumschaltbaren Motors oder eines Frequenzumrichters effizienter als mit mechanischen Verstelleinrichtungen. Der Einsatz eines Energiesparmotors mit einem gegenüber Standardmotoren erhöhten Wirkungsgrad ist in diesem Fall nicht angebracht.

In Tabelle 14.1 sind die hauptsächlichsten Techniken und Möglichkeiten aufgeführt, welche Energiesparende Auswirkung sie haben und bei welchen Anwendungen diese zum Einsatz kommen können.

Tabelle 14.1 *Möglichkeiten energiesparender Techniken*

Technik	Energiesparende Auswirkung	Anwendbar bei
Umrichter	• Reduzierung der Anlaufverluste bei Asynchronmotoren gegenüber dem direkten Anlauf am Netz	• Beschleunigung von großen Massenträgheiten • häufiger Anlauf
	• Anpassung der Leistung auf den Leistungsbedarf der Arbeitsmaschine	• Strömungsmaschinen (Pumpen, Lüfter), wenn einstellbarer Volumenstrom erforderlich ist
	• Reduzierung des Magnetisierungsstromes	• Häufiger Leerlauf- oder Teillastbetrieb
Umrichter mit Netzrückspeisung	• Rückspeisung der Bremsenergie in das Versorgungsnetz während des Senkbetriebes	• Vertikalachsen, wenn drehzahlvariabler Betrieb erforderlich ist (bei Netzbetrieb ist die Rückspeisung «natürlich» gegeben)
	• Rückspeisung der Bremsenergie in das Versorgungsnetz während des Abbremsens • Reduzierung der Verluste gegenüber dem Gegenstrombremsen und evtl. Einsatz eines kleineren Motors aufgrund reduzierter Verlustwärme	• Abbremsen von großen Massenträgheiten • häufiges, schnelles Abbremsen • Reversierbetrieb
Zwischenkreiskopplung	• Austausch motorischer und generatorischer Leistung über den Zwischenkreis	• große Anzahl drehzahlvariabler Motoren in einer Maschine, von denen ein Teil motorisch und generatorisch arbeitet
Modulare Antriebssysteme mit zentraler Netzversorgung	• Austausch motorischer und generatorischer Leistung über den Zwischenkreis • Reduzierung der Verluste in der Netzversorgung	• große Anzahl drehzahlvariabler Motoren in einer Maschine
Zusätzliche Zwischenkreiskondensatoren	• Einsparung der Verluste am Bremswiderstand	• schnell aufeinanderfolgende Start-Stopp-Zyklen • häufiger Wechsel der Drehrichtung
• Dezentrale Antriebe • Umrichter mit Durchsteckkühler	• Reduzierung der notwendigen Energie zum Abführen der Verlustwärme aus dem Schaltschrank	• hohe Verlustleistung im Schaltschrank, die durch zusätzliche Maßnahmen abgeführt werden muss
Umrichter mit Wasserkühlung	• Reduzierung der notwendigen Energie zum Abführen der Verlustwärme aus dem Schaltschrank	• hohe Verlustleistung im Schaltschrank • Möglichkeit der Nutzung der Verlustwärme in Wärmerückgewinnungsanlagen

Polumschaltbare Motoren	• Reduzierung der Anlaufverluste gegenüber direktem Einschalten auf hohe Drehzahl	• häufiger Anlauf
	• Stufige Anpassung der Leistung auf den Leistungsbedarf der Arbeitsmaschine	• Strömungsmaschinen (Pumpen, Lüfter), wenn stufig einstellbarer Volumenstrom ausreichend ist
Energiesparmotor	• Reduzierung der Motorverluste	• Betrieb des Motors an einer Drehzahl direkt am Netz
Synchronmotor mit Permanentmagneten	• Einsparung der Magnetisierungsenergie	• langer Betrieb des Motors an einer Drehzahl
Gegengewicht bei schwerkraftbelasteten Achsen	• Einsparung der Leistung zum Heben des Leergewichtes (z.B. Fahrkabine bei Fahrstühlen) • Einsparung eines Teils der Energie zum Halten der Achse	• Anwendungen, bei denen ein Gewichtsmoment wirkt und keine großen Beschleunigungen gefordert sind
Hydraulische, pneumatische oder magnetische Gegenkraft bei schwerkraftbelasteten Achsen (Hydrospeicher, Gasdruckfeder, Magnetfeder)	• Einsparung der Leistung zum Heben des Leergewichtes • Einsparung eines Teils der Energie zum Halten der Achse • Einsparung der Beschleunigungsleistung gegenüber mechanischem Gegengewicht	• Anwendungen, bei denen ein Gewichtsmoment wirkt und höhere Beschleunigungen gefordert sind
• Gegenseitige Anordnung bei eisenbehafteten Linearmotoren • Einsatz von eisenlosen Linearmotoren	• Einsparung der Leistung zur Überwindung der Reibung, bedingt durch die magnetische Anziehungskraft	• Anwendungen mit Linearmotoren, bei denen sehr hohe Reibwerte wirken

Die Höhe der Energie- und Kosteneinsparungen sind für den Einzelfall zu betrachten. Sie sind unter anderem abhängig von

- den Anschaffungskosten der Anlage,
- den Kosten für Wartung, Instandhaltung,
- den Kosten für den Betrieb,
- der Nutzungsdauer der Anlage,
- der Dauer des Betriebes,
- der Anzahl der Prozesszyklen und
- dem Leistungsbedarf des Prozesses.

In der Regel sind die Energie sparenden Alternativen mit höheren Anschaffungskosten verbunden, als es beim Einsatz herkömmlicher Technik der Fall wäre. Deshalb ist insbesondere für die Kostenersparnis der gesamte Lebenszyklus der Anlage zu betrachten.

Es wird weiterhin trotzdem Anwendungen geben, in denen der Einsatz einfacher, robuster und teilweise sogar überdimensionierter Komponenten erforderlich ist. Energieeinsparungsaspekte müssen z.B. aus den Gründen in den Hintergrund gestellt werden:

- raue Umgebungsbedingungen vorhanden,
- kein geschultes Bedien- bzw. Wartungs- und Instandhaltungspersonal vorhanden,
- Kosten des Ausfalls einer Anlage sind höher als die Einsparpotenziale.

In Kürze

Mit den aufgezeigten Möglichkeiten können nun einzelne Ansätze zur Energieeinsparung verfolgt werden. Das Werkzeug, um diese Ansätze konkret rechnen zu können, wurde in den vorherigen Kapiteln bereits vermittelt. Im Grunde genommen ist es nichts anderes, als eine erste Auslegung oder eine vorhandene Anlage nochmals gesamthaft zu betrachten und Alternativen zu berechnen.

15 Beispiele

Mit Hilfe der nachfolgenden Beispiele kann die Anwendung der im Buch erläuterten Berechnungsschritte direkt nachvollzogen bzw. praktisch angewendet werden. Einige der Beispiele sind komplett durchgerechnet, um noch einmal eine grundlegende Vorgehensweise einer Auslegung aufzuzeigen. Andere Beispiele konzentrieren sich auf die Berechnung spezieller Sachverhalte.

15.1 Fahrantrieb mit Frequenzumrichter

Das Beispiel zeigt die Auslegung eines geschwindigkeitsvariablen Fahrantriebs mit Zahnstange–Ritzel. Es ist komplett durchgerechnet – von der Erstellung des Bewegungsablaufs über die Auslegung aller Komponenten bis zur Berechnung der Werte auf der Netzseite.

Vorgabedaten

Für eine Ladestation soll der Fahrantrieb nach Bild 15.1 in horizontale Richtung ausgelegt werden. Als mechanisches Abtriebselement kommt eine Zahnstange-Ritzel-Anordnung zum Einsatz.

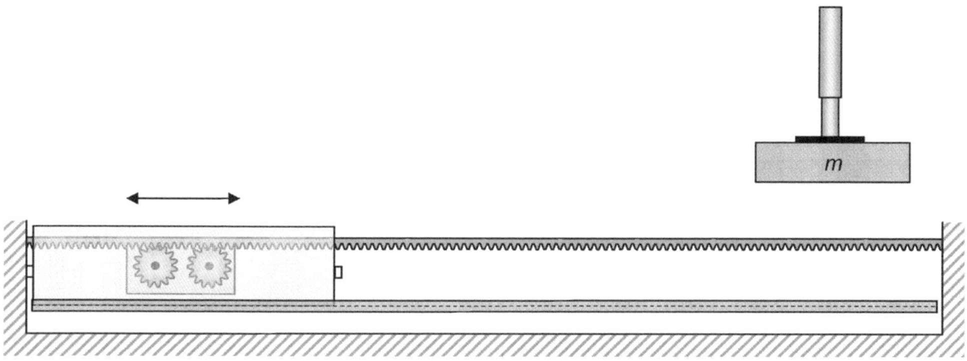

Bild 15.1 *Fahrantrieb mit Zahnstange–Ritzel in Linearführung*

Der Bewegungszyklus ist durch den Prozessablauf vorgegeben:

- Stillstandszeit zum Beladen = 1 s
- Hinfahrt mit Last:
  - Fahrzeit = 2 s
  - Fahrweg = 3 m
- Stillstandszeit zum Entladen = 1 s
- Rückfahrt ohne Last:
  - Fahrzeit = 2 s
  - Fahrweg = 3 m

Nach diesem Ablauf wiederholt sich der Zyklus.

Daten des Abtriebselementes Ritzel

- Anzahl = 2 Ritzel
- Wirkdurchmesser = 160 mm
- Innendurchmesser = 40 mm
- Ritzelbreite = 45 mm
- Material = Stahl

Allgemeine Daten der Mechanik

- Reibwert der führenden und tragenden Elemente = 0,05
- Wirkungsgrad der Mechanik = 0,9
- Eigenmasse des Transportschlittens = 500 kg
- Masse des Last = 250 kg
- Zusätzliche Prozesskraft während der Hinfahrt = 150 N
- Zusätzliche Kraft für Kabelschlepp, Dichtungen usw. = 30 N

Berechnung des linearen Bewegungsablaufs
Da keine weiteren Vorgaben zum Fahrprofil gemacht wurden, wird ein Trapezprofil nach Drittel-Regel gewählt. Zur besseren Übersicht wird der Geschwindigkeits-Zeit-Verlauf qualitativ in einem Diagramm aufgezeichnet, und die einzelnen Bewegungsphasen werden nummeriert (Bild 15.2).

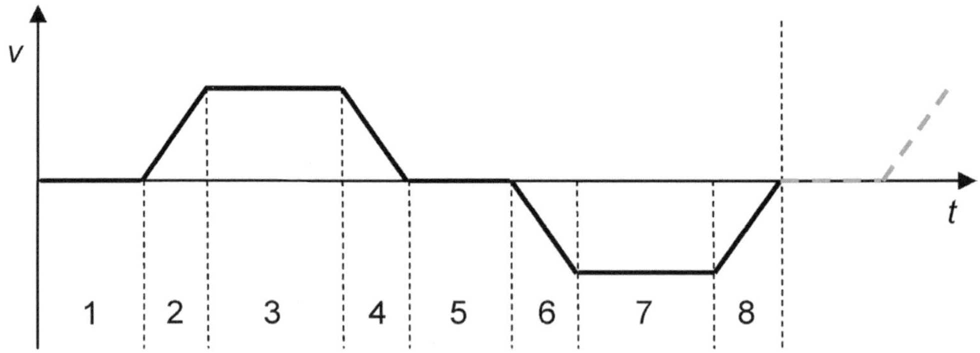

Bild 15.2 *Qualitativer Geschwindigkeitsverlauf der Horizontalbewegung*

Geschwindigkeit für die Bewegungsphasen 3 und 7

$$v = \frac{3 \cdot s}{2 \cdot t} = \frac{3 \cdot 3\ \text{m}}{2 \cdot 2\ \text{s}} = 2{,}25\ \frac{\text{m}}{\text{s}}$$

Beschleunigung / Verzögerung für die Bewegungsphasen 2, 4, 6 und 8

$$a = \frac{9 \cdot s}{2 \cdot t^2} = \frac{9 \cdot 3\ \text{m}}{2 \cdot 2^2\ \text{s}^2} = 3{,}375\ \frac{\text{m}}{\text{s}^2}$$

Zeiten für die einzelnen Bewegungsphasen

Phasen 1 und 5

$t = 1\ \mathrm{s}$

Phasen 2, 3, 4, 6, 7, und 8

$$t = \frac{1}{3} \cdot t = \frac{1}{3} \cdot 2\ \mathrm{s} = 0{,}667\ \mathrm{s}$$

Wege für die einzelnen Bewegungsphasen

Phasen 2, 4, 6 und 8

$$s = \frac{1}{4} \cdot s = \frac{1}{4} \cdot 3\ \mathrm{m} = 0{,}75\ \mathrm{m}$$

Phasen 3 und 7

$$s = \frac{1}{2} \cdot s = \frac{1}{2} \cdot 3\ \mathrm{m} = 1{,}5\ \mathrm{m}$$

Um eine Übersicht des Bewegungsablaufs zu bekommen, werden die Daten tabellarisch aufgelistet und den einzelnen Bewegungsphasen zugeordnet (Tabelle 15.1).

Tabelle 15.1 *Daten des Bewegungsablauf*

Nr.	Bewegungsphase	t	s	v_a	v_e	a
1	Stillstand Beladen	1 s	0 m	0 m/s	0 m/s	0 m/s²
2	Beschleunigen Hinfahrt	0,667 s	0,75 m	0 m/s	2,25 m/s	3,375 m/s²
3	Konstant Hinfahrt	0,667 s	1,5 m	2,25 m/s	2,25 m/s	0 m/s²
4	Bremsen Hinfahrt	0,667 s	0,75 m	2,25 m/s	0 m/s	3,375 m/s²
5	Stillstand Entladen	1 s	0 m	0 m/s	0 m/s	0 m/s²
6	Beschleunigen Rückfahrt	0,667 s	0,75 m	0 m/s	2,25 m/s	3,375 m/s²
7	Konstant Rückfahrt	0,667 s	1,5 m	2,25 m/s	2,25 m/s	0 m/s²
8	Bremsen Rückfahrt	0,667 s	0,75 m	2,25 m/s	0 m/s	3,375 m/s²

Jetzt kann der Bewegungsablauf mit seinen relevanten Größen als Diagramm dargestellt werden (Bild 15.3).

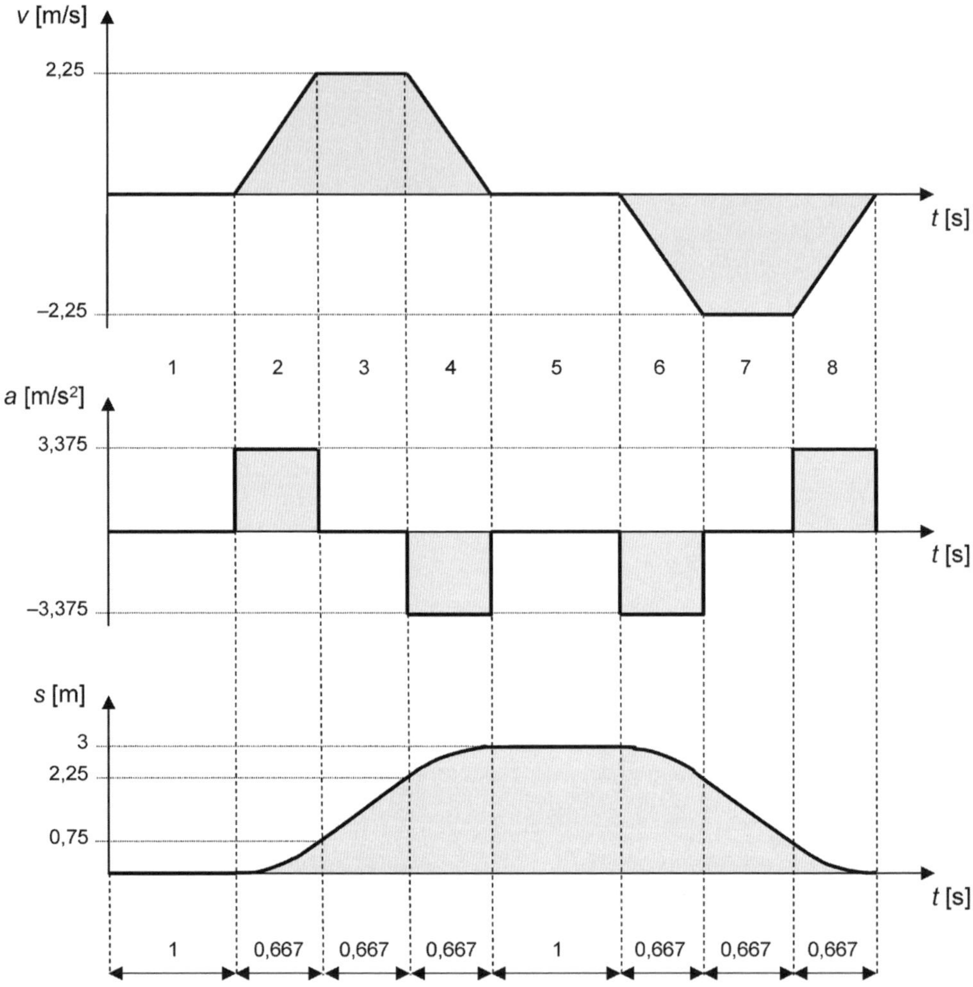

Bild 15.3 *Geschwindigkeits-, Beschleunigungs- und Weg-Zeit-Diagramm des Bewegungsablaufs*

Berechnung der Kräfte für lineare Bewegung

Reibkräfte

In den Bewegungsphasen 2, 3 und 4 wirkt sowohl die Masse des Transportschlittens als auch die des Transportgutes:

$$F_{\text{Reib}} = \mu \cdot m \cdot g = 0{,}05 \cdot (500\ \text{kg} + 250\ \text{kg}) \cdot 9{,}81\ \frac{\text{m}}{\text{s}^2} = 368\ \text{N}$$

In den Bewegungsphasen 6, 7 und 8 wirkt nur die Masse des Transportschlittens:

$$F_{\text{Reib}} = \mu \cdot m \cdot g = 0{,}05 \cdot 500\ \text{kg} \cdot 9{,}81\ \frac{\text{m}}{\text{s}^2} = 245\ \text{N}$$

Prozesskräfte
In den Bewegungsphasen 2, 3 und 4 wirkt die Prozesskraft

$F_{Proz} = 150\ \text{N}$

Beschleunigungs- und Verzögerungskräfte
In den Bewegungsphasen 2 und 4 wird sowohl die Masse des Transportschlittens als auch die des Transportgutes beschleunigt bzw. verzögert:

$$F_{Beschl} = F_{Verz} = m \cdot a = (500\ \text{kg} + 250\ \text{kg}) \cdot 3{,}375\ \frac{\text{m}}{\text{s}^2} = 2531\ \text{N}$$

In den Bewegungsphasen 6 und 8 wird nur die Masse des Transportschlittens beschleunigt bzw. verzögert:

$$F_{Beschl} = F_{Verz} = m \cdot a = 500\ \text{kg} \cdot 3{,}375\ \frac{\text{m}}{\text{s}^2} = 1688\ \text{N}$$

Zusatzkräfte
In den Bewegungsphasen 2, 3, 4, 6, 7 und 8 wirkt die Zusatzkraft

$F_{Zus} = 30\ \text{N}$

Resultierende Kräfte in den einzelnen Bewegungsphasen

Phase 1
$F_{res} = 0\ \text{N}$

Phase 2
$F_{res} = F_{Reib} + F_{Proz} + F_{Beschl} + F_{Zus} = 368\ \text{N} + 150\ \text{N} + 2531\ \text{N} + 30\ \text{N} = 3079\ \text{N}$

Phase 3
$F_{res} = F_{Reib} + F_{Proz} + F_{Zus} = 368\ \text{N} + 150\ \text{N} + 30\ \text{N} = 548\ \text{N}$

Phase 4
$F_{res} = F_{Reib} + F_{Proz} - F_{Verz} + F_{Zus} = 368\ \text{N} + 150\ \text{N} - 2531\ \text{N} + 30\ \text{N} = -1983\ \text{N}$

Phase 5
$F_{res} = 0\ \text{N}$

Phase 6
$F_{res} = F_{Reib} + F_{Beschl} + F_{Zus} = 245\ \text{N} + 1688\ \text{N} + 30\ \text{N} = 1963\ \text{N}$

Phase 7
$F_{res} = F_{Reib} + F_{Zus} = 245\ \text{N} + 30\ \text{N} = 275\ \text{N}$

Phase 8
$F_{res} = F_{Reib} - F_{Verz} + F_{Zus} = 245\ \text{N} - 1688\ \text{N} + 30\ \text{N} = -1413\ \text{N}$

Umrechnung der Anwendungsdaten am Abtriebselement
Die linearen Größen werden in rotative Größen umgerechnet.

Lineare Geschwindigkeiten in Winkelgeschwindigkeiten und Drehzahlen

$$\omega = \frac{v}{r} = \frac{2{,}25\ \frac{\text{m}}{\text{s}}}{0{,}08\ \text{m}} = 28{,}1\ \frac{\text{rad}}{\text{s}}$$

$$n = \frac{v}{2 \cdot \pi \cdot r} = \frac{2{,}25\ \frac{\text{m}}{\text{s}}}{2 \cdot \pi \cdot 0{,}08\ \text{m}} = 4{,}48\ \frac{1}{\text{s}} = 269\ \text{min}^{-1}$$

Lineare Beschleunigung in Winkelbeschleunigung

$$\alpha = \frac{a}{r} = \frac{3{,}375\ \frac{\text{m}}{\text{s}^2}}{0{,}08\ \text{m}} = 42{,}2\ \frac{\text{rad}}{\text{s}^2}$$

Kräfte in Drehmomente
Vor der Umrechnung der Kräfte in Drehmomente wird noch das erforderliche Beschleunigungs- und Verzögerungsmoment für das Ritzel selbst berechnet, damit es in den entsprechenden Bewegungsphasen mitberücksichtigt werden kann. Somit ist für jede Phase das gesamte resultierende Drehmoment auf der Getriebeausgangsseite bekannt.

Masse eines Ritzels

$$m_{\text{Ri}} = \rho \cdot \pi \cdot \left(R^2 - r^2\right) \cdot h = 7860\ \frac{\text{kg}}{\text{m}^3} \cdot \pi \cdot \left(0{,}08^2\ \text{m}^2 - 0{,}02^2\ \text{m}^2\right) \cdot 0{,}045\ \text{m} = 6{,}67\ \text{kg}$$

Massenträgheitsmoment eines Ritzels

$$J_{\text{Ri}} = m \cdot \frac{R^2 + r^2}{2} = 6{,}67\ \text{kg} \cdot \frac{0{,}08^2\ \text{m}^2 + 0{,}02^2\ \text{m}^2}{2} = 0{,}022678\ \text{kgm}^2$$

Beschleunigungs- und Verzögerungsmoment für die Trägheit beider Ritzel in den Phasen 2, 4, 6 und 8

$$M_{\text{Beschl}} = M_{\text{Verz}} = J_{\text{Ri}} \cdot \alpha = 2 \cdot 0{,}022678\ \text{kgm}^2 \cdot 42{,}4\ \frac{\text{rad}}{\text{s}^2} = 1{,}92\ \text{Nm}$$

Resultierende Drehmomente in den einzelnen Bewegungsphasen am Getriebeausgang

Phase 1
$M = 0$ Nm

Phase 2
$M = F \cdot r \cdot \eta_{\text{Ri}}^{k} + 1{,}92\ \text{Nm} = 3079\ \text{N} \cdot 0{,}08\ \text{m} \cdot 0{,}9^{-1} + 1{,}92\ \text{Nm} = 276\ \text{Nm}$

Phase 3
$M = F \cdot r \cdot \eta_{\text{Ri}}^{k} = 548\ \text{N} \cdot 0{,}08\ \text{m} \cdot 0{,}9^{-1} = 48{,}7\ \text{Nm}$

Phase 4
$M = F \cdot r \cdot \eta_{Ri}^{k} - 1{,}92\,\text{Nm} = -1983\,\text{N} \cdot 0{,}08\,\text{m} \cdot 0{,}9 - 1{,}92\,\text{Nm} = -145\,\text{Nm}$

Phase 5
$M = 0\,\text{Nm}$

Phase 6
$M = F \cdot r \cdot \eta_{Ri}^{k} + 1{,}92\,\text{Nm} = 1963\,\text{N} \cdot 0{,}08\,\text{m} \cdot 0{,}9^{-1} + 1{,}92\,\text{Nm} = 176\,\text{Nm}$

Phase 7
$M = F \cdot r \cdot \eta_{Ri}^{k} = 275\,\text{N} \cdot 0{,}08\,\text{m} \cdot 0{,}9^{-1} = 24{,}4\,\text{Nm}$

Phase 8
$M = F \cdot r \cdot \eta_{Ri}^{k} - 1{,}92\,\text{Nm} = -1413\,\text{N} \cdot 0{,}08\,\text{m} \cdot 0{,}9 - 1{,}92\,\text{Nm} = -104\,\text{Nm}$

Massen in Massenträgheitsmomente
Bei der Umrechnung der Massen in Massenträgheitsmomente wird das Massenträgheitsmoment beider Ritzel gleich mitberücksichtigt. Somit ist für jede Phase das gesamte Massenträgheitsmoment, bezogen auf die Getriebeausgangsseite, bekannt.

Phasen 2, 3 und 4
$J = m \cdot r^2 + 2 \cdot 0{,}022678\ \text{kgm}^2 = (500\ \text{kg} + 250\ \text{kg}) \cdot 0{,}08^2\ \text{m}^2 + 2 \cdot 0{,}022678\ \text{kgm}^2 = 4{,}8454\ \text{kgm}^2$

Phase 6, 7 und 8
$J = m \cdot r^2 + 2 \cdot 0{,}022678\ \text{kgm}^2 = 500\ \text{kg} \cdot 0{,}08^2\ \text{m}^2 + 2 \cdot 0{,}022678\ \text{kgm}^2 = 3{,}2454\ \text{kgm}^2$

Umrechnung beim Übertragungselement Getriebe
Mit dem Übersetzungsverhältnis und dem Wirkungsgrad des Getriebes werden die rotativen Werte von dessen Ausgangs- auf die Eingangsseite umgerechnet.

Zunächst muss ein geeignetes Getriebe ausgewählt werden. Der Motor soll bei einer Drehzahl von ca. 2000 bis 2500 min^{-1} betrieben werden. Abgeschätzt ergibt das ein Übersetzungsverhältnis

$$\frac{2000}{269} \ldots \frac{2500}{269} = 7{,}4 \ldots 9{,}3$$

Gewähltes Übersetzungsverhältnis $i_{Getr} = 8$

Das Getriebe ist für den typischen Servobetrieb ausgelegt und wird bezüglich der Größe durch das maximal zulässige Ausgangsdrehmoment bestimmt. In diesem Beispiel steht ein maximal gefordertes Drehmoment von 276 Nm in Phase 2 an. Es wird eine Getriebegröße ausgewählt, die mindestens dieses Drehmoment hat. Die gewählte Getriebegröße hat ein maximal zulässiges Ausgangsdrehmoment von 450 Nm.

Die maximal zulässige Ausgangsdrehzahl ist 375 min^{-1}. Die erforderliche maximale Drehzahl von 269 min^{-1} übersteigt somit nicht den zulässigen Wert des Getriebes.

Weitere Daten:
Massenträgheitsmoment $J_{Getr} = 0{,}000463\ \text{kgm}^2$ (bezogen auf Getriebeeingangsseite)
Wirkungsgrad $\eta_{Getr} = 0{,}96$

Winkelgeschwindigkeiten und Drehzahlen

$$\omega_1 = \omega_2 \cdot i = 28{,}1\ \frac{\text{rad}}{\text{s}} \cdot 8 = 225\ \frac{\text{rad}}{\text{s}}$$

$$n_1 = n_2 \cdot i = 269\ \text{min}^{-1} \cdot 8 = 2152\ \text{min}^{-1}$$

Winkelbeschleunigung

$$\alpha_1 = \alpha_2 \cdot i = 42{,}2\ \frac{\text{rad}}{\text{s}^2} \cdot 8 = 338\ \frac{\text{rad}}{\text{s}^2}$$

Massenträgheitsmomente
Bei der Umrechnung der Massenträgheitsmomente wird das Massenträgheitsmoment des Getriebes gleich mitaddiert.

Phasen 2, 3 und 4

$$J_1 = \frac{J_2}{i^2} + J_{Getr} = \frac{4{,}8454\ \text{kgm}^2}{8^2} + 0{,}000463\ \text{kgm}^2 = 0{,}076172\ \text{kgm}^2$$

Phasen 6, 7 und 8

$$J_1 = \frac{J_2}{i^2} + J_{Getr} = \frac{3{,}2454\ \text{kgm}^2}{8^2} + 0{,}000463\ \text{kgm}^2 = 0{,}051172\ \text{kgm}^2$$

Drehmomente
Bevor die Drehmomente umgerechnet werden, wird das erforderliche Drehmoment zum Beschleunigen und Verzögern der Getriebeträgheit bestimmt. Dieser Wert kann somit auf der Eingangsseite ebenfalls gleich mit dazu gerechnet werden.

Beschleunigungs- und Verzögerungsmoment für die Getriebeträgheit in den Phasen 2, 4, 6 und 8

$$M_{Beschl} = M_{Verz} = J_{Getr} \cdot \alpha = 0{,}000463\ \text{kgm}^2 \cdot 338\ \frac{\text{rad}}{s^2} = 0{,}156\ \text{Nm}$$

Das Beschleunigungsmoment für das Getriebe ist in diesem Fall gering und könnte vernachlässigt werden. Um den Rechengang jedoch vollständig und ausführlich darzustellen, wird es im Rahmen dieses Beispiels mit berücksichtigt.

Phase 1
$M = 0\ \text{Nm}$

Phase 2

$$M_1 = \frac{M_2 \cdot \eta^{k}_{Getr}}{i} + 0{,}156\ \text{Nm} = \frac{276\ \text{Nm} \cdot 0{,}96^{-1}}{8} + 0{,}156\ \text{Nm} = 36{,}1\ \text{Nm}$$

Phase 3

$$M_1 = \frac{M_2 \cdot \eta^{\,k}_{\text{Getr}}}{i} = \frac{48{,}7\,\text{Nm} \cdot 0{,}96^{-1}}{8} = 6{,}34\,\text{Nm}$$

Phase 4

$$M_1 = \frac{M_2 \cdot \eta^{\,k}_{\text{Getr}}}{i} - 0{,}156\,\text{Nm} = \frac{-145\,\text{Nm} \cdot 0{,}96}{8} - 0{,}156\,\text{Nm} = -17{,}6\,\text{Nm}$$

Phase 5

$M = 0$ Nm

Phase 6

$$M_1 = \frac{M_2 \cdot \eta^{\,k}_{\text{Getr}}}{i} + 0{,}156\,\text{Nm} = \frac{176\,\text{Nm} \cdot 0{,}96^{-1}}{8} + 0{,}156\,\text{Nm} = 23{,}1\,\text{Nm}$$

Phase 7

$$M_1 = \frac{M_2 \cdot \eta^{\,k}_{\text{Getr}}}{i} = \frac{24{,}4\,\text{Nm} \cdot 0{,}96^{-1}}{8} = 3{,}18\,\text{Nm}$$

Phase 8

$$M_1 = \frac{M_2 \cdot \eta^{\,k}_{\text{Getr}}}{i} - 0{,}156\,\text{Nm} = \frac{-104\,\text{Nm} \cdot 0{,}96}{8} - 0{,}156\,\text{Nm} = -12{,}6\,\text{Nm}$$

Jetzt sind alle Drehmomente, Drehzahlen und Massenträgheitsmomente umgerechnet und auf die Getriebeeingangsseite (Motorwelle) bezogen. Eine Übersicht aller relevanten Werte gibt Tabelle 15.2.

Tabelle 15.2

Nr.	Bewegungsphase	t	n_a	n_e	M_{res}	J
1	Stillstand Beladen	1 s	0 min^{-1}	0 min^{-1}	0 Nm	
2	Beschleun. Hinfahrt	0,667 s	0 min^{-1}	2152 min^{-1}	36,1 Nm	0,076172 kgm^2
3	Konstant Hinfahrt	0,667 s	2152 min^{-1}	2152 min^{-1}	6,34 Nm	0,076172 kgm^2
4	Bremsen Hinfahrt	0,667 s	2152 min^{-1}	0 min^{-1}	-17,6 Nm	0,076172 kgm^2
5	Stillstand Entladen	1 s	0 min^{-1}	0 min^{-1}	0 Nm	
6	Beschleun. Rückfahrt	0,667 s	0 min^{-1}	2152 min^{-1}	23,1 Nm	0,051172 kgm^2
7	Konstant Rückfahrt	0,667 s	2152 min^{-1}	2152 min^{-1}	3,18 Nm	0,051172 kgm^2
8	Bremsen Rückfahrt	0,667 s	2152 min^{-1}	0 min^{-1}	-12,6 Nm	0,051172 kgm^2

Drehzahlen und Drehmomente am Motor

Mittlere Drehzahl

Der arithmetische Mittelwert des Drehzahlverlaufs wird berechnet:

$$n_{\text{mitt}} = \frac{1}{t_{\text{zyk}}} \cdot \sum_{i=1}^{n} |n_i| \cdot \Delta t_i$$

$$n_{mitt} = \frac{1}{6\,s} \cdot \left(\begin{array}{l} \frac{2152\,min^{-1}}{2} \cdot 0{,}667\,s + 2152\,min^{-1} \cdot 0{,}667\,s + \frac{2152\,min^{-1}}{2} \cdot 0{,}667\,s \\ + \frac{2152\,min^{-1}}{2} \cdot 0{,}667\,s + 2152\,min^{-1} \cdot 0{,}667\,s + \frac{2152\,min^{-1}}{2} \cdot 0{,}667\,s \end{array} \right)$$

$n_{mitt} = 957\ min^{-1}$

Maximale Drehzahl
Die maximale Drehzahl beträgt

$n_{max} = 2152\ min^{-1}$

Effektivdrehmoment
Der quadratische Mittelwert des Drehmomentverlaufs wird berechnet:

$$M_{eff} = \sqrt{\frac{1}{t_{zyk}} \cdot \sum_{i=1}^{n} M_i^2 \cdot \Delta t_i}$$

$$M_{eff} = \sqrt{\frac{1}{6\,s} \cdot \left[\begin{array}{l} (36{,}1\,Nm)^2 \cdot 0{,}667\,s + (6{,}34\,Nm)^2 \cdot 0{,}667\,s + (-17{,}6\,Nm)^2 \cdot 0{,}667\,s \\ + (23{,}1\,Nm)^2 \cdot 0{,}667\,s + (3{,}18\,Nm)^2 \cdot 0{,}667\,s + (-12{,}6\,Nm)^2 \cdot 0{,}667\,s \end{array} \right]}$$

$M_{eff} = 16{,}2\ Nm$

Maximaldrehmoment
Das maximale Drehmoment wird in der Phase 2 benötigt.

$M_{max} = 36{,}1\ Nm$

Externes Massenträgheitsmoment
Das größte externe Massenträgheitsmoment beträgt bei Lastfahrt in den Phasen 2, 3 und 4:

$J_{ext} = 0{,}076172\ kgm^2$

Vorauswahl des Motors
Zur Auswahl soll ein Synchronservomotor kommen. Aus der Erfahrung bei Handlingsystemen soll das Verhältnis der externen Massenträgheit zur Motorträgheit nicht größer als 10 betragen. Weiterhin ist zu beachten, dass der Motor an einem Umrichter mit einfachem Netzgleichrichter am 400-V-Netz betrieben wird.

Motor A
Bezüglich der Drehmomente und Drehzahlen erscheint zunächst der Motor mit den folgenden Daten ausreichend:

$M_{max\_Mot} = 84\ Nm$
$M_{dauer\_Mot} = 17\ Nm$ (bei mittlerer Drehzahl 957 min^{-1})
$n_{max\_Mot} = 2600\ min^{-1}$

Bevor die Nachrechnung der Beschleunigungsmomente mit Berücksichtigung der Motorträgheit erfolgt, wird kontrolliert, ob das maximal zulässige Verhältnis der externen Trägheit zur Motorträgheit nicht überschritten ist.

$J_{Mot} = 0{,}0029\ \text{kgm}^2$

$$\frac{J_{ext}}{J_{Mot}} = \frac{0{,}076172\ \text{kgm}^2}{0{,}0029\ \text{kgm}^2} = 26{,}3$$

Der Motor wäre bezüglich der Drehmomente und Drehzahlen eventuell ausreichend, hat jedoch ein zu kleines Trägheitsmoment. Ein bezüglich des Trägheitsverhältnisses passender Motor müsste mindestens $^1/_{10}$ der externen Trägheit besitzen. Deshalb wird nun der nächstgrößere Motor ausgesucht, der mindestens $^1/_{10}$ der Lastträgheit besitzt.

Motor B

Die Daten des Motors sind wie folgt:

$M_{max\_Mot} = 102\ \text{Nm}$
$M_{dauer\_Mot} = 22\ \text{Nm}$ (bei mittlerer Drehzahl 957 min^{-1})
$n_{max\_Mot} = 3200\ \text{min}^{-1}$
$J_{Mot} = 0{,}0192\ \text{kgm}^2$

Das Verhältnis:

$$\frac{J_{ext}}{J_{Mot}} = \frac{0{,}076172\ \text{kgm}^2}{0{,}0192\ \text{kgm}^2} = 3{,}97$$

erfüllt nun die Vorgaben.

Nachrechnung des ausgewählten Motors B

Im nächsten Schritt wird geprüft, ob der Motor immer noch ausreichend bemessen ist, wenn die erforderlichen Drehmomente zum Beschleunigen und Verzögern der Motorträgheit in der Rechnung mitberücksichtigt werden.

Beschleunigungs- und Verzögerungsmoment für die Motorträgheit in den Phasen 2, 4, 6 und 8

$$M_{Beschl} = M_{Verz} = J_{Mot} \cdot \alpha = 0{,}0192\ \text{kgm}^2 \cdot 338\,\frac{\text{rad}}{\text{s}^2} = 6{,}49\ \text{Nm}$$

Damit können die Phasen 2, 4, 6 und 8 neu berechnet werden:

Phase 1
$M = 0\ \text{Nm}$

Phase 2
$M = 36{,}1\ \text{Nm} + 6{,}49\ \text{Nm} = 42{,}6\ \text{Nm}$

Phase 3
$M = 6{,}34\ \text{Nm}$

Phase 4
$M = -17{,}6\ \text{Nm} - 6{,}49\ \text{Nm} = -24{,}1\ \text{Nm}$

Phase 5
$M = 0\ \text{Nm}$

Phase 6
$M = 23{,}1\ \text{Nm} + 6{,}49\ \text{Nm} = 29{,}6\ \text{Nm}$

Phase 7
$M = 3{,}18\ \text{Nm}$

Phase 8
$M = -12{,}6\ \text{Nm} - 6{,}49\ \text{Nm} = -19{,}1\ \text{Nm}$

Tabelle 15.3 gibt eine Übersicht der neuen Drehmomentwerte.

Tabelle 15.3

Nr.	Bewegungsphase	t	n_a	n_e	M_{res}
1	Stillstand Beladen	1 s	0 min⁻¹	0 min⁻¹	0 Nm
2	Beschleunigen Hinfahrt	0,667 s	0 min⁻¹	2152 min⁻¹	42,6 Nm
3	Konstant Hinfahrt	0,667 s	2152 min⁻¹	2152 min⁻¹	6,34 Nm
4	Bremsen Hinfahrt	0,667 s	2152 min⁻¹	0 min⁻¹	-24,1 Nm
5	Stillstand Entladen	1 s	0 min⁻¹	0 min⁻¹	0 Nm
6	Beschleunigen Rückfahrt	0,667 s	0 min⁻¹	2152 min⁻¹	29,6 Nm
7	Konstant Rückfahrt	0,667 s	2152 min⁻¹	2152 min⁻¹	3,18 Nm
8	Bremsen Rückfahrt	0,667 s	2152 min⁻¹	0 min⁻¹	-19,1 Nm

Effektivdrehmoment (mit Motorträgheit)

$$M_{eff} = \sqrt{\frac{1}{t_{zyk}} \cdot \sum_{i=1}^{n} M_i^2 \cdot \Delta t_i}$$

$$M_{eff} = \sqrt{\frac{1}{6\ \text{s}} \cdot \begin{bmatrix} (42{,}6\ \text{Nm})^2 \cdot 0{,}667\ \text{s} + (6{,}34\ \text{Nm})^2 \cdot 0{,}667\ \text{s} + (-24{,}1\ \text{Nm})^2 \cdot 0{,}667\ \text{s} \\ + (29{,}6\ \text{Nm})^2 \cdot 0{,}667\ \text{s} + (3{,}18\ \text{Nm})^2 \cdot 0{,}667\ \text{s} + (-19{,}1\ \text{Nm})^2 \cdot 0{,}667\ \text{s} \end{bmatrix}}$$

$M_{eff} = 20{,}2\ \text{Nm}$

Maximaldrehmoment (mit Motorträgheit)
Das maximale Drehmoment wird in der Phase 2 benötigt.

$M_{max} = 42{,}6\ \text{Nm}$

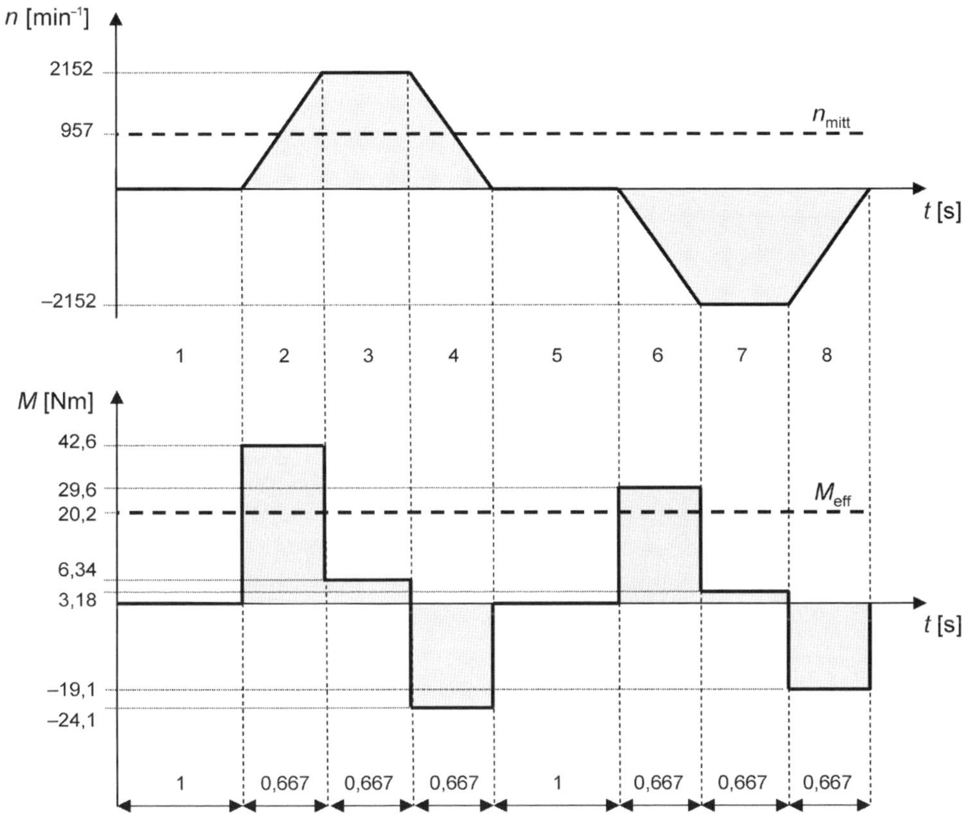

Bild 15.4 *Drehzahl- und Drehmoment-Zeit-Diagramm des Motors*

Die Drehzahl- und Drehmomentverläufe des Motors sind in Bild 15.4 dargestellt.

Prüfung

Alle Drehmoment-Drehzahl-Wertepaare werden gegen die Motorkennlinie geprüft. Bild 15.5 zeigt, dass alle Bedingungen erfüllt sind.

Alle einzelnen Drehmomente liegen unterhalb der Maximaldrehmoment-Kennlinie des Motors. Das Effektivmoment liegt bei der mittleren Drehzahl unterhalb der Dauerdrehmoment-Kennlinie des Motors.

Auswahl des Stellgerätes

Aus Bild 15.5 ist ersichtlich, dass ein Stellgerät, das den vollen Maximal- und Dauerstrom des Motors bereitstellen könnte, überdimensioniert wäre. Die erforderlichen Drehmomente, insbesondere die Maximaldrehmomente, liegen weit unterhalb der Möglichkeiten des Motors. Der Grund dafür war in diesem Fall die Anforderung an das Verhältnis der externen Massenträgheit zur Massenträgheit des Motors.

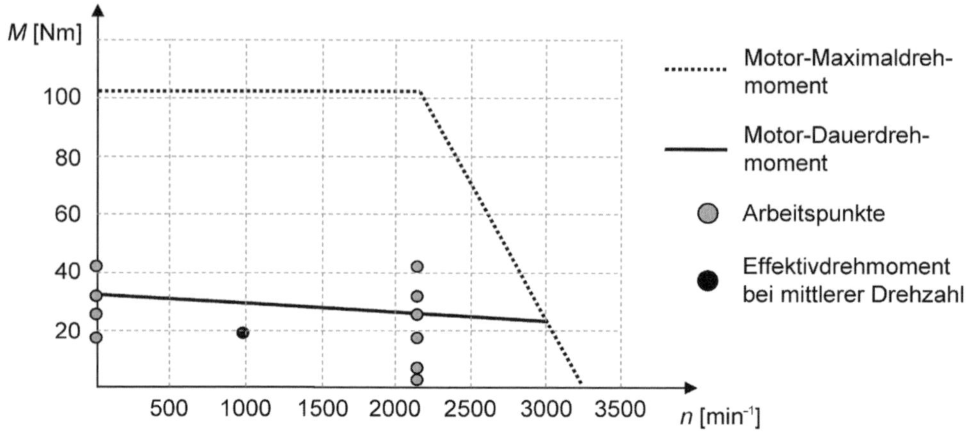

Bild 15.5 *Drehmoment-Drehzahl-Kennlinie des Motors mit den eingetragenen Arbeitspunkten und dem Effektivmoment bei der mittleren Drehzahl*

Deshalb wird das Stellgerät entsprechend dem tatsächlichen Strombedarf des Motors ausgewählt. Der Permanentmagnet-Motor hat folgende Stromdaten:

I_{max_Mot} = 66,2 A bei M_{max_Mot} = 102 Nm

I_{dauer_Mot} = 14,7 A bei M_{dauer_Mot} = 28 Nm

Aus diesen beiden Angaben wird die Abhängigkeit des Stromes vom Drehmoment in einem Diagramm (Bild 15.6) aufgetragen.

Jetzt kann für die resultierenden Drehmomente der Strombedarf berechnet werden. Dazu sucht man auf der *M*-Achse das entsprechende Drehmoment und liest auf der *I*-Achse den Strom ab.

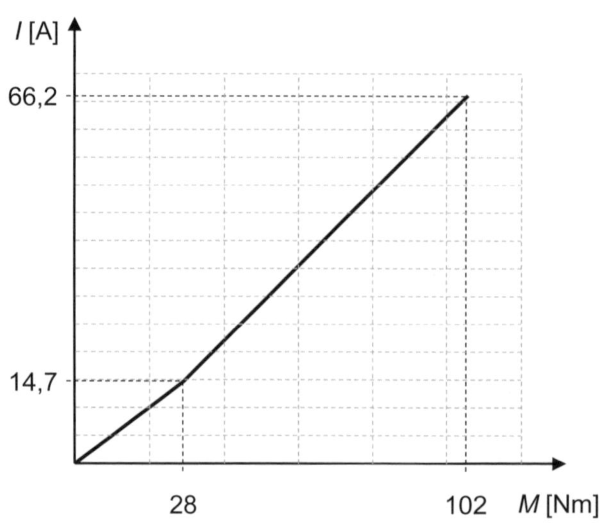

Bild 15.6
Abhängigkeit des Stromes vom Drehmoment

Strombedarf des Motors
Phase 1
$M = 0$ Nm ergibt $I = 0$ A

Phase 2
$M = 42{,}6$ Nm ergibt $I = 25$ A

Phase 3
$M = 6{,}34$ Nm ergibt $I = 3$ A

Phase 4
$M = -24{,}1$ Nm ergibt $I = -13$ A

Phase 5
$M = 0$ Nm ergibt $I = 0$ A

Phase 6
$M = 29{,}6$ Nm ergibt $I = 16$ A

Phase 7
$M = 3{,}18$ Nm ergibt $I = 2$ A

Phase 8
$M = -19{,}1$ Nm ergibt $I = -10$ A

Effektivstrom

$$I_{\mathrm{eff}} = \sqrt{\frac{1}{t_{\mathrm{zyk}}} \cdot \sum_{i=1}^{n} I_i^2 \cdot \Delta t_i}$$

$$I_{\mathrm{eff}} = \sqrt{\frac{1}{6\,\mathrm{s}} \cdot \begin{bmatrix} (25\,\mathrm{A})^2 \cdot 0{,}667\,\mathrm{s} + (3\,\mathrm{A})^2 \cdot 0{,}667\,\mathrm{s} + (-13\,\mathrm{A})^2 \cdot 0{,}667\,\mathrm{s} \\ + (16\,\mathrm{A})^2 \cdot 0{,}667\,\mathrm{s} + (2\,\mathrm{A})^2 \cdot 0{,}667\,\mathrm{s} + (-10\,\mathrm{A})^2 \cdot 0{,}667\,\mathrm{s} \end{bmatrix}}$$

$I_{\mathrm{eff}} = 11{,}37$ A

Maximalstrom
Der maximale Strom wird in der Phase 2 benötigt.

$I_{\mathrm{max}} = 25$ A

Der ausgewählte Umrichter hat folgende Daten:

Maximalstrom $I_{\mathrm{max\_SG}} = 28{,}3$ A
Dauerstrom $I_{\mathrm{dauer\_SG}} = 12$ A

und erfüllt damit die Bedingungen an den geforderten Maximal- und Dauerstrom.

Leistungen im Zwischenkreis des Umrichters

Zwischenkreisleistungen

Phase 1
$P_a = P_e = 0\ \text{W}$

Phase 2
$P_a = M_a \cdot 2 \cdot \pi \cdot n_a \cdot \eta^k = 42{,}6\ \text{Nm} \cdot 2 \cdot \pi \cdot 0/60\ \text{s} \cdot 0{,}8^{-1} = 0\ \text{W}$
$P_e = M_e \cdot 2 \cdot \pi \cdot n_e \cdot \eta^k = 42{,}6\ \text{Nm} \cdot 2 \cdot \pi \cdot 2152/60\ \text{s} \cdot 0{,}8^{-1} = 12\,000\ \text{W}$

Phase 3
$P_a = M_a \cdot 2 \cdot \pi \cdot n_a \cdot \eta^k = 6{,}34\ \text{Nm} \cdot 2 \cdot \pi \cdot 2152/60\ \text{s} \cdot 0{,}8^{-1} = 1786\ \text{W}$
$P_e = M_e \cdot 2 \cdot \pi \cdot n_e \cdot \eta^k = 6{,}34\ \text{Nm} \cdot 2 \cdot \pi \cdot 2152/60\ \text{s} \cdot 0{,}8^{-1} = 1786\ \text{W}$

Phase 4
$P_a = M_a \cdot 2 \cdot \pi \cdot n_a \cdot \eta^k = -24{,}1\ \text{Nm} \cdot 2 \cdot \pi \cdot 2152/60\ \text{s} \cdot 0{,}8 = -4345\ \text{W}$
$P_e = M_e \cdot 2 \cdot \pi \cdot n_e \cdot \eta^k = -24{,}1\ \text{Nm} \cdot 2 \cdot \pi \cdot 0/60\ \text{s} \cdot 0{,}8 = 0\ \text{W}$

Phase 5
$P_a = P_e = 0\ \text{W}$

Phase 6
$P_a = M_a \cdot 2 \cdot \pi \cdot n_a \cdot \eta^k = 29{,}6\ \text{Nm} \cdot 2 \cdot \pi \cdot 0/60\ \text{s} \cdot 0{,}8^{-1} = 0\ \text{W}$
$P_e = M_e \cdot 2 \cdot \pi \cdot n_e \cdot \eta^k = 29{,}6\ \text{Nm} \cdot 2 \cdot \pi \cdot 2152/60\ \text{s} \cdot 0{,}8^{-1} = 8338\ \text{W}$

Phase 7
$P_a = M_a \cdot 2 \cdot \pi \cdot n_a \cdot \eta^k = 3{,}18\ \text{Nm} \cdot 2 \cdot \pi \cdot 2152/60\ \text{s} \cdot 0{,}8^{-1} = 896\ \text{W}$
$P_e = M_e \cdot 2 \cdot \pi \cdot n_e \cdot \eta^k = 3{,}18\ \text{Nm} \cdot 2 \cdot \pi \cdot 2152/60\ \text{s} \cdot 0{,}8^{-1} = 896\ \text{W}$

Phase 8
$P_a = M_a \cdot 2 \cdot \pi \cdot n_a \cdot \eta^k = -19{,}1\ \text{Nm} \cdot 2 \cdot \pi \cdot 2152/60\ \text{s} \cdot 0{,}8 = -3443\ \text{W}$
$P_e = M_e \cdot 2 \cdot \pi \cdot n_e \cdot \eta^k = -19{,}1\ \text{Nm} \cdot 2 \cdot \pi \cdot 0/60\ \text{s} \cdot 0{,}8 = 0\ \text{W}$

Tabelle 15.4 zeigt die Zusammenfassung der berechneten Leistungen.

Tabelle 15.4

Nr.	Bewegungsphase	t	P_a	P_e
1	Stillstand Beladen	1 s	0 W	0 W
2	Beschleunigen Hinfahrt	0,667 s	0 W	12 000 W
3	Konstant Hinfahrt	0,667 s	1786 W	1786 W
4	Bremsen Hinfahrt	0,667 s	-4345 W	0 W
5	Stillstand Entladen	1 s	0 W	0 W
6	Beschleunigen Rückfahrt	0,667 s	0 W	8338 W
7	Konstant Rückfahrt	0,667 s	896 W	896 W
8	Bremsen Rückfahrt	0,667 s	-3443 W	0 W

Effektive Zwischenkreisleistung

$$P_{eff} = \sqrt{\frac{1}{t_{zyk}} \cdot \sum_{i=1}^{n} P_i^2 \cdot \Delta t_i}$$

$$P_{eff} = \frac{1}{6\,s} \cdot \left(\frac{(12000\,W)^2 \cdot 0{,}667\,s}{3} + (1786\,W)^2 \cdot 0{,}667\,s + \frac{(-4345\,W)^2\,0{,}667\,s}{3} + \frac{(8338\,W)^2 \cdot 0{,}667\,s}{3} + (896\,W)^2 \cdot 0{,}667\,s + \frac{(-3443\,W)^2 \cdot 0{,}667\,s}{3} \right)$$

$P_{eff} = 3081\,W$

Mittlere Zwischenkreis-Einspeiseleistung

Es werden nur die Bewegungsphasen mit den positiven Leistungen betrachtet.

$$P_{mitt\_ein} = \frac{1}{t_{zyk}} \cdot \sum_{i=1}^{n} |P_i| \cdot \Delta t_i$$

$$P_{mitt\_ein} = \frac{1}{6\,s} \cdot \left(\frac{12000\,W}{2} \cdot 0{,}667\,s + 1786\,W \cdot 0{,}667\,s + \frac{8338\,W}{2} \cdot 0{,}667\,s + 896\,W \cdot 0{,}667\,s \right)$$

$P_{mitt\_ein} = 1429\,W$

Mittlere Zwischenkreis-Rückspeiseleistung

$$P_{mitt\_rück} = \frac{1}{t_{zyk}} \cdot \sum_{i=1}^{n} P_i \cdot \Delta t_i$$

$$P_{mitt\_rück} = \frac{1}{6\,s} \cdot \left(\frac{-4344\,W}{2} \cdot 0{,}667\,s + \frac{-3443\,W}{2} \cdot 0{,}667 \right)$$

$P_{mitt\_rück} = -433\,W$

Maximale Zwischenkreis-Einspeiseleistung

Die maximale Zwischenkreisleistung wird in der Phase 2 benötigt.

$P_{max\_ein} = 12\,000\,W$

Maximale Zwischenkreis-Rückspeiseleistung

$P_{max\_rück} = -4345\,W$

Maximale Zwischenkreisleistung

Die maximale Zwischenkreisleistung wird in der Phase 2 benötigt.

$P_{max} = 12\,000\,W$

Der gesamte Leistungsverlauf ist in Bild 15.7 dargestellt.

Die im bisher ausgewählten Umrichter integrierte Netzversorgung hat folgende Zwischenkreisdaten:

- Zwischenkreis-Dauerleistung = 5,1 kW
- Zwischenkreis-Maximalleistung = 10 kW

Die Zwischenkreis-Dauerleistung ist größer als die geforderte effektive Zwischenkreisleistung der Anwendung und diesbezüglich geeignet.

Der Umrichter ist jedoch nicht in der Lage, die Zwischenkreis-Maximalleistung der Anwendung von 12 kW bereitzustellen.

Es muss der nächstgrößere Umrichter geprüft werden. Dessen Netzversorgung hat folgende Zwischenkreisdaten:

- Zwischenkreis-Dauerleistung = 10 kW
- Zwischenkreis-Maximalleistung = 16 kW

Die Zwischenkreis-Dauerleistung ist größer als die geforderte effektive Zwischenkreisleistung der Anwendung und diesbezüglich geeignet. Auch seine Zwischenkreis-Maximalleistung ist größer als die erforderliche Zwischenkreis-Maximalleistung der Anwendung und somit ausreichend.

Eine Überprüfung der Ausgangsströme ist nicht erforderlich, da sie größer sind als der zuvor ausgewählte. Sie sind nun:

- Maximalstrom $I_{\text{max\_SG}} = 54\ \text{A}$
- Dauerstrom $I_{\text{dauer\_SG}} = 20\ \text{A}$

Der im Umrichter integrierte Bremswiderstand hat folgende Leistungsdaten:

- Dauerleistung: 0,35 kW
- Maximalleistung: 18 kW

Die von der Anwendung kommende mittlere Zwischenkreis-Rückspeiseleistung von 0,433 kW übersteigt die Möglichkeiten des integrierten Bremswiderstandes.

Am Gerät kann jedoch ein externer Bremswiderstand mit höheren Leistungsdaten angeschlossen werden. Dessen Daten sind:

- Dauerleistung: 1,8 kW
- Maximalleistung: 18 kW

Dieser Widerstand in nun thermisch in der Lage, die von der Anwendung kommende mittlere Zwischenkreis-Rückspeiseleistung von 0,433 kW aufzunehmen und deckt auch die erforderliche Zwischenkreis-Maximalleistung von 4,345 kW ab.

Energie im Zwischenkreis des Umrichters (informativ)

Phase 1

$E = 0\ \text{Ws}$

Phase 2

$$E = \frac{(P_{\text{a\_i}} + P_{\text{e\_i}}) \cdot t_{\text{i}}}{2} = \frac{(0\ \text{W} + 12000\ \text{W}) \cdot 0{,}667\ \text{s}}{2} = 4002\ \text{Ws}$$

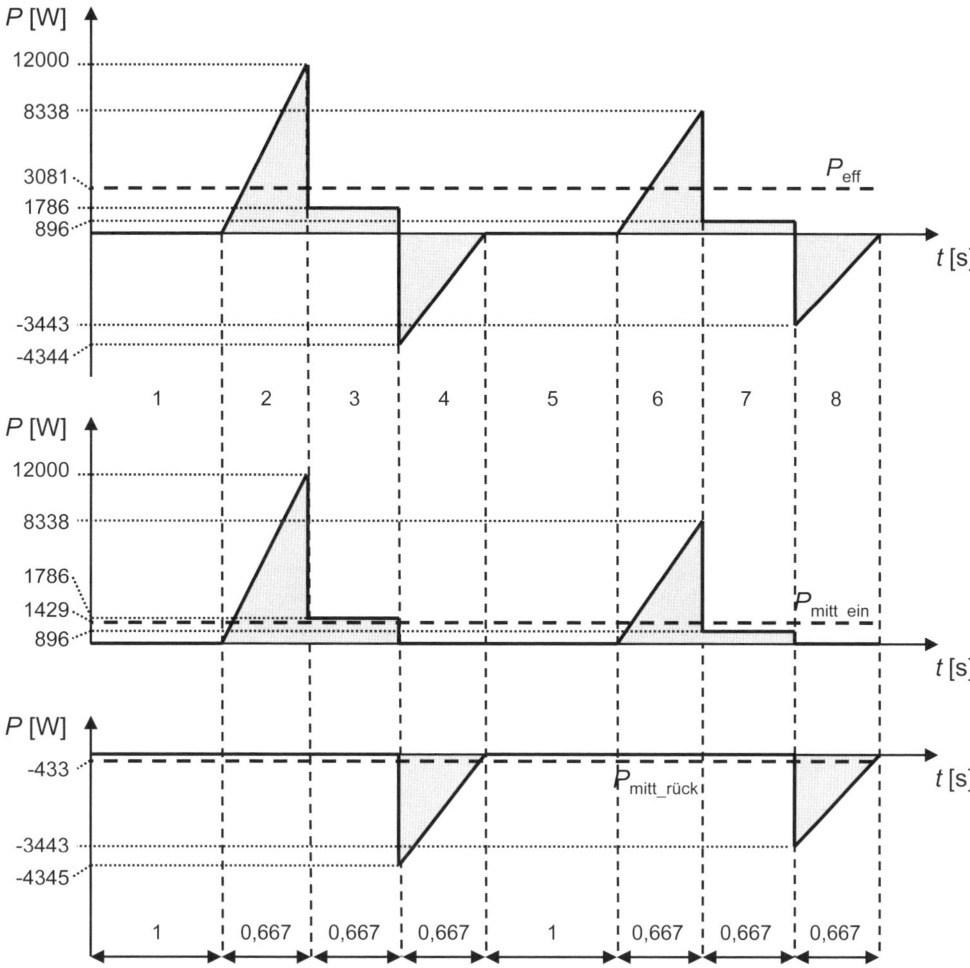

Bild 15.7 *Leistungs-Zeit-Diagramm des Zwischenkreises*

Phase 3

$E = 1786\ \text{W} \cdot 0{,}667\ \text{s} = 1191\ \text{Ws}$

Phase 4

$$E = \frac{(P_{a\_i} + P_{e\_i}) \cdot t_i}{2} = \frac{(-4345 + 0\ \text{W}) \cdot 0{,}667\ \text{s}}{2} = -1449\ \text{Ws}$$

Phase 5

$E = 0\ \text{W}$

Phase 6

$$E = \frac{(P_{a\_i} + P_{e\_i}) \cdot t_i}{2} = \frac{(0\ \text{W} + 8338\ \text{W}) \cdot 0{,}667\ \text{s}}{2} = 2781\ \text{Ws}$$

Phase 7

$E = 896\text{ W} \cdot 0{,}667\text{ s} = 598\text{ Ws}$

Phase 8

$$E = \frac{(P_{a\_i} + P_{e\_i}) \cdot t_i}{2} = \frac{(-3443 + 0\text{ W}) \cdot 0{,}667\text{ s}}{2} = -1148\text{ Ws}$$

Tabelle 15.5 gibt einen Überblick zum Energieumsatz im Zwischenkreis des Umrichters.

Tabelle 15.5

Nr.	Bewegungsphase	*E*
1	Stillstand Beladen	0 Ws
2	Beschleunigen Hinfahrt	4002 Ws
3	Konstant Hinfahrt	1191 Ws
4	Bremsen Hinfahrt	-1449 Ws
5	Stillstand Entladen	0 Ws
6	Beschleunigen Rückfahrt	2781 Ws
7	Konstant Rückfahrt	598 Ws
8	Bremsen Rückfahrt	-1148 Ws

Berechnung der Netzgrößen

Der ausgewählte Umrichter hat folgende Daten:

Wirkungsgrad des Netzgleichrichters $\eta = 0{,}99$
Leistungsfaktor $\lambda = 0{,}5$
Leistungsfaktor der Grundschwingung $\cos\varphi_1 = 0{,}97$

Da der Umrichter eingangsseitig einen Gleichrichter hat, kann die Energie nur vom Netz bezogen werden. Während den Bremsphasen wird keine Energie in das Netz zurückgespeist. Somit berechnen sich alle Größen auf der Netzseite aus den Einspeiseleistungen im Zwischenkreis.

Mittlere Netzwirkleistung

$$P_{\text{Netz}} = P_{\text{ZWK}} \cdot \eta^k = 1429\text{ W} \cdot 0{,}99^{-1} = 1443\text{ W}$$

Mittlere Netzscheinleistung

$$S_{\text{Netz}} = \frac{P_{\text{Netz}}}{\lambda} = \frac{1443\text{ W}}{0{,}5} = 2886\text{ VA}$$

Mittlerer Netzstrom

$$I_{\text{Netz}} = \frac{S_{\text{Netz}}}{U_{\text{Netz}} \cdot \sqrt{3}} = \frac{2886\text{ VA}}{400\text{ V} \cdot \sqrt{3}} = 4{,}17\text{ A}$$

15.2 Drehantrieb mit Frequenzumrichter

Das Beispiel zeigt die Auslegung eines drehzahlvariablen Drehtischantriebs mit direkter Kopplung von Motor und Drehtisch. Es ist bis zur Auswahl des Stellgerätes und der Berechnung der Zwischenkreisleistungen komplett durchgerechnet. Zusätzlich wird gezeigt, wie durch Optimierung des Bewegungsablaufs ein kleinerer Motor ausgewählt werden kann.

Vorgabedaten

Für eine Rundtaktanlage (Bild 15.8) soll der horizontale Drehantrieb ausgelegt werden.

Der Motor wird ohne weitere Übertragungselemente direkt an den Drehtisch angebaut, um mechanische Elastizitäten im Antriebsstrang zu eliminieren. Diese steife Ankopplung des Motors an die Drehtischmechanik garantiert eine hohe Dynamik bei sehr guter Positioniergenauigkeit und wird den beengten Platzverhältnissen gerecht.

Der Bewegungszyklus ist durch den Maschinentakt genau vorgegeben:

- Stillstandszeit während Bearbeitung = 2,5 s.
- Drehzeit = 0,3 s.
- Drehwinkel = 45 Grad.
- Die lineare Beschleunigung – bezogen auf den Außendurchmesser von 850 mm – soll den Wert von 20 m/s² nicht überschreiten.

Daten des Drehtisches

- Der Drehtisch wird vereinfacht als Zylinder angenommen.
- Durchmesser d = 850 mm.
- Höhe h = 30 mm.
- Material = Stahl.
- Reibwert μ = 0,05.
- Lagerdurchmesser = 750 mm.

Bild 15.8
Drehtisch mit Werkstücken

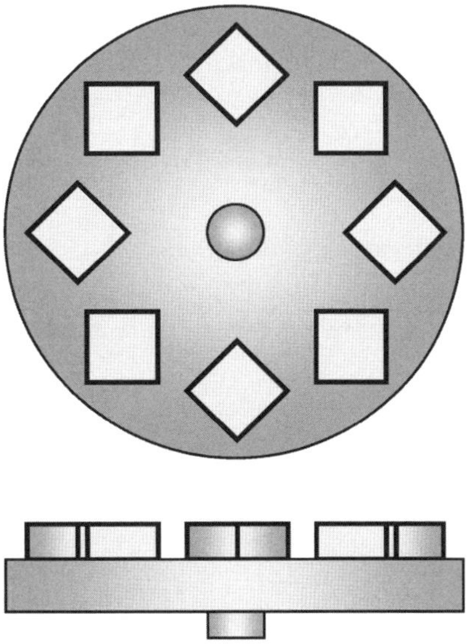

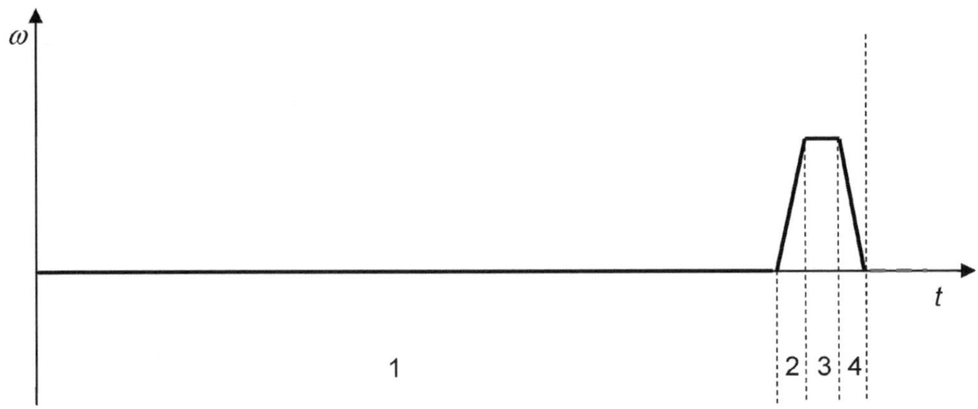

Bild 15.9 *Qualitativer Drehzahlverlauf der Drehbewegung*

Daten der Last

- Auf dem Drehtisch befinden sich maximal 8 Werkstücke, die gleichmäßig im 45°-Winkel auf einen Durchmesser von 620 mm verteilt sind.
- Die Werkstücke werden vereinfacht als einzelne Quader angenommen:
  - Höhe c = 100 mm,
  - Breite b = 80 mm,
  - Tiefe a = 80 mm.

Berechnung des rotativen Bewegungsablaufs

Mit den Vorgabedaten wird versucht, ein Trapezprofil zu rechnen.

Zur besseren Übersicht wird der Drehzahl-Zeit-Verlauf qualitativ in einem Diagramm aufgezeichnet, und die einzelnen Bewegungsphasen werden nummeriert (Bild 15.9).

Winkelgeschwindigkeit / Drehzahl in der Phase 3

Zunächst muss die zulässige Beschleunigung, die sich auf den Außendurchmesser bezieht, in eine Winkelbeschleunigung umgerechnet werden. Die Umrechnung wird wie bei einem Abtriebselement gemacht, das eine lineare in eine rotative Bewegung umwandelt.

$$\alpha = \frac{a}{r} = \frac{20\ \frac{\text{m}}{\text{s}^2}}{0{,}425\ \text{m}} = 47{,}1\ \frac{\text{rad}}{\text{s}^2}$$

Weiterhin muss der Winkel von Grad in rad umgerechnet werden.

$$\varphi = \frac{\varphi[\text{Grad}] \cdot 2 \cdot \pi}{360\ \text{Grad}} = \frac{45\ \text{Grad} \cdot 2 \cdot \pi}{360\ \text{Grad}} = 0{,}7854\ \text{rad}$$

Jetzt kann das Trapezprofil berechnet werden.

$$\omega = \frac{\alpha \cdot t}{2} - \sqrt{\left(\frac{\alpha \cdot t}{2}\right)^2 - \alpha \cdot \varphi} = \frac{47{,}1\ \frac{\text{rad}}{\text{s}^2} \cdot 0{,}3\ \text{s}}{2} - \sqrt{\left(\frac{47{,}1\ \frac{\text{rad}}{\text{s}^2} \cdot 0{,}3\ \text{s}}{2}\right)^2 - 47{,}1\ \frac{\text{rad}}{\text{s}^2} \cdot 0{,}7854\ \text{rad}}$$

$$\omega = 3{,}47\ \frac{\text{rad}}{\text{s}}$$

$$n = \frac{\omega \cdot 60\ \text{s}}{2 \cdot \pi \cdot \text{min}} = \frac{3{,}47\ \frac{\text{rad}}{\text{s}} \cdot 60\ \text{s}}{2 \cdot \pi \cdot \text{min}} = 33{,}1\ \text{min}^{-1}$$

Drehwinkel und Zeit in der Phase 2

$$\varphi = \frac{\omega_e^{\,2} - \omega_a^{\,2}}{2 \cdot \alpha} = \frac{\left(3{,}47\ \frac{\text{rad}}{\text{s}}\right)^2}{2 \cdot 47{,}1\ \frac{\text{rad}}{\text{s}^2}} = 0{,}1278\ \text{rad}$$

$$t = \frac{\omega_e - \omega_a}{\alpha} = \frac{3{,}47\ \frac{\text{rad}}{\text{s}}}{47{,}1\ \frac{\text{rad}}{\text{s}^2}} = 0{,}0737\ \text{s}$$

Drehwinkel und Zeit in der Phase 4

$$\varphi = \frac{\omega_a^{\,2} - \omega_e^{\,2}}{2 \cdot \alpha} = \frac{\left(3{,}47\ \frac{\text{rad}}{\text{s}}\right)^2}{2 \cdot 47{,}1\ \frac{\text{rad}}{\text{s}^2}} = 0{,}1278\ \text{rad}$$

$$t = \frac{\omega_a - \omega_e}{\alpha} = \frac{3{,}47\ \frac{\text{rad}}{\text{s}}}{47{,}1\ \frac{\text{rad}}{\text{s}^2}} = 0{,}0737\ \text{s}$$

Zeit und Drehwinkel in der Phase 3
Für die Konstantphase bleibt nun noch eine Zeit von

$t = 0{,}3\ \text{s} - 0{,}0737\ \text{s} - 0{,}0737\ \text{s} = 0{,}1526\ \text{s}$

Während dieser Zeit wird der Winkel von

$$\varphi = \omega \cdot t = 3{,}47\ \frac{\text{rad}}{\text{s}} \cdot 0{,}1526\ \text{s} = 0{,}5295\ \text{rad}$$

zurückgelegt.

Um eine Übersicht des Bewegungsablaufs zu bekommen, werden die Daten tabellarisch aufgelistet und den einzelnen Bewegungsphasen zugeordnet (Tabelle 15.6).

Tabelle 15.6

Nr.	Bewegungsphase	t	φ	ω_a n_a	ω_e n_e	α
1	Stillstand Bearbeitung	2,5 s	0 rad	0 rad/s 0 min^{-1}	0 rad/s 0 min^{-1}	0 rad/s^2
2	Beschleunigen	0,0737 s	0,1278 rad	0 rad/s 0 min^{-1}	3,47 rad/s 33,1 min^{-1}	47,1 rad/s^2
3	Konstant	0,1526 s	0,5295 rad	3,47 rad/s 33,1 min^{-1}	3,47 rad/s 33,1 min^{-1}	0 rad/s^2
4	Bremsen	0,0737 s	0,1278 rad	3,47 rad/s 33,1 min^{-1}	0 rad/s 0 min^{-1}	47,1 rad/s^2

Berechnung der Drehmomente für rotative Bewegung

Reibdrehmomente in den Phasen 2, 3 und 4
Zunächst muss die Masse der Werkstücke und des Drehtisches berechnet werden.
Einzelnes Werkstück

$$m = \rho \cdot a \cdot b \cdot c = 7860\ \frac{\text{kg}}{\text{m}^3} \cdot 0{,}08\ \text{m} \cdot 0{,}08\ \text{m} \cdot 0{,}1\ \text{m} = 5\ \text{kg}$$

Drehtisch

$$m = \rho \cdot \pi \cdot r^2 \cdot h = 7860\ \frac{\text{kg}}{\text{m}^3} \cdot \pi \cdot (0{,}425\ \text{m})^2 \cdot 0{,}03\ \text{m} = 134\ \text{kg}$$

Gesamte Masse
$m = 8 \cdot 5\ \text{kg} + 134\ \text{kg} = 174\ \text{kg}$

Reibmoment

$$M_{\text{Reib}} = \mu_{\text{Lr}} \cdot m \cdot g \cdot \frac{D_L}{2} = 0{,}05 \cdot 174\ \text{kg} \cdot 9{,}81\ \frac{\text{m}}{\text{s}^2} \cdot \frac{0{,}75\ \text{m}}{2} = 32\ \text{Nm}$$

Beschleunigungs- und Verzögerungsdrehmomente in den Phasen 2 und 4
Vorher werden die Massenträgheitsmomente der Werkstücke und des Drehtisches berechnet.
Das Trägheitsmoment eines Werkstückes um die eigene Achse ist

$$J = \frac{m}{12} \cdot \left(a^2 + b^2\right) = \frac{5\ \text{kg}}{12} \cdot \left((0{,}08\ \text{m})^2 + (0{,}08\ \text{m})^2\right) = 0{,}005333\ \text{kgm}^2$$

Da sich das Werkstück nicht um die eigene Achse dreht, sondern in einem Abstand von 310 mm um die Drehachse des Drehtisches, kommt noch der Steinersche Anteil hinzu:

$$J = J + m \cdot s^2 = 0{,}005333\ \text{kgm}^2 + 5\ \text{kg} \cdot (0{,}31\ \text{m})^2 = 0{,}485833\ \text{kgm}^2$$

Das Trägheitsmoment des Tisches ist

$$J = m \cdot \frac{r^2}{2} = 134\ \text{kg} \cdot \frac{(0{,}425\ \text{m})^2}{2} = 12{,}1\ \text{kgm}^2$$

Gesamtes Massenträgheitsmoment
$J = 8 \cdot 0{,}485833\ \text{kgm}^2 + 12{,}1\ \text{kgm}^2 = 16\ \text{kgm}^2$

Beschleunigungs- und Verzögerungsdrehmoment

$$M_{\text{Beschl}} = M_{\text{Verz}} = J \cdot \alpha = 16\ \text{kgm}^2 \cdot 47{,}1\ \frac{\text{rad}}{\text{s}^2} = 754\ \text{Nm}$$

Resultierende Drehmomente in den einzelnen Bewegungsphasen

Phase 1
$M_{\text{res}} = 0\ \text{Nm}$

Phase 2
$M_{\text{res}} = M_{\text{Reib}} + M_{\text{Beschl}} = 32\ \text{Nm} + 754\ \text{Nm} = 786\ \text{Nm}$

Phase 3
$M_{\text{res}} = M_{\text{Reib}} = 32\ \text{Nm}$

Phase 4
$M_{\text{res}} = M_{\text{Reib}} - M_{\text{Verz}} = 32\ \text{Nm} - 754\ \text{Nm} - 722\ \text{Nm}$

Da bei dem Direktantrieb keine weiteren Umrechnungen zu machen sind, liegen die Daten an der Motorwelle vor. Eine Übersicht aller relevanten Werte gibt Tabelle 15.7.

Tabelle 15.7

Nr.	Bewegungsphase	t	n_a	n_a	M_{res}
1	Stillstand Bearbeitung	2,5 s	0 min^{-1}	0 min^{-1}	0 Nm
2	Beschleunigen	0,0737 s	0 min^{-1}	33,1 min^{-1}	786 Nm
3	Konstant	0,1526 s	33,1 min^{-1}	33,1 min^{-1}	32 Nm
4	Bremsen	0,0737 s	33,1 min^{-1}	0 min^{-1}	-722 Nm

Drehzahlen und Drehmomente am Motor

Mittlere Drehzahl
Der arithmetische Mittelwert des Drehzahlverlaufs wird berechnet:

$$n_{\text{mitt}} = \frac{1}{t_{\text{zyk}}} \cdot \sum_{i=1}^{n} |n_i| \cdot \Delta t_i$$

$$n_{\text{mitt}} = \frac{1}{2{,}8\ \text{s}} \cdot \left(\frac{33{,}1\ \text{min}^{-1}}{2} \cdot 0{,}0737\ \text{s} + 33{,}1\ \text{min}^{-1} \cdot 0{,}1526\ \text{s} + \frac{33{,}1\ \text{min}^{-1}}{2} \cdot 0{,}0737\ \text{s} \right)$$

$n_{\text{mitt}} = 2{,}675\ \text{min}^{-1}$

Maximale Drehzahl
Die maximale Drehzahl beträgt

$n_{\text{max}} = 33{,}1\ \text{min}^{-1}$

Effektivdrehmoment
Der quadratische Mittelwert des Drehmomentverlaufs wird berechnet:

$$M_{eff} = \sqrt{\frac{1}{t_{zyk}} \cdot \sum_{i=1}^{n} M_i^2 \cdot \Delta t_i}$$

$$M_{eff} = \sqrt{\frac{1}{2{,}8\ s} \cdot \left[(786\ Nm)^2 \cdot 0{,}0737\ s + (32\ Nm)^2 \cdot 0{,}1526\ s + (-722\ Nm)^2 \cdot 0{,}0737\ s \right]}$$

$M_{eff} = 173$ Nm

Maximaldrehmoment
Das maximale Drehmoment wird in der Phase 2 benötigt.

$M_{max} = 786$ Nm

Externes Massenträgheitsmoment
Das externe Massenträgheitsmoment beträgt

$J_{ext} = 16\ kgm^2$

Da die Last steif an den Rotor des Direktantriebes angekoppelt ist und somit keine Elastizitäten im Antriebsstrang vorhanden sind, müssen keine Forderungen an das Verhältnis von Last- zu Rotorträgheit eingehalten werden.

Vorauswahl des Motors

Zur Auswahl soll ein Synchronservomotor in der Ausführung als Torquemotor kommen. Diese Motoren sind speziell für hohe Drehmomente bei niedrigen Drehzahlen ausgelegt. Der Motor soll an einem Umrichter mit einfachem Netzgleichrichter am 400-V-Netz betrieben werden.

Motor A
Bezüglich der Drehmomente und Drehzahlen erscheint zunächst der Motor mit den folgenden Daten ausreichend:

$M_{max\_Mot} = 1150$ Nm
$M_{dauer\_Mot} = 575$ Nm (bei mittlerer Drehzahl 2,675 min^{-1})
$n_{max\_Mot} = 130\ min^{-1}$
$J_{Mot} = 0{,}17\ kgm^2$

Bei einem Blick auf die Motordaten M_{dauer_Mot} und M_{max_Mot} und auf die geforderten Drehmomente M_{eff} und M_{max} der Anwendung fällt auf, dass deren Verhältnisse nicht optimal zueinander passen:

$$\frac{M_{max\_Mot}}{M_{dauer\_Mot}} = \frac{1150\ Nm}{575\ Nm} = 2$$

$$\frac{M_{max}}{M_{eff}} = \frac{786\ Nm}{173\ Nm} = 4{,}54$$

Die Möglichkeiten des Motors werden weder vom Maximal- noch vom Effektivdrehmoment ausgenutzt. Aus diesem Grund wird versucht, die Vorgabedaten so zu ändern, dass das Maximalmoment verringert und das Effektivmoment erhöht wird, um ein ausgewogenes Verhältnis zu erreichen. Dieses soll dann eher der Charakteristik der verfügbaren Motoren entsprechen und zu einer kleineren Motorbaugröße führen.

An den Lastdaten und den Weg-Zeit-Vorgaben lässt sich nichts ändern, da sie vom Bearbeitungstakt fest vorgegeben sind. Bei der Wahl des Bewegungsprofils wurde die maximal zulässige Beschleunigung als ein Vorgabewert für die Berechnung des Trapezprofils zugrunde gelegt. Die zulässige Beschleunigung ist ein Grenzwert, der nicht überschritten werden darf. Mann kann also versuchen, die Beschleunigung zu senken, solange der Weg in der vorgegebenen Zeit noch erreicht wird.

Wie in Abschnitt 2.12 erläutert wurde, kann das Maximalmoment gesenkt und das Effektivmoment erhöht werden, wenn man das Trapezprofil in Richtung Dreieckprofil ändert. Deshalb wird ein neues Bewegungsprofil (Bild 15.10) als Dreieck gerechnet.

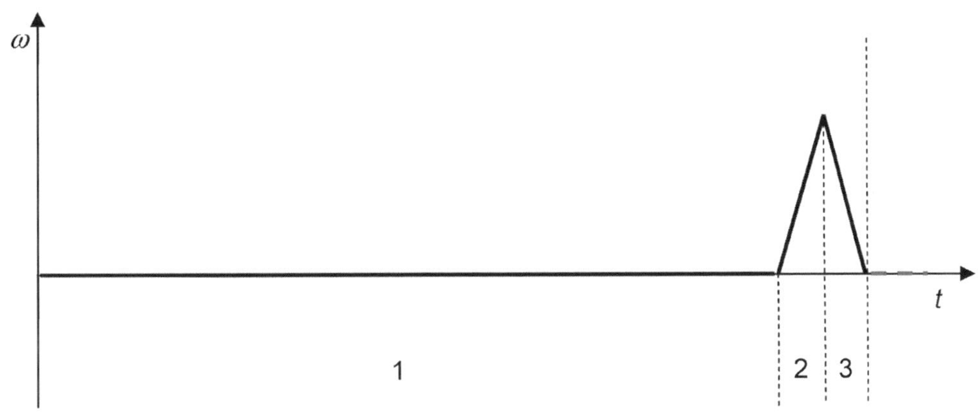

Bild 15.10 *Qualitativer Drehzahlverlauf der Drehbewegung*

Winkelgeschwindigkeit / Drehzahl am Ende Phase 2 und Anfang Phase 3

$$\omega = \frac{2 \cdot \varphi}{t} = \frac{2 \cdot 0{,}7854\ \text{rad}}{0{,}3\ \text{s}} = 5{,}24\ \frac{\text{rad}}{\text{s}}$$

$$n = \frac{\omega \cdot 60\ \text{s}}{2 \cdot \pi \cdot \text{min}} = \frac{5{,}24\ \frac{\text{rad}}{\text{s}} \cdot 60\ \text{s}}{2 \cdot \pi \cdot \text{min}} = 50\ \text{min}^{-1}$$

Winkelbeschleunigung in Phase 2 und 3

$$\alpha = \frac{4 \cdot \varphi}{t^2} = \frac{4 \cdot 0{,}785\ \text{rad}}{(0{,}3\ \text{s})^2} = 34{,}9\ \frac{\text{rad}}{\text{s}^2}$$

Drehwinkel und Zeit in der Phase 2

$$\varphi = \frac{\omega_e^2 - \omega_a^2}{2 \cdot \alpha} = \frac{\left(5{,}24\ \frac{\text{rad}}{\text{s}}\right)^2}{2 \cdot 34{,}9\ \frac{\text{rad}}{\text{s}^2}} = 0{,}393\ \text{rad}$$

$$t = \frac{\omega_e - \omega_a}{\alpha} = \frac{5{,}24\ \frac{\text{rad}}{\text{s}}}{34{,}9\ \frac{\text{rad}}{\text{s}^2}} = 0{,}15\ \text{s}$$

Drehwinkel und Zeit in der Phase 3

$$\varphi = \frac{\omega_a^2 - \omega_e^2}{2 \cdot \alpha} = \frac{\left(5{,}24\ \frac{\text{rad}}{\text{s}}\right)^2}{2 \cdot 34{,}9\ \frac{\text{rad}}{\text{s}^2}} = 0{,}393\ \text{rad}$$

$$t = \frac{\omega_a - \omega_e}{\alpha} = \frac{5{,}24\ \frac{\text{rad}}{\text{s}}}{34{,}9\ \frac{\text{rad}}{\text{s}^2}} = 0{,}15\ \text{s}$$

Aufgelistet ergibt sich Tabelle 15.8.

Tabelle 15.8

Nr.	Bewegungsphase	t	φ	ω_a n_a	ω_e n_e	α
1	Stillstand Bearbeitung	2,5 s	0 rad	0 rad/s 0 min^{-1}	0 rad/s 0 min^{-1}	0 rad/s^2
2	Beschleunigen	0,15 s	0,393 rad	0 rad/s 0 min^{-1}	5,24 rad/s 50 min^{-1}	34,9 rad/s^2
3	Bremsen	0,15 s	0,393 rad	5,24 rad/s 50 min^{-1}	0 rad/s 0 min^{-1}	34,9 rad/s^2

Reibdrehmomente in den Phasen 2 und 3
Die Reibdrehmomente sind unabhängig von der Drehzahl und bleiben deshalb unverändert.

$M_{Reib} = 32$ Nm

Beschleunigungs- und Verzögerungsdrehmomente in den Phasen 2 und 3

$$M_{Beschl} = M_{Verz} = J \cdot \alpha = 16\ \text{kgm}^2 \cdot 34{,}9\ \frac{\text{rad}}{\text{s}^2} = 558\ \text{Nm}$$

Resultierende Drehmomente in den einzelnen Bewegungsphasen

Phase 1
$M_{res} = 0$ Nm

Phase 2

$M_{res} = M_{Reib} + M_{Beschl} = 32\ \text{Nm} + 558\ \text{Nm} = 590\ \text{Nm}$

Phase 3

$M_{res} = M_{Reib} - M_{Verz} = 32\ \text{Nm} - 558\ \text{Nm} = -526\ \text{Nm}$

Eine Übersicht aller relevanten Werte gibt Tabelle 15.9.

Tabelle 15.9

Nr.	Bewegungsphase	t	n_a	n_e	M_{res}
1	Stillstand Bearbeitung	2,5 s	0 min^{-1}	0 min^{-1}	0 Nm
2	Beschleunigen Hinfahrt	0,15 s	0 min^{-1}	50 min^{-1}	590 Nm
4	Bremsen Hinfahrt	0,15 s	50 min^{-1}	0 min^{-1}	-526 Nm

Drehzahlen und Drehmomente am Motor

Mittlere Drehzahl

Der arithmetische Mittelwert des Drehzahlverlaufs wird berechnet:

$$n_{mitt} = \frac{1}{t_{zyk}} \cdot \sum_{i=1}^{n} |n_i| \cdot \Delta t_i$$

$$n_{mitt} = \frac{1}{2{,}8\ \text{s}} \cdot \left(\frac{50\ \text{min}^{-1}}{2} \cdot 0{,}15\ \text{s} + \frac{50\ \text{min}^{-1}}{2} \cdot 0{,}15\ \text{s} \right)$$

$$n_{mitt} = 2{,}675\ \text{min}^{-1}$$

Maximale Drehzahl

Die maximale Drehzahl beträgt

$$n_{max} = 50\ \text{min}^{-1}$$

Effektivdrehmoment

Der quadratische Mittelwert des Drehmomentverlaufs wird berechnet:

$$M_{eff} = \sqrt{\frac{1}{t_{zyk}} \cdot \sum_{i=1}^{n} M_i^2 \cdot \Delta t_i}$$

$$M_{eff} = \sqrt{\frac{1}{2{,}8\ \text{s}} \cdot \left[(590\ \text{Nm})^2 \cdot 0{,}15\ \text{s} + (-526\ \text{Nm})^2 \cdot 0{,}15\ \text{s} \right]}$$

$$M_{eff} = 183\ \text{Nm}$$

Maximaldrehmoment

Das maximale Drehmoment wird in der Phase 2 benötigt.

$$M_{max} = 590\ \text{Nm}$$

Das Verhältnis

$$\frac{M_{max}}{M_{eff}} = \frac{590\,\text{Nm}}{183\,\text{Nm}} = 3{,}2$$

ist nun schon deutlich besser als bei dem Trapezprofil und entspricht mehr der Charakteristik des Motors. Jetzt kann ein Motor mit folgenden Daten ausgewählt werden:

Motor B
M_{max_Mot} = 700 Nm
M_{dauer_Mot} = 350 Nm (bei mittlerer Drehzahl 2,675 min^{-1})
n_{max_Mot} = 350 min^{-1}
J_{Mot} = 0,11 kgm^2

Dieser Motor ist 30% kürzer und 20% leichter als Motor A. Weiterhin hat er 35% weniger Massenträgheitsmoment.

Nachrechnung des ausgewählten Motors B
Normalerweise würde die Rechnung jetzt mit dem Massenträgheitsmoment des Motors durchgeführt, um die dadurch gestiegenen Drehmomente noch einmal gegen die Motorkennlinie zu prüfen. Die Motorträgheit ist jedoch gegenüber der Lastträgheit sehr gering.

$$\frac{J_{Mot}}{J_{ext}} \cdot 100\% = \frac{0{,}11\,\text{kgm}^2}{16\,\text{kgm}^2} \cdot 100\% = 0{,}69\%$$

Die damit verbundene Erhöhung des Beschleunigungsmomentes ist bedeutungslos. Der Motor hat noch genug Reserven.

Prüfung
Alle Drehmoment-Drehzahl-Wertepaare werden gegen die Motorkennlinie geprüft. Bild 15.11 zeigt, dass alle Bedingungen erfüllt sind.

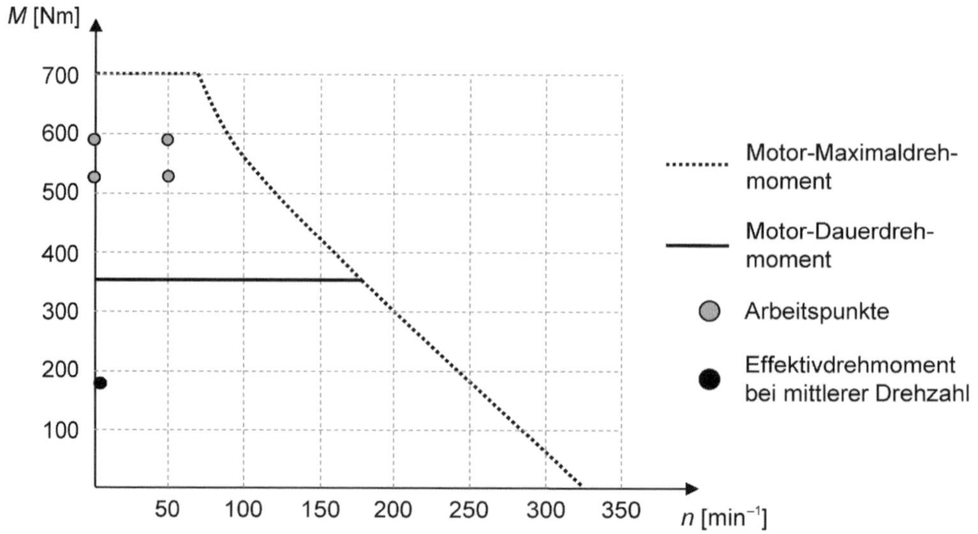

Bild 15.11 *Drehmoment-Drehzahl-Kennlinie des Motors mit den eingetragenen Arbeitspunkten und dem Effektivmoment bei der mittleren Drehzahl*

Alle einzelnen Drehmomente liegen unterhalb der Maximaldrehmoment-Kennlinie des Motors. Das Effektivmoment liegt bei der mittleren Drehzahl unterhalb der Dauerdrehmoment-Kennlinie des Motors.

Auswahl des Stellgerätes

Der Motor wird über einen Motorwechselrichter an einer zentralen Netzversorgung, an der noch weitere Wechselrichter angeschlossen werden, betrieben.

Auch in diesem Beispiel ist der Motor nicht voll ausgelastet. Es wird ein Stellgerät ausgewählt, das dem tatsächlichen Strombedarf des Motors angepasst ist.

Der Permanentmagnet-Motor hat folgende Stromdaten:

I_{max_Mot} = 100 A bei M_{max_Mot} = 700 Nm
I_{dauer_Mot} = 26 A bei M_{dauer_Mot} = 350 Nm

Aus diesen beiden Angaben wird die Abhängigkeit des Stromes vom Drehmoment in einem Diagramm (Bild 15.12) aufgetragen.

Jetzt kann für die resultierenden Drehmomente der Strombedarf berechnet werden. Dazu sucht man auf der *M*-Achse das entsprechende Drehmoment und liest auf der *I*-Achse den Strom ab.

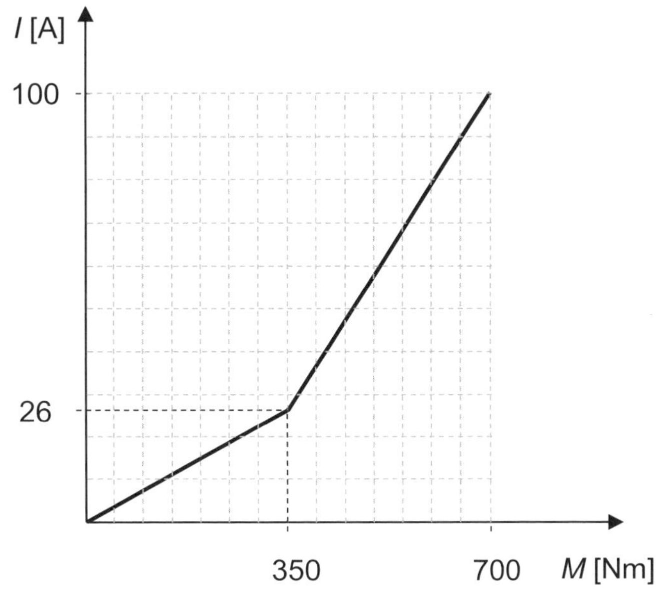

Bild 15.12
Abhängigkeit des Stromes vom Drehmoment

Daraus ergibt sich folgender Strombedarf des Motors in den Bewegungsphasen:

Phase 1
M = 0 Nm ergibt I = 0 A

Phase 2
M = 590 Nm ergibt I = 77 A

Phase 3
$M = -526$ Nm ergibt $I = -62$ A

Effektivstrom

$$I_{eff} = \sqrt{\frac{1}{t_{zyk}} \cdot \sum_{i=1}^{n} I_i^2 \cdot \Delta t_i}$$

$$I_{eff} = \sqrt{\frac{1}{2{,}8\,s} \cdot \left[(77\,A)^2 \cdot 0{,}15\,s + (-62\,A)^2 \cdot 0{,}15\,s\right]}$$

$I_{eff} = 22{,}9$ A

Maximalstrom
Der maximale Strom wird in der Phase 2 benötigt.

$I_{max} = 77$ A

Der ausgewählte Umrichter hat folgende Daten:

Maximalstrom $I_{max\_SG} = 100$ A
Dauerstrom $I_{dauer\_SG} = 73$ A

und erfüllt damit die Bedingungen an den geforderten Maximal- und Dauerstrom.

Leistungen im Zwischenkreis

Zwischenkreisleistungen
Phase 1
$P = 0$ W

Phase 2
$P_a = M_a \cdot 2 \cdot \pi \cdot n_a \cdot \eta^k = 590 \text{ Nm} \cdot 2 \cdot \pi \cdot 0 / 60 \text{ s} \cdot 0{,}8^{-1} = 0 \text{ W}$
$P_e = M_e \cdot 2 \cdot \pi \cdot n_e \cdot \eta^k = 590 \text{ Nm} \cdot 2 \cdot \pi \cdot 50 / 60 \text{ s} \cdot 0{,}8^{-1} = 3862 \text{ W}$

Phase 3
$P_a = M_a \cdot 2 \cdot \pi \cdot n_a \cdot \eta^k = -526 \text{ Nm} \cdot 2 \cdot \pi \cdot 50 / 60 \text{ s} \cdot 0{,}8 = -2203 \text{ W}$
$P_e = M_e \cdot 2 \cdot \pi \cdot n_e \cdot \eta^k = -526 \text{ Nm} \cdot 2 \cdot \pi \cdot 0 / 60 \text{ s} \cdot 0{,}8 = 0 \text{ W}$

Tabelle 15.10 zeigt die Zusammenfassung der berechneten Leistungen.

Tabelle 15.10

Nr.	Bewegungsphase	t	P_a	P_e
1	Stillstand	2,5 s	0 W	0 W
2	Beschleunigen	0,15 s	0 W	3826 W
3	Bremsen	0,15 s	-2203 W	0 W

Effektive Zwischenkreisleistung

$$P_{\text{eff}} = \sqrt{\frac{1}{t_{\text{zyk}}} \cdot \sum_{i=1}^{n} P_i^2 \cdot \Delta t_i}$$

$$P_{\text{eff}} = \sqrt{\frac{1}{2{,}8\ \text{s}} \cdot \left(\frac{(3826\ \text{W})^2 \cdot 0{,}15\ \text{s}}{3} + \frac{(-2203\ \text{W})^2 \cdot 0{,}15\ \text{s}}{3} \right)}$$

$$P_{\text{eff}} = 590\ \text{W}$$

Mittlere Zwischenkreis-Einspeiseleistung

$$P_{\text{mitt\_ein}} = \frac{1}{t_{\text{zyk}}} \cdot \sum_{i=1}^{n} |P_i| \cdot \Delta t_i$$

$$P_{\text{mitt\_ein}} = \frac{1}{2{,}8\ \text{s}} \cdot \left(\frac{3826\ \text{W}}{2} \cdot 0{,}15\ \text{s} \right)$$

$$P_{\text{mitt\_ein}} = 102\ \text{W}$$

Mittlere Zwischenkreis-Rückspeiseleistung

$$P_{\text{mitt\_rück}} = \frac{1}{t_{\text{zyk}}} \cdot \sum_{i=1}^{n} P_i \cdot \Delta t_i$$

$$P_{\text{mitt\_rück}} = \frac{1}{2{,}8\ \text{s}} \cdot \left(\frac{-2203\ \text{W}}{2} \cdot 0{,}15 \right)$$

$$P_{\text{mitt\_rück}} = -\,59\ \text{W}$$

Maximale Zwischenkreis-Einspeiseleistung

$$P_{\text{max\_ein}} = 3826\ \text{W}$$

Maximale Zwischenkreis-Rückspeiseleistung

$$P_{\text{max\_rück}} = -2203\ \text{W}$$

Maximale Zwischenkreisleistung

$$P_{\text{max}} = 3826\ \text{W}$$

Berechnung der Netzgrößen

Da es sich in diesem Beispiel um die Auswahl eines Motorwechselrichters handelt, der zusammen mit weiteren Motorwechselrichtern über einen gemeinsamen Zwischenkreis an einer zentralen Netzversorgung betrieben wird, sind weiterführende Berechnungen auf der Netzseite an dieser Stelle nicht möglich. Diese können erst dann gemacht werden, wenn alle Motoren und ihre zugehörigen Motorwechselrichter ausgewählt sind.

15.3 Linearmotor nach relativer Einschaltdauer

Dieses Beispiel zeigt die Auslegung eines geschwindigkeitsvariablen, linearen Direktantriebs. Die Auslegung des Linearmotors erfolgt aufgrund fehlender Weg-Zeit-Vorgaben über die relative Einschaltdauer.

Vorgabedaten

Bewegte Masse m = 250 kg
Reibfaktor Linearführung μ = 0,005
Zusätzliche Prozesskraft während der Bearbeitungsgeschwindigkeit F_{Proz} = 200 N

Maximalgeschwindigkeit v_{max} = 2 m/s
Bearbeitungsgeschwindigkeit v_1 = 0,5 m/s
Beschleunigung = Verzögerung a = 10 m/s²

Einschaltdauer aller Beschleunigungsphasen ED_{Beschl} = 25%
Einschaltdauer aller Verzögerungsphasen ED_{Verz} = 25%
Einschaltdauer bei maximaler Geschwindigkeit ED_{v_max} = 10%
Einschaltdauer bei Bearbeitungsgeschwindigkeit 1 ED_{v1} = 30%

Berechnung des linearen Bewegungsablaufs

Alle Phasen gleichen Typs werden in einem Diagramm zusammengefasst (Bild 15.13).

Aus den zusammengefassten Bewegungsabschnitten können nun die relevanten Geschwindigkeiten zur Motorauswahl berechnet werden.

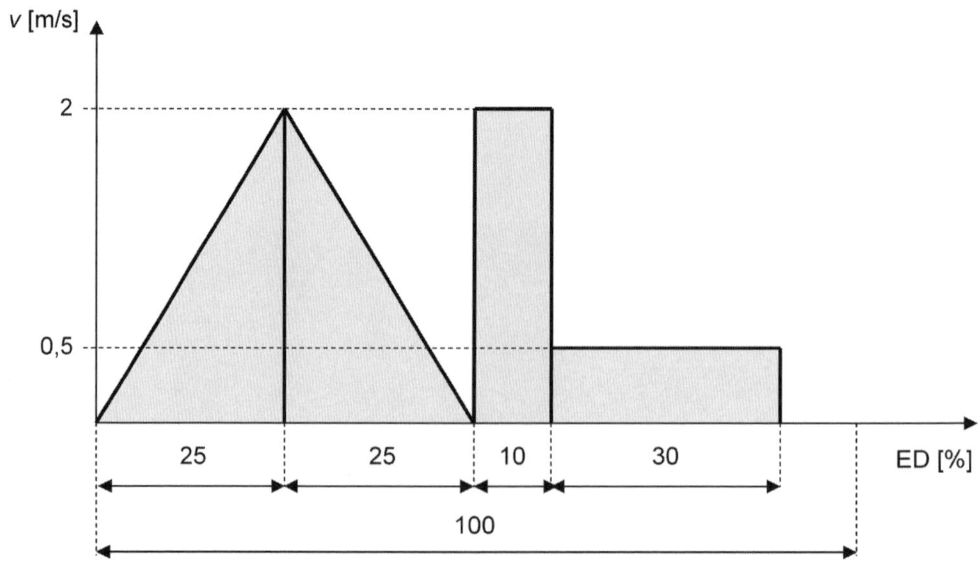

Bild 15.13 *Zusammenfassung des Bewegungsprofils nach relativer Einschaltdauer*

Mittlere Geschwindigkeit

$$v_{mitt} = \frac{1}{100\%} \cdot \left(\frac{v_{max}}{2} \cdot ED_{Beschl} + \frac{v_{max}}{2} \cdot ED_{Verz} + v_{max} \cdot ED_{max} + v_1 \cdot ED_1 \right)$$

$$v_{mitt} = \frac{1}{100\%} \cdot \left(\frac{2\ \frac{m}{s}}{2} \cdot 25\% + \frac{2\ \frac{m}{s}}{2} \cdot 25\% + 2\ \frac{m}{s} \cdot 10\% + 0{,}5\ \frac{m}{s} \cdot 30\% \right)$$

$$v_{mitt} = 0{,}85\ \frac{m}{s}$$

Maximale Geschwindigkeit

$$v_{max} = 2\ \frac{m}{s}$$

Berechnung der Kräfte für lineare Bewegung

Reibkraft
Die Reibkraft muss in allen Bewegungsphasen, außer im Stillstand, aufgebracht werden:

$$F_R = \mu \cdot (m \cdot g \cdot \cos\alpha + F_{Anz}) = 0{,}005 \cdot \left(250\ kg \cdot 9{,}81\ \frac{m}{s^2} \right) = 12{,}3\ N$$

Prozesskraft
Die Prozesskraft wirkt nur in der Bearbeitungsphase mit der Geschwindigkeit v_1.

$$F_{Proz} = 200\ N$$

Beschleunigungs- und Verzögerungskraft

$$F_{Beschl} = F_{Verz} = m \cdot a = 250\ kg \cdot 10\ \frac{m}{s^2} = 2500\ N$$

Resultierende Kräfte in den einzelnen Bewegungsphasen
Beschleunigungsphase

$$F_{res} = F_{Reib} + F_{Beschl} = 12{,}3\ N + 2500\ N = 2512\ N$$

Phase mit v_{max}
$$F_{res} = F_{Reib} = 12{,}3\ N$$

Phase mit v_1
$$F_{res} = F_{Reib} + F_{Proz} = 12{,}3\ N + 200\ N = 212\ N$$

Verzögerungsphase
$$F_{res} = F_{Reib} - F_{Verz} = 12{,}3\ N - 2500\ N = -2488\ N$$

Effektivkraft

$$F_{\text{eff}} = \sqrt{\frac{1}{100\%} \cdot \left(F_{\text{Beschl}}^2 \cdot ED_{\text{Beschl}} + F_{\text{Verz}}^2 \cdot ED_{\text{Verz}} + F_{\text{v\_max}}^2 \cdot ED_{\text{v\_max}} + F_{\text{v1}}^2 \cdot ED_{\text{v1}}\right)}$$

$$F_{\text{eff}} = \sqrt{\frac{1}{100\%} \cdot \left((2512\ \text{N})^2 \cdot 25\% + (-2488\ \text{N})^2 \cdot 25\% + (12{,}3\ \text{N})^2 \cdot 10\% + (212\ \text{N})^2 \cdot 30\%\right)}$$

$$F_{\text{eff}} = 1772\ \text{N}$$

Maximalkraft
Die Maximalkraft tritt in der Beschleunigungsphase auf:

$$F_{\text{max}} = 2512\ \text{N}$$

Vorauswahl des Motors
Folgender Linearmotor wird ausgewählt:

Motor A
Bezüglich der Kräfte und Geschwindigkeiten erscheint der Motor mit den folgenden Daten ausreichend:

$F_{\text{max\_Mot}} = 5600\ \text{N}$
$F_{\text{dauer\_Mot}} = 1785\ \text{N}$
$v_{\text{max\_Mot}} = 3\ \text{m/s}$
$m_{\text{Mot}} = 18{,}7\ \text{kg}$
$F_{\text{Anz\_Mot}} = 8000\ \text{N}$

Nachrechnung des ausgewählten Motors A
Im nächsten Schritt wird geprüft, ob der Motor immer noch ausreichend bemessen ist, wenn die Masse des Primärteils und die Anziehungskraft zwischen Primär- und Sekundärteil berücksichtigt werden.

Reibkraft
Die Reibkraft wird zum einen durch die zusätzliche Masse des Primärteils und zum anderen durch die Anziehungskraft zwischen Primär- und Sekundärteil erhöht.

$$F_{\text{R}} = \mu \cdot (m \cdot g \cdot \cos\alpha + F_{\text{Anz}}) = 0{,}005 \cdot \left((250\ \text{kg} + 18{,}7\ \text{kg}) \cdot 9{,}81\ \frac{\text{m}}{\text{s}^2} + 8000\ \text{N}\right) = 53{,}2\ \text{N}$$

Beschleunigungs- und Verzögerungskraft
Die Beschleunigungs- und Verzögerungskraft wird durch die zusätzliche Masse des Primärteils erhöht.

$$F_{\text{Beschl}} = F_{\text{Verz}} = m \cdot a = (250\ \text{kg} + 18{,}7\ \text{kg}) \cdot 10\ \frac{\text{m}}{\text{s}^2} = 2687\ \text{N}$$

Resultierende Kräfte in den einzelnen Bewegungsphasen

Beschleunigungsphase
$F_{res} = F_{Reib} + F_{Beschl} = 53{,}2\ \text{N} + 2687\ \text{N} = 2740\ \text{N}$

Phase mit v_{max}
$F_{res} = F_{Reib} = 53{,}2\ \text{N}$

Phase mit v_1
$F_{res} = F_{Reib} + F_{Proz} = 53{,}2\ \text{N} + 200\ \text{N} = 253\ \text{N}$

Verzögerungsphase
$F_{res} = F_{Reib} - F_{Verz} = 53{,}2\ \text{N} - 2687\ \text{N} = -2634\ \text{N}$

Effektivkraft

$$F_{eff} = \sqrt{\frac{1}{100\%} \cdot \left(F_{Beschl}^2 \cdot ED_{Beschl} + F_{Verz}^2 \cdot ED_{Verz} + F_{v\_max}^2 \cdot ED_{v\_max} + F_{v1}^2 \cdot ED_{v1}\right)}$$

$$F_{eff} = \sqrt{\frac{1}{100\%} \cdot \left((2740\ \text{N})^2 \cdot 25\% + (-2634\ \text{N})^2 \cdot 25\% + (53{,}2\ \text{N})^2 \cdot 10\% + (253\ \text{N})^2 \cdot 30\%\right)}$$

$F_{eff} = 1905\ \text{N}$

Die Effektivkraft ist größer als die zulässige Dauernennkraft des ausgewählten Motors. Es muss der nächstgrößere genommen werden:

Motor B
$F_{max\_Mot} = 7150\ \text{N}$
$F_{dauer\_Mot} = 2310\ \text{N}$
$v_{max\_Mot} = 2{,}8\ \text{m/s}$
$m_{Mot} = 24\ \text{kg}$
$F_{Anz} = 10\,400\ \text{N}$

Nachrechnung des ausgewählten Motors B

Reibkraft

$$F_R = \mu \cdot (m \cdot g \cdot \cos\alpha + F_{Anz}) = 0{,}005 \cdot \left((250\ \text{kg} + 24\ \text{kg}) \cdot 9{,}81\ \frac{\text{m}}{\text{s}^2} + 10\,400\ \text{N}\right) = 65{,}4\ \text{N}$$

Beschleunigungs- und Verzögerungskraft

$$F_{Beschl} = F_{Verz} = m \cdot a = (250\ \text{kg} + 24\ \text{kg}) \cdot 10\ \frac{\text{m}}{\text{s}^2} = 2740\ \text{N}$$

Resultierende Kräfte in den einzelnen Bewegungsphasen

Beschleunigungsphase
$F_{res} = F_{Reib} + F_{Beschl} = 65{,}4\ \text{N} + 2740\ \text{N} = 2805\ \text{N}$

Phase mit v_{max}
$F_{res} = F_{Reib} = 65{,}4\ \text{N}$

Phase mit v_1
$F_{res} = F_{Reib} + F_{Proz} = 65{,}4\ \text{N} + 200\ \text{N} = 265\ \text{N}$

Verzögerungsphase
$F_{res} = F_{Reib} - F_{Verz} = 65{,}4\ \text{N} - 2740\ \text{N} = -2675\ \text{N}$

Effektivkraft

$$F_{eff} = \sqrt{\frac{1}{100\%} \cdot \left(F_{Beschl}^2 \cdot ED_{Beschl} + F_{Verz}^2 \cdot ED_{Verz} + F_{v\_max}^2 \cdot ED_{v\_max} + F_{v1}^2 \cdot ED_{v1}\right)}$$

$$F_{eff} = \sqrt{\frac{1}{100\%} \cdot \left((2805\ \text{N})^2 \cdot 25\% + (-2675\ \text{N})^2 \cdot 25\% + (65{,}4\ \text{N})^2 \cdot 10\% + (265\ \text{N})^2 \cdot 30\%\right)}$$

$F_{eff} = 1944\ \text{N}$

Maximalkraft
Die Maximalkraft tritt in der Beschleunigungsphase auf:

$F_{max} = 2805\ \text{N}$

Prüfung
Alle Kraft-Geschwindigkeits-Wertepaare werden gegen die Motorkennlinie geprüft. Bild 15.14 zeigt, dass alle Bedingungen erfüllt sind.

Alle einzelnen Kräfte liegen unterhalb der Maximalkraft-Kennlinie des Motors.

Die Effektivkraft liegt bei der mittleren Geschwindigkeit unterhalb der Dauerkraft-Kennlinie des Motors.

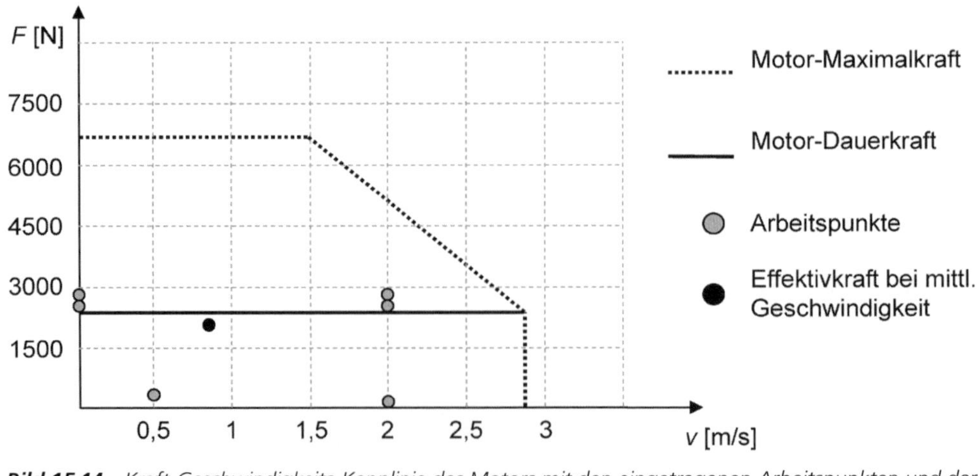

Bild 15.14 *Kraft-Geschwindigkeits-Kennlinie des Motors mit den eingetragenen Arbeitspunkten und der Effektivkraft bei der mittleren Geschwindigkeit*

15.4 Wickelantrieb mit Asynchronmotor in Feldschwächung

Das Beispiel zeigt die Auslegung eines drehzahlvariablen Wickelantriebs mit direkter Kopplung von Motor und Wickelwalze. Es geht insbesondere auf die Auswahl des Asynchronmotors und der Ausnutzung des Feldschwächbereichs ein.

In einer Verarbeitungsmaschine soll Folie am Ende des Bearbeitungsprozesses auf einer Walze (Bild 15.15) zu Rollen aufgewickelt werden.

Die lineare Bahngeschwindigkeit ist, außer während der Beschleunigung und Verzögerung, immer konstant. Die Kraft zum Ziehen der Folie ist ebenfalls konstant und muss immer vom Antrieb aufgebracht werden.

Da sich der Durchmesser der Rolle ständig ändert, die Geschwindigkeit der Folie in der Maschine jedoch konstant bleiben muss, ändern sich die Drehzahl und das Drehmoment am Motor vom kleinsten zum größten Durchmesser kontinuierlich.

Vorgabedaten

Walze
Durchmesser $d_A = 40$ mm
Breite $l = 100$ mm
Material: Aluminium
Wirkungsgrad der Mechanik $\eta = 0{,}9$

Material
Wickeldurchmesser $D = 200$ mm
Breite $b = 90$ mm
Dichte $\rho = 900$ kg/m^3
Zugkraft $F_{Proz} = 5$ N

Bewegungsdaten
Bahngeschwindigkeit $v = 300$ m/min
Beschleunigungszeit = Verzögerungszeit = 0,5 s

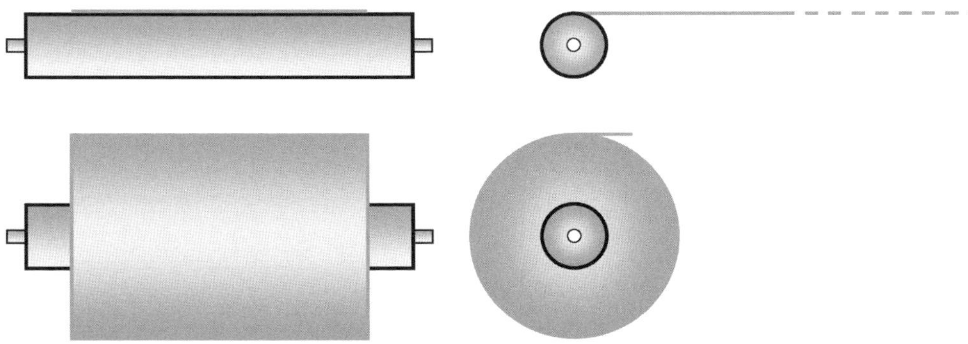

Bild 15.15 *Walze am Anfang und am Ende des Aufwickelns*

Berechnung des linearen Bewegungsablaufs

Auf der linearen Seite (Bahn) ist die Geschwindigkeit immer konstant.

$$v = 300\ \frac{\text{m}}{\text{min}}$$

Beschleunigung und Verzögerung haben den gleichen Betrag.

$$a = \frac{v_\text{e} - v_\text{a}}{t} = \frac{300\ \dfrac{\text{m}}{60\ \text{s}}}{0{,}5\ \text{s}} = 10\ \frac{\text{m}}{\text{s}^2}$$

Für die lineare Bewegung ergibt sich somit ein einfaches Trapezprofil. Die Dauer der konstanten Phase des Trapezprofils kann nicht berechnet werden, da die Stärke des aufzuwickelnden Materials nicht bekannt ist.

Berechnung der Kräfte für lineare Bewegung

Während der gesamten Bewegung muss die konstante Zugkraft aufgebracht werden, damit das Bahnmaterial straff aufgewickelt werden kann.

$$F_\text{Proz} = 5\ \text{N}$$

Umrechnung der Anwendungsdaten am Abtriebselement

Die linearen Größen werden in rotative Größen umgerechnet.

Lineare Geschwindigkeiten in Winkelgeschwindigkeiten und Drehzahlen
Bei kleinstem Durchmesser:

$$\omega = \frac{v}{r} = \frac{300\ \dfrac{\text{m}}{60\ \text{s}}}{0{,}02\ \text{m}} = 250\ \frac{\text{rad}}{\text{s}}$$

$$n = \frac{v}{2 \cdot \pi \cdot r} = \frac{300\ \dfrac{\text{m}}{60\ \text{s}}}{2 \cdot \pi \cdot 0{,}02\ \text{m}} = 39{,}8\ \text{s}^{-1} = 2387\ \text{min}^{-1}$$

Bei größtem Durchmesser:

$$\omega = \frac{v}{r} = \frac{300\ \dfrac{\text{m}}{60\ \text{s}}}{0{,}1\ \text{m}} = 50\ \frac{\text{rad}}{\text{s}}$$

$$n = \frac{v}{2 \cdot \pi \cdot r} = \frac{300\ \dfrac{\text{m}}{60\ \text{s}}}{2 \cdot \pi \cdot 0{,}1\ \text{m}} = 7{,}96\ \text{s}^{-1} = 477\ \text{min}^{-1}$$

Lineare Beschleunigung in Winkelbeschleunigung

Bei kleinstem Durchmesser:

$$\alpha = \frac{a}{r} = \frac{10\ \frac{\text{m}}{s^2}}{0{,}02\ \text{m}} = 500\ \frac{\text{rad}}{s^2}$$

Bei größtem Durchmesser:

$$\alpha = \frac{a}{r} = \frac{10\ \frac{\text{m}}{s^2}}{0{,}1\ \text{m}} = 100\ \frac{\text{rad}}{s^2}$$

Kräfte in Drehmomente
Prozessmoment bei kleinstem Durchmesser:

$$M = F \cdot r \cdot \eta_{\text{Wa}}^{\text{k}} = 5\ \text{N} \cdot 0{,}02\ \text{m} \cdot 0{,}9^{-1} = 0{,}111\ \text{Nm}$$

Prozessmoment bei größtem Durchmesser:

$$M = F \cdot r \cdot \eta_{\text{Wa}}^{\text{k}} = 5\ \text{N} \cdot 0{,}1\ \text{m} \cdot 0{,}9^{-1} = 0{,}556\ \text{Nm}$$

Massenträgheitsmoment des Materials
Bei kleinstem Durchmesser:

$$J = 0\ \text{kgm}^2$$

Bei größtem Durchmesser:

$$m = \rho \cdot \pi \cdot \left(R^2 - r^2\right) \cdot h = 900\ \frac{\text{kg}}{\text{m}^3} \cdot \pi \cdot \left((0{,}1\ \text{m})^2 - (0{,}02\ \text{m})^2\right) \cdot 0{,}09\ \text{m} = 2{,}44\ \text{kg}$$

$$J_x = m \cdot \frac{R^2 + r^2}{2} = 2{,}44\ \text{kg} \cdot \frac{(0{,}1\ \text{m})^2 + (0{,}02\ \text{m})^2}{2} = 0{,}012688\ \text{kgm}^2$$

Massenträgheitsmoment der Walze

$$m = \rho \cdot \pi \cdot r^2 \cdot h = 2700\ \frac{\text{kg}}{\text{m}^3} \cdot \pi \cdot (0{,}02\ \text{m})^2 \cdot 0{,}1\ \text{m} = 0{,}339\ \text{kg}$$

$$J_x = m \cdot \frac{r^2}{2} = 0{,}339\ \text{kg} \cdot \frac{(0{,}02\ \text{m})^2}{2} = 0{,}000068\ \text{kgm}^2$$

Beschleunigungs- und Verzögerungsmoment der Walze und des Materials

Bei kleinstem Durchmesser:

$$M_{\text{Beschl}} = M_{\text{Verz}} = J \cdot \alpha = 0{,}000068\ \text{kgm}^2 \cdot 500\ \frac{\text{rad}}{\text{s}^2} = 0{,}034\ \text{Nm}$$

Bei größtem Durchmesser:

$$M_{\text{Beschl}} = M_{\text{Verz}} = J \cdot \alpha = \left(0{,}012688\ \text{kgm}^2 + 0{,}000068\ \text{kgm}^2\right) \cdot 100\ \frac{\text{rad}}{\text{s}^2} = 1{,}276\ \text{Nm}$$

Resultierende Drehmomente in den einzelnen Bewegungsphasen (Tabelle 15.11)
Beschleunigungsphase bei kleinstem Durchmesser

$$M_{res} = M_{Proz} + M_{Beschl} = 0{,}111\ \text{Nm} + 0{,}034\ \text{Nm} = 0{,}145\ \text{Nm}$$

Konstantphase bei kleinstem Durchmesser

$$M_{res} = M_{Proz} = 0{,}111\ \text{Nm}$$

Verzögerungsphase bei kleinstem Durchmesser

$$M_{res} = M_{Proz} - M_{Verz} = 0{,}111\ \text{Nm} - 0{,}034\ \text{Nm} = 0{,}077\ \text{Nm}$$

Beschleunigungsphase bei größtem Durchmesser

$$M_{res} = M_{Proz} + M_{Beschl} = 0{,}556\ \text{Nm} + 1{,}276\ \text{Nm} = 1{,}832\ \text{Nm}$$

Konstantphase bei größtem Durchmesser

$$M_{res} = M_{Proz} = 0{,}556\ \text{Nm}$$

Verzögerungsphase bei größtem Durchmesser

$$M_{res} = M_{Proz} - M_{Verz} = 0{,}556\ \text{Nm} - 1{,}276\ \text{Nm} = -0{,}72\ \text{Nm}$$

Tabelle 15.11

Nr.	Bewegungsphase	t	n_a	n_e	M_{res}
1	Beschleunigung (kleiner Durchmesser)	0,5 s	0 min^{-1}	2387 min^{-1}	0,145 Nm
2	Konstant (kleiner Durchmesser)		2387 min^{-1}		0,111 Nm
3	Bremsen (kleiner Durchmesser)	0,5 s	2387 min^{-1}	0 min^{-1}	0,077 Nm
4	Beschleunigung (großer Durchmesser)	0,5s	0 min^{-1}	477 min^{-1}	1,832 Nm
5	Konstant (großer Durchmesser)			477 min^{-1}	0,556 Nm
6	Bremsen (großer Durchmesser)	0,5 s	477 min^{-1}	0 min^{-1}	-0,72 Nm

Drehzahlen und Drehmomente am Motor

Da der genaue Ablauf des Aufwickelns aufgrund der fehlenden Zeit der Phase mit konstanter Bahngeschwindigkeit nicht bekannt ist, wird als Effektivmoment das resultierende Moment in der Konstantphase sowohl bei kleinstem als auch bei größtem Wickeldurchmesser mit den dazugehörigen Drehzahlen angesetzt.

Weiterhin werden zur Überprüfung der Maximalmomente das Beschleunigungs- und das Verzögerungsmoment, ebenfalls bei beiden Durchmessern bzw. Drehzahlen, verwendet.

Vorauswahl des Motors

Wie in Abschnitt 1.2 bereits erläutert, besteht zwischen den Drehmomentwerten beim größten und kleinsten Durchmesser ein Zusammenhang proportional n^{-1}. Dieses Verhalten weist auch die

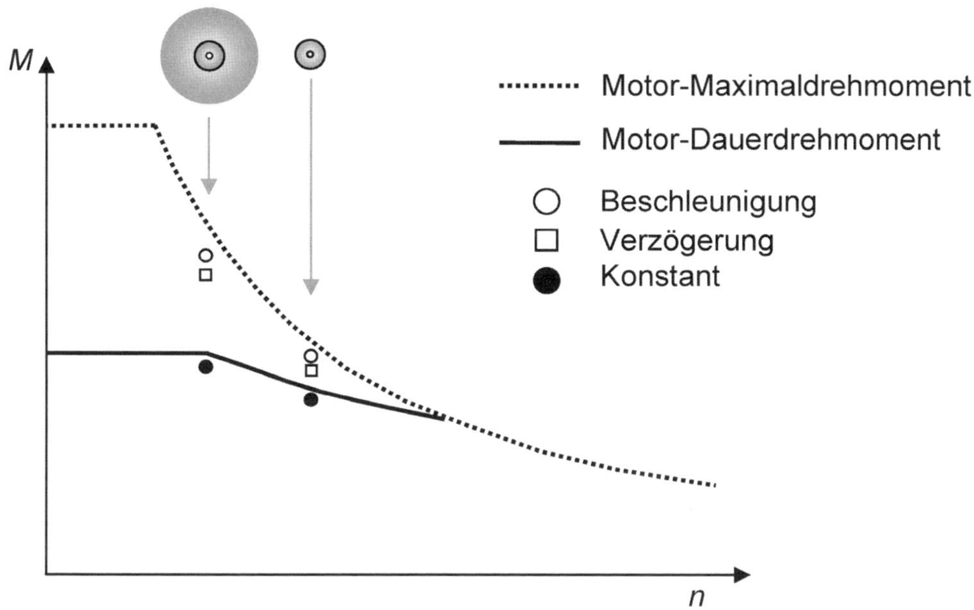

Bild 15.16 *Ausnutzung des Feldschwächbereichs einer Asynchronmaschine beim Wickler*

Asynchronmaschine im Feldschwächbetrieb auf. Deshalb wird versucht, eine geeignete Maschine zu finden, bei der der Feldschwächbereich ausgenutzt werden kann. Bild 15.16 verdeutlicht den Zusammenhang.

Es soll überprüft werden, ob ein 4-poliger Motor genommen werden kann, der auch in anderen Maschinen zum Einsatz kommt, da man aus Gründen einer effizienten Lagerhaltung keine neue Type einführen möchte.

Der Motor hat folgende Daten:

$M = 1{,}26$ Nm	$n = 1360$ min^{-1}
$P = 0{,}18$ kW	$U = 400$ V
$I = 0{,}65$ A	$\cos\varphi = 0{,}66$
$M_K = 2{,}9$ Nm	$J = 0{,}00024$ kgm^2

Nachrechnung des ausgewählten Motors

Beschleunigungs- und Verzögerungsmoment für die Motorträgheit

Bei kleinstem Durchmesser:

$$M_{\text{Beschl}} = M_{\text{Verz}} = J_{\text{Mot}} \cdot \alpha = 0{,}00024\ \text{kgm}^2 \cdot 500\ \frac{\text{rad}}{\text{s}^2} = 0{,}120\ \text{Nm}$$

Bei größtem Durchmesser:

$$M_{\text{Beschl}} = M_{\text{Verz}} = J_{\text{Mot}} \cdot \alpha = 0{,}00024\ \text{kgm}^2 \cdot 100\ \frac{\text{rad}}{\text{s}^2} = 0{,}024\ \text{Nm}$$

Damit können die Beschleunigungs- und Verzögerungsphasen neu berechnet werden:

Resultierende Drehmomente in den einzelnen Bewegungsphasen

Beschleunigungsphase bei kleinstem Durchmesser:

M_{res} = 0,145 Nm + 0,12 Nm = 0,265 Nm

Konstantphase bei kleinstem Durchmesser (bleibt):

M_{res} = 0,111 Nm

Verzögerungsphase bei kleinstem Durchmesser:

M_{res} = 0,077 Nm – 0,12 Nm = –0,043 Nm

Beschleunigungsphase bei größtem Durchmesser:

M_{res} = 1,832 Nm + 0,024 Nm = 1,856 Nm

Konstantphase bei größtem Durchmesser (bleibt):

M_{res} = 0,556 Nm

Verzögerungsphase bei größtem Durchmesser:

M_{res} = –0,72 Nm – 0,024 Nm = –0,744 Nm

Die berechneten Werte sind in Tabelle 15.12 zusammengefasst.

Tabelle 15.12

Nr.	Bewegungsphase		t	n_a	n_e	M_{res}
1	Beschleunigung	kleinster Durchmesser	0,5 s	0 min^{-1}	2387 min^{-1}	0,265 Nm
2	Konstant			2387 min^{-1}		0,111 Nm
3	Bremsen		0,5 s	2387 min^{-1}	0 min^{-1}	-0,043 Nm
4	Beschleunigung	größter Durchmesser	0,5 s	0 min^{-1}	477 min^{-1}	1,856 Nm
5	Konstant				477 min^{-1}	0,556 Nm
6	Bremsen		0,5 s	477 min^{-1}	0 min^{-1}	-0,744 Nm

Prüfung
Bei größtem Durchmesser:

- Das Drehmoment für die Konstantphase ist kleiner als das Dauerdrehmoment des Motors.
- Das maximale Drehmoment (Beschleunigungsphase) ist kleiner als das Maximalmoment (Kippmoment) des Motors.

Bei kleinstem Durchmesser:
Die Drehmomente bei kleinstem Durchmesser werden oberhalb der Nenndrehzahl im Feldschwächbereich gefordert. Dazu müssen Dauer- und Maximaldrehmoment des Motors entsprechend umgerechnet werden.

Das Dauerdrehmoment des Motors sinkt im Feldschwächbereich proportional $1/n$ und ist ca.:

$$M_{\text{dauer\_Mot}} = M_{\text{Nenn}} \cdot \frac{n_{\text{Nenn}}}{n} = 1{,}26\,\text{Nm} \cdot \frac{1360\,\text{min}^{-1}}{2387\,\text{min}^{-1}} = 0{,}72\,\text{Nm}$$

Das Maximalmoment (Kippmoment) des Motors sinkt im Feldschwächbereich proportional $1/n^2$ und ist ca.:

$$M_{\text{max\_Mot}} = M_{\text{K}} \cdot \left(\frac{n_{\text{K}}}{n}\right)^2 = 2{,}9\,\text{Nm} \cdot \left(\frac{1150\,\text{min}^{-1}}{2387\,\text{min}^{-1}}\right)^2 = 0{,}67\,\text{Nm}$$

Der Wert der Kippdrehzahl muss unter Umständen beim Hersteller angefragt oder aus Kennlinien entnommen werden.

Das Maximalmoment im Feldschwächbereich begrenzt durch seinen stärkeren Abfall das Dauerdrehmoment (siehe Abschnitt 1.3.2).

- Das Drehmoment für die Konstantphase ist kleiner als das (begrenzte) Dauerdrehmoment des Motors.
- Das maximale Drehmoment (Beschleunigungsphase) ist kleiner als das Maximalmoment (Kippmoment) des Motors.

Hinweis

Zur Generierung der Kennlinie kann das Berechnungstool auf **InfoClick** verwendet werden!

Der Frequenzumrichter, der zum Einsatz kommen soll, hat keine geregelte Zwischenkreisspannung. Es ist noch zu prüfen, ob die Drehmomente des Motors auch noch verfügbar sind, wenn im Netz –10% Spannungstoleranz vorhanden ist.

$$M_{\text{max\_Mot}} = M_{\text{K}} \cdot \left(\frac{n_{\text{K}}}{n}\right)^2 \cdot \left(\frac{U_{\text{Nenn}-10\%}}{U_{\text{Nenn}}}\right)^2 = 2{,}9\,\text{Nm} \cdot \left(\frac{1150\,\text{min}^{-1}}{2387\,\text{min}^{-1}}\right)^2 \cdot \left(\frac{360\,\text{V}}{400\,\text{V}}\right)^2 = 0{,}54\,\text{Nm}$$

Das verfügbare Drehmoment im Feldschwächbereich reicht auch bei einer Spannungstoleranz von –10% aus.

15.5 Betrieb an 87-Hz-Eckfrequenz

In diesem Beispiel werden die Möglichkeiten der Leistungssteigerung für einen Hubwerkantrieb untersucht und im Speziellen die Auslegung bzw. die Eignung des vorhanden Motors und Frequenzumrichters für den 87-Hz-Betrieb gezeigt.

Für einen bestehenden frequenzgesteuerten Hubwerksantrieb soll die Möglichkeit überprüft werden, ob die Hub- und Senkgeschwindigkeit mit dem bestehenden Motor von 10 m/min auf ca. 15 m/min gesteigert werden können. Die Anlage ist am 400-V-Netz angeschlossen.

Der eingebaute Motor hat folgende Daten:

$M = 26{,}8$ Nm $\quad n = 1425\ \text{min}^{-1}$
$P = 4$ kW $\quad U = \Delta\ 230\ /\ \text{Y}\ 400$ V
$I = 14{,}4\ /\ 8{,}3$ A $\quad \cos\varphi = 0{,}82$
$M_K = 72$ Nm $\quad J = 0{,}0119\ \text{kgm}^2$

Der eingebaute Frequenzumrichter hat die Daten:

$I = 9{,}5$ A $\quad I_{max} = 17$ A

Die Nachrechnung der Drehmomente ergab, dass der Motor im Hubbetrieb nur mit 21 Nm belastet wird. Beim Beschleunigen werden ca. 35 Nm benötigt.

Da der Motor nicht voll ausgelastet ist, wird zunächst überprüft, ob er in Feldschwächung betrieben werden kann. Da das Nennmoment des Motors im Feldschwächbereich ca. proportional $1/n$ und die Drehzahl proportional der Geschwindigkeit ist, folgt:

$$M = \frac{10\ \frac{\text{m}}{\text{min}}}{15\ \frac{\text{m}}{\text{min}}} \cdot 26{,}8\ \text{Nm} = 17{,}9\ \text{Nm}$$

In Feldschwächbereich würde der Motor damit nicht das erforderliche Dauerdrehmoment aufbringen können.

Als Nächstes wird überprüft, ob der Motor an einer höheren Eckfrequenz betrieben werden kann. Die Schaltung der Wicklung ist für 230 V in Dreieck und für 400 V in Stern ausgelegt. Somit kann der Motor in Dreieck betrieben werden und ist bezüglich der Wicklungsschaltung geeignet.

Der Umrichter muss getauscht werden, da jetzt ein höherer Strom benötigt wird. Dieser ist bei Belastung mit Nennmoment 14,4 A. Der nächstgrößere Frequenzumrichter mit den Daten

$I = 16{,}5$ A $\quad I_{max} = 29{,}7$ A

kann den Motor mit seinem Nennstrom versorgen.

Weiterhin wird der Umrichter auf die neue Frequenz-Spannungs-Kennlinie eingestellt. Es wird schon bei 230 V die Frequenz 50 Hz und erst bei 400 V die Eckfrequenz 87 Hz erreicht.

Für den Betrieb mit der neuen Geschwindigkeit von 15 m/min wird, unter Vernachlässigung der Änderung der absoluten Schlupfdrehzahl, eine Frequenz von ca.

$$M = \frac{15\ \frac{\text{m}}{\text{min}}}{10\ \frac{\text{m}}{\text{min}}} \cdot 50\ \text{Hz} = 75\ \text{Hz}$$

benötigt.

Im Rahmen dieses Beispiels wird nur darauf hingewiesen, dass natürlich auch die restlichen Komponenten wie

- Netzanschluss (Kabel, Sicherungen usw.),
- Bremswiderstand,
- Getriebe

überprüft werden müssen.

15.6 Bewegungsablauf für eine mitlaufende Bearbeitung

Das Beispiel zeigt, wie aus vorgegebenen Prozessdaten der Bewegungsablauf für eine mitlaufende Bearbeitung berechnet wird.

In einer Anlage soll Stangenmaterial auf 1 m lange Stücke geschnitten werden. Das Material wird mit einer Geschwindigkeit von 30 m/min durch die Anlage transportiert (Bild 15.17). Der Schneidprozess (Schneiden und wieder aus dem Schnitt ausfahren) findet während des laufenden Transports statt und dauert 0,5 s. Für diesen Bewegungsablauf sollen die entsprechenden kinematischen Größen berechnet werden. Da er sich noch in einem sehr frühen Konstruktionsstadium befindet, wird eine kleine Reserve von 200 ms zwischen zwei Schnitten veranschlagt. Die maximal zulässige Beschleunigung der Anlage beträgt 5 m/s².

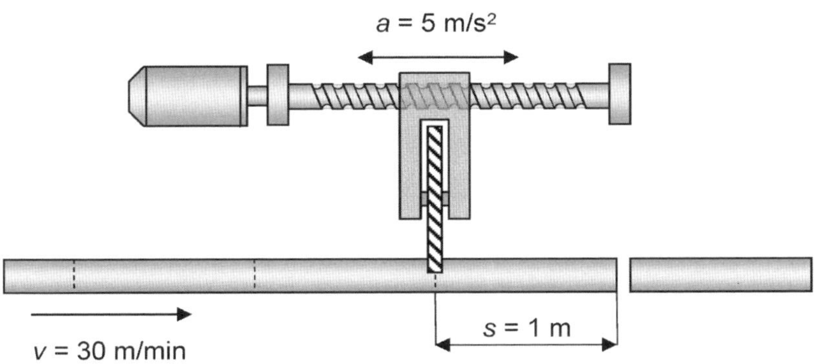

Bild 15.17 *Mitlaufende Bearbeitung*

Berechnung des linearen Bewegungsablaufs

Zunächst wird der Bewegungsablauf qualitativ bewertet. Das Material wird immer mit konstanter Geschwindigkeit transportiert. Bevor der Schnitt beginnen kann, muss die Sägevorrichtung auf die Materialgeschwindigkeit beschleunigt werden und dann während des Schnittes synchron mitlaufen. Nach dem Schnitt wird die Säge wieder zurückgefahren, um nach einer kurzen Pausenzeit (Reserve) den nächsten Zyklus zu beginnen. Damit ergeben sich nach Bild 15.18 folgende Phasen:

1. Mit maximal zulässiger Beschleunigung auf Materialgeschwindigkeit beschleunigen.
2. Synchronlauf während des Schneidprozesses von 0,5 s.
3. Mit maximal zulässiger Verzögerung auf Stillstand bremsen.
4. Mit maximal zulässiger Beschleunigung und Verzögerung den gleichen Weg zurück fahren.
5. Pause (Reserve).

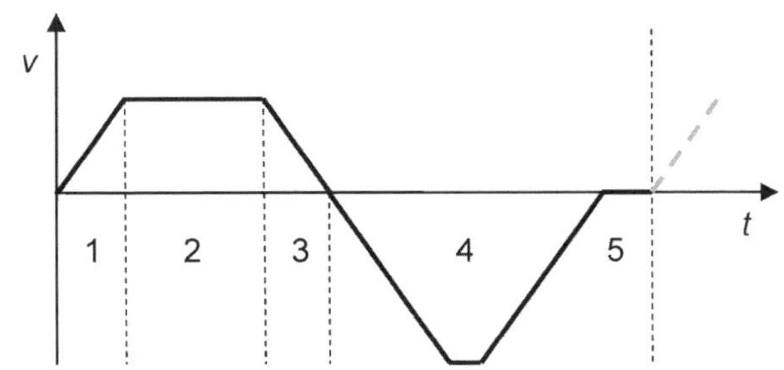

Bild 15.18
Qualitativer Geschwindigkeitsverlauf der Sägevorrichtung

Für das Zurückfahren wird ein Trapezprofil angesetzt. Im Extremfall wird das Trapez zu einem Dreieck.

Phase 1: Beschleunigung (Aufsynchronisieren)

$$t = \frac{v_e - v_a}{a} = \frac{30\ \dfrac{m}{60\ s}}{5\ \dfrac{m}{s^2}} = 0{,}1\ s$$

$$s = \frac{v_e^2 - v_a^2}{2 \cdot a} = \frac{\left(30\ \dfrac{m}{60\ s}\right)^2}{2 \cdot 5\ \dfrac{m}{s^2}} = 0{,}025\ m$$

Phase 2: Konstant (Synchronlauf während des Schnittes)

$$s = v \cdot t = 30\ \frac{m}{60\ s} \cdot 0{,}5\ s = 0{,}25\ m$$

Phase 3: Verzögerung

$$t = \frac{v_a - v_e}{a} = \frac{30\ \dfrac{m}{60\ s}}{5\ \dfrac{m}{s^2}} = 0{,}1\ s$$

$$s = \frac{v_a^2 - v_e^2}{2 \cdot a} = \frac{\left(30\ \dfrac{m}{60\ s}\right)^2}{2 \cdot 5\ \dfrac{m}{s^2}} = 0{,}025\ m$$

Phase 4: Rückfahrt

Für die Rückfahrt ist zunächst nur die zulässige Beschleunigung / Verzögerung bekannt. Um ein Trapezprofil zu berechnen, sind noch zwei weitere Größen erforderlich.

- Weg:
  Es muss der gleiche Weg für die Rückfahrt zurückgelegt werden wie die Summe aus den einzelnen Phasen bei Vorwärtsfahrt:
  $s = 0{,}025\ m + 0{,}25\ m + 0{,}025\ m = 0{,}3\ m$
- Zeit:
  Die Zeit für die Rückfahrt ergibt sich aus der gesamten Zykluszeit

  $$t = \frac{s}{v} = \frac{1\ m}{30\ \dfrac{m}{60\ s}} = 2\ s$$

  abzüglich der Zeit für die Vorwärtsfahrt und der Reservezeit
  $t = 2\ s - 0{,}1\ s - 0{,}5\ s - 0{,}1\ s - 0{,}2\ s = 1{,}1\ s$

Jetzt kann die Geschwindigkeit für das Trapezprofil berechnet werden:

$$v = \frac{a \cdot t}{2} - \sqrt{\left(\frac{a \cdot t}{2}\right)^2 - a \cdot s} = \frac{5\ \frac{\mathrm{m}}{\mathrm{s}^2} \cdot 1{,}1\ \mathrm{s}}{2} - \sqrt{\left(\frac{5\ \frac{\mathrm{m}}{\mathrm{s}^2} \cdot 1{,}1\ \mathrm{s}}{2}\right)^2 - 5\ \frac{\mathrm{m}}{\mathrm{s}^2} \cdot 0{,}3\ \mathrm{m}} = 0{,}288\ \frac{\mathrm{m}}{\mathrm{s}}$$

Das Trapezprofil kann noch in die einzelnen Abschnitte unterteilt werden:

- Beschleunigung

$$t = \frac{v_\mathrm{e} - v_\mathrm{a}}{a} = \frac{0{,}288\ \frac{\mathrm{m}}{\mathrm{s}}}{5\ \frac{\mathrm{m}}{\mathrm{s}^2}} = 0{,}058\ \mathrm{s}$$

$$s = \frac{v_\mathrm{e}^2 - v_\mathrm{a}^2}{2 \cdot a} = \frac{\left(0{,}288\ \frac{\mathrm{m}}{\mathrm{s}}\right)^2}{2 \cdot 5\ \frac{\mathrm{m}}{\mathrm{s}^2}} = 0{,}008\ \mathrm{m}$$

- Verzögerung

$$t = \frac{v_\mathrm{a} - v_\mathrm{e}}{a} = \frac{0{,}288\ \frac{\mathrm{m}}{\mathrm{s}}}{5\ \frac{\mathrm{m}}{\mathrm{s}^2}} = 0{,}058\ \mathrm{s}$$

$$s = \frac{v_\mathrm{a}^2 - v_\mathrm{e}^2}{2 \cdot a} = \frac{\left(0{,}288\ \frac{\mathrm{m}}{\mathrm{s}}\right)^2}{2 \cdot 5\ \frac{\mathrm{m}}{\mathrm{s}^2}} = 0{,}008\ \mathrm{m}$$

- Konstant

  Für die Konstantphase bleibt nun noch eine Zeit von:
  $t = 1{,}1\ \mathrm{s} - 0{,}058\ \mathrm{s} - 0{,}058\ \mathrm{s} = 0{,}984\ \mathrm{s}$
  und der Weg ist:

$$s = v \cdot t = 0{,}288\ \frac{\mathrm{m}}{\mathrm{s}} \cdot 0{,}984\ \mathrm{s} = 0{,}283\ \mathrm{m}$$

Damit ist das gesamte Profil erstellt und in Bild 15.19 visualisiert.

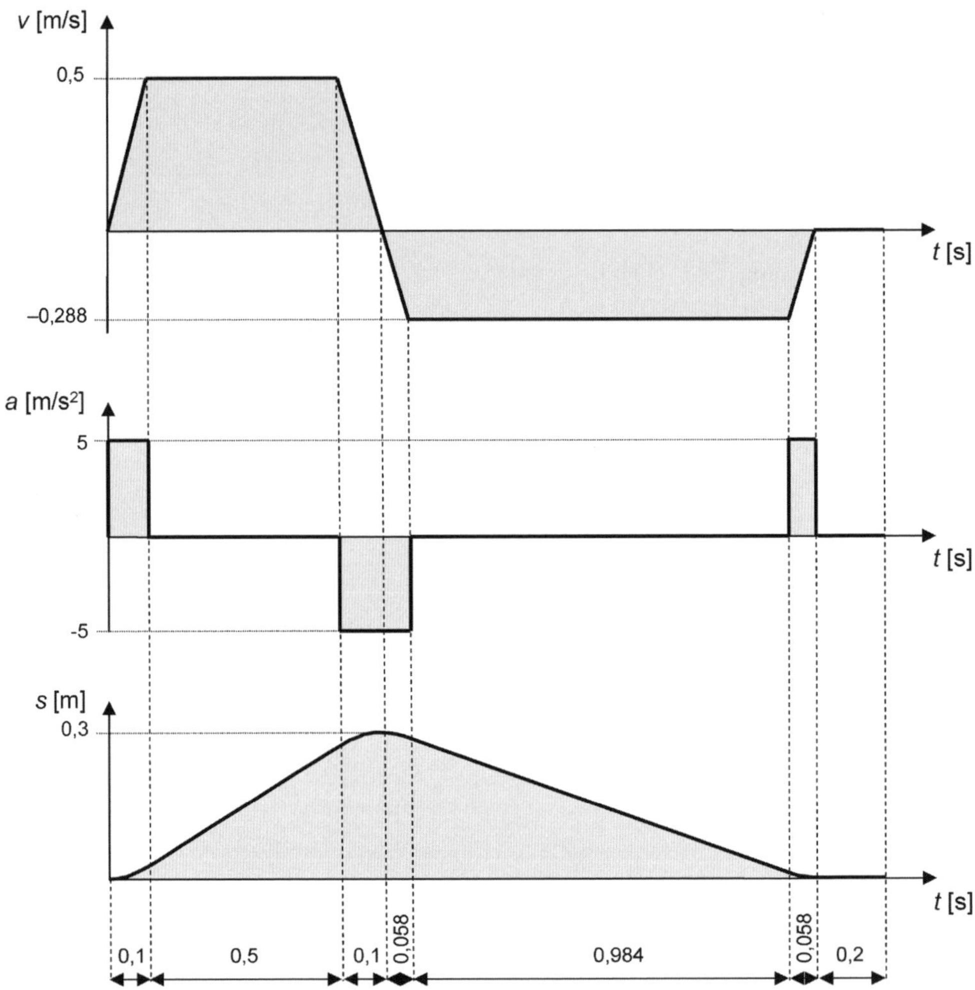

Bild 15.19 *Geschwindigkeits-, Beschleunigungs- und Weg-Zeit-Diagramm der Sägevorrichtung*

15.7 Ruckbegrenzung

In diesem kurzen Beispiel wird gezeigt, wie man die Werte für eine einfache Ruckbegrenzung einer linearen Bewegung ermittelt und die Beschleunigungswerte mit / ohne Ruckbegrenzung zueinander im Verhältnis stehen.

Für einen vorgegebenen Prozess soll in der Beschleunigungszeit von t = 2 s eine Geschwindigkeit von v = 2,5 m/s erreicht werden. Zur Schonung der Mechanik wird eine Ruckbegrenzung gefordert. Welcher minimale Ruck kann bei einfacher Ruckbegrenzung (lineare Beschleunigungsverläufe) erreicht werden?

Ohne Ruckbegrenzung berechnet sich die Beschleunigung:

$$a_{max} = \frac{v_e - v_a}{t} = \frac{2{,}5\ \frac{m}{s}}{2\ s} = 1{,}25\ \frac{m}{s^2}$$

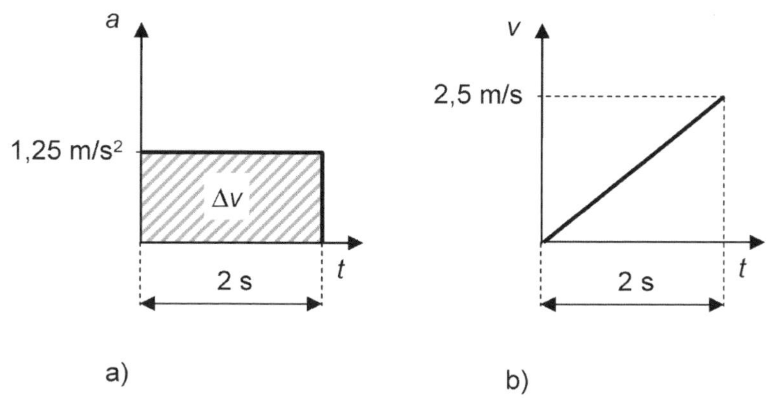

Bild 15.20 *Verlauf der Größen ohne Ruckbegrenzung*
a) Beschleunigung
b) Geschwindigkeit

Der zeitliche Verlauf von Beschleunigung und Geschwindigkeit ohne Ruckbegrenzung ist in Bild 15.20 dargestellt.

Wie in Abschnitt 2.10 beschrieben, ergibt sich der kleinstmögliche Ruck, wenn die Beschleunigung einen dreieckförmigen Verlauf und damit die geringste Steigung hat.

Die Fläche unter der Beschleunigungskurve ist die erreichte Geschwindigkeit am Ende der Beschleunigungsphase und deshalb sowohl mit als auch ohne Ruckbegrenzung gleich groß.

Für den dreieckförmigen Verlauf der Beschleunigung ist sie

$$\Delta v = \frac{a_{max} \cdot t}{2}$$

Damit ist die Beschleunigung (= die Höhe des Dreiecks)

$$a_{max} = \frac{2 \cdot \Delta v}{t} = \frac{2 \cdot 2{,}5\ \frac{m}{s}}{2\ s} = 2{,}5\ \frac{m}{s^2}$$

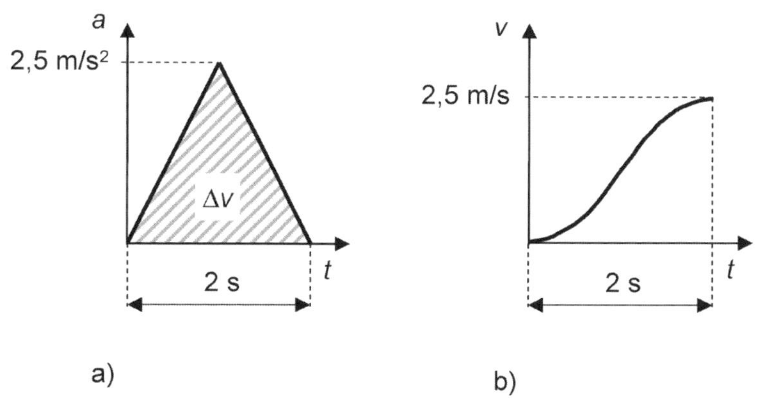

Bild 15.21 *Verlauf der Größen mit Ruckbegrenzung*
a) Beschleunigung
b) Geschwindigkeit

Bild 15.21 zeigt den Verlauf dazu.

Der Ruck ist somit

$$r = \frac{\Delta a}{\Delta t} = \frac{2{,}5\ \frac{\text{m}}{\text{s}^2}}{1\ \text{s}} = 2{,}5\ \frac{\text{m}}{\text{s}^3}$$

15.8 Auslegung mit Polynom 5. Ordnung

Das Beispiel verdeutlicht, wie sich die Größen Drehzahl, Beschleunigung und Beschleunigungsdrehmoment des Antriebs bei der Verwendung eines Bewegungsablaufs nach Polynom 5. Ordnung gegenüber der Verwendung eines Polynoms 2. Ordnung ändern.

In einer Antriebsauslegung sind für eine Beschleunigungsphase nach Polynom 2. Ordnung die Werte

- Weg = 1000 mm und
- Zeit = 1 s

fest vorgegeben.

Daraus ergaben sich unter Berücksichtigung des Ritzeldurchmessers von 127 mm und einem Getriebe mit $i = 9$ mit Motorträgheit die Werte:

Maximale Drehzahl:	2707 min^{-1}
Maximale Beschleunigung:	2 m/s^2
Maximales Beschleunigungsdrehmoment:	8,15 Nm

Es soll geprüft werden, wie sich die Werte bei Verwendung des Polynoms 5. Ordnung ändern, wenn Weg und Zeit weiterhin eingehalten werden müssen (Tabelle 15.13).

Tabelle 15.13

Größe	Wert bei Polynom 2. Ordnung	Kennwert für Polynom 2. Ordnung	Kennwert für Polynom 5. Ordnung	Wert bei Polynom 5. Ordnung
Maximale Drehzahl	2707 min^{-1}	$C_V = 2$	$C_V = 1{,}88$	$n = \frac{1{,}88}{2} \cdot \frac{2707}{\text{min}} = \frac{2545}{\text{min}}$
Maximale Beschleunigung	2 m/s^2	$C_A = 4$	$C_A = 5{,}77$	$a = \frac{5{,}77}{4} \cdot \frac{2\,\text{m}}{\text{s}^2} = \frac{2{,}89\,\text{m}}{\text{s}^2}$
Maximales Beschleunigungsdrehmoment	8,15 Nm			$M = \frac{5{,}77}{4} \cdot 8{,}15\,\text{Nm} = 11{,}76\,\text{Nm}$

15.9 Anlasswiderstände für Schleifringläufermotor

Das nachfolgende Beispiel zeigt die Auslegung eines Schleifringläufermotors und dessen Anlasswiderstand auf Basis der bereits auf die Motorwelle reduzierten Vorgabedaten der Anwendung.

Für einen gesteuerten Schweranlauf unter Volllast soll wegen der rauen Umgebungsbedingungen und der Forderung nach einfacher Technik ein Asynchronmotor mit Schleifringläufer eingesetzt werden.

Die Lastdaten, bezogen auf die Motorwelle, sind wie folgt:

- für den Prozess erforderliches Dauerdrehmoment im betriebswarmen Zustand der Maschine $M_{Proz} = 1200$ Nm
- zusätzliches Drehmoment bei erschwerten Anlaufbedingungen (erhöhte Reibung, Schwergängigkeit im kalten Zustand, Überladung der Maschine ...) ca. $M_{Zus} = 500$ Nm
- erforderliche Drehzahl bei ca. $n = 1000\ \text{min}^{-1}$
- externes Massenträgheitsmoment $J_{ext} = 40\ \text{kgm}^2$
- geforderte Anlaufzeit max. $t = 8$ s
- Betriebsart = S1

Zur Auswahl kommt ein 6-poliger Schleifringläufermotor mit folgenden Daten:

$M = 1275$ Nm	$n = 989\ \text{min}^{-1}$
$P = 132$ kW	$U = 400$ V
$I = 224$ A	$\cos\varphi = 0{,}88$
$M_K = 4590$ Nm	$n_K = 800\ \text{min}^{-1}$
$J = 8\ \text{kgm}^2$	$R_2 = 0{,}01004\ \Omega$
$U_{Rotor} = 445$ V	$I_{Rotor} = 183$ A

Mit der Winkelbeschleunigung

$$\alpha = \frac{\omega_e - \omega_a}{t} = \frac{2 \cdot \pi \cdot 989}{60\ \text{s} \cdot 8\ \text{s}} = 12{,}95\ \frac{\text{rad}}{\text{s}^2}$$

wird das erforderliche Moment zum Beschleunigen der Massenträgheiten bestimmt:

$$M_{Beschl} = J \cdot \alpha = \left(40\ \text{kgm}^2 + 8\ \text{kgm}^2\right) \cdot 12{,}95\ \frac{\text{rad}}{\text{s}^2} = 622\ \text{Nm}$$

Unter den ungünstigsten Umständen (Schwergängigkeit, erhöhte Reibung ...) muss damit das resultierende Drehmoment beim Anfahren in der Beschleunigungsphase mindestens

$$M_{Res} = M_{Proz} + M_{Beschl} + M_{zus} = 1200\ \text{Nm} + 622\ \text{Nm} + 500\ \text{Nm} = 2322\ \text{Nm}$$

sein.

Dieses Drehmoment kann während des Hochlaufs nicht konstant aufgebracht werden, da die Läuferzusatzwiderstände sich nur stufig zuschalten lassen. Es sind also gewisse Drehmomentschwankungen in Kauf zu nehmen.

Bild 15.22 zeigt die Drehmomentkennlinie des Motors ohne Läuferzusatzwiderstände. Ist diese Kennlinie nicht bekannt, kann sie mit Hilfe der Kloßschen Gleichung im Bereich vom Leerlauf bis zum Kippmoment hinreichend genau gezeichnet werden (siehe Abschnitt 12.2.3). Weiterhin sind noch die Lastkennlinie für Normalbetrieb bei 1200 Nm, die Lastkennlinie unter

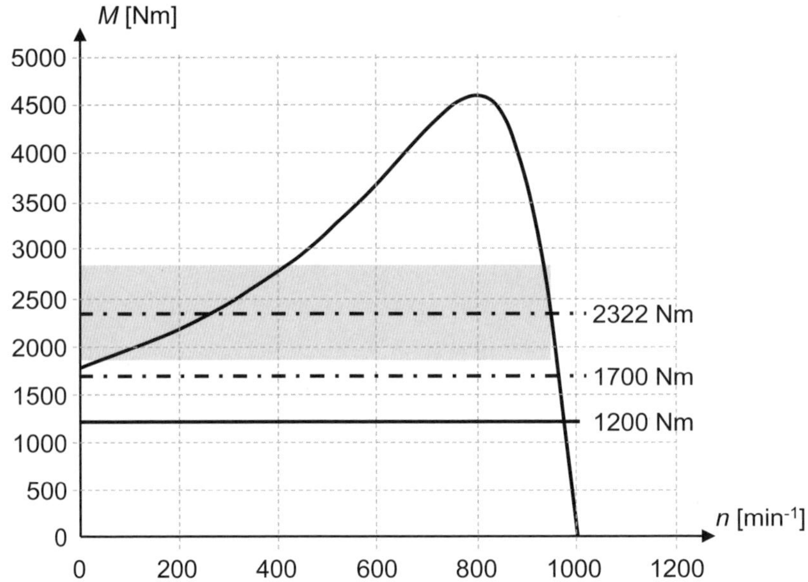

Bild 15.22 *Drehmoment-Drehzahl-Kennlinie des Schleifringläufermotors mit den verschiedenen Last- und Beschleunigungsmomenten*

erschwerten Bedingungen bei 1700 Nm und das gesamte erforderliche Moment zum Hochlauf bei 2322 Nm eingezeichnet.

Es wird nun versucht, mit 5 Widerstandsstufen in einem Fenster von ±500 Nm um das erforderliche Hochlaufmoment zu schalten.

Hinweis

Zur Generierung der Kennlinie kann das Berechnungstool auf **InfoClick** verwendet werden!

Widerstandswert für Stufe 1

Die erste Stufe soll mit einem Moment von

$$M_1 = 2322\ \text{Nm} + 500\ \text{Nm} = 2822\ \text{Nm}$$

bei Drehzahl $n_1 = 0\ \text{min}^{-1}$ bzw. dem Schlupf $s_1 = 1$ beginnen.

Das Drehmoment von 2822 Nm findet man in der Motorkennlinie nach Bild 15.22 bei einer Drehzahl von ca. 930 min^{-1}. Dies entspricht einem Schlupf von

$$s = \frac{n_{syn} - n}{n_{syn}} = \frac{1000\ \text{min}^{-1} - 930\ \text{min}^{-1}}{1000\ \text{min}^{-1}} = 0{,}07$$

Der entsprechende Wert des Vorwiderstandes zum Verschieben dieses Punktes von 930 min^{-1} zur Drehzahl $n_1 = 0$ bzw. $s_1 = 1$ ist:

$$R_{2v1} = R_2 \cdot \left(\frac{s_1}{s} - 1\right) = 0{,}01004\ \Omega \cdot \left(\frac{1}{0{,}07} - 1\right) = 0{,}13339\ \Omega$$

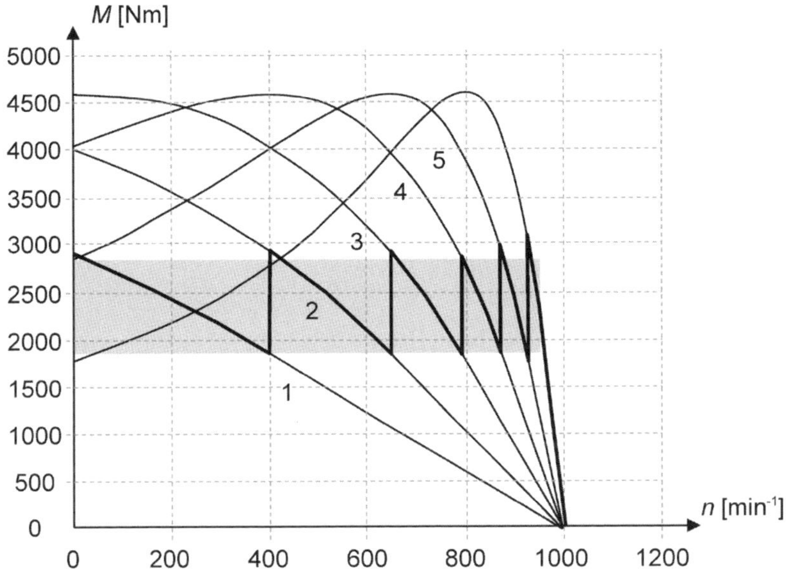

Bild 15.23 *Drehmoment-Drehzahl-Kennlinien des Schleifringläufermotors mit Zusatzwiderständen im Läuferkreis*

Die Kennlinie mit diesem Widerstandswert, siehe Kennlinie 1 in Bild 15.23, wird wieder mit Hilfe der Kloßschen Gleichung gezeichnet und die Drehzahl bei Erreichen der unteren Grenze von

$M_1 = 2322\ \text{Nm} - 500\ \text{Nm} = 1822\ \text{Nm}$

gesucht. Sie ist bei ca. $n_2 = 400\ \text{min}^{-1}$ und ergibt einen Schlupf von

$$s_2 = \frac{n_{syn} - n_2}{n_{syn}} = \frac{1000\ \text{min}^{-1} - 400\ \text{min}^{-1}}{1000\ \text{min}^{-1}} = 0{,}6$$

Widerstandswert für Stufe 2

Jetzt wird wieder der Wert für 2822 Nm auf die neue Drehzahl bzw. Schlupf verschoben. Der Vorwiderstand dafür ergibt

$$R_{2v2} = R_2 \cdot \left(\frac{s_2}{s} - 1\right) = 0{,}01004\ \Omega \cdot \left(\frac{0{,}6}{0{,}07} - 1\right) = 0{,}07602\ \Omega$$

Diese Kennlinie 2 in Bild 15.23 endet an der unteren Grenze bei ca. $n_3 = 640\ \text{min}^{-1}$ und ergibt einen Schlupf von

$$s_3 = \frac{n_{syn} - n_3}{n_{syn}} = \frac{1000\ \text{min}^{-1} - 640\ \text{min}^{-1}}{1000\ \text{min}^{-1}} = 0{,}36$$

Widerstandswert für Stufe 3

$$R_{2v3} = R_2 \cdot \left(\frac{s_3}{s} - 1\right) = 0{,}01004\ \Omega \cdot \left(\frac{0{,}36}{0{,}07} - 1\right) = 0{,}04159\ \Omega$$

Diese Kennlinie 3 in Bild 15.23 endet an der unteren Grenze bei ca. n_4 = 790 min^{-1} und ergibt einen Schlupf von

$$s_4 = \frac{n_{syn} - n_4}{n_{syn}} = \frac{1000\ \text{min}^{-1} - 790\ \text{min}^{-1}}{1000\ \text{min}^{-1}} = 0{,}21$$

Widerstandswert für Stufe 4

$$R_{2v4} = R_2 \cdot \left(\frac{s_4}{s} - 1 \right) = 0{,}01004\ \Omega \cdot \left(\frac{0{,}21}{0{,}07} - 1 \right) = 0{,}02008\ \Omega$$

Diese Kennlinie 4 in Bild 15.23 endet an der unteren Grenze bei ca. n_5 = 875 min^{-1} und ergibt einen Schlupf von

$$s_5 = \frac{n_{syn} - n_5}{n_{syn}} = \frac{1000\ \text{min}^{-1} - 875\ \text{min}^{-1}}{1000\ \text{min}^{-1}} = 0{,}125$$

Widerstandswert für Stufe 5

$$R_{2v5} = R_2 \cdot \left(\frac{s_5}{s} - 1 \right) = 0{,}01004\ \Omega \cdot \left(\frac{0{,}125}{0{,}07} - 1 \right) = 0{,}00789\ \Omega$$

Diese Kennlinie 5 in Bild 15.23 endet an der unteren Grenze bei ca. n_6 = 925 min^{-1}. Bei dieser Drehzahl wird die Läuferwicklung kurzgeschlossen.

Ist man trotz aller Sorgfalt aufgrund «weicher» Vorgabedaten in der Bestimmung der Widerstandsstufen unsicher, könnte man noch Zwischenanzapfungen setzen, um flexibel auf andere Umstände reagieren zu können. Somit ergibt sich für den Widerstand die Abstufung wie in Bild 15.24 dargestellt.

Die Zwischenanzapfungen liegen mit ihrem Widerstandswert in der Mitte zwischen den berechneten Anzapfungen.

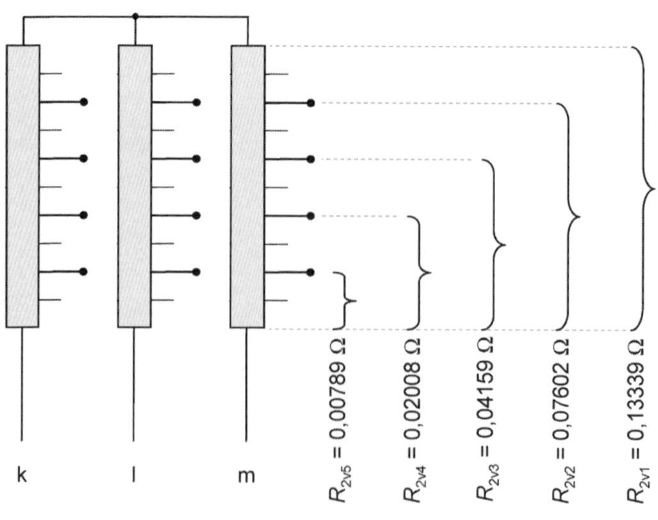

Bild 15.24
Läuferzusatzwiderstand mit Zwischenanzapfungen

15.10 Optimierung der Hochlauframpe

Mit Hilfe dieses Beispiels wird gezeigt, wie man durch die Modifikation der Hochlauframpe – unter Beibehaltung der vorgegebenen Hochlaufzeit – einen Motor besser ausnutzen kann, um die Verwendung des nächstgrößeren Motors zu vermeiden.

Im nachfolgenden Beispiel wird nur der Hochlauf des Motors betrachtet. Für eine gesamthafte Auslegung, also einschließlich der thermischen Kontrolle, muss natürlich der vollständige Bewegungszyklus der Maschine betrachtet werden. Darauf wird aus Gründen der Übersichtlichkeit an dieser Stelle verzichtet.

Vorgabedaten

Für den Hauptantrieb einer Bearbeitungsmaschine sind folgende Anforderungen an den Hochlauf vorgegeben:

- Hochlaufzeit $t_{Beschl} = 0{,}9$ s
- Massenträgheitsmoment Werkzeug $J_{ext} = 0{,}5$ kgm²
- Lastmoment $M_{Last} = 40$ Nm
- Drehzahl $n = 1570\ \text{min}^{-1}$

Das Werkzeug sitzt direkt auf der Motorwelle, es sind keine Übertragungselemente vorhanden. Die Hochlaufzeit ist unter allen Umständen einzuhalten, damit die Taktzeiten der Maschine eingehalten werden können und dadurch der Prozessablauf der gesamten Anlage nicht verzögert wird. Es ist zu prüfen, welcher Motor diese Beschleunigung aufbringen kann.

Erforderliche Werte am Motor

Das resultierende Drehmoment, das vom Motor während der Hochlauframpe erzeugt werden muss, setzt sich aus dem Drehmoment zum Beschleunigen der externen Massenträgheit und dem konstanten Lastmoment zusammen:

$$M_{res} = M_{Beschl} + M_{Last} = J_{ext} \cdot \alpha + M_{Last} = J_{ext} \cdot \frac{\Delta\omega}{\Delta t} + M_{Last} = J_{ext} \cdot \frac{2 \cdot \pi \cdot n}{t_{Beschl}} + M_{Last}$$

$$M_{res} = 0{,}5\ \text{kgm}^2 \cdot \frac{2 \cdot \pi \cdot 1570\ \frac{1}{60\ \text{s}}}{0{,}9\ \text{s}} + 40\ \text{Nm} = 91{,}3\ \text{Nm} + 40\ \text{Nm}$$

$$M_{res} = 131{,}3\ \text{Nm}$$

Dieser Wert dient zur Vorauswahl des Motors. Darin ist noch nicht das erforderliche Drehmoment zum Beschleunigen des Massenträgheitsmomentes des Motors enthalten.

Vorauswahl des Motors

Hinsichtlich der Beschleunigung ist der Motor mit folgenden Daten geeignet:

$P_{Nenn} = 11$ kW
$n_{Nenn} = 1450\ \text{min}^{-1}$
$M_{Nenn} = 72{,}4$ Nm
$M_{Max} = 159$ Nm
$J_{Mot} = 0{,}035$ kgm²

Das resultierende Drehmoment für den Hochlauf ergibt sich nun unter Berücksichtigung des Massenträgheitsmomentes des Motors zu:

$$M_{res} = \left(J_{ext} + J_{Mot}\right) \cdot \frac{2 \cdot \pi \cdot n}{t_{Beschl}} + M_{Last}$$

$$M_{res} = \left(0{,}5 + 0{,}035\right)\ \text{kgm}^2 \cdot \frac{2 \cdot \pi \cdot 1570\ \frac{1}{60\ \text{s}}}{0{,}9\ \text{s}} + 40\ \text{Nm} = 97{,}7\ \text{Nm} + 40\ \text{Nm}$$

$$M_{res} = 138\ \text{Nm}$$

Das Maximaldrehmoment des Motors reicht immer noch aus, um das resultierende Drehmoment für den Hochlauf, unter Berücksichtigung seines eigenen Massenträgheitsmomentes, aufzubringen.

Überprüfung des ausgewählten Motors

Nun werden die Arbeitspunkte in das Drehmoment-Drehzahl-Diagramm des Motors eingetragen, um zu überprüfen, ob der Motor alle Arbeitspunkte abdecken kann (Bild 15.25).

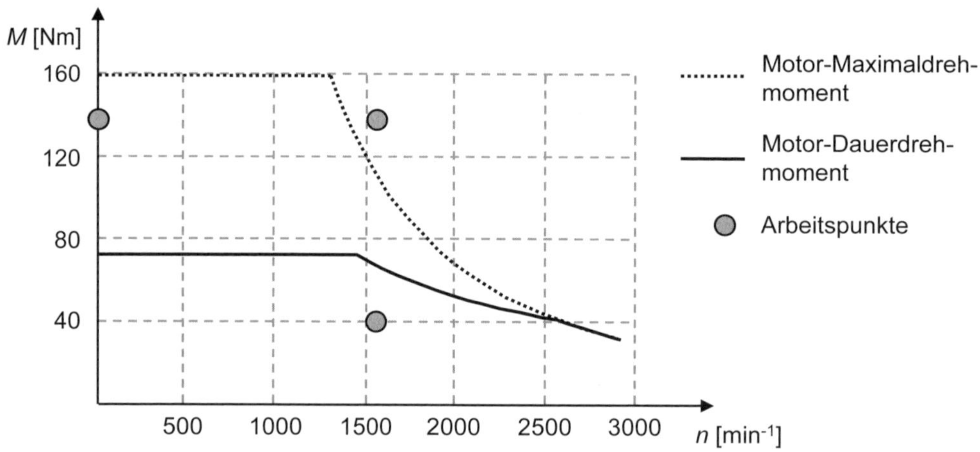

Bild 15.25 *Drehmoment-Kennlinie des ausgewählten Motors mit eingezeichneten Arbeitspunkten am Anfang und am Ende des Hochlaufs bei einstufiger Beschleunigungsrampe*

Das Drehmoment läuft zum Ende der Beschleunigungsphase über die Maximaldrehmoment-Kennlinie des Motors hinaus. Der Motor wäre nicht geeignet. Beharrt man auf der konstanten Beschleunigung, muss der nächstgrößere Motor zur Prüfung herangezogen werden.

Um den Einsatz des größeren Motors zu vermeiden, wird nun versucht, die Drehmomentkennlinie mit einem gestuften Hochlauf der Beschleunigung besser auszunutzen.

Berechnung des gestuften Hochlaufs

Im ersten Schritt wird mit dem Maximaldrehmoment des Motors bis auf dessen Eckdrehzahl beschleunigt und die dafür erforderliche Zeit errechnet. Dazu wird die Formel zur Berechnung des resultierenden Drehmomentes nach der Zeit t_{Beschl} umgestellt sowie anstelle des resultierenden Drehmomentes das vom Motor verfügbare Maximaldrehmoment eingesetzt.

$$M_{res} = (J_{ext} + J_{Mot}) \cdot \frac{2 \cdot \pi \cdot n}{t_{Beschl}} + M_{Last}$$

$$t_{Beschl\_1} = \frac{(J_{ext} + J_{Mot}) \cdot 2 \cdot \pi \cdot n_1}{(M_{Max} - M_{Last})}$$

$$t_{Beschl\_1} = \frac{(0{,}5 + 0{,}035)\ \text{kgm}^2 \cdot 2 \cdot \pi \cdot \frac{1300}{60\ \text{s}}}{(159 - 40)\ \text{Nm}} = 0{,}612\ \text{s}$$

Somit verbleiben für den zweiten Abschnitt der Beschleunigung noch:

$t_{Beschl\_2} = t_{Beschl} - t_{Beschl\_1} = (0{,}9 - 0{,}612)\ \text{s} = 0{,}288\ \text{s}$

Nun wird ermittelt, welches Drehmoment erforderlich ist, um in dieser Zeit die Zieldrehzahl von 1570 min^{-1} zu erreichen und ob dieses Drehmoment noch innerhalb der Grenzkennlinie des Motors liegt.

$$M_{res} = (J_{ext} + J_{Mot}) \cdot \frac{2 \cdot \pi \cdot (n_2 - n_1)}{t_{Beschl}} + M_{Last}$$

$$M_{res} = (0{,}5 + 0{,}035)\ \text{kgm}^2 \cdot \frac{2 \cdot \pi \cdot \frac{(1570 - 1300)}{60\ \text{s}}}{0{,}288\ \text{s}} + 40\ \text{Nm} = 52{,}5\ \text{Nm} + 40\ \text{Nm}$$

$M_{res} = 92{,}5\ \text{Nm}$

In Bild 15.26 sind nun alle Arbeitspunkte für den zweistufigen Hochlauf eingezeichnet. Es ist zu erkennen, dass das Drehmoment, das für die zweite Stufe der Beschleunigung benötigt wird, noch unterhalb der Maximaldrehmoment-Kennlinie des Motors liegt.

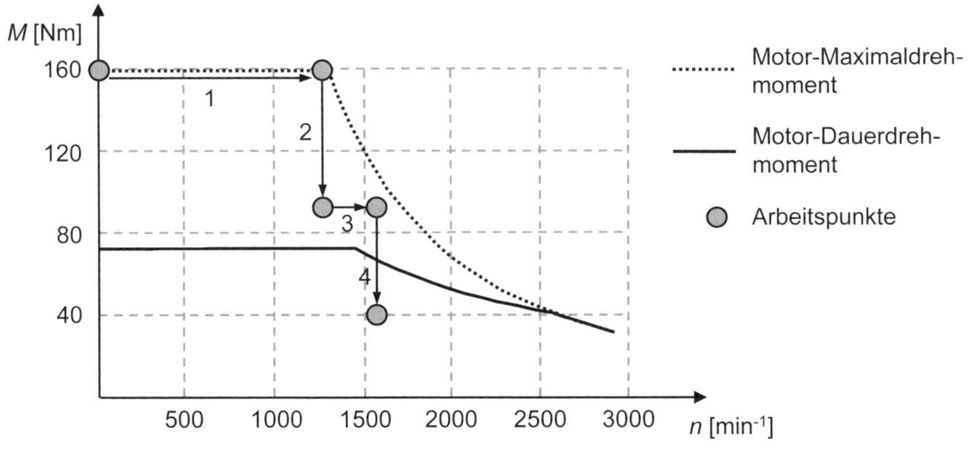

Bild 15.26 *Drehmoment-Kennlinie des ausgewählten Motors mit eingezeichneten Arbeitspunkten am Anfang und am Ende des Hochlaufs bei zweistufiger Beschleunigungsrampe*

In Kürze

Die Anwendung der im Buch vermittelten Sachverhalte auf konkrete Anwendungsbeispiele vermittelt nochmal zusätzliche Sicherheit. Man ist nun in die Lage versetzt, die komplette Dimensionierung eines Antriebs, auch für von den Beispielen abweichenden Applikationen, durchzuführen.

16 Technischer Anhang

Das Wissen über die Grundbeziehungen zwischen den wichtigsten physikalischen Größen ist für eine Antriebsauslegung unabdingbar. Darüber hinaus müssen die Einheiten dieser Größen oftmals umgerechnet werden, da Vorgabedaten z.T. auch heute noch in veralteten bzw. nicht metrischen (britischen oder US-) Einheiten angegeben werden. Grundsätzlich gilt immer: Die Berechnungen werden mit SI-Basiseinheiten oder daraus abgeleiteten bzw. ergänzenden Einheiten durchgeführt.

16.1 Grundbeziehungen physikalischer Größen

Hinweis

Berechnungstool auf **InfoClick**!

Zum besseren Verständnis für die Arbeit mit dem Buch werden an dieser Stelle einige grundlegende Zusammenhänge zwischen physikalischen Größen dargestellt.

Energie (Energie kennzeichnet einen Zustand bzw. die Fähigkeit, Arbeit zu verrichten)

Kinetische Energie (Translation) $E = \frac{m}{2} \cdot v^2$

Kinetische Energie (Rotation) $E = \frac{J}{2} \cdot \omega^2$

Potenzielle Energie der Lage $E = m \cdot g \cdot h$

Elektrische Energie im Kondensator $E = \frac{C}{2} \cdot U^2$

Elektrische Energie in Spule $E = \frac{L}{2} \cdot I^2$

Arbeit (Arbeit kennzeichnet einen Vorgang und ist Energieumsatz)
Mechanische Arbeit (Translation) $W = F \cdot s$
Mechanische Arbeit (Rotation) $W = M \cdot \varphi$

Leistung (umgesetzte Energie (Arbeit) pro Zeit)

Leistung (allgemein) $P = \frac{E}{t}$

Mechanische Leistung (Translation) $P = F \cdot v$
Mechanische Leistung (Rotation) $P = M \cdot \omega$
Elektrische Leistung Gleichstrom $P = U \cdot I$
Elektrische Wirkleistung Wechselstrom (einphasig) $P = U \cdot I \cdot \cos\varphi$
Elektrische Wirkleistung Wechselstrom (dreiphasig) $P = U \cdot I \cdot \cos\varphi \cdot \sqrt{3}$
Elektrische Scheinleistung Wechselstrom (dreiphasig) $S = U \cdot I \cdot \sqrt{3}$
Elektrische Blindleistung Wechselstrom (dreiphasig) $Q = U \cdot I \cdot \sin\varphi \cdot \sqrt{3}$

Kraft und Drehmoment

Gewichtskraft	$F = m \cdot g$
Reibkraft (Ebene)	$F = m \cdot g \cdot \mu$
Reibkraft (geneigte Ebene)	$F = m \cdot g \cdot \mu \cdot \cos \alpha$
Beschleunigungskraft	$F = m \cdot a$
Drehmoment	$M = F \cdot r$
Beschleunigungsdrehmoment	$M = J \cdot \alpha$

16.2 Einheiten und deren Umrechnungen

Hinweis

Berechnungstool auf **InfoClick**!

Tabelle 16.1 *SI-Basiseinheiten*

Größe (Zeichen der Größe)	Zeichen der SI-Einheit	Name der SI- Einheit
Länge (l)	m	Meter
Zeit (t)	s	Sekunde
Thermodyn. Temperatur (T)	K	Kelvin
Masse (m)	kg	Kilogramm
Elektrische Stromstärke (I)	A	Ampere
Lichtstärke (I_V)	cd	Candela
Stoffmenge (n)	mol	Mol

Tabelle 16.2 *Abgeleitete und ergänzende Einheiten (Auszug)*

Größe (Zeichen der Größe)	Zeichen der Einheit	Name der Einheit
Fläche (A)	m^2	Quadratmeter
Geschwindigkeit (v)	$m \cdot s^{-1}$	Meter durch Sekunde
Winkelgeschwindigkeit (ω)	$rad \cdot s^{-1}$	Radiant durch Sekunde
Beschleunigung (a)	$m \cdot s^{-2}$	Meter durch Quadratsekunde
Winkelbeschleunigung (α)	$rad \cdot s^{-2}$	Radiant durch Quadratsekunde
Energie (E), Arbeit (W)	$J = N \cdot m = m^2 \cdot kg \cdot s^{-2}$	Joule
Leistung (P)	$W = J \cdot s^{-1} = m^2 \cdot kg \cdot s^{-3}$	Watt
Kraft (F)	$N = kg \cdot m \cdot s^{-2}$	Newton
Drehmoment (M)	$N \cdot m = m^2 \cdot kg \cdot s^{-2}$	Newtonmeter
Massenträgheitsmoment (J)	$kg \cdot m^2$	Kilogramm mal Quadratmeter

Druck (p) (mechanische Spannung)	$Pa = N \cdot m^{-2} = m^{-1} \cdot kg \cdot s^{-2}$	Pascal
Elektrische Spannung (U)	$V = W \cdot A^{-1} = m^2 \cdot kg \cdot s^{-3} \cdot A^{-1}$	Volt
Elektrischer Widerstand (R)	$\Omega = V \cdot A^{-1} = m^2 \cdot kg \cdot s^{-3} \cdot A^{-2}$	Ohm
Elektrischer Leitwert (G)	$S = \Omega^{-1} = m^{-2} \cdot kg^{-1} \cdot s^3 \cdot A^2$	Siemens
Elektrische Ladung (Q) (Elektrizitätsmenge)	$C = A \cdot s$	Coulomb
Elektrische Verschiebung (D) (Verschiebungsdichte)	$C \cdot m^{-2} = m^{-2} \cdot s \cdot A$	Coulomb durch Quadratmeter
Elektrische Kapazität (C)	$F = C \cdot V^{-1} = m^{-2} \cdot kg^{-1} \cdot s^4 \cdot A^2$	Farad
Elektrische Feldstärke (E)	$V \cdot m^{-1} = m \cdot kg \cdot s^{-3} \cdot A^{-1}$	Volt durch Meter
Dielektrizitätskonstante (ε) (elektrische Feldkonstante)	$F \cdot m^{-1} = m^{-3} \cdot kg^{-1} \cdot s^4 \cdot A^2$	Farad durch Meter
Magnetischer Fluss (Φ)	$Wb = V \cdot s = m^2 \cdot kg \cdot s^{-2} \cdot A^{-1}$	Weber
Magnetische Induktion (B) (Flussdichte)	$T = Wb \cdot m^{-2} = kg \cdot s^{-2} \cdot A^{-1}$	Tesla
Induktivität (L)	$H = Wb \cdot A^{-1} = m^2 \cdot kg \cdot s^{-2} \cdot A^{-2}$	Henry
Magnetische Feldstärke (H)	$A \cdot m^{-1}$	Ampere durch Meter
Permeabilität (μ) (magnetische Feldkonstante)	$H \cdot m^{-1} = m \cdot kg \cdot s^{-2} \cdot A^{-2}$	Henry durch Meter

Tabelle 16.3 *Vorsätze und dezimale Vielfache von Einheiten*

Vorsatz	Vorsatzzeichen	Faktor	Vorsatz	Vorsatzzeichen	Faktor
Yotta	Y	10^{24}	Dezi	d	10^{-1}
Zetta	Z	10^{21}	Zenti	c	10^{-2}
Exa	E	10^{18}	Milli	m	10^{-3}
Peta	P	10^{15}	Mikro	µ	10^{-6}
Tera	T	10^{12}	Nano	n	10^{-9}
Giga	G	10^{9}	Piko	p	10^{-12}
Mega	M	10^{6}	Femto	f	10^{-15}
Kilo	k	10^{3}	Atto	a	10^{-18}
Hekto	h	10^{2}	Zepto	z	10^{-21}
Deka	da	10	Yokto	y	10^{-24}

Tabelle 16.4 *Umrechnung von verschiedenen Größen und deren Einheiten*

Größe	Name der Einheit	Umrechnung	Name der Einheit
Länge	inch	1 in = 0,0254 m	Meter
	foot	1 ft = 0,3048 m	
Geschwindigkeit	inch / second	1 in/s = 0,0254 m/s	Meter durch Sekunde
	foot / second	1 ft/s = 0,3048 m/s	
Beschleunigung	inch / square second	1 in/s² = 0,0254 m/s²	Meter durch Quadrat-sekunde
	foot / square second	1 ft/s² = 0,3048 m/s²	
Masse	pound	1 lb = 0,4536 kg	Kilogramm
	long ton (UK)	1 tn. l. = 1016 kg	
	short ton (US)	1 tn. sh. = 907,2 kg	
Kraft	pound-force	1 lbf = 4,44822 N	Newton
	poundal	1 pdl = 0,13825 N	
Druck	pound-force / square foot	1 lbf/ft² = 47,88 N/m²	Newton durch Qua-dratmeter
	pound-force / square inch	1 lbf/in² = 6894,8 N/m²	
	bar	1 bar = 100 000 N/m²	
Drehmoment	pound-force inch	1 lbf in = 0,113 Nm	Newton mal Meter
	pound-force foot	1 lbf ft = 1,356 Nm	
Leistung	horsepower	1 hp = 745,7 W	Watt
	Pferdestärke	1 PS = 735,5 W	

Energie	pound-force foot	1 lbf ft = 1,356 Ws	Watt mal Sekunde
	pound-force inch	1 lbf in = 0,113 Ws	
Trägheitsmoment	pound square foot	1 lb ft^2 = 0,04214 kgm^2	Kilogramm mal Quadrat-meter
	pound square inch	1 lb in^2 = 2,9264 · 10^{-4} kgm^2	
Temperatur	Kelvin	$T_K[K] = t_C[°C] + 273{,}15$	Grad Celsius
		$T_K[K] = \frac{5}{9} \cdot (t_F[°F] + 459{,}67)$	Grad Fahren-heit
	Grad Celsius	$t_C[°C] = T_K[K] - 273{,}15$	Kelvin
		$t_C[°C] = \frac{5}{9} \cdot (t_F[°F] - 32)$	Grad Fahren-heit
	Grad Fahren-heit	$t_F[°F] = \frac{9}{5} \cdot T_K[K] - 459{,}67$	Kelvin
		$t_F[°F] = \frac{9}{5} \cdot t_C[°C] + 32$	Grad Celsius
Winkelgeschwin-digkeit	Radiant durch Sekunde	$\omega\left[\frac{\text{rad}}{\text{s}}\right] = \frac{2 \cdot \pi \cdot n \cdot [\text{min}^{-1}]}{60 \cdot [\text{s/min}]}$	reziproke Minute
Winkel	Radiant	$\varphi[\text{rad}] = 2 \cdot \pi \cdot N[\text{Umdrehungen}]$	Umdrehung
	Radiant	$\varphi[\text{rad}] = \frac{\varphi[\text{Grad}] \cdot \pi}{180\,\text{Grad}}$	Grad

16.3 Physikalische Konstante

Tabelle 16.5 *Dichte verschiedener Werkstoffe*

Werkstoff	Dichte [g/cm³], [kg/dm³], [t/m³]
Aluminium	2,7
Beton *	2,2
Blei	11,3
Braunkohle	1,2...1,5
Bronze	8,5
Eis (0 °C)	0,917
Erde	1,3...2
Glas (Fensterglas)	2,5
Gold	19,3
Granit *	2,8
Gummi *	1,45
Gusseisen	7,25
Kalkstein *	2,6
Kupfer	8,9
Luft (0 °C; 1013 mbar)	1,29
Messing *	8,5
Papier	0,7...1,2
Platin	21,4
Sandstein *	2,6
Silber	10,5
Stahl *	7,85
Steinkohle *	1,2...1,5
Wasser (4 °C)	1
Zink	7,1
Zinn	7,3

*: mittlerer Wert

Formelzeichen

a	Beschleunigung, Hebelarm Rollreibung, Distanz
A	Wärmeabgabevermögen, Fläche
a_{Beschl}	Beschleunigungswert in Beschleunigungsphase
a_{max}	Maximalbeschleunigung
a_{Verz}	Beschleunigungswert in Verzögerungsphase
b	Distanz, Breite
c	Maschinenkonstante, Distanz
C	Wärmekapazität, elektrische Kapazität
C_A	Maximalkennwert Beschleunigung
c_R	Rollwiderstandskoeffizient
c_{Sr}	Wert für Spurkranzreibung
C_V	Maximalkennwert Geschwindigkeit
c_W	Luftwiderstandswert
C_{ZK}	Zwischenkreiskapazität
D	Durchmesser
d	Durchmesser, Änderung
D_L	Durchmesser Lager
D_m	mittlerer Durchmesser
d_{Rad}	Durchmesser Rad
d_W	Durchmesser Welle
E	Energie
e	natürliche Zahl
ED	relative Einschaltdauer
ED_{Beschl}	relative Einschaltdauer bei Beschleunigung
ED_N	genormte Einschaltdauer
ED_n	relative Einschaltdauer bei Drehzahl n
ED_{n_max}	relative Einschaltdauer bei maximaler Drehzahl
ED_t	tatsächliche Einschaltdauer
ED_v	relative Einschaltdauer bei Geschwindigkeit v
ED_{v_max}	relative Einschaltdauer bei maximaler Geschwindigkeit
ED_{Verz}	relative Einschaltdauer bei Verzögerung
E_{kin}	kinetische Energie
E_V	Verlustenergie
E_{V_Last}	Verlustenergie bei Last
E_{V_Leer}	Verlustenergie bei Leerlauf
E_{VA_Leer}	Verlustenergie bei Leeranlauf
f	Frequenz
F	Kraft
F_a	Kraft am Anfang
F_{Anz}	Anziehungskraft
F_{Anz_Mot}	Anziehungskraft des Motors
F_{Auf}	Aufstandskraft
f_B	Betriebsfaktor
f_{B_erf}	erforderlicher Betriebsfaktor
F_{Beschl}	Beschleunigungskraft

F_{dauer_Mot}	Dauerkraft des Motors
F_e	Kraft am Ende
F_{eff}	Effektivkraft
F_{Gew}	Gewichtskraft
F_{Ha}	Hangabtriebskraft
FI	Trägheitsmomentfaktor (***F****actor of* ***I****nertia*)
f_M	Faktor zur Berücksichtigung des Lastmomentes
F_{max_Mot}	Maximalkraft des Motors
f_P	Faktor zur Berücksichtigung der Belastung
F_{Proz}	Prozesskraft
F_{R_Gleit}	Gleitreibkraft
F_{R_Haft}	Haftreibkraft
F_{R_Roll}	Rollreibkraft
$F_{R\_Ü}$	Reibkraft des Übertragungselementes
F_{res}	resultierende Kraft
f_{SB}	Sicherheitsfaktor
F_v	Kraft bei Geschwindigkeit v
F_{v_max}	Kraft bei maximaler Geschwindigkeit
F_{Verz}	Verzögerungskraft
F_{W_Gew}	wirksame Gewichtskraft
F_{Wind}	Windkraft
F_{Zus}	Zusatzkraft
g	Erdbeschleunigung
g_I	Grundschwingungsgehalt
h	Höhe, Distanz, Spindelsteigung
I	Strom
i	Übersetzungsverhältnis
I_a	Strom am Anfang
I_{Anker}	Strom im Ankerkreis
I_B	Blindstrom
I_{Br}	Strom der Bremse
I_{dauer}	Dauerstrom
I_{dauer_Mot}	Dauerstrom des Motors
I_{dauer_SG}	Dauerstrom des Stellgerätes
I_e	Strom am Ende
i_{EF}	Einscherungsfaktor
I_{eff}	Effektivstrom des Stromlastspiels
I_{err}	Strom im Erregerkreis
i_{Getr}	Übersetzungsverhältnis des Getriebes
I_{Grund}	Grundlaststrom
I_{L_D}	Strom im Außenleiter bei Dreieckschaltung
I_{L_Y}	Strom im Außenleiter bei Sternschaltung
I_{max}	Maximalstrom
I_{max_Bt}	Maximalstrom des Bremstransistors
I_{max_Mot}	Maximalstrom des Motors
I_{max_SG}	Maximalstrom des Stellgerätes
I_{mitt}	mittlerer Strom des Stromlastspiels
I_{Nenn}	Nennstrom

I_{Nenn_Mot}	Nennstrom des Motors
I_{Nenn_SG}	Nennstrom des Stellgerätes
I_{Netz}	Netzstrom
i_{opt}	optimales Übersetzungsverhältnis
I_{Rotor}	Strom im Läuferkreis (Rotor)
i_{Stand}	Standübersetzung
I_{Str_D}	Strom im Wicklungsstrang bei Dreieckschaltung
I_{Str_Y}	Strom im Wicklungsstrang bei Sternschaltung
$i_{Ü}$	Übersetzungsverhältnis des Übertragungselementes
I_W	Wirkstrom
I_{Y_D}	Strom bei Stern-Dreieck-Anlauf
J	Massenträgheitsmoment
J_A	Massenträgheitsmoment des Abtriebselementes
J_{AM}	Massenträgheitsmoment der Arbeitsmaschine
J_{ext}	externes Massenträgheitsmoment
J_{ext_red}	externes Massenträgheitsmoment, reduziert
J_{ges}	gesamtes Massenträgheitsmoment
J_{Last}	Massenträgheitsmoment der Last
J_{Mot}	Massenträgheitsmoment des Motors
$J_{Ü}$	Massenträgheitsmoment des Übertragungselementes
J_x	Massenträgheitsmoment um Drehachse x
J_y	Massenträgheitsmoment um Drehachse y
J_z	Massenträgheitsmoment um Drehachse z
k	Konstante, Verhältnis Leerlauf- zu Lastverlusten
k_F	Kraftkonstante
k_T	Drehmomentkonstante
k_{T_dauer}	Drehmomentkonstante bei Dauerdrehmoment
k_{T_max}	Drehmomentkonstante bei Maximalmoment
K_{VA}	Vorschubkonstante des Abtriebselementes
L	Induktivität
l	Länge Schubstange
M	Drehmoment
m	Masse, Modul
M_A	Anlaufmoment
M_a	Drehmoment am Anfang
M_{A_mitt}	mittleres Anlaufmoment
M_{AM}	Drehmoment der Arbeitsmaschine
M_{Beschl}	Beschleunigungsmoment
M_{Beschl_Last}	Beschleunigungsmoment Last
M_{Beschl_mitt}	mittleres Beschleunigungsmoment
M_{Beschl_Mot}	Beschleunigungsmoment Motor
M_{Br}	Bremsmoment (erforderliches, der Anwendung)
M_{Br_v}	Bremsmoment (vorhandenes, der Bremse)
M_D	Drehmoment bei Dreieckschaltung
M_{dauer_Mot}	Dauerdrehmoment des Motors
M_{dyn}	dynamisches Drehmoment
M_e	Drehmoment am Ende
M_{eff}	Effektivdrehmoment des Drehmomentlastspiels

M_{eff_S2}	Effektivdrehmoment bei S2-Betrieb
M_{eff_S3}	Effektivdrehmoment bei S3-Betrieb
M_{Getr}	Getriebemoment
M_K	Kippmoment
M_{Last}	Lastmoment
M_{Max}	Maximaldrehmoment
M_{max_Mot}	Maximaldrehmoment des Motors
M_{max_S1}	Maximaldrehmoment eines S1-Motors
M_{mitt}	mittleres Drehmoment des Drehmomentlastspiels
m_{Mot}	Masse des Motors
M_{Mot}	Motordrehmoment
M_{Mot_neu}	Motordrehmoment neu (modifiziert)
M_n	Drehmoment bei Drehzahl n
M_{n_max}	Drehmoment bei maximaler Drehzahl
M_{Nenn}	Nennmoment
M_{Proz}	Prozessmoment
M_{R_A}	Reibmoment des Abtriebselementes
M_{R_Gleit}	Gleitreibmoment
M_{R_Haft}	Haftreibmoment
M_{R_Roll}	Rollreibmoment
$M_{R\_Ü}$	Reibmoment des Übertragungselementes
M_{res}	resultierendes Drehmoment
M_S	Sattelmoment
M_{Verz}	Verzögerungsdrehmoment
M_{W_Gew}	wirksames Gewichtsdrehmoment
M_{Wind}	Winddrehmoment
M_Y	Drehmoment bei Sternschaltung
M_{Y_D}	Drehmoment bei Stern-Dreieck-Anlauf
M_{zus}	Zusatzdrehmoment
n	Drehzahl
N	Anzahl (Zähne Zahnrad, Gangzahl der Schnecke, Umdrehungen)
n_0	Leerlaufdrehzahl
n_a	Drehzahl am Anfang
n_{A_erf}	erforderliche Drehzahl des Abtriebselementes
n_e	Drehzahl am Ende
n_K	Drehzahl bei Kippmoment
n_{max}	Maximaldrehzahl
n_{max_Mot}	Maximaldrehzahl des Motors
n_{mitt}	mittlere Drehzahl
n_{Mot}	Motordrehzahl
n_{Mot_opt}	optimale Motordrehzahl
n_{Nenn}	Nenndrehzahl
N_{Rad_an}	Anzahl der angetriebenen Räder
N_{Rad_ges}	Anzahl der gesamten Räder
$n_{Schlupf}$	Schlupfdrehzahl
$n_{Schlupf\_Nenn}$	Schlupfdrehzahl bei Belastung mit Nennmoment
n_{syn}	Synchrondrehzahl, Drehfelddrehzahl
P	Leistung

p	Polpaarzahl
P_a	Leistung am Anfang
P_{Anker}	Leistung im Ankerkreis
P_{dauer_Bremsw}	Dauerleistung des Bremswiderstand
P_{dauer_Vers}	Dauerleistung der Versorgung
P_e	Leistung am Ende
P_{eff}	effektive Leistung
P_{ein}	Einspeiseleistung
P_{elektr}	elektrische Wirkleistung
P_{err}	Leistung im Erregerkreis
P_K	Kurzzeitleistung
P_{Last}	Leistung der Last
$P_{Luftspalt}$	Luftspaltleistung
P_{max}	Maximalleistung
P_{max_Bremsw}	Maximalleistung Bremswiderstand
P_{max_ein}	maximale Einspeiseleistung
$P_{max\_rück}$	maximale Rückspeiseleistung
P_{max_Vers}	Maximalleistung der Versorgung
P_{mech}	mechanische Leistung
P_{mitt}	mittlere Leistung
P_{mitt_ein}	mittlere Einspeiseleistung
$P_{mitt\_rück}$	mittlere Rückspeiseleistung
P_{Nenn}	Nennleistung
P_{Nenn_S1}	Nennleistung eines S1-Motors
P_{Nenn_S2}	Nennleistung eines S2-Motors
P_{Nenn_S3}	Nennleistung eines S3-Motors
P_{Netz}	Netzwirkleistung
$P_{rück}$	Rückspeiseleistung
P_{Sum}	Summenleistung
P_V	Verlustleistung
P_{V_Last}	Lastverlustleistung
$P_{V\_Läufer}$	Läuferverlustleistung
P_{V_Leer}	Leerlaufverlustleistung
P_{ZK}	Zwischenkreisleistung
Q	Blindleistung
q	Faktor zur zulässigen Vergrößerung der Verlustleistung, Staudruck
R	Radius, Außenradius, Widerstand
r	Ruck, Radius, Innenradius, Kurbelstangenlänge
R_1	Widerstand im Ständerkreis
R_2	Widerstand im Läuferkreis
R'_2	Widerstand Läuferkreis, auf Ständerkreis bezogen
R_{2V}	Vorwiderstand Läuferkreis
R_{Anker}	Widerstand im Ankerkreis
R_{Bremsw}	Widerstand des Bremswiderstandes
S	Scheinleistung
s	Schlupf, Weg, Abstand, Distanz
s^*	neu berechneter Schlupf
s_a	Schlupf am Anfang

s_{Beschl}	Weg in der Beschleunigungsphase
s_e	Schlupf am Ende
s_F	Fahrbereich
s_{ges}	Gesamtweg
s_K	Kippschlupf
s_K^*	neu berechneter Kippschlupf
s_{Konst}	Weg in der Phase mit konstanter Geschwindigkeit
S_{Netz}	Netzscheinleistung
s_{Verz}	Weg in der Verzögerungsphase
t	Zeit
T	Zeitkonstante
t_{Anlauf}	Anlaufzeitzeit
t_B	Betriebszeit
t_{Beschl}	Beschleunigungszeit
t_{BN}	genormte Betriebszeit
t_{ein}	Einschaltzeit
t_{ges}	Gesamtzeit
t_{Grund}	Zeit für Grundlaststrom
t_H	Hochlaufzeit
t_{max}	Zeit für Maximal (-strom)
t_{Ns}	Zeit bis zum Nachstellen
t'_P	reduzierte Pausenzeit
T_{St}	Stillstandzeitkonstante
t_{Verz}	Verzögerungszeit
t_{zyk}	Zykluszeit
t'_{zyk}	reduzierte Zykluszeit
U	Spannung
u	Umfang
U_{Anker}	Spannung im Ankerkreis
U_{Bw_ein}	Einsatzschwelle des Bremswiderstandes
U_{err}	Erregerspannung
U_L	Spannung zwischen den Außenleitern
$U_{Nenn-10\%}$	Nennspannung minus 10%
U_{Netz}	Netzspannung
U_{Rotor}	Spannung im Läuferkreis (Rotor)
U_{Str_D}	Spannung bei Dreieckschaltung am Wicklungsstrang
U_{Str_Y}	Spannung bei Sternschaltung am Wicklungsstrang
U_{ZK}	Zwischenkreisspannung
U_{ZK_max}	maximale Zwischenkreisspannung
U_{ZK_min}	minimale Zwischenkreisspannung
U_{ZK_Nenn}	Zwischenkreisnennspannung
$U_{ZK\_Nenn+10\%}$	Zwischenkreisnennspannung plus 10%
$U_{ZK\_Nenn-10\%}$	Zwischenkreisnennspannung minus 10%
v	Geschwindigkeit
v_a	Geschwindigkeit am Anfang
v_e	Geschwindigkeit am Ende
v_{max}	Maximalgeschwindigkeit
v_{max_Mot}	Maximalgeschwindigkeit des Motors

v_{mitt}	Mittlere Geschwindigkeit des Geschwindigkeitsverlaufs
v_{syn}	Synchrongeschwindigkeit (Wanderfeld-Geschwindigkeit)
W_{Br}	Bremsenergie
W_{max_Bremsw}	maximale Energie des Bremswiderstandes
$W_{max\_rück}$	maximal zurückgespeiste Energie
W_{Ns_zul}	zulässige Bremsenergie bis zum Nachstellen
W_{th/h_zul}	zulässige Bremsenergie pro Stunde
W_{th_zul}	zulässige Bremsenergie für eine Bremsung
z	Schalthäufigkeit
z_0	Leerschaltschalthäufigkeit (Anzahl der Reversiervorgänge)
z_A	Anlaufhäufigkeit
$Z_{Br/h}$	Bremsungen pro Stunde
Z_{Br/h_zul}	zulässige Anzahl der Bremsungen pro Stunde
Z_{L_D}	Außenleiterwiderstand bei Dreieckschaltung
Z_{L_Y}	Außenleiterwiderstand bei Sternschaltung
Z_{Ns_zul}	zulässige Anzahl der Bremsungen bis zum Nachstellen
Z_{Str}	Strangwiderstand
Φ	magnetischer Fluss
Φ_{Nenn}	magnetischer Fluss im Nennbetrieb
ϑ	Temperatur
ϑ_e	Endtemperatur
α	Drehwinkel der Antriebsbewegung, Winkelbeschleunigung, Neigungswinkel, Schüttwinkel
α_{Beschl}	Winkelbeschleunigungswert in Beschleunigungsphase
α_{max}	Maximalwinkelbeschleunigung
β	Drehwinkel der Abtriebsbewegung, Drehwinkel
Δ	Unterschied
η	Wirkungsgrad
η_A	Wirkungsgrad des Abtriebselementes
η_{Anl}	Wirkungsgrad der Anlage
$\eta_Ü$	Wirkungsgrad des Übertragungselementes
φ	Drehwinkel, Winkel, Verschiebungswinkel (zwischen Strom und Spannung), Pendelausschlagwinkel
φ_1	Verschiebungsfaktor der Grundschwingung (zwischen Strom und Spannung)
λ	Pleuelverhältnis, Leistungsfaktor (Gesamtleistungsfaktor)
μ	Gleitreibwert
μ_0	Haftreibwert
μ_{Lr}	Reibwert Lagerreibung
π	Kreiskonstante
ρ	Dichte
τ	thermische Zeitkonstante
τ_{Mot_S1}	thermische Zeitkonstante eines S1-Motors
τ_P	Polteilung
τ_{St}	thermische Stillstandszeitkonstante
ω	Winkelgeschwindigkeit
ω_a	Winkelgeschwindigkeit am Anfang
ω_e	Winkelgeschwindigkeit am Ende

ω_{Last}	Winkelgeschwindigkeit der Last
ω_{Mot}	Winkelgeschwindigkeit des Motors
ω_{syn}	synchrone Winkelgeschwindigkeit, Drehfeld-Winkelgeschwindigkeit

Literaturverzeichnis

[1] Bewegungsgesetze für Kurvengetriebe, Praktische Anwendung. *VDI 2143 Blatt 2*; VDI-Verlag; VDI-Gesellschaft Konstruktion und Entwicklung, Fachbereich Getriebetechnik, Ausschuß Ebene Kurvengetriebe, 1980.

[2] Bewegungsgesetze für Kurvengetriebe, Theoretische Grundlagen. *VDI 2143 Blatt 1*; VDI-Verlag; VDI-Gesellschaft Konstruktion und Entwicklung, Fachbereich Getriebetechnik, Ausschuß Ebene Kurvengetriebe, 1980.

[3] *DIN EN 60 034-1, Drehende elektrische Maschinen – Teil 1*: Bemessung und Betriebsverhalten (IEC 60 034-1:2004), Deutsche Fassung EN 60 034-1:2004, April 2005.

[4] Wolters, Klaus: *Drehzahlveränderbare Antriebe mit Asynchronmotoren*. Berlin/Offenbach: vde verlag, 1994.

[5] Seefried, Eberhard: *Elektrische Antriebe zur Ausbildung in der Grundstudienrichtung Maschineningenieurwesen*, 1. Lehrbrief. Zentralstelle für das Hochschulfernstudium des Ministeriums für Hoch- und Fachschulwesen, 1984. 1. Auflage.

[6] Seefried, Eberhard: *Elektrische Antriebe zur Ausbildung in der Grundstudienrichtung Maschineningenieurwesen*, 2. Lehrbrief. Zentralstelle für das Hochschulfernstudium des Ministeriums für Hoch- und Fachschulwesen, 1984. 1. Auflage.

[7] Seefried, Eberhard: *Elektrische Antriebe zur Ausbildung in der Grundstudienrichtung Maschineningenieurwesen*, 4. Lehrbrief. Zentralstelle für das Hochschulfernstudium des Ministeriums für Hoch- und Fachschulwesen, 1984. 1. Auflage.

[8] Böhm, Werner: *Elektrische Antriebe*. Würzburg: Vogel Buchverlag, 2002. 5. Auflage.

[9] Filipovic, Zarko: *Elektrische Bahnen*. Berlin: Springer Verlag, 1995. 3. Auflage.

[10] Fischer, Rolf: *Elektrische Maschinen*. München/Wien: Carl Hanser Verlag, 1989. 7. Auflage.

[11] Wagner, Georg: *Elektromechanische Antriebe 1 – Betriebsarten, Statisches Verhalten der Antriebs- und Arbeitsmaschinen*. Institut für Fachschulwesen der Deutschen Demokratischen Republik, 1990. 2. Auflage.

[12] Wagner, Georg: *Elektromechanische Antriebe 2 – Dynamisches Verhalten*. Institut für Fachschulwesen der Deutschen Demokratischen Republik, 1989. 1. Auflage.

[13] Giersch, Hans-Ulrich; Harthus, Hans; Vogelsang, Norbert: *Elektrotechnik für Fachschulen – Elektrische Maschinen*. Stuttgart: B. G. Teubner Verlag, 1998. 4. Auflage.

[14] Brosch, Peter F.: *Frequenzumrichter – Technologie und wirtschaftlicher Einsatz*. Landsberg: Verlag moderne Industrie, 2008. 5. Auflage.

[15] Christner, Volkmar (Hrsg.): *Jahrbuch Elektromaschinenbau* 1999. München: Hüthig & Pflaum Verlag.

[16] Arndt, A.: *Kleines Formellexikon*. Berlin: VEB Verlag Technik, 1957. 13. Auflage.

[17] Jäger, Rainer: *Leistungselektronik – Grundlagen und Anwendungen*. Berlin/Offenbach: vde verlag, 1993. 4. Auflage.

[18] Brosch, Peter F.: *Moderne Stromrichterantriebe*. Würzburg: Vogel Buchverlag, 2008. 5. Auflage.

[19] Mansius, Reinhard: Optimal bewegt. *Antriebstechnik 03/2009*.

[20] Körner, Wolfgang; Hausmann, Ewald; Kiessling, Günther; Mende, Dietmar; Spetke, Hellmut: *Physik, Fundament der Technik*. Leipzig: VEB Fachbuchverlag, 1987. 9. Auflage.

[21] PTB Mitteilungen, Themenschwerpunkt: Das internationale Einheitensystem SI; *PTB, 2007; 8. Ausgabe*.

[22] Mansius, Reinhard: *Rexroth Praxisseminar Elektrische Antriebe, Projektierung von elektrischen Antriebssystemen*, 2007. V09.

[23] Mansius, Reinhard: Schritt für Schritt zum optimalen Antrieb. *Antriebspraxis 05/2007*.

[24] *Tabellenbuch Elektrotechnik/Elektronik*. Bonn: Dümmler Verlag, 1989. 512.–526. Auflage.

[25] Philippow, Eugen: *Taschenbuch Elektrotechnik, Band 5: Elemente und Baugruppen der Elektroenergietechnik*. Berlin: VEB Verlag Technik, 1980; 1. Auflage.

[26] Göbel, Rudolf: *Wissensspeicher Größen, Einheiten*. Berlin: VEB Verlag Volk und Wissen, 2. Auflage.

Stichwortverzeichnis

3-Schalter-Methode 186
12-Puls 165
18-pulsig 166
24-pulsig 166

A
Abkühlungskurve 37
Abkühlzeitkonstante 36
Abtriebselement 48 f., 51, 101 ff.
Anker
–leistung 29
–scheibe 174
–spannung 30 f.
–spannungsstellung 33
–stellbereich 20, 31
–vorwiderstände 33
Anlauf 18, 178, 186
–häufigkeit 195
–kupplungen 119
–moment 17, 183 f.
–ströme 180, 184 f.
–verfahren 184 f.
–verhalten 178
Ansprechzeit 179
Anziehungskraft 79, 204
Arbeit 283
Arbeitspunkte 133, 280
arithmetischer Mittelwert 39, 127, 130, 231
Aufstandskraft 78 f.
Ausgangsfrequenz 144
Ausregelzeit 204

B
Beschleunigungsdrehmoment 96 f., 121, 274
Beschleunigungskraft 84, 274
Beschleunigungsphase 57 f.
Betriebsarten 40
Betriebsfaktor 125
Betriebszeit 176, 198 ff.
Bewegungsgesetze 70 ff.
Blindleistung 16, 283
Blindstrom 139
Bremse
–, Betriebs- 171
–, dynamische 171
–, Einfallzeit 176
–, Halte- 171
–, leichte 175
–, Lüftzeit 179
–, Not-Stopp- 171
–, schwere 178
–, statische 171
– vorsteuern 177
Bremsenergie
–, anfallende 173
–, Reduzierung 175
–, zulässige 174
Bremsmoment
–, dynamisches 173
–, erforderliches 172
–, statisches 173
Bremsschaltung 177
Bremsungen
– bis zum Nachstellen, zulässige Anzahl 174
– pro Stunde, zulässige Anzahl 174
Bremswiderstand 149, 154 ff., 205
Bürstenreibungsverluste 35

C
cos φ 16, 25, 168

D
Dahlanderschaltung 21
Derating 47
dezentrale Antriebe 220
Dichte 288
Doppelschlussverhalten 14
Drehfeld
–drehzahl 16
–magnet 24
Drehmoment 17 ff., 29 ff., 77 ff., 251 ff., 274 ff.
–-Drehzahl-Kennlinie 13, 18 f., 21 ff., 135, 144, 181, 236
–-Drehzahl-Quadranten 15
–konstante 140
–lastspiel 39
–reduzierung 184
–stöße 22 f., 184
Drehstrom
–-Asynchronmotor 15 ff.
–-Synchronmotor 25
Dreieckprofil 62 f.
Dreieckschaltung 184 f.
Dynamometer 147

E
Eckfrequenz 208 ff.
effektiver Strom 141

effektives Drehmoment 130
Effektivleistung 40
Effektivmoment 39, 75, 132, 196 f. 201, 235 f., 252 f.
Effektivstrom 47
Effektivwert 37, 132 f.
einfache Sinuslinie 72
Einfallzeit 176
Einheiten 284
Einschaltdauer 162, 200 f.
–, relative 40, 67, 129, 132, 200
Einschaltzeiten 40, 162
Einscherungsfaktor 106
Eisenverluste 35
elektrische Energie 283
Energie 155 ff., 283
–einsparung 219 ff.
–sparmotor 219
–speicher 203 ff., 210 f.
Erregerleistung 29
Erregerstrom 25, 32
Erwärmungskurve 37
Erwärmungszeitkonstante 36
externe Massenträgheiten 121

F

Factor of inertia 194
Fahrbereich 68
Federandruckkräfte 79
Feldschwächbereich 20, 27 f., 32, 121
–, erweiterter 20
Feldschwächung 31, 139 f., 261 ff.
Flachriemen 118
formschlüssig 103, 108
Frequenz
–, Ausgangs- 144, 203
–, PWM- 137, 147, 208
Frequenzumrichter 20
–-Anwendungen 44 f., 137

G

Gangzahl 116
Gegengewicht 221
Gegenkraft
–, hydraulische 221
–, pneumatische 221
–, magnetische 221
Gegenstrombremsen 19, 37, 190 ff.
Gelenkwellen 119
Generator
–betrieb 15, 19
Gesamtleistungsfaktor 168
Geschwindigkeit 126 ff.
Getriebe
–, Planeten- 116
–, Schalt- 120
–, Schnecken- 116
–, Stirnrad- 115
Gewichtsdrehmoment 87 ff.
Gewichtskraft 77 ff., 284
Gewindetrieb 109 f.
Gleichstrom-Nebenschlussmotor 29
Gleichzeitigkeitsfaktor 161
Gleitreibdrehmoment 89 f.
Gleitreibkraft 81
Gleitreibwert 81, 89
Grenzkennlinien 20, 27 f., 32 f.
Grundreibmoment 114
Grundschwingungsblindleistung 167
Grundschwingungsgehalt 168

H

Haftreibdrehmoment 89
Haftreibkraft 80, 107
Haftreibwert 89
Hangabtriebskraft 78
Heavy Duty (HD) 46
High Overload (HO) 46
Hochlauf
–, Optimierung 215
–rampe 215
–zeit 181
hohe Überlast 39
hydraulische Gegenkraft 221
Hystereseverluste 35

I

IEC-Normmotoren 40

K

Kabel 165
Keilriemen 118
Ketten 118
kinetische Energie 155, 191, 283
Kippgrenze 214
Kippmoment 17, 19 f., 27, 184
Kippschlupf 23 f., 188
Kloßsche Gleichung 188
Kondensator 149, 155 ff., 204 f.
Korndörfer-Schaltung 186
Konstantleistungsbereich 139 f.
Konstantmomentbereich 139 f.
Konstantphase 59
Kraft 126, 284

Kraft-Geschwindigkeits-Diagramm 134
Kraft-Geschwindigkeits-Kennlinie 135
Kraftkonstante 140
Kugelgewindetriebe 109
Kupplungen 119
Kurbelstangenwinkel 111
Kurvengetriebe 70
Kurvenscheibe
–, elektronische 71
–, mechanische 70
Kurzzeitlast 198
Kurzzeitleistung 198

L
Lagerreibungsverluste 35
Lagerreibwert 82, 90
Last
–kennlinie 11
–moment 12 f., 34
–pendeln 206, 212 f.
–verluste 37, 198
Läuferverlustenergie 191
Läufervorwiderstände 23, 187 ff.
Leerlaufverluste 37, 190
Leerschalthäufigkeit 194 f.
leichte Überlast 46
Leistung 25, 283
–, mechanische 29
Leistungsfaktor λ 167
Leitachse 71
Leonardumformer 29
Light Overload (LO) 46
lineare Übersetzung 126
linearer Direktantrieb 49
Linearmotor 29, 134
Losbrechkräfte 80
Lüfterreibungsverluste 35
Luftspaltleistung 192
Luftwiderstandswert 84 f.
Lüftzeit 179

M
magnetische Gegenkraft 221
magnetischer Fluss 30, 38
Massenträgheitsmoment 40, 92 f., 109, 178 ff., 191 f.
mechanische Drehzahl 16, 26
mechanische Leistung 16, 29, 149, 283
Mehrmotorenantrieb 175
Mittelwert 127
mittlere Drehzahl 127
mittlere Einspeiseleistung 153 f.
mittlere Rückspeiseleistung 143
mittleres Anlaufmoment 183
mittleres Moment 39
Modul 103
modulare Antriebssysteme 220
modulare Systeme 160
Motorbetrieb 15
Motorwechselrichter 149

N
Nachstellzeit 175
Nebenschlussverhalten 14
Netzdrossel 165
Netzfilter 165
Netzgleichrichter 157, 165
Netzgrößen 165 ff.
Netzrückspeisung 220
Netzschütz 165
Netzspannungsausfall 158, 203
Netzstrom 168
Netzversorgung 149 f., 157 ff., 220
Netzwechselrichter 158 f.
Normal Duty (ND) 46
Notbewegungen 210
Notbremswiderstand 158
Not-Halt 163, 203

O
optimales Massenträgheitsverhältnis 123
optimales Übersetzungsverhältnis 121, 123
Optimierung 73, 125

P
Pausenzeiten 196
Planetenradgetriebe 116 f.
Pleuelverhältnis 111
pneumatische Gegenkraft 221
Pol
–paarzahl 16
–umschaltung 21
–zahl 120
Polynom 2. Grades 72
Polynom 3. Grades 72
Polynom 4. Grades 72
Polynom 5. Grades 72
Polynom 8. Grades 72
Polynom 2. Ordnung 56
potenzielle Energie 283
Primärteil 49
Prozessdrehmoment 91
Prozesskräfte 83

Q

quadratischer Mittelwert 37 f.

R

Rad 101, 104
reduzierte Pausenzeit 197
reduziertes externes Trägheitsmoment 123
reduziertes Lastträgheitsmoment 123
Reibkraft 284
reibschlüssig 104, 214
Reibung 204
Reibwert der Lagerreibung 82
Reihenschlussverhalten 14, 39, 130
resultierende Kraft 95
resultierendes Drehmoment 95, 130
Reversieren 19, 190
Ritzel 103
Rolle 104
Rollreibdrehmoment 90
Rollreibkraft 81 f.
Rollwiderstandskoeffizient 83
rotativer Direktantrieb 49
Ruckbegrenzung 68 ff., 205
Rückspeiseleistung 154 f., 205
Rückspeisung 157, 220
Rutschen 213
Rutschgrenze 213

S

S1 40 f., 186
–-Motoren 194 ff.
S2 40, 186
–-Motoren 200
S3 40, 186, 197
–-Motoren 200
S4 40 f.
S5 40 f.
S6 40 f.
S7 40 f.
S8 40, 43
S9 43
S10 43
Sanftanlauf 23
–gerät 186
Sanftstarter 23
Sattelmoment 17
Schaltgetriebe 120
Schalthäufigkeit 176 f., 194
Scheinleistung 15, 167, 283
Scheinstrom 168
Schleifringläufer 23, 187
Schlupf 16 f., 20
Schlupfdrehzahl 16 f., 20
Schneckengetriebe 116
Schnellerregung 180
Schubkurbel 109
Schubstangenwinkel 111
Schüttwinkel 87 f.
Schwerpunkt 87 f., 214 f.
Seilgewichtsausgleichketten 107
Seillast, wandernde 107
Seiltrommel 105
Sekundärteil 49
Servo
–antriebe 124
–anwendungen 43, 121, 139
–regler 20
–umrichter 20
SI-Basiseinheiten 283 f.
Sicherheitsfaktor 172
Sicherungen 165
sin φ 16
Sinoide nach Bestehorn 72
Softstarter 23
Spannung 168, 186
Spannungshub 205 f.
Spannungssteller 23
Spannungszwischenkreis 157
Spartransformator 165, 186
Spurkranzreibung 83
Standübersetzung 116
Staudruck 84 ff.
Steinerscher Anteil 94
Stellgerät 136 ff.
Stern-Dreieck-Anlauf 184
Sternschaltung 184
Stillstandsmotor 24
Stillstandszeitkonstante 36, 196
Stirnradgetriebe 115 f.
Strom
–lastspiel 46
–richter 31
–wärmeverluste 35, 150
Summenleistung 160
Synchrondrehzahl 16
Synchron-Servomotoren 28
Synchronverhalten 13 f., 38 f., 130

T

Teilspannungsanlauf 186
thermische Zeitkonstante 36, 196, 199
Trägheitskräfte 83
Trägheitsmomentfaktor 194
Transformator 165 f., 186

Trapezgewindetriebe 109
Trapezprofil 64
– nach Drittel-Regel 65 f., 74
Treibscheibenantrieb 107
Trenntransformator 165

U

Übererregung 180
Übergangsverluste 35
Übersetzungsverhältnis 113
Übertragungselement 48, 113 ff.
Übertragungsfunktionen 70, 72
–, Kennwerte 72
Ummagnetisierungsverluste 35
Umrechnung von Einheiten 284 ff.
Umrichter 20, 159 f., 207 f., 220
Umschalten, geschlossenes 186
Unterseil 107

V

variable Ankerspannung 31
variable Erregerspannung 31
variable Frequenz 19, 27
variable Spannung 22
Verluste 35
Verlustenergie 38, 190 ff.
Verlustleistung 16, 26, 29, 35 f.
Verlustverhältnis 199
Verschiebungsblindleistung 167
Verschiebungsfaktor 168
Verzerrungsblindleistung 167
Verzögerungsdrehmoment 92 f.
Verzögerungskräfte 83 f., 96
Verzögerungsphase 60 f.
Vorschubkonstante 101 ff.

W

Wärmeabgabevermögen 36
Wärmekapazität 36
Windangriffsfläche 84
Windgeschwindigkeit 84
Windkräfte 84 f., 96
Wirbelstromverluste 35
Wirkleistung 16, 167, 283
Wirkstrom 139 f.
Wirkungsgrad 101 f., 109, 114 ff., 149 f., 167
– Flachriemen 118
– Keilriemen 118
– Kette 119
–Schneckengetriebe 117
– Zahnriemen 113, 119

Z

Zahnriemen 118 f., 123
Zahnstange 103
Zusatzdrehmoment 95 ff.
Zusatzkräfte 86, 96
zusätzliche Kräfte 205
Zusatzverluste 35
Zwischenkreis 149 ff.
–Einspeiseleistung 153, 155
–energie 155
–kondensatoren 155
–kopplung 220
–leistung, effektive 150, 153
–Rückspeiseleistung 154 f.
–spannung 157
Zykluszeit 67, 124, 127, 129 f., 142, 150, 162, 196 ff.

PRATIQUE DE LA TRADUCTION

Françoise Grellet
agrégée de l'Université,
professeur en classe de Première supérieure
au lycée Henri IV

Initiation à la version anglaise

THE WORD AGAINST THE WORD

HACHETTE
Supérieur

For no thought is contented. The better sort,
As thoughts of things divine, are intermix'd
With scruples, and do set the word itself
Against the word...

W. Shakespeare, Richard II, *V. 5.*

A Laurent

Je remercie très vivement Patricia KRESSER, Hedwig CAMBRELENG et Jean BOUTIN pour leurs conseils et leurs suggestions. Je suis particulièrement reconnaissante à Blanche DEBON, Catherine PARISOT, Paul BENSIMON qui ont bien voulu tester ou relire certaines de ces fiches et me faire bénéficier de leurs remarques et de leur aide. Je tiens enfin à exprimer toute ma gratitude à Susan BIVER et à Shelley OCHANINE qui ont eu la gentillesse de relire le manuscrit de ce livre et dont les critiques et les encouragements m'ont été très précieux.

Couverture : Studio favre & lhaïk

ISBN 2-01-14493-08